大学数学の入門 ❺

幾何学 II
ホモロジー入門

坪井 俊 ──[著]

東京大学出版会

Geometry II Introduction to Homology Theory
(Introductory Texts for Undergraduate Mathematics 5)
Takashi TSUBOI
University of Tokyo Press, 2016
ISBN978-4-13-062955-3

はじめに

　幾何学が対象とするものを総じて図形というが，我々があつかう図形は，位相構造やさらに上部の構造である距離構造，多様体構造を持つ集合である．現代の幾何学では，このような構造を持つ集合の全体のなすクラスに対し，それらの間の同値関係（すなわち，どのような図形を同じとみなすか）を定義し，2つの図形が同値かどうかを決定する問題を考える．さらに，同値類のクラスはしばしば集合となるが，それがどういうものになるかを考えるのである．同じであることを示すためには，その同値を与える写像などを構成することが必要で，その構成の手順の存在をきちんと示すことが同値性の証明となる．一方，2つの図形が同値でないことを示す手段は，考えているすべての図形に対し，そのなかの2つの図形が同値ならば同じ値をとる量を定義し，今考えている2つの図形に対してその量を計算して，値が異なることを示す必要がある．そういう量を不変量と呼ぶ．不変量は定義されるだけではなく，計算できることが重要である．

　本書で解説するホモトピー群，ホモロジー群は，位相空間に対してそれらが同相かどうかを判定する不変量である．それらはホモトピー同値ならば同型という性質を持ち，それによって実際に計算可能なものになっている．図形の性質を表すよい不変量を定義しようとすると通常は非常に計算しにくいものになる．ホモトピー群，ホモロジー群は，一方で計算を容易にするホモトピー不変性という性質を持ち，他方で我々があつかいたい多様体などの空間の同相類をかなりの精度で記述できるものになっている．

　本書では，まず最初に位相空間の連結性を考える．連結性のなかで考えやすい弧状連結性を一般化するものが連続写像のホモトピーによる分類である．さらに円周や球面からの写像のホモトピー類を考えることにより，空間の連結性が定義される．有限個のホモトピー類しかないという場合には，それだけでも不変量としてかなりの価値がある．しかし，通常は写像のホモトピー類の集合を考えるだけでは，我々が考える多くの空間で，可算集合となるだけで，不変量としてそれほど効果的なものにはならない．構造を持たない集合

の同値類は，元の個数あるいは濃度であるので効果的ではないのである．そこで，群，特にアーベル群に値を持つ不変量にすることが考えられる．アーベル群に対しては，濃度以外に，階数，有限位数の元のなす部分群などに注目して，違いが記述できるからである．さらに，いくつかの空間の不変量の間の関係が準同型写像（すなわち行列）によって記述できることも期待できるからである．

そこで，ホモトピー類に群構造を入れることを考える．円周や球面からの写像のホモトピー類に対して，群構造を入れる有力な方法は，空間に基点を考えることである．円周や球面にも，基点を考えて，基点を基点に写す写像のホモトピー類を考えるのである．もう1つの方法は，円周や球面からの写像のホモトピー類の直和を演算とし，それが，可能になるように和を定義することである．

最初の方法はホモトピー群の定義そのものになり，2番目の方法はもう少し整備するとホモロジー群の定義を与える．

ホモトピー群の定義は基点付きの写像を考えるのと同等な空間対の間の写像を用いて定義される．一方，ホモロジー理論の公理的定式化においては空間対を考えることは理論の透明化のために必要である．本書ではホモロジー理論は公理的に与えられる．このような理論が存在すれば，計算はほとんど自動的に行われる．公理を満たすホモロジー理論が存在しなければこのような計算は無意味であるが，我々が対象にする図形に対しては，単体からの写像全体を考えることにより定義される特異ホモロジー理論が，ホモロジー理論の公理を満たすことが証明される．この証明の後に公理から導かれたホモロジー群の計算がすべて正当化されることになる．

ホモロジー理論と類似の公理を満たす理論は多くの有用な帰結を生むことが認識されて，ホモロジー理論が数学のさまざまな分野に登場することになった．

我々の図形に対する理解の出発点は，ユークリッド空間とその部分集合である球体，立方体，単体である．このような図形は次元が定まっているが，ホモロジー理論の最初の応用は次元が異なれば同相でないことを示すことである．実際，我々の次元についての理解はホモロジー理論により基礎付けられているといってもよいほどである．ホモトピー群も同様の性質を持つが，実際にはもっと複雑であることがわかっており，球面の高次のホモトピー群もまだすべては決定されていない．

ユークリッド空間，球体，立方体，単体を出発点として，ユークリッド空間の開集合を貼りあわせてつくりあげられる図形が多様体であり，単体を貼りあわせてつくりあげられる図形が単体複体である．ホモロジー理論の公理を用いて，これらの図形のホモロジー群が計算され，図形の多様性が明らかになる．

　さて，ホモロジー群の計算に最も適合した空間の構造は単体複体や胞体複体の構造である．このような構造を持つ空間のホモロジー群の計算は単体複体や胞体複体の構造からチェイン複体が自然に導かれ，そのホモロジー群を計算するという手順になる．これにより，特に単体複体に対してのホモロジー群は，単体複体の構造から定義されることがわかる．チェイン複体は，加群と準同型のなす系列で，隣りあう準同型の合成が零準同型になるという代数的対象である．チェイン複体については，ホモロジー代数として詳細な研究が行われている．実際，現代数学では，さまざまな対象にさまざまな形でチェイン複体を定義しその性質を調べることが行われている．

　微分可能多様体など多くの興味深い空間は，単体複体の構造を持つことが知られている．このような空間のホモロジー群をこの単体複体のホモロジー群として定義できるためには，2つの単体複体構造に対して，それらが与えるホモロジー群が一致することを示さなければならない．歴史的には，この方法が最初にとられたが，他の見方をすることもできる．

　一般の位相空間に対してホモロジー群を定義するために，その位相空間上に実現できるすべての単体複体の構造を同時に与えることを考える．すなわち，単体からの写像の全体，そしてそれらを生成元とする自由アーベル群を考えると，これがチェイン複体になることがわかる．このチェイン複体のホモロジー群を考えるとこれがホモロジー理論の公理を満たすことがわかる．こうしてホモロジー理論が位相空間に対して存在することが示される．さらに，有限胞体複体に対してはホモロジー群は一意的に定まる．

　以上のことを順に解説するのが本書の概略である．

　多様体の位相の研究は，ここで準備したホモトピー群，ホモロジー群を用いて行われる．特に，単連結なコンパクト3次元多様体は3次元球面と同相であるというポアンカレ予想が，21世紀に入ってすぐに，サーストンの幾何化予想を解決するという形でペレルマンによって肯定的に解決されたことは画期的な成果であった．ペレルマンの結果の前に，より高い次元の球面 S^n

($n > 3$) に対しては，スメール，フリードマンたちにより，n 次元球面とホモトピー同値なコンパクト n 次元多様体は，n 次元球面と同相であることが示されていた．これらの結果は，さらに各次元の多様体の分類方法も与えるものとなっている．こうして，現在では，ホモトピー群，ホモロジー群が一致する多様体はどれくらいあるかということが，かなり正確にわかるようになっている．こうした研究をさらに進めるためにも，ホモトピー群，ホモロジー群の理解は必須のものとなっている．

最後の章にこのような研究に向かうための導入となる事柄のいくつかをあつかった．この章での導入をもとに参考文献を活用していただければ幸いである．

本書の主な部分は東京大学理学部数学科 3 年生の後期の講義の内容である．理学部数学科では，2 年生の後期に学ぶ集合と位相，線形代数，3 年生の前期に学ぶ多様体論，群論と環論などについての理解の上で講義しているが，本書では必要に応じて復習しながら用いている．また，できるだけ図を用いて幾何学的に理解できるように配慮した．

本書は，数年前には刊行を予定していたものであるが，さまざまな事情で準備が遅れてしまった．東京大学出版会にはそのような遅れを寛恕していただき，原稿をまとめることができた．本書を準備，刊行するために東京大学出版会の丹内利香さんに非常にお世話になった．謹んでお礼を申し上げたい．

2015 年 9 月

坪井 俊

記号表

本書では次の記号を断りなく使う．

$\boldsymbol{Z}$	整数全体のなす加法群
$\boldsymbol{Q}$	有理数のなす体
$\boldsymbol{R}\,(\boldsymbol{C})$	実数全体（複素数全体）のなす体
$\boldsymbol{C}^{\times}$	0 でない複素数のなす乗法群
$\boldsymbol{R}^n\,(\boldsymbol{C}^n)$	実（複素）n 次元数ベクトル空間
$\bullet$	$\boldsymbol{R}^n$ 上のユークリッド内積（$\boldsymbol{x}\bullet\boldsymbol{y}=\sum_{i}x_iy_i$）
$\|\cdot\|$	$\boldsymbol{R}^n$ 上のユークリッドノルム（$\|\boldsymbol{x}\|^2=\boldsymbol{x}\bullet\boldsymbol{x}$）
sign	実数の符号，置換の符号（値は ± 1）
$\mathbf{1}$	単位行列，群の単位元
$\mathbf{0}$	零行列，ゼロ・ベクトル
dim	線形空間の次元，多様体の次元
rank	$\boldsymbol{Z}$ 加群のランク（階数）
$\oplus$	加群の直和
	（$\boldsymbol{Z}$ 加群の間の準同型写像 $A:V\longrightarrow W$ に対し，）
ker	準同型写像の核（$\ker A=\{v\in V\mid Av=0\}$）
im	準同型写像の像（$\operatorname{im} A=\{w\in W\mid \exists v\in V, w=Av\}$）
rank	準同型写像のランク（階数）（$\operatorname{rank} A=\operatorname{rank}(\operatorname{im} A)$）
id	（空間の）恒等写像
$\setminus$	（集合の）差
$\overline{X}$	（集合 X の）閉包
$\operatorname{Int}(X)$	（集合 X の）内部
dist	2 つの点または集合の間の距離
$\times$	（空間の）直積 (direct product)
$\sqcup$	（空間の）直和 (disjoint union)
$/\sim$	同値関係 $\sim$ による同値類のなす商空間
$[a]$	a が代表する同値類
$\cong$	群の同型，多様体の微分同相
$\approx$	空間の同相
$\simeq$	写像がホモトピック，空間がホモトピー同値
S^n	n 次元球面 $\{\boldsymbol{x}\in\boldsymbol{R}^{n+1}\mid \|\boldsymbol{x}\|=1\}$
D^n	n 次元円板 $\{\boldsymbol{x}\in\boldsymbol{R}^n\mid \|\boldsymbol{x}\|\leqq 1\}$

目次

はじめに ……………………………………………………………… iii

記号表 ………………………………………………………………… vii

第 1 章　弧状連結性とホモトピー ………………………………… 1
 1.1　空間の分類 …………………………………………………… 1
 1.2　写像のホモトピー …………………………………………… 4
  1.2.1　連結性と弧状連結性 …………………………………… 4
  1.2.2　ホモトピー ……………………………………………… 4
  1.2.3　ホモトピー同値 ………………………………………… 8
  1.2.4　空間対，基点付き空間 ………………………………… 12
 1.3　ホモトピー群 ………………………………………………… 14
  1.3.1　ホモトピー群の定義 …………………………………… 14
  1.3.2　ホモトピー群の関手性 ………………………………… 17
  1.3.3　n 連結性とホモトピー群 ……………………………… 18
 1.4　基本群 ………………………………………………………… 21
  1.4.1　円周の基本群 …………………………………………… 21
  1.4.2　群の表示 ………………………………………………… 25
  1.4.3　ファンカンペンの定理 ………………………………… 26
 1.5　第 1 章の問題の解答 ………………………………………… 29

第 2 章　ホモロジー理論の概要 …………………………………… 46
 2.1　ホモロジー理論の公理 ……………………………………… 46
  2.1.1　完全系列 ………………………………………………… 46
  2.1.2　公理 ……………………………………………………… 49
  2.1.3　公理の帰結 ……………………………………………… 51

目次 ix

- 2.2 球面の次元とホモロジー群 53
  - 2.2.1 球面のホモロジー群 53
  - 2.2.2 ブラウアーの不動点定理 60
- 2.3 写像度 61
  - 2.3.1 円周から円周への連続写像の写像度 62
  - 2.3.2 球面から球面への連続写像の写像度 65
- 2.4 第2章の問題の解答 69

第3章 胞体複体 79

- 3.1 空間の貼りあわせ 79
- 3.2 有限胞体複体 82
  - 3.2.1 n次元有限胞体複体の定義 82
  - 3.2.2 胞体複体の直積 84
- 3.3 チェイン複体 85
- 3.4 有限胞体複体のホモロジー群 87
  - 3.4.1 1次元胞体複体のホモロジー群 87
  - 3.4.2 2次元胞体複体のホモロジー群 90
  - 3.4.3 3次元胞体複体のホモロジー群 96
- 3.5 有限胞体複体のチェイン複体とホモロジー群 100
  - 3.5.1 n次元胞体複体のチェイン複体 100
  - 3.5.2 チェイン複体の境界準同型の標準形 103
  - 3.5.3 有限胞体複体のオイラー標数 106
  - 3.5.4 体を係数とするホモロジー群 107
- 3.6 胞体写像 109
  - 3.6.1 胞体写像が誘導するチェイン写像 109
  - 3.6.2 胞体の積の境界 111
  - 3.6.3 胞体近似定理 114
  - 3.6.4 ホモトピックな胞体写像 118
- 3.7 多様体の胞体分割(展開) 118
- 3.8 第3章の問題の解答 121

第 4 章　チェイン複体とホモロジー群の計算 ……………………… 135
- 4.1　チェイン写像 …………………………………………………… 135
- 4.2　胞体複体の対 …………………………………………………… 138
- 4.3　マイヤー・ビエトリス完全系列 ……………………………… 139
- 4.4　キネットの公式と普遍係数定理 ……………………………… 143
  - 4.4.1　積複体 …………………………………………………… 143
  - 4.4.2　テンソル積 ……………………………………………… 146
  - 4.4.3　キネットの公式 ………………………………………… 147
  - 4.4.4　普遍係数定理 …………………………………………… 150
- 4.5　コホモロジー群 ………………………………………………… 151
  - 4.5.1　コチェイン複体 ………………………………………… 151
  - 4.5.2　コホモロジー理論の公理 ……………………………… 157
  - 4.5.3　カップ積 ………………………………………………… 157
- 4.6　第 4 章の問題の解答 …………………………………………… 159

第 5 章　単体複体とそのホモロジー群 …………………………… 167
- 5.1　単体複体 ………………………………………………………… 167
  - 5.1.1　ユークリッド空間の単体 ……………………………… 167
  - 5.1.2　ユークリッド空間の有限単体複体 …………………… 168
  - 5.1.3　単体複体 ………………………………………………… 169
- 5.2　胞体複体としての単体複体 …………………………………… 171
- 5.3　単体複体に付随するチェイン複体 …………………………… 172
- 5.4　単体複体に対するホモロジー理論 …………………………… 176
  - 5.4.1　単体写像 ………………………………………………… 176
  - 5.4.2　単体複体の対のホモロジー群 ………………………… 178
- 5.5　単体近似 ………………………………………………………… 180
  - 5.5.1　スター（星状体）……………………………………… 180
  - 5.5.2　重心細分 ………………………………………………… 181
  - 5.5.3　単体近似定理 …………………………………………… 183
  - 5.5.4　線分と単体複体の直積 ………………………………… 185
  - 5.5.5　単体写像についてのホモトピー公理 1（展開）…… 186
  - 5.5.6　三角形分割への非依存性（展開）…………………… 188

5.5.7　単体写像についてのホモトピー公理2（展開） 189
5.6　単体複体の直積 191
5.6.1　単体の直積 191
5.6.2　カップ積の表示 192
5.7　第5章の問題の解答 193

第6章　特異単体複体 203
6.1　特異単体複体 203
6.1.1　特異ホモロジー群の関手性と次元公理 206
6.1.2　特異ホモロジー群の性質 207
6.1.3　特異ホモロジー群のホモトピー不変性 209
6.1.4　特異ホモロジー群の切除公理 211
6.2　ジョルダン・ブラウアーの定理と領域不変性（展開） 213
6.3　第6章の問題の解答 217

第7章　空間の位相の研究へ 222
7.1　ファンカンペンの定理の証明 222
7.2　有限胞体複体の基本群 225
7.3　ファイバー空間のホモトピー完全系列 227
7.3.1　空間対のホモトピー群 227
7.3.2　ファイバー空間 229
7.3.3　道の空間とループ空間 233
7.3.4　ファイバー束の定義 234
7.4　被覆空間 236
7.4.1　被覆空間の定義 236
7.4.2　群の固有不連続作用 239
7.4.3　普遍被覆空間 240
7.4.4　ボルスク・ウラムの定理 243
7.5　有限胞体複体の対のホモトピー群（展開） 245
7.6　フレビッツの定理（展開） 248
7.6.1　基本群と1次元ホモロジー群 249
7.6.2　$n-1$連結有限胞体複体 250

- 7.7 有限胞体複体のホモトピー型（展開） 252
- 7.8 ファイバー束の自明性（展開） 254
- 7.9 ファイバー束の切断（展開） 256
  - 7.9.1 自明なファイバー束の切断 256
  - 7.9.2 一般のファイバー束の切断 258
- 7.10 ベクトル束と球面束（展開） 262
  - 7.10.1 ベクトル束 262
  - 7.10.2 球面束 263
  - 7.10.3 球面束の切断 264
  - 7.10.4 トム類 266
  - 7.10.5 トム同型 268
- 7.11 等質空間（展開） 274
- 7.12 分類空間（展開） 275
- 7.13 第 7 章の問題の解答 277

参考文献 293

記号索引 297

用語索引 300

人名表 305

第1章 弧状連結性とホモトピー

　この章では，空間を分類するために連結性に着目することを説明し，ホモトピーによる分類を考える．次元の高い連結性をあつかうために，写像のホモトピー類に群構造を入れることを考える．そのために全体空間と部分空間の対である空間対の間の写像，特に基点付き空間の間の写像を考える．

1.1 空間の分類

　中学校，高等学校では，多角形，多面体，円，球面など基本的な図形の性質を学び，大学の1年次，2年次では，空間の曲線，曲面などのとりあつかいを学んだ．『幾何学I　多様体入門』では，多くの興味深い空間を含む一般の多様体の概念を学び，多様体の性質をあつかうためにも，集合と位相の一般論が必要であった．多様体論だけではなくさまざまな分野の基礎として「集合と位相」を数学の専門科目として学んでいる．

　位相空間の分類においては，2つの位相空間の間に同相写像が存在すれば同じと考えるのが自然であり，多様体の分類においては，2つの多様体の間に微分同相写像が存在すれば同じと考えるのが自然である．このような意味で同じであることを示すためには，同相写像あるいは微分同相写像を構成するか，構成できることを証明する必要がある．

　一方，2つの空間がこのような意味で同じではないことを示すためにはどうすればよいであろうか．

注意 1.1.1　位相空間 X, Y が同相であるということは，

$$\text{連続写像 } f: X \longrightarrow Y \text{ および連続写像 } g: Y \longrightarrow X \text{ が存在し,}$$
$$(g \circ f = \mathrm{id}_X \text{ かつ } f \circ g = \mathrm{id}_Y) \text{ が成立する}$$

ということであるから，この命題の否定は，

$$\text{任意の連続写像 } f: X \longrightarrow Y \text{ と任意の連続写像 } g: Y \longrightarrow X \text{ に対し,}$$
$$(g \circ f \neq \mathrm{id}_X \text{ または } f \circ g \neq \mathrm{id}_Y) \text{ が成立する}$$

ということである．しかし，これを文字どおりに確かめることは普通はできない．

次の5つの図形は，実際に同相ではないが，その理由は何であろうか．

- 整数全体に離散位相を入れた空間 $\boldsymbol{Z}$
- 実数直線 $\boldsymbol{R}$
- 円周 $S^1 = \{\boldsymbol{x} \in \boldsymbol{R}^2 \mid \|\boldsymbol{x}\| = 1\}$
- カントール集合 C
- 平面 $\boldsymbol{R}^2$

ここで，**カントール集合** C は，離散位相を持つ2点からなる集合 $\{0,1\}$ の可算個の直積 $\{0,1\}^{\boldsymbol{N}}$ に積位相を入れたものであり，いわゆる3進カントール集合 $\left\{\sum_{i=1}^{\infty} \dfrac{a_i}{3^i} \mid a_i \in \{0,2\}\right\} \subset [0,1]$ と同相である．

これらの空間の違いを列挙すると以下のようになる．

- 同相写像が存在するためには全単射が存在する必要がある．集合の元の個数は $\boldsymbol{Z}$ とそれ以外とでは異なっている（$\boldsymbol{Z}$ の元の個数（濃度）は，$\aleph_0$ と書かれ可算無限濃度と呼ばれる．$\boldsymbol{R}$ の濃度は，$2^{\aleph_0}$ と書かれ，$\boldsymbol{Z}$ の部分集合の集合の濃度と同じであり，連続体濃度と呼ばれる．$2^{\aleph_0}$ が $\aleph_0$ と等しくないことは，対角線論法で示される）．したがって，$\boldsymbol{Z}$ はそれ以外のものとは同相にならない．
- 位相空間の性質としてコンパクト性がある．円周 S^1, カントール集合 C はコンパクトであるが，そのほかはコンパクトではない．
- 位相空間の性質として連結性がある（定義 1.2.1 参照）．$\boldsymbol{Z}$ およびカントール集合 C は連結ではない．

ここまでの区別を表にまとめると，次のページの表で最後の列を除いたものができる．

表の最後の列がみえなければ，実数直線 $\boldsymbol{R}$ と平面 $\boldsymbol{R}^2$ が区別できていない．そこで次のアイデアが使われる．

- 1点をとり除いた空間の性質をみる．

こうすると，$\boldsymbol{R} \setminus \{1\text{点}\}$ は連結ではないが，$\boldsymbol{R}^2 \setminus \{1\text{点}\}$ は連結であるの

で，実数直線 R と平面 R^2 が区別できる．

	元の個数 （濃度）	コンパクト	連結	1 点の補空間 が連結
Z	$\aleph_0$	×	×	×
R	$\aleph_1$	×	○	×
円周 S^1	$\aleph_1$	○	○	○
カントール集合 C	$\aleph_1$	○	×	×
R^2	$\aleph_1$	×	○	○

さてそれでは，$R, R^2, R^3, \ldots$ はすべて同相ではないことがわかるだろうか．2 次元以上のユークリッド空間では，1 点をとり除いた空間は連結になるから，R と 2 次元以上のユークリッド空間が同相ではないことはわかるが，すぐにはそれ以上のことはわからない．しかし，「1 点をとり除いた空間をみる」という考え方は正しく，実際には，1 点をとり除いた空間の上の 2 点の結び方の自由度を量ることによって区別されることになる．

注意 1.1.2 (1)　サードの定理 [多様体入門：定理 5.4.1] によれば，$m < n$ のときに微分可能な全射 $R^m \longrightarrow R^n$ は存在しない．微分構造を考えれば，次元の違うユークリッド空間は微分同相ではないことがわかる．

(2)　連続な全射 $[0,1] \longrightarrow [0,1]^2$ であるペアノ曲線の構成と同様に，連続な全射 $R^m \longrightarrow R^n$ が構成できる．

上で表に書いたことは何を意味しているだろうか．2 つの空間を区別するためには，ある性質に注目して，その性質を持つかどうかをみるということが必要だということである．性質が成立するかしないかは，○×あるいは $\{0,1\}$ に値を持つ量ということである．これからさまざまな量を問題にするが，整数あるいは実数に値を持つものが最もあつかいやすい．このような，同じと考えるものの上で同じ値を持つ量を**不変量**という．2 つの空間を区別するためには，不変量を定義して，それが異なることを示すことが必要である．

1.2 写像のホモトピー

1.2.1 連結性と弧状連結性

定義 1.2.1（連結） 位相空間 X が**連結**であるとは，次のような空ではない開集合 U, V が存在しないことである．

$$U \cup V = X \text{ かつ } U \cap V = \emptyset$$

定義 1.2.2（弧状連結） 位相空間 X が**弧状連結**とは，X の任意の 2 点 x_0, x_1 に対し，閉区間 $[0,1]$ から X への連続写像 $\gamma : [0,1] \longrightarrow X$ で $\gamma(0) = x_0$, $\gamma(1) = x_1$ を満たすものが存在することである．

【問題 1.2.3】 位相空間 X が弧状連結ならば連結であることを示せ．解答例は 29 ページ．

注意 1.2.4 多様体は連結ならば弧状連結である．これは，局所弧状連結かつ連結ならば弧状連結であることからしたがう．ここで局所弧状連結とは，任意の点 x とその任意の開近傍 U に対し，U に含まれる x の弧状連結な開近傍 V が存在することである．

1.2.2 ホモトピー

弧状連結性を考えることは，次に述べる写像のホモトピーを，位相空間 X が 1 点からなる集合 $\{p\}$ のときに考えることになっている．

定義 1.2.5（ホモトピー） 位相空間 X, Y に対し，連続写像 $f_0, f_1 : X \longrightarrow Y$ が**ホモトピック**とは，連続写像 $F : [0,1] \times X \longrightarrow Y$ で，$f_0(x) = F(0,x)$, $f_1(x) = F(1,x)$ を満たすものが存在することである．f_0, f_1 がホモトピックであることを $f_0 \simeq f_1$ と表す．連続写像 F あるいは $f_t(x) = F(t,x)$ で定義される連続写像の族 $\{f_t\}_{t \in [0,1]}$ を f_0 と f_1 の間の**ホモトピー**と呼ぶ．

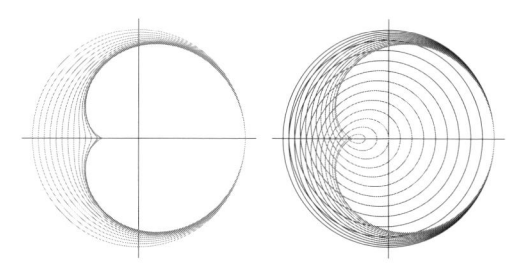

図 1.1 例 1.2.6 のホモトピー f_t による円周の像．円周を 1 周する f_0 (薄い線) から，カスプ (尖点) を持つ $f_{\frac{1}{3}}$ を経由して，2 周する f_1 (実線) に変化する．$f_{\frac{1}{2}}$ の像は原点を含む．

写像のホモトピー f_t (による X の像 $f_t(X)$) を t の値を変化させて図示すれば，写像が連続に変化している様子を観察することができる．

【例 1.2.6】 円周 $S^1 = \{z \in C \mid z\bar{z} = 1\}$ から複素数平面 C への写像を $f_t(z) = F(t, z) = (1-t)z + tz^2$ で定義すると，F は，$f_0(z) = z$ と $f_1(z) = z^2$ で定まる写像 $f_0, f_1 : S^1 \longrightarrow C$ の間のホモトピーである．f_0, f_1 の値域を $C \setminus \{0\}$ と考えると，$F(\frac{1}{2}, -1) = 0$ であるから，F は $C \setminus \{0\}$ への写像ではない．したがって，$f_0, f_1 : S^1 \longrightarrow C \setminus \{0\}$ の間のホモトピーではない．図 1.1 参照．実際に，後でみるように，$C \setminus \{0\}$ への写像としては f_0 と f_1 はホモトピックではない．それを示すためには不変量が必要である．2.3.1 小節 (62 ページ) 参照．

位相空間 X, Y に対し，$\mathrm{Map}(X, Y)$ を X から Y への連続写像全体の集合とする．

$$\mathrm{Map}(X, Y) = \{f : X \longrightarrow Y \mid f \text{ は連続写像}\}$$

集合 $\mathrm{Map}(X, Y)$ において，ホモトピックであること ($\simeq$) は同値関係となる (問題 1.2.8 参照)．この同値関係による f の同値類を**ホモトピー類**と呼び，$[f]$ で表す．ホモトピー類の集合 $\mathrm{Map}(X, Y)/\simeq$ を $[X, Y]$ と書き，**ホモトピー集合**と呼ぶ．

【問題 1.2.7】 連続写像 $f_0, f_1 : X \longrightarrow Y$ がホモトピックのとき，連続写像 $h : W \longrightarrow X, g : Y \longrightarrow Z$ に対し，$g \circ f_0 \circ h, g \circ f_1 \circ h : W \longrightarrow Z$ はホモトピックであることを示せ．解答例は 29 ページ．

【問題 1.2.8】 位相空間 X から Y への連続写像全体の集合 $\mathrm{Map}(X,Y)$ 上で $\simeq$ は同値関係となることを示せ．解答例は 30 ページ．

注意 1.2.9 前述の問題を含め，今後，問題の解答，定理の証明で，さまざまな連続写像の構成が必要になる．このときに便利なのが，次の補題である．今後特に注意しないが，写像を部分閉集合上で定義し，共通部分で両立するようにすれば，この補題によって構成した写像は連続となる．

補題 1.2.10 X, Y を位相空間とする．X が有限個の閉集合 $X_1, \ldots, X_k$ で被覆されているとし，X_i には，X の部分空間としての位相を考える：$X = \bigcup_{i=1}^{k} X_i$．写像 $f: X \longrightarrow Y$ が連続であることと，$i = 1, \ldots, k$ に対し，$f|X_i : X_i \longrightarrow Y$ が連続であることは同値である．

証明 $f: X \longrightarrow Y$ が連続ならば，Y の閉集合 A に対し $f^{-1}(A)$ は閉集合であり，$(f|X_i)^{-1}(A) = X_i \cap f^{-1}(A)$ は，X_i の位相の定義から，X_i の閉集合である．したがって，$f|X_i : X_i \longrightarrow Y$ は常に連続である．逆を考える．部分集合 $A \subset Y$ に対し，$X_i \cap f^{-1}(A) = (f|X_i)^{-1}(A)$ であり，

$$f^{-1}(A) = (\bigcup_{i=1}^{k} X_i) \cap f^{-1}(A) = \bigcup_{i=1}^{k} (X_i \cap f^{-1}(A)) = \bigcup_{i=1}^{k} (f|X_i)^{-1}(A)$$

である．$f|X_i : X_i \longrightarrow Y$ が連続であるとすると，閉集合 $A \subset Y$ に対し，$(f|X_i)^{-1}(A)$ は X の閉集合 X_i の閉集合だから，$(f|X_i)^{-1}(A)$ は X の閉集合である．したがって，$f^{-1}(A) = \bigcup_{i=1}^{k} (f|X_i)^{-1}(A)$ は有限個の閉集合の和集合だから X の閉集合である．ゆえに f は連続である． ∎

【例題 1.2.11】 任意の空でない位相空間 X に対して，n 次元ユークリッド空間 $\boldsymbol{R}^n$ への連続写像のホモトピー集合 $[X, \boldsymbol{R}^n]$ は 1 点集合となることを示せ．

【解】 任意の連続写像 $f: X \longrightarrow \boldsymbol{R}^n$ は原点 $\boldsymbol{0}$ への定値写像 $c_0 : X \longrightarrow \boldsymbol{R}^n$ とホモトピックである．実際，$F(t, x) = tf(x)$ とすればよい．

位相空間 X が弧状連結であることは，$\{p\}$ を 1 点 p からなる位相空間として $[\{p\}, X]$ が 1 点だけからなる集合であることをいっている．一般の位相空間 X に対して，$[\{p\}, X]$ は，X の弧状連結成分を元とする集合である．

【問題 1.2.12】 (1) 離散位相を持つ空でない集合 K について，X が弧状連結であることと $[K, X]$ が 1 点だけからなる集合であることは同値となることを示せ．

(2) n 次元の**立方体** $I^n = [0, 1]^n$ と位相空間 X について，$[\{p\}, X]$ と $[I^n, X]$ との間の自然な全単射を定義せよ．解答例は 30 ページ．

非負整数 n に対し，$S^n = \{\boldsymbol{x} \in \boldsymbol{R}^{n+1} \mid \|\boldsymbol{x}\| = 1\}$ を n 次元**球面**と呼ぶ．ホモトピー集合 $[S^n, X]$ は非常に面白い研究対象である．n 次元球面 S^n から位相空間 X への写像が定値写像とホモトピックであることは，次のように少し幾何的にとらえられる．n 次元 ($n \geqq 0$) 球面 S^n を $n+1$ 次元**円板** $D^{n+1} = \{\boldsymbol{x} \in \boldsymbol{R}^{n+1} \mid \|\boldsymbol{x}\| \leqq 1\}$ の境界と考える：$S^n = \partial D^{n+1}$．

【例題 1.2.13】 位相空間 X への連続写像 $f : S^n \longrightarrow X$ に対し，連続写像 $g : D^{n+1} \longrightarrow X$ で，$g|S^n = f$ となるものが存在することと f がある定値写像とホモトピックであることは同値であることを示せ．

【解】 g が存在すれば，$F : [0, 1] \times S^n \longrightarrow X$ を $F(t, \boldsymbol{x}) = g(t\boldsymbol{x})$ とおくと，F は連続で，$F(0, \boldsymbol{x}) = c_{g(\boldsymbol{0})}(\boldsymbol{x})$, $F(1, \boldsymbol{x}) = f(\boldsymbol{x})$ となる．ここで，$c_{g(\boldsymbol{0})}$ は $g(\boldsymbol{0})$ への定値写像である．したがって f は定値写像 $c_{g(\boldsymbol{0})}$ とホモトピックである．

逆に，連続写像 $F : [0, 1] \times S^n \longrightarrow X$ で，$b \in X$ に対し，$F(0, \boldsymbol{x}) = c_b(\boldsymbol{x})$, $F(1, \boldsymbol{x}) = f(\boldsymbol{x})$ となるものがあるとする．写像 $g : D^{n+1} \longrightarrow X$ を

$$g(\boldsymbol{y}) = \begin{cases} F(\|\boldsymbol{y}\|, \dfrac{\boldsymbol{y}}{\|\boldsymbol{y}\|}) & (\boldsymbol{y} \neq \boldsymbol{0}) \\ b & (\boldsymbol{y} = \boldsymbol{0}) \end{cases}$$

で定める．g が連続であることをみる．$g|(D^{n+1} \setminus \{\boldsymbol{0}\})$ は連続写像の合成で連続だから，b を含まない開集合 U に対して，$g^{-1}(U) = (g|(D^{n+1} \setminus \{\boldsymbol{0}\}))^{-1}(U)$ は，$D^{n+1} \setminus \{\boldsymbol{0}\}$ の開集合であり，D^{n+1} の開集合である．b を含む開集合 U をとると，$X \setminus U$ は閉集合である．したがって，$F^{-1}(X \setminus U) \subset [0, 1] \times S^n$ は閉集合である．$[0, 1] \times S^n$ はコンパクトだから，$F^{-1}(X \setminus U)$ はコンパクトである．$g^{-1}(X \setminus U) = \{t\boldsymbol{x} \mid (t, \boldsymbol{x}) \in F^{-1}(X \setminus U)\}$ だから，$g^{-1}(X \setminus U)$ もコンパクトで，D^{n+1} はハウスドルフ空間だから，$g^{-1}(X \setminus U)$ は閉集合である．これにより，$g^{-1}(U) = D^{n+1} \setminus g^{-1}(X \setminus U)$ は開集合である．したがって，g は連続である．

定義 1.2.14（n 連結） 位相空間 X は，$0 \leqq m \leqq n$ に対して，$[S^m, X]$ が 1 点集合となるとき n 連結であるという．

問題 1.2.12 により，0 連結であることと弧状連結であることは同値である．例題 1.2.11 により，k 次元ユークリッド空間 $\boldsymbol{R}^k$ は任意の n に対して n 連結である．

1.2.3　ホモトピー同値

位相空間 X, Y に対して，さまざまな空間との間の写像のホモトピー集合を比べることにより，空間が区別できるかどうかを考えてみよう．例えば，1 点集合 $\{p\}$ と，n 次元立方体 I^n は，そのままではホモトピー集合を使って区別することはできない．なぜなら，任意の位相空間 X に対し，$[X, \{p\}]$ と $[X, I^n]$ はともに 1 点集合であるし，$[\{p\}, X]$ と $[I^n, X]$ はともに X の弧状連結成分の個数の元を持つ集合である．単純にホモトピー集合を比較するだけでは，次に定義する「同じホモトピー型を持つ」2 つの空間は区別できないことが容易にわかる．

定義 1.2.15（ホモトピー同値） 位相空間 X, Y に対して，連続写像 $f : X \longrightarrow Y, g : Y \longrightarrow X$ であって，$f \circ g \simeq \mathrm{id}_Y, g \circ f \simeq \mathrm{id}_X$ を満たすものが存在するとき，X と Y は同じホモトピー型を持つといい，$X \simeq Y$ と書く．X と Y はホモトピー同値であるともいう．f（または g）のことをホモトピー同値（写像）と呼び，このとき g（または f）を f（または g）のホモトピー逆写像と呼ぶ．

【例 1.2.16】 (1) 同相な位相空間 X, Y はホモトピー同値である．
(2) 1 点集合 $\{p\}$ と n 次元立方体 I^n, n 次元ユークリッド空間 $\boldsymbol{R}^n$ はホモトピー同値である．
(3) n 次元ユークリッド空間から原点 $\boldsymbol{0}$ を除いた空間 $\boldsymbol{R}^n \setminus \{\boldsymbol{0}\}$ と $n-1$ 次元球面 S^{n-1} はホモトピー同値である．実際，写像 $h : \boldsymbol{R} \times S^{n-1} \longrightarrow \boldsymbol{R}^n \setminus \{\boldsymbol{0}\}$ を $h(t, \boldsymbol{x}) = e^t \boldsymbol{x}$ で定義すると，h は同相である．(2) から，$\boldsymbol{R}$ は 1 点集合とホモトピー同値だから，S^{n-1} と $\boldsymbol{R}^n \setminus \{\boldsymbol{0}\}$ はホモトピー同値となる．

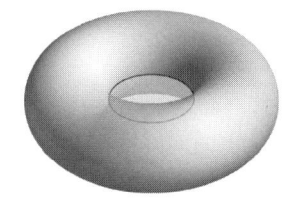

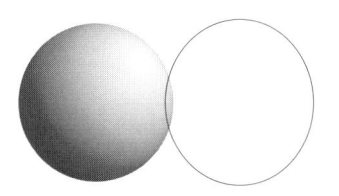

図 1.2　問題 1.2.20 の X（左）と Y（右）.

定義 1.2.17（可縮）　1 点からなる位相空間とホモトピー同値な空間を**可縮な空間**と呼ぶ.

定義 1.2.18（星型）　n 次元ユークリッド空間の部分集合 A に対し, 次の性質 $(*)$ を持つ A 内の点 $\boldsymbol{a}$ が存在するとき, A は ($\boldsymbol{a}$ に対し) **星型**であるという.

(*)　任意の $\boldsymbol{x} \in A$ に対し, 線分 $\ell_{\boldsymbol{x}} = \{(1-t)\boldsymbol{a} + t\boldsymbol{x} \mid 0 \leqq t \leqq 1\}$ は A に含まれる.

n 次元ユークリッド空間の星型の部分空間 A は可縮である. 実際, A が $\boldsymbol{a} \in A$ に対して星型として, $\boldsymbol{a} \in A$ への定値写像 $c_{\boldsymbol{a}} : \{p\} \longrightarrow A$, 写像 $c : A \longrightarrow \{p\}$ を考えると, $c \circ c_{\boldsymbol{a}} = \mathrm{id}_{\{p\}}$, $c_{\boldsymbol{a}} \circ c \simeq \mathrm{id}_A$ となる. ここで, $c_{\boldsymbol{a}} \circ c$ と id_A の間のホモトピー $F : [0,1] \times A \longrightarrow A$ は, $F(t, \boldsymbol{x}) = (1-t)\boldsymbol{a} + t\boldsymbol{x}$ で与えられる.

【問題 1.2.19】　位相空間の間のホモトピー同値という関係 $\simeq$ は位相空間全体の上で同値関係であることを示せ（同値関係は集合のなすクラスに対しても定義される概念である）. 解答例は 30 ページ.

【問題 1.2.20】　次の X, Y は同相ではないが, ホモトピー同値であることを示せ. 図 1.2 参照. 解答例は 31 ページ.

$$X = \{(x,y,z) \in \boldsymbol{R}^3 \mid \left((x^2+y^2)^{1/2} - 2\right)^2 + z^2 = 1\}$$
$$\cup \{(x,y,z) \in \boldsymbol{R}^3 \mid z = 0, \ x^2 + y^2 \leqq 1\},$$
$$Y = \{(x,y,z) \in \boldsymbol{R}^3 \mid (x+1)^2 + y^2 + z^2 = 1\}$$
$$\cup \{(x,y,z) \in \boldsymbol{R}^3 \mid y = 0, \ (x-1)^2 + z^2 = 1\}$$

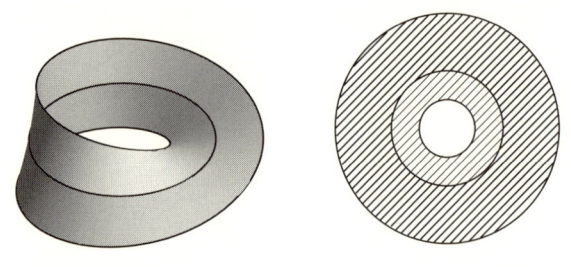

図 1.3 問題 1.2.23 のメビウスの帯（左）とアニュラス（右）．

ホモトピー同値な空間が同相ではないことを示すためには，$\boldsymbol{R}$ と $\boldsymbol{R}^n$ $(n \geq 2)$ に対しては，1 点を除いた空間を考えることが有効であった．$\boldsymbol{R}^2$ あるいは $\boldsymbol{R}^2$ の部分空間と，他の空間が同相でないことを示すためには次のジョルダンの閉曲線定理が有効である．

定理 1.2.21（ジョルダンの閉曲線定理）　平面上の単純閉曲線（円周の連続な単射による像）Γ の補集合は 2 つの弧状連結成分 U_0, U_1 を持ち，$\Gamma = \overline{U}_0 \setminus U_0$，$\Gamma = \overline{U}_1 \setminus U_1$ となる．

定理 1.2.21 の証明は，定理 6.2.1 の形で，216 ページで与える．

【例題 1.2.22】　ジョルダンの閉曲線定理 1.2.21 を用いて，$\boldsymbol{R}^2$ と $\boldsymbol{R}^n$ $(n \geq 3)$ は同相ではないことを示せ．

【解】　$\boldsymbol{R}^n$ $(n \geq 3)$ の中の円周 $C = \{(\cos\theta, \sin\theta, 0, \ldots, 0) \mid \theta \in \boldsymbol{R}\}$ の補集合は弧状連結である．実際，$\boldsymbol{x} = (x_1, x_2, \ldots, x_n)$ について，$(x_3, \ldots, x_n) \neq (0, \ldots, 0)$ ならば $\gamma_{\boldsymbol{x}}(t) = t\boldsymbol{x}$ $(t \in [0,1])$ が $\boldsymbol{x}$ と $\boldsymbol{0}$ を結ぶ線分であり，$(x_3, \ldots, x_n) = (0, \ldots, 0)$ ならば，$\boldsymbol{e}_3 = (0, 0, 1, 0, \ldots, 0)$ として，

$$\gamma_{\boldsymbol{x}}(t) = \begin{cases} 2t\boldsymbol{e}_3 & (t \in [0, \frac{1}{2}]) \\ (2t-1)\boldsymbol{x} + (2-2t)\boldsymbol{e}_3 & (t \in [\frac{1}{2}, 1]) \end{cases}$$

が $\boldsymbol{x}$ と $\boldsymbol{0}$ を結ぶ区分線形曲線である．

もしも，$\boldsymbol{R}^2$ と $\boldsymbol{R}^n$ $(n \geq 3)$ が同相であるとすると，同相写像 $h: \boldsymbol{R}^n \longrightarrow \boldsymbol{R}^2$ による C の像 $h(C)$ について，上に述べたことから $\boldsymbol{R}^2 \setminus h(C)$ は弧状連結でなければならない．一方 $h(C)$ は $\boldsymbol{R}^2$ の単純閉曲線であり，ジョルダンの閉

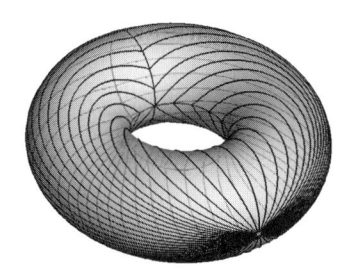

図 **1.4**　問題 1.2.24 の $S^1 \times S^1 \setminus \{(0,0)\}$.

曲線定理 1.2.21 により，$\mathbf{R}^2 \setminus h(C)$ は，弧状連結ではない．これは矛盾である．したがって，$\mathbf{R}^2$ と $\mathbf{R}^n$ ($n \geqq 3$) は同相ではない．

【問題 1.2.23】　(1)　開いたメビウスの帯，円周，開いたアニュラスはホモトピー同値であることを示せ．ここで，開いたメビウスの帯とは，

$$\{((2 + r\cos\theta)\cos 2\theta, (2 + r\cos\theta)\sin 2\theta, r\sin\theta) \mid r \in (-1, 1),\ \theta \in \mathbf{R}\} \subset \mathbf{R}^3$$

と同相な位相空間であり，開いたアニュラスとは

$$\{(x_1, x_2) \in \mathbf{R}^2 \mid \frac{1}{4} < {x_1}^2 + {x_2}^2 < 4\}$$

と同相な位相空間である．図 1.3 参照．

(2)　ジョルダンの閉曲線定理を用いて，開いたメビウスの帯と開いたアニュラスは同相ではないことを示せ．解答例は 34 ページ．

【問題 1.2.24】　(1)　$\mathbf{R}^2 \setminus \{(-1, 0), (1, 0)\}$ と $S^1 \times S^1 \setminus \{(0, 0)\}$ は同じホモトピー型を持つことを示せ．ただし，$(0, 0) \in S^1 \times S^1$ は，$S^1 = \mathbf{R}/\mathbf{Z}$ という座標に対して表示している．

ヒント：ともに $S^1 \vee S^1$ と同じホモトピー型を持つことを示す．ここで $S^1 \vee S^1$ は 2 つの円周の直和において，それぞれの 1 点を同一視して得られる空間である．図 1.4, 図 1.11 参照．

(2)　ジョルダンの閉曲線定理を用いて，$\mathbf{R}^2 \setminus \{(-1, 0), (1, 0)\}$ と $S^1 \times S^1 \setminus \{(0, 0)\}$ は同相ではないことを示せ．解答例は 34 ページ．

1.2.4 空間対,基点付き空間

平面 $\mathbf{R}^2$ の1点 $\mathbf{0} = (0,0)$ の補空間 $\mathbf{R}^2 \setminus \{\mathbf{0}\}$,および2点 $\{\pm e_1\}$ ($e_1 = (1,0)$) の補空間 $\mathbf{R}^2 \setminus \{\pm e_1\}$ について,円周 S^1 からの写像のホモトピー集合 $[S^1, \mathbf{R}^2 \setminus \{\mathbf{0}\}]$, $[S^1, \mathbf{R}^2 \setminus \{\pm e_1\}]$ を考えると,これらはともに可算無限集合になることがわかる.この2つの空間がホモトピー同値ではないことは後で示す(例 1.4.8)が,そのために,写像のホモトピー集合に群構造を導入することを考える.円周 S^1 からの2つの写像に対して円周 S^1 からの写像を与える演算を考える必要があるが,そのままでは難しいので,基点付きの空間の間の写像,空間対の間の写像を考える.

定義 1.2.25(空間対,基点付き空間) 位相空間 X とその部分空間 A の対 (X, A) を**空間対**と呼ぶ.A が1点 $b \in X$ からなるとき,$(X, \{b\})$ を (X, b) と書き,**基点付き空間**と呼ぶ.b を**基点**と呼ぶ.

定義 1.2.26(空間対の間の写像,そのホモトピー) 空間対 (X, A), (Y, B) に対して,連続写像 $f : X \longrightarrow Y$ が $f(A) \subset B$ を満たすとき,f を空間対 (X, A), (Y, B) の間の連続写像と呼び,$f : (X, A) \longrightarrow (Y, B)$ と書く.空間対の間の連続写像 $f_0, f_1 : (X, A) \longrightarrow (Y, B)$ がホモトピックとは連続写像 f_0, f_1 の間のホモトピー $F : [0,1] \times X \longrightarrow Y$ で $F([0,1] \times A) \subset B$ を満たすものが存在することである.$f_t(x) = F(t, x)$ で定義されるホモトピーは $f_t(A) \subset B$ を満たしている.空間対の間の連続写像 f_0 と f_1 がホモトピックであることも $f_0 \simeq f_1$ と書く.

上のホモトピー $F : [0,1] \times X \longrightarrow Y$ は,
$$[0,1] \times (X, A) = ([0,1] \times X, [0,1] \times A)$$
と考えて,$F : [0,1] \times (X, A) \longrightarrow (Y, B)$ のように書かれる.

$\mathrm{Map}((X, A), (Y, B))$ を空間対 (X, A), (Y, B) の間の連続写像全体のなす集合とすると,ホモトピックという関係 $\simeq$ は $\mathrm{Map}((X, A), (Y, B))$ 上の同値関係となる.その同値類を**ホモトピー類**と呼ぶ.同値類の集合 $\mathrm{Map}((X, A), (Y, B))/\simeq$ を**ホモトピー集合**と呼び,$[(X, A), (Y, B)]$ と書く.

注意 1.2.27　A を X の部分集合とするとき，任意の点 $x \in A$ に対して $f_t(x) = f_0(x)$ を満たすホモトピーを A についての**相対ホモトピー**と呼び，このようなホモトピーが存在するとき，$f_0 \simeq f_1$ rel. A と書く．ホモトピー群を定義するときなどには空間対 (X, A) から基点付きの空間 (Y, b_Y) への写像を考えるが，このときのホモトピーは $f_t(A) = b_Y$ を満たしている．このホモトピーは A についての相対ホモトピーであり，$f_0 \simeq f_1$ rel. A のように書くことも多い．

空間対 (X, A), (Y, B) がホモトピー同値であることは，定義 1.2.15 と同様に，連続写像 $f : (X, A) \longrightarrow (Y, B)$, $g : (Y, B) \longrightarrow (X, A)$ であって，$f \circ g \simeq \mathrm{id}_{(Y,B)} : (Y, B) \longrightarrow (Y, B)$, $g \circ f \simeq \mathrm{id}_{(X,A)} : (X, A) \longrightarrow (X, A)$ を満たすものがあることとして定義される．このとき，$(X, A) \simeq (Y, B)$ と書かれる．

【問題 1.2.28】　$D^n = \{\boldsymbol{x} \in \boldsymbol{R}^n \mid \|\boldsymbol{x}\| \leqq 1\}$, $S^{n-1} = \{\boldsymbol{x} \in \boldsymbol{R}^n \mid \|\boldsymbol{x}\| = 1\}$ とするとき，(D^n, S^{n-1}), $(\boldsymbol{R}^n, S^{n-1})$, $(\boldsymbol{R}^n, \boldsymbol{R}^n \setminus D^n)$ はホモトピー同値であることを示せ．解答例は 36 ページ．

基点付きの空間 (X, b) が $(\{b\}, b)$ とホモトピー同値になることは，包含写像 $i : (\{b\}, b) \longrightarrow (X, b)$, 定値写像 $r : (X, b) \longrightarrow (\{b\}, b)$ について，$i \circ r \simeq \mathrm{id}_{(X,b)}$ となることである．ホモトピー同値のもう 1 つの条件 $r \circ i = \mathrm{id}_{(\{b\},b)}$ は常に成立している．このとき，(X, b) は基点を保って可縮であるというが，このような空間は星型の空間の基点付き位相空間における対応物と考えられる．

空間対 (X, A) について，包含写像 $i : (A, A) \longrightarrow (X, A)$ がホモトピー同値写像になることは，ある連続写像 $r : (X, A) \longrightarrow (A, A)$ に対して，$r \circ i \simeq \mathrm{id}_A = \mathrm{id}_{(A,A)}$, $i \circ r \simeq \mathrm{id}_{(X,A)}$ となることである．実際にあつかう空間対では，特に，$r \circ i = \mathrm{id}_A = \mathrm{id}_{(A,A)}$, $i \circ r \simeq \mathrm{id}_{(X,A)}$ rel. A となることが多い．

定義 1.2.29（変形レトラクト）　位相空間 X の部分空間 A が X の**変形レトラクト**であるとは，包含写像 $i : A \longrightarrow X$ に対し，連続写像 $r : X \longrightarrow A$ で

$$r \circ i = \mathrm{id}_A, \quad i \circ r \simeq \mathrm{id}_X \text{ rel. } A$$

を満たすものが存在することである．単に $r \circ i = \mathrm{id}_A$ を満たす r は**レトラクション**と呼ばれ，レトラクション r があるとき，A は X の**レトラクト**であるという．

【例 1.2.30】 (1) 問題 1.2.23 の解答（34 ページ）における $f(S^1)$ はメビウスの帯 M の変形レトラクトであり，$i(S^1)$ はアニュラス A の変形レトラクトである．

(2) S^n は $\mathbf{R}^{n+1} \setminus \{\mathbf{0}\}, D^{n+1} \setminus \{\mathbf{0}\}$ の変形レトラクトである．

空間対 (X, A) から基点付き空間 (Y, b) への写像 $f : (X, A) \longrightarrow (Y, b)$ を考えると，$f(A) = b$ となるから，X において，A に含まれる点は同値という同値関係 $\sim$ により得られる商空間 $X/\sim$ を考え，このような写像は $X/\sim$ からの写像と考えるとわかりやすいことも多い．この商空間 $X/\sim$ を，X において A を **1 点に縮めた空間**と呼び，X/A と書く．X/A には自然な基点 A/A があり，基点付き空間 $(X/A, A/A)$ と考えることも多い．X/A には商位相を考えているから，A が X の閉集合のとき，$X \setminus A \longrightarrow X/A \setminus A/A$ は同相写像である．

【問題 1.2.31】 空間対 (X, A) から基点付き空間 (Y, b) への写像 $f : (X, A) \longrightarrow (Y, b)$ について，$A, \{b\}$ は閉集合とし，f の制限 $f|(X \setminus A) : X \setminus A \longrightarrow Y \setminus \{b\}$ は開集合の間の同相写像とする．X がコンパクト空間，Y がハウスドルフ空間ならば，$\underline{f} : (X/A, A/A) \longrightarrow (Y, b)$ は同相写像であることを示せ．解答例は 36 ページ．

【例 1.2.32】 $(X, A) = ([0,1] \times S^n, \{0\} \times S^n)$ に対し，$(X/A, A/A) \approx (D^{n+1}, \mathbf{0})$ である．例題 1.2.13 は，このことからも示される．

【問題 1.2.33】 $[0,1]^n / \partial [0,1]^n \approx D^n / \partial D^n \approx S^n$ を示せ．解答例は 36 ページ．

1.3　ホモトピー群

1.3.1　ホモトピー群の定義

閉区間 $[0,1]$ を I で表す．n 次元立方体 $I^n = \overbrace{I \times \cdots \times I}^{n} = [0,1]^n$ の内部は開区間 $(0,1)$ の直積 $(0,1)^n$ であり，I^n の境界は $\partial I^n = [0,1]^n \setminus (0,1)^n$ である．

基点付きの位相空間 (X, b_X) に対し，空間対 $(I^n, \partial I^n)$ からの連続写像の全体 $\mathrm{Map}((I^n, \partial I^n), (X, b_X))$ を考える．

$f_1, f_2 \in \mathrm{Map}((I^n, \partial I^n), (X, b_X))$ に対し，連続写像 $f_1 \natural f_2 : (I^n, \partial I^n) \longrightarrow$

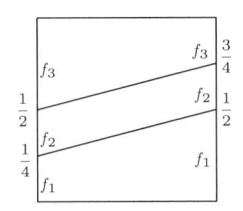

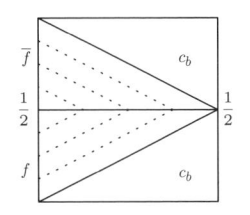

図 1.5　問題 1.3.2：ホモトピー群の演算の結合律（左）と逆元（右）.

(X, b_X) を次で定義する．$(t_1, t_2, \ldots, t_n) = (t_1, \boldsymbol{t}')$ とおく．

$$(f_1 \natural f_2)(t_1, \boldsymbol{t}') = \begin{cases} f_1(2t_1, \boldsymbol{t}') & (t_1 \in [0, \tfrac{1}{2}]) \\ f_2(2t_1 - 1, \boldsymbol{t}') & (t_1 \in [\tfrac{1}{2}, 1]) \end{cases}$$

空間対の写像のホモトピー類の集合 $[(I^n, \partial I^n), (X, b_X)]$ を $\pi_n(X, b_X)$ と書く．写像 f のホモトピー類が α であることを $[f] = \alpha$ と書く．$\pi_n(X, b_X) = [(I^n, \partial I^n), (X, b_X)]$ の元の演算 $(\alpha_1, \alpha_2) \longmapsto \alpha_1 \alpha_2$ を $\alpha_1 = [f_1]$, $\alpha_2 = [f_2]$ となる f_1, f_2 を使って，$\alpha_1 \alpha_2 = [f_1 \natural f_2]$ で定義する．

問題 1.3.2 で確かめるように，$\pi_n(X, b_X)$ は，上の演算に関して群になる．

定義 1.3.1　基点付きの位相空間 (X, b_X) に対し，$\pi_n(X, b_X) = [(I^n, \partial I^n), (X, b_X)]$ に $\natural$ から誘導される演算を考えたものを (X, b_X) の n 次元**ホモトピー群**と呼ぶ．通常，1 次元ホモトピー群 $\pi_1(X, b_X)$ は，**基本群**と呼ばれる．

【問題 1.3.2】　(1)　上の演算が「適切に定義されている」(well defined) とはどういうことか．また演算が定義できていることを確かめよ．

(2)　この演算について，結合律が成り立つことを示せ．図 1.5 の左図参照．

(3)　b_X への定値写像を c_{b_X} とする．c_{b_X} のホモトピー類 $[c_{b_X}]$ が上の演算の単位元であることを示せ．

(4)　$f \in \mathrm{Map}((I^n, \partial I^n), (X, b_X))$ に対し，$\overline{f}(t_1, \boldsymbol{t}') = f(1 - t_1, \boldsymbol{t}')$ とおくと，上の演算について，ホモトピー類 $[f]$ の逆元がホモトピー類 $[\overline{f}]$ で与えられることを示せ．図 1.5 の右図参照．解答例は 37 ページ．

【例題 1.3.3】　次を示せ．

(1) 基点付き位相空間の間の連続写像 $f:(X,b_X) \longrightarrow (Y,b_Y)$ に対して, $u \in \mathrm{Map}((I^n, \partial I^n), (X, b_X))$ に $f \circ u \in \mathrm{Map}((I^n, \partial I^n), (Y, b_Y))$ を対応させる写像は, 群の準同型 $f_* : \pi_n(X, b_X) \longrightarrow \pi_n(Y, b_Y)$ を誘導する.

(2) 連続写像 $f : (X, b_X) \longrightarrow (Y, b_Y), g : (Y, b_Y) \longrightarrow (Z, b_Z)$ に対して, 群の準同型として $g_* \circ f_* = (g \circ f)_* : \pi_n(X, b_X) \longrightarrow \pi_n(Z, b_Z)$ である.

【解】 (1) まず, f_* が写像になることは, $u_0 \simeq u_1 : (I^n, \partial I^n) \longrightarrow (X, b_X)$ がホモトピックな写像のとき, そのホモトピーを $H : [0,1] \times (I^n, \partial I^n) \longrightarrow (X, b_X)$ とすると, $f \circ H$ がホモトピー $f \circ u_0 \simeq f \circ u_1$ を与えることからわかる.

また, $u, v : (I^n, \partial I^n) \longrightarrow (X, b_X)$ に対し, $f \circ (u \natural v) = (f \circ u) \natural (f \circ v)$, $f \circ \overline{u} = \overline{f \circ u}$ であるから, $f_*([u][v]) = f_*([u]) f_*([v])$, $f_*([u]^{-1}) = (f_*([u]))^{-1}$ であり, 準同型となる.

(2) $u : (I^n, \partial I^n) \longrightarrow (X, b_X)$ に対し, $(g \circ f)_*([u]) = [(g \circ f) \circ u] = [g \circ (f \circ u)] = g_*([f \circ u]) = g_*(f_*([u])) = (g_* \circ f_*)([u])$.

【例題 1.3.4】 基点を保つ連続写像 $f_0, f_1 : (X, b_X) \longrightarrow (Y, b_Y)$ が (基点を保って) ホモトピックとすると, $f_{0*} = f_{1*} : \pi_n(X, b_X) \longrightarrow \pi_n(Y, b_Y)$ である.

【解】 $f_0 \simeq f_1 : (X, b_X) \longrightarrow (Y, b_Y)$ を与えるホモトピーを $F : [0,1] \times (X, b_X) \longrightarrow (Y, b_Y)$ とすると, $u : (I^n, \partial I^n) \longrightarrow (X, b_X)$ に対し, $F \circ u$ は, $f_0 \circ u, f_1 \circ u : (I^n, \partial I^n) \longrightarrow (X, b_X)$ の間のホモトピーとなる. したがって, $f_{0*}([u]) = f_{1*}([u])$ が任意の $[u] \in \pi_n(X, b_X)$ に対して成立する. よって, $f_{0*} = f_{1*}$.

【問題 1.3.5】 $(X, b_X), (Y, b_Y)$ を弧状連結な基点付き空間とする. $\pi_n(X \times Y, (b_X, b_Y)) \cong \pi_n(X, b_X) \times \pi_n(Y, b_Y)$ を示せ.
ヒント:射影 $\mathrm{pr}_X : (X \times Y, (b_X, b_Y)) \longrightarrow (X, b_X), \mathrm{pr}_Y : (X \times Y, (b_X, b_Y)) \longrightarrow (Y, b_Y)$ を用いる. 解答例は 38 ページ.

【問題 1.3.6】 $n \geqq 2$ に対して, $\pi_n(X, b_X)$ はアーベル群であることを示せ.
ヒント:単位立方体に含まれる直方体 $K = [a_1, b_1] \times \cdots \times [a_n, b_n] \subset [0,1]^n$ ($0 \leqq a_i < b_i \leqq 1, i = 1, \ldots, n$) に対し, $f_K : (I^n, \partial I^n) \longrightarrow (X, b_X)$ を次のように定義する.

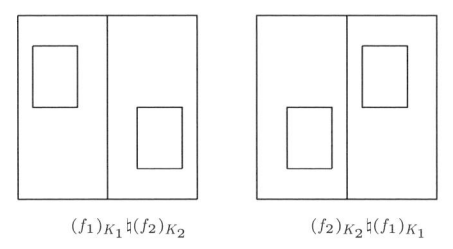

図 1.6　$\pi_n(X, b_X)$ ($n \geq 2$) はアーベル群である（問題 1.3.6）.

$$f_K(\bm{t}) = \begin{cases} f\left(\dfrac{t_1 - a_1}{b_1 - a_1}, \ldots, \dfrac{t_n - a_n}{b_n - a_n}\right) & (\bm{t} \in K) \\ b_X & (\bm{t} \in I^n \setminus K) \end{cases}$$

f_K は K の位置によらず f とホモトピックである．$f_1, f_2 : (I^n, \partial I^n) \longrightarrow (X, b)$ と内部が交わらない2つの直方体 K_1, K_2 に対し，K_1 上で $(f_1)_{K_1}$, K_2 上で $(f_2)_{K_2}$, $I^n \setminus (K_1 \cup K_2)$ を b に写す写像 F_{K_1, K_2} が考えられ，$n \geq 2$ のときは，K_1, K_2 の位置によらず，互いにホモトピックであることが示される．図 1.6 参照．解答例は 38 ページ．

問題 1.3.6 により，$n \geq 2$ に対して，$\pi_n(X, b_X)$ はアーベル群であることはわかるが，その計算は n が大きいときには非常に難しい．球面 S^n ($n \geq 2$) に対して，$\pi_m(S^n, b_{S^n}) = 0$ ($1 \leq m \leq n-1$), $\pi_n(S^n, b_{S^n}) \cong \bm{Z}$ は，それぞれ例題 1.3.13, 問題 7.6.3（250 ページ）で説明するが，$\pi_m(S^n, b_{S^n})$ ($m > n$) は多くの m に対して 0 ではなく，完全には決定されていない．

1.3.2　ホモトピー群の関手性

恒等写像 $\mathrm{id}_X : (X, b_X) \longrightarrow (X, b_X)$ に対しては，明らかに，$(\mathrm{id}_X)_* = \mathrm{id}_{\pi_n(X, b_X)}$ である．これと，例題 1.3.3 で確かめた性質は，n 次元ホモトピー群が基点付き位相空間の同相類の不変量となることを意味している．

もう一度まとめると，基点付き位相空間の n 次元ホモトピー群は，基点付き位相空間の間の連続写像について次の性質を持つ．

- 基点付き位相空間の間の連続写像 $f : (X, b_X) \longrightarrow (Y, b_Y)$ は群の準同型 $f_* : \pi_n(X, b_X) \longrightarrow \pi_n(Y, b_Y)$ を誘導する．
- 恒等写像 $\mathrm{id}_X : (X, b_X) \longrightarrow (X, b_X)$ に対しては，$(\mathrm{id}_X)_* = \mathrm{id}_{\pi_n(X, b_X)}$ である．

- 連続写像 $f:(X,b_X) \longrightarrow (Y,b_Y)$, $g:(Y,b_Y) \longrightarrow (Z,b_Z)$ に対して, 群の準同型として $g_* \circ f_* = (g \circ f)_* : \pi_n(X,b_X) \longrightarrow \pi_n(Z,b_Z)$ である.

この性質を, n 次元ホモトピー群をとる操作は,

(基点付き位相空間,（基点を保つ）連続写像)

のなす圏（カテゴリー）から

(群, 準同型写像)

のなす圏への**共変関手**であるという. 基点付きの位相空間 (X,b_X), (Y,b_Y) が同相ならば, それらの n 次元ホモトピー群 $\pi_n(X,b_X)$, $\pi_n(Y,b_Y)$ は同型である. したがって, $\pi_n(X,b_X)$ の同型類が, 基点付き位相空間の同相類の不変量となる.

基点付き位相空間の間の連続写像が, n 次元ホモトピー群の間に誘導する準同型については, もう 1 つ重要な性質がある. それは例題 1.3.4 で確かめた**ホモトピー不変性**と呼ばれる性質である.

- 基点を保つ連続写像 $f_0, f_1 : (X,b_X) \longrightarrow (Y,b_Y)$ が（基点を保って）ホモトピックとすると, $(f_0)_* = (f_1)_* : \pi_n(X,b_X) \longrightarrow \pi_n(Y,b_Y)$ である.

したがって, n 次元ホモトピー群は基点を保つホモトピー型の不変量である.

さらに, X が弧状連結な位相空間であれば, $\pi_n(X,b_X)$ の同型類は基点 b_X のとり方によらないことがわかる.

【問題 1.3.7】 弧状連結な位相空間 X に対し, $\pi_n(X,b_X)$ の同型類は, 基点 b_X のとり方によらないことを示せ. 解答例は 38 ページ.

【問題 1.3.8】 弧状連結な位相空間 X に対し, $\pi_1(X,b_X)$ の元の共役類の集合 C からホモトピー集合 $[S^1, X]$ への写像を自然に定めると, これは全単射であることを示せ. 解答例は 40 ページ.

1.3.3　n 連結性とホモトピー群

空間対 $(I^n, \partial I^n)$ と空間対 (D^n, S^{n-1}) は同相である. 実際 $(I^n, \partial I^n) = ([0,1]^n, \partial([0,1]^n))$ と $([-1,1]^n, \partial([-1,1]^n))$ はアフィン写像 $\boldsymbol{x} \longmapsto 2\boldsymbol{x}/(1,\ldots,1)$

により同相であり，$([-1,1]^n, \partial([-1,1]^n))$ と (D^n, S^{n-1}) は写像 $x \mapsto$
$\begin{cases} \max\{|x_i|\}\dfrac{x}{\|x\|} & (x \neq 0) \\ 0 & (x = 0) \end{cases}$ により同相である．したがって，集合として，
$\pi_n(X, b_X) = [(I^n, \partial I^n), (X, b_X)]$ とホモトピー集合 $[(D^n, S^{n-1}), (X, b_X)]$ の間には全単射が存在する．空間対 (D^n, S^{n-1}) と基点付き空間 (S^n, b_{S^n}) は，ホモトピー同値ではないが，これらの空間から，基点付き空間 (X, b_X) への写像の間には，全単射が存在する．これは，D^n の部分集合 S^{n-1} を 1 点に同一視して得られる空間 D^n/S^{n-1} について，$(D^n/S^{n-1}, S^{n-1}/S^{n-1})$ が (S^n, b_{S^n}) と同相になるからである．

【問題 1.3.9】 集合として $[(S^n, b_{S^n}), (X, b_X)] = \pi_n(X, b_X)$ を示せ．解答例は 41 ページ．

【例題 1.3.10】 n を正の整数とする．$D^{n+1} = \{x \in \boldsymbol{R}^{n+1} \mid \|x\| \leqq 1\}$，$S^n = \partial D^{n+1} = \{x \in \boldsymbol{R}^{n+1} \mid \|x\| = 1\}$ とする．弧状連結な空間 X とその上の点 b_X を考える．「$\pi_n(X, b_X)$ が単位群であること」と「任意の写像 $f : S^n \longrightarrow X$ に対し，$g : D^{n+1} \longrightarrow X$ で $g|S^n = f$ を満たすものが存在すること」は同値であることを示せ．

ヒント：例題 1.2.13，問題 1.3.7，問題 1.3.9 を使う．

【解】 $p : (I^n, \partial I^n) \longrightarrow (I^n/\partial I^n, \partial I^n/\partial I^n)$ を射影とし，同相写像 $h : (I^n/\partial I^n, \partial I^n/\partial I^n) \longrightarrow (S^n, b_{S^n})$ を固定する．$b_{S^n} = -e_1 = (-1, 0, \ldots, 0)$ とする．

X は弧状連結とし $\pi_n(X, b_X) = 0$ とする．任意の $f : S^n \longrightarrow X$ に対し，$f \circ h \circ p : (I^n, \partial I^n) \longrightarrow (X, f(b_{S^n}))$ を考える．問題 1.3.7 により，$\pi_n(X, f(b_{S^n})) = 0$ だから，問題 1.3.9 により，$[(S^n, b_{S^n}), (X, f(b_{S^n}))]$ は 1 点からなり，$F : ([0,1] \times (S^n, b_{S^n}) \longrightarrow (X, f(b_{S^n}))$ で，$F(1, x) = f(x)$，$F(0, x) = f(b_{S^n})$ となるものがある．このとき，例題 1.2.13 により，$g : D^{n+1} \longrightarrow X$ で，$g|S^n = f$ を満たすものが得られる．

任意の $f : S^n \longrightarrow X$ に対し，$g : D^{n+1} \longrightarrow X$ で $g|S^n = f$ を満たすものがあるとする．$\pi_n(X, b_X)$ の元の代表元 $a : (I^n, \partial I^n) \longrightarrow (X, b_X)$ をとる．$\underline{a} \circ h^{-1} : (S^n, b_{S^n}) \longrightarrow (X, b_X)$ に対し，$g : D^{n+1} \longrightarrow X$ で $g|S^n = \underline{a} \circ h^{-1}$ なるものが得られる．ただし $\underline{a} : (I^n/\partial I^n, \partial I^n/\partial I^n) \longrightarrow (X, b_X)$ は a が

誘導する写像である．$t \in [0,1]$ に対し，$k_t : (S^n, b_{S^n}) \longrightarrow (D^{n+1}, b_{S^n})$ を $k_t(\boldsymbol{x}) = t(\boldsymbol{x} + \boldsymbol{e}_1) - \boldsymbol{e}_1$ とおく．$g \circ k_t \circ h \circ p : (I^n, \partial I^n) \longrightarrow (X, b_X)$ は，$(g \circ k_t \circ h \circ p)(\partial I^n) = b_X$ を満たし，$g \circ k_1 \circ h \circ p = a$ と $g \circ k_0 \circ h \circ p = c_{b_X}$ の間のホモトピーを与える．したがって，$\pi_n(X, b_X) = 0$ となる．

【問題 1.3.11】 n 次元立方体 I^n から m 次元ユークリッド空間 $\boldsymbol{R}^m$ の開集合 U への連続写像 $f : I^n \longrightarrow U$ を考える．この f に対し，ある実数 ε が存在し，$g : I^n \longrightarrow U$ が $\sup_{t \in I^n} \|g(\boldsymbol{t}) - f(\boldsymbol{t})\| < \varepsilon$ を満たす連続写像ならば，$s \in [0,1]$ に対し，$(1-s)g(\boldsymbol{t}) + sf(\boldsymbol{t}) \in U$ となることを示せ．解答例は 41 ページ．

【問題 1.3.12】 n 次元立方体 I^n とその境界 ∂I^n，および m 次元ユークリッド空間 $\boldsymbol{R}^m$ の開集合 U とその上の点 $b \in U$ について，写像 $f : (I^n, \partial I^n) \longrightarrow (U, b)$ を考える．$f : (I^n, \partial I^n) \longrightarrow (U, b)$ とホモトピックな滑らかな写像 $g : (I^n, \partial I^n) \longrightarrow (U, b)$, $f : (I^n, \partial I^n) \longrightarrow (U, b)$ とホモトピックな区分線形な写像 $\overline{f} : (I^n, \partial I^n) \longrightarrow (U, b)$ が存在することを示せ．ただし，区分線形な写像とは，I^n を適当に内部が交わらない n 単体（$n+1$ 点の凸包（167 ページ参照））に分割したとき，各単体の上では 1 次写像（アフィン写像）であるような連続写像のことである．解答例は 41 ページ．

【例題 1.3.13】 (S^n は $n-1$ **連結**) (S^n, b_{S^n}) と $(\boldsymbol{R}^{n+1} \setminus \{\boldsymbol{0}\}, b_{S^n})$ は，ホモトピー同値であることに注意して，$k < n$ ならば，$\pi_k(S^n, b_{S^n}) = 0$ であることを示せ．

【解】 (S^n, b_{S^n}) は，$(\boldsymbol{R}^{n+1} \setminus \{\boldsymbol{0}\}, b_{S^n})$ の変形レトラクトで，包含写像 $i : (S^n, b_{S^n}) \longrightarrow (\boldsymbol{R}^{n+1} \setminus \{\boldsymbol{0}\}, b_{S^n})$, 半径方向の射影 $p : (\boldsymbol{R}^{n+1} \setminus \{\boldsymbol{0}\}, b_{S^n}) \longrightarrow (S^n, b_{S^n})$ は，ホモトピー同値写像である．$f : (I^k, \partial I^k) \longrightarrow (S^n, b_{S^n})$ に対し，$i \circ f : (I^k, \partial I^k) \longrightarrow (\boldsymbol{R}^{n+1} \setminus \{\boldsymbol{0}\}, b_{S^n})$ は問題 1.3.12 により，滑らかな写像，あるいは区分線形な写像 g とホモトピックである．このとき，$p \circ g$ は，$k < n$ だから，S^n への全射ではない．その理由は，g が滑らかな写像ならば，$p \circ g$ は滑らかな写像で，サードの定理（[多様体入門・定理 5.4.1] 参照）により，全射とならない．g が区分線形な写像のときには次のように説明できる．各 k 単体の像と原点は，$\boldsymbol{R}^{n+1}$ の高々 $k+1$ 次元の部分空間に含まれる．$p \circ g$ の像は，このような有限個の部分空間の和集合と S^n の共通部分に含まれるから，$p \circ g$ は全射にならない．

したがって，$p \circ g : (I^k, \partial I^k) \longrightarrow (S^n, b_{S^n})$ の像に含まれない点 $y \in S^n$ が存在する．$(S^n \setminus \{y\}, b_{S^n})$ は $(\mathbf{R}^n, \mathbf{0})$ と同相であり，$(\mathbf{R}^n, \mathbf{0})$ は $(\{\mathbf{0}\}, \mathbf{0})$ とホモトピー同値であるから，$p \circ g \simeq c_{b_{S^n}}$ である．こうして，$\pi_k(S^n, b_{S^n}) = 0$ が示された．

【問題 1.3.14】 $U \subset \mathbf{R}^n$ を弧状連結な開集合とする．$b \in U$ を U の基点，$p \in U$ を b と異なる点とする．$k < n-1$ ならば，包含写像 $i : U \setminus \{p\} \longrightarrow U$ は同型写像 $i_* : \pi_k(U \setminus \{p\}, b) \longrightarrow \pi_k(U, b)$ を誘導することを示せ．解答例は 42 ページ．

1.4 基本群

基点付きの空間 (X, b) の基本群を記述することを考えよう．まず，$\pi_1(S^1, b_{S^1}) = \pi_1(\mathbf{R}/\mathbf{Z}, 0) \cong \mathbf{Z}$ を示す．

1.4.1 円周の基本群

定理 1.4.1 $\pi_1(S^1, b_{S^1}) \cong \mathbf{Z}$．

証明 円周 $\mathbf{R}/\mathbf{Z}$ について，射影を $p : \mathbf{R} \longrightarrow \mathbf{R}/\mathbf{Z}$ とおく．

(1) まず，2 つの連続関数 $\widetilde{f}_1, \widetilde{f}_2 : [0,1] \longrightarrow \mathbf{R}$ が，$p \circ \widetilde{f}_1 = p \circ \widetilde{f}_2$ を満たすならば，ある整数 n があって，$\widetilde{f}_1(x) = \widetilde{f}_2(x) + n$ となることを示す．実際，$p \circ (\widetilde{f}_1 - \widetilde{f}_2) = p \circ \widetilde{f}_1 - p \circ \widetilde{f}_2 = 0$ だから，$\widetilde{f}_1(x) - \widetilde{f}_2(x) \in \mathbf{Z}$ であるが，$\widetilde{f}_1 - \widetilde{f}_2$ は連続であるから，$[0,1]$ 上で定数である．したがって，ある整数 n があって，$\widetilde{f}_1(x) = \widetilde{f}_2(x) + n$ となる．

(2) 閉区間 $[0,1]$ から円周への連続写像 $f : [0,1] \longrightarrow \mathbf{R}/\mathbf{Z}$ に対し，連続写像 $\widetilde{f} : [0,1] \longrightarrow \mathbf{R}$ で $p \circ \widetilde{f} = f$ を満たすものがあることは直感的には明らかに思われるが，証明は次のように行われる．

(2-1) 円周を次の 3 個の開区間で被覆する．

$$V_0 = (-\tfrac{1}{3}, \tfrac{1}{3}) \bmod 1, \quad V_1 = (0, \tfrac{2}{3}) \bmod 1, \quad V_2 = (-\tfrac{2}{3}, 0) \bmod 1$$

このとき，ある正実数 δ に対し，定義域 $[0,1]$ の各点 x の δ 近傍 $B_x(\delta)$ の像 $f(B_x(\delta))$ は，V_0, V_1, V_2 のどれかに含まれる．実際，定義域 $[0,1]$ の開被覆 $\{U_i = f^{-1}(V_i)\}_{i=1,2,3}$ を考え，$[0,1]$ 上の 3 つの関数 $g_i(x) = \mathrm{dist}(x, [0,1] \setminus U_i)$ ($i = 1, 2, 3$) を考える．これらは負にならない連続関数で，$U_1 \cup U_2 \cup U_3 = [0,1]$ だから，$\max\{g_1, g_2, g_3\} > 0$ である．$\max\{g_1, g_2, g_3\}$ も連続関数であり，その最小値を δ とおく．$x \in [0,1]$ において，ある i については，$g_i(x) \geqq \delta$ であるが，それは，$B_x(\delta) \subset U_i$ を意味する．

(2-2) (2-1) で得られる δ に対し，$\frac{1}{N} < \delta$ となる自然数 N をとり，$[0,1]$ 区間を N 等分すると，各区間 $\left[\frac{m-1}{N}, \frac{m}{N}\right]$ ($m = 1, \ldots, N$) に対し，$\widetilde{f}_m : \left[\frac{m-1}{N}, \frac{m}{N}\right] \longrightarrow \boldsymbol{R}$ で，$p \circ \widetilde{f}_m = f\big|\left[\frac{m-1}{N}, \frac{m}{N}\right]$ を満たすものが存在する．実際，$f(\left[\frac{m-1}{N}, \frac{m}{N}\right]) \subset V_i$ となる i が存在するから，V_0 に値を持てば，$\left(-\frac{1}{3}, \frac{1}{3}\right)$ への写像，V_1 に値を持てば，$\left(0, \frac{2}{3}\right)$ への写像，V_3 に値を持てば，$\left(-\frac{2}{3}, 0\right)$ への連続写像 $\widetilde{f}_m$ で $p \circ \widetilde{f}_m = f\big|\left[\frac{m-1}{N}, \frac{m}{N}\right]$ を満たすものが (i を決めれば一意に) 存在する．

(2-3) 求める $\widetilde{f}$ の構成は，$\widetilde{f}\big|\left[0, \frac{1}{N}\right] = \widetilde{f}_1$ とおき，$\{\widetilde{f}_m\}_{m=1,\ldots,N}$ の定義が一致していない点 $\{\frac{m}{N}\}_{m=1,\ldots,N-1}$ において，順に補正してつないでいくことにより行われる．$\widetilde{f}\big|\left[0, \frac{m-1}{N}\right]$ が定義されているとする．$p \circ (\widetilde{f}(\frac{m-1}{N}) - \widetilde{f}_m(\frac{m-1}{N})) = 0$ だから，$n_m \in \boldsymbol{Z}$ で，$\widetilde{f}(\frac{m-1}{N}) - \widetilde{f}_m(\frac{m-1}{N}) = n_m$ を満たすものがある．そこで，$\widetilde{f}\big|\left[\frac{m-1}{N}, \frac{m}{N}\right] = \widetilde{f}_m + n_m$ とおくと，$\widetilde{f}\big|\left[0, \frac{m}{N}\right]$ が連続写像として定義される．したがって，帰納法により $\widetilde{f} : [0,1] \longrightarrow \boldsymbol{R}$ が定義された．

(3) 正方形 $[0,1]^2$ から円周への連続写像 $F : [0,1]^2 \longrightarrow \boldsymbol{R}/\boldsymbol{Z}$ に対し，連続写像 $\widetilde{F} : [0,1]^2 \longrightarrow \boldsymbol{R}$ で $p \circ \widetilde{F} = F$ を満たすものがあることも同様の考え方で示される．

(3-1) まず，ある正実数 δ に対し，定義域 $[0,1]^2$ の各点 x の δ 近傍 $B_x(\delta)$ の像 $F(B_x(\delta))$ は，V_0, V_1, V_2 のどれかに含まれる．証明は上の (2-1) とまったく同じである．

(3-2) (3-1) で得られる δ に対し，$\frac{1}{N} < \frac{\delta}{\sqrt{2}}$ となる自然数 N をとり，正方形 $[0,1]^2$ を 1 辺の長さが $\frac{1}{N}$ の正方形に N^2 等分する．このとき，各小正方形 $K_{m_1 m_2} = \left[\frac{m_1-1}{N}, \frac{m_1}{N}\right] \times \left[\frac{m_2-1}{N}, \frac{m_2}{N}\right]$ 上の関数 $\widetilde{F}_{m_1 m_2}$ で $p \circ \widetilde{F}_{m_1 m_2} = F\big|K_{m_1 m_2}$ を満たすものが定まる．

(3-3) $m_1 m_2$ の辞書式順序にしたがって，$\widetilde{F}\big|K_{11} = F_{11}$ とし，$\widetilde{F}\big|\bigcup_{k_1 k_2 < m_1 m_2} K_{k_1 k_2}$ が定まっているとする．このとき，小正方形 $K_{m_1 m_2}$ と

$\bigcup_{k_1k_2<m_1m_2} K_{k_1k_2}$ の共通部分は，1つの辺または隣り合った2つの辺の和集合だから連結であり，その上で $\widetilde{F}|\bigcup_{k_1k_2<m_1m_2} K_{k_1k_2} - \widetilde{F}_{m_1m_2}$ の値は一定値 $n_{m_1m_2} \in \mathbf{Z}$ となる．したがって，$\widetilde{F}|K_{m_1m_2} = \widetilde{F}_{m_1m_2} + n_{m_1m_2}$ とすればよい．こうして，$\widetilde{F}$ が定義される．

(4) $S^1 = \mathbf{R}/\mathbf{Z}$ に対し，$b_{S^1} = 0 \mod 1$ とする．連続関数 $f : ([0,1],\{0,1\}) \longrightarrow (S^1, b_{S^1})$ に対し，連続写像 $\widetilde{f} : [0,1] \longrightarrow \mathbf{R}$ で，$p \circ \widetilde{f} = f$ かつ $\widetilde{f}(0) = 0$ となるものをとることができる．$h(f) = \widetilde{f}(1)$ とおくと $h(f) \in \mathbf{Z}$ である．写像 $h : \mathrm{Map}(([0,1],\{0,1\}),(S^1, b_{S^1})) \longrightarrow \mathbf{Z}$ について，$f_1 \simeq f_2 : ([0,1],\{0,1\}) \longrightarrow (S^1, b_{S^1})$ ならば $h(f_1) = h(f_2)$ である．実際，(3) により，f_1 と f_2 の間のホモトピー $F : [0,1] \times ([0,1],\{0,1\}) \longrightarrow (S^1, b_{S^1})$ に対し，連続写像 $\widetilde{F} : [0,1] \times [0,1] \longrightarrow \mathbf{R}$ で，$p \circ \widetilde{F} = F$ を満たすものが存在する．このとき，$\widetilde{F}(s,0) \in \mathbf{Z}$ は定数 n で，$\widetilde{F} - n$ を改めて，$\widetilde{F}$ と考えれば，$\widetilde{F}(s,0) = 0$ ととることができる．このとき，$\widetilde{F}(s,1) \in \mathbf{Z}$ も定数であり，$h(f_1) = \widetilde{F}(0,1), h(f_2) = \widetilde{F}(1,1)$ であるから，$h(f_1) = h(f_2)$ となる．

(5) こうして得られた h により写像 $\varphi : \pi_1(S^1, b_{S^1}) = [([0,1],\{0,1\}), (S^1, b_{S^1})] \longrightarrow \mathbf{Z}$ が定義される．φ は準同型写像である．実際，$f_i : ([0,1], \{0,1\}) \longrightarrow (S^1, b_{S^1})$ $(i = 1, 2)$ に対して，連続写像 $\widetilde{f}_i : [0,1] \longrightarrow \mathbf{R}$ で，$p \circ \widetilde{f}_i = f_i$，かつ $\widetilde{f}_i(0) = 0$ となるものをとったとき，$\widetilde{f_1 \natural f_2} : [0,1] \longrightarrow \mathbf{R}$ は

$$\widetilde{f_1 \natural f_2}(t) = \begin{cases} \widetilde{f}_1(2t) & (t \in [0, \tfrac{1}{2}]) \\ \widetilde{f}_2(2t-1) + \widetilde{f}_1(1) & (t \in [\tfrac{1}{2}, 1]) \end{cases}$$

で定義される．したがって，$h(f_1 \natural f_2) = h(f_1) + h(f_2)$ であり，$\varphi([f_1][f_2]) = \varphi([f_1]) + \varphi([f_2])$ であることがわかる．$f : ([0,1],\{0,1\}) \longrightarrow (S^1, b_{S^1})$ に対して，$\overline{f}(x) = f(1-x)$ で定義される $\overline{f} : ([0,1],\{0,1\}) \longrightarrow (S^1, b_{S^1})$ を考えると，連続写像 $\widetilde{f} : [0,1] \longrightarrow \mathbf{R}$ で，$p \circ \widetilde{f} = f$，かつ $\widetilde{f}(0) = 0$ を満たすものに対し，$\widetilde{\overline{f}}(t) = \widetilde{f}(1-t) - \widetilde{f}(1)$ が，$p \circ \widetilde{\overline{f}} = \overline{f}$ かつ $\widetilde{\overline{f}}(0) = 0$ を満たすことがわかる．したがって，$h(\overline{f}) = -h(f)$ であり，$\varphi([f]^{-1}) = -\varphi([f])$ がわかる．

(6) φ は同型写像である．まず全射であることは，$k \in \mathbf{Z}$ に対し $\widetilde{f}_k = kx$ により $\widetilde{f}_k : [0,1] \longrightarrow \mathbf{R}$ を定義すると，$\varphi(p \circ \widetilde{f}_k) = k$ となることからわかる．単射であることは次のようにしてわかる．$f : ([0,1],\{0,1\}) \longrightarrow (S^1, b_{S^1})$ に対し $\varphi(f) = 0$ とする．このとき，$f = p \circ \widetilde{f}, \widetilde{f}(0) = 0, \widetilde{f}(1) = 0$ とな

る $\widetilde{f} : [0,1] \longrightarrow \mathbf{R}$ が存在する．$F(t,x) = p(t\widetilde{f}(x))$ とおくと，$F(t,0) = F(t,1) = b_{S^1}$ であり，$F(0,x) = b_{S^1}, F(1,x) = f(x)$ となるから，F は $c_{b_{S^1}}$, $f : ([0,1],\{0,1\}) \longrightarrow (S^1, b_{S^1})$ の間のホモトピーを与える．したがって，$[f]$ は $\pi_1(S^1, b_{S^1})$ の単位元である．

以上で，$\pi_1(S^1, b_{S^1}) \cong \mathbf{Z}$ が示された． ∎

円周の基本群が $\mathbf{Z}$ と同型であることからわかることがいろいろとある．

【問題 1.4.2】 n 次元トーラス $T^n = S^1 \times \cdots \times S^1$ (n 個の直積) に対し，$\pi_1(T^n, b_{T^n})$ を求めよ．解答例は 43 ページ．

【問題 1.4.3】 $D^2 = \{(x,y) \in \mathbf{R}^2 \mid x^2 + y^2 \leqq 1\}$, $S^1 = \partial D^2 = \{(x,y) \in \mathbf{R}^2 \mid x^2 + y^2 = 1\}$, 基点を $b = (1,0)$ とし，包含写像を $i : (S^1, b) \longrightarrow (D^2, b)$ とする．$i_* : \pi_1(S^1, b) \longrightarrow \pi_1(D^2, b)$ を考えて，連続写像 $f : D^2 \longrightarrow S^1$ で，$f \circ i = \mathrm{id}_{S^1}$ となるものが存在しないことを示せ．解答例は 43 ページ．

【問題 1.4.4】 2 次元ユークリッド空間 $\mathbf{R}^2$ と 3 次元以上のユークリッド空間 $\mathbf{R}^n$ ($n \geq 3$) は同相ではないことを示せ．解答例は 43 ページ．

定理 1.4.1 の証明の (2-1), (3-1) に現れた δ に対し，例えば $\delta' < \delta$ とすると，直径が δ' 以下の任意の集合は，開被覆 $\{f^{-1}(V_i)\}$ あるいは開被覆 $\{F^{-1}(V_i)\}$ の元のどれかに含まれる．一般に，コンパクト距離空間の開被覆に対し，正実数 δ で，直径が δ 以下の任意の集合は開被覆のある元に含まれるというものが存在する．この性質を持つ正実数は，開被覆の**ルベーグ数**と呼ばれる．

【問題 1.4.5】 (1) 距離空間 X の部分集合 A に対し，X 上の関数 $d_A(x)$ を $d_A(x) = \inf_{a \in A} \mathrm{dist}(x,a)$ で定義する．$d_A : X \longrightarrow \mathbf{R}$ は連続であることを示せ．

(2) X 上の実数値連続関数 $f_1, \ldots, f_k$ に対し，$F(x) = \max_k\{f_k(x)\}$ で定義される関数 $F : X \longrightarrow \mathbf{R}$ は連続であることを示せ．

(3) コンパクト距離空間 X 上の有限開被覆 $\{U_1, \ldots, U_k\}$ に対し，次を満たす正実数 δ が存在することを示せ．

- すべての点 $x \in X$ の δ 近傍 $B_x(\delta)$ は，ある開集合 U_j ($j \in \{1, \ldots, k\}$) に含まれる．

このとき δ 未満の正実数はルベーグ数となる．解答例は 43 ページ．

1.4.2 群の表示

群を表示することは 1 つの集合上の演算をすべて記述することであるから一般には困難なことである．我々があつかう空間の基本群に対しては，後で述べるファンカンペンの定理を用いて，生成元と関係式による表示が得られることが多い．

群を生成元と関係式で表示する方法を説明しよう．

群 G は，空でない集合 G で，結合律を満たす演算 $G \times G \longrightarrow G$ が指定され，その演算について，単位元 $\mathbf{1}$，各元 g の逆元 g^{-1} が存在するというものである．群 G の部分集合 S が，任意の G の元は S の元とその逆元の積で書かれるという性質を持つとき，S を生成元の集合と呼ぶ．このとき，G の元は S の元をアルファベットとする S の元の語（ワード）で表されるという．2 つの S の元の語 w_1, w_2 の積は，語を並べた語 $w_1 w_2$ で表される．2 つの語がいつ等しいか，すなわち，G の同じ元を表すかを記述すれば，群が表示できることになる．$w = s_1 \cdots s_k$ $(s_i \in S, i = 1, \ldots, k)$ に対して，$w^{-1} = s_k{}^{-1} \cdots s_1{}^{-1}$ とすると，$w_1 = w_2$ という関係式は，$w_1 w_2{}^{-1} = \mathbf{1}$ と書かれるから，どのような語が単位元 $\mathbf{1}$ を表すかを指定すればよい．$\mathbf{1}$ を表す語の逆の語，2 つの $\mathbf{1}$ を表す語の積や，$\mathbf{1}$ を表す語の共役の語は，$\mathbf{1}$ を表すから，このことを勘案して，できるだけ少ない関係式，すなわち，$\mathbf{1}$ を表す語を与えて，群を表示することを考える．このとき，自明な関係式 $s_i s_i{}^{-1} = s_i{}^{-1} s_i = \mathbf{1}$ は，明示しなくても成立していると考える．

例えば，S が 1 つの元 a からなり，関係式が自明なものしかないときには，群 G の元は $\mathbf{1} = a^0$, $k \in \mathbf{Z}_{>0}$ に対して，a の k 個の積 a^k と，その逆元 $a^{-k} = (a^k)^{-1}$ からなり，$a^j a^k = a^{j+k}$ という計算法則を持つから，無限巡回群 $\mathbf{Z}$ と同型な群を表す．

S が k 個の元 $s_1, \ldots, s_k$ からなり，関係式が自明なものしかないときには，群 G の元は，$\mathbf{1}$ または $s_{i_1}{}^{e_1} \cdots s_{i_j}{}^{e_j}$ で $e_\ell = \pm 1$ $(\ell = 1, \ldots, j)$ であり，隣りあうアルファベットについて $s_{i_\ell} = s_{i_{\ell+1}}$ かつ $e_\ell + e_{\ell+1} = 0$ となる ℓ がないという語の全体となる．これらを**簡約された語**と呼ぶ．2 つの簡約された語の積は，それらを並べて，自明な関係式で簡約したものとなる．この群を k 元生成自由群と呼ぶ（通常は，簡約された語において，$s_i{}^{+1} = s_i$ または $s_i{}^{-1}$ がちょうど m 個並んでいれば，その部分を $s_i{}^m$ または $s_i{}^{-m}$ のように書く）．

群 G の生成元の集合を S とし，$\mathbf{1}$ を表す関係式が，S の元の語の集合 R から，逆，積，共役をとることで得られるとする．k 元生成自由群と同様に定義される S の元で生成される自由群を F_S と書くと，R は F_S の部分集合である．N_R を R を含む F_S の正規部分群で最小のものとすると，G は商の群 F_S/N_R と同型となる．商の群 F_S/N_R を $\langle S \mid R \rangle$ と書く．

例えば，$\mathbf{Z}/3\mathbf{Z} = \langle a \mid a^3 \rangle$，$\mathbf{Z}^2 = \langle a, b \mid aba^{-1}b^{-1} \rangle$ と書かれる．

定義 1.4.6（自由積，融合積） 2つの群 G_1, G_2 に対し，G_1 と G_2 の**自由積** $G_1 * G_2$ は，$G_1 = \langle S_1 \mid R_1 \rangle, G_2 = \langle S_2 \mid R_2 \rangle$ とするとき，

$$G_1 * G_2 = \langle S_1 \sqcup S_2 \mid R_1 \sqcup R_2 \rangle$$

で表される群である．

群 G_{12} からの準同型 $i_1 : G_{12} \longrightarrow G_1, i_2 : G_{12} \longrightarrow G_2$ が与えられたとき，**融合積** $G_1 \underset{G_{12}}{*} G_2$ は，

$$G_1 \underset{G_{12}}{*} G_2 = \langle S_1 \sqcup S_2 \mid R_1 \sqcup R_2 \sqcup \{i_1(g_{12})(i_2(g_{12}))^{-1} \mid g_{12} \in G_{12}\} \rangle$$

で表される群である．

例えば 2 元生成自由群は $\langle a, b \rangle = \mathbf{Z} * \mathbf{Z}$ である．$G = \langle S \mid R \rangle$ に対し，S, R の元で生成される自由群 F_S, F_R に対して，$i_1 : F_R \longrightarrow F_S$ を包含写像から誘導される準同型，$i_2 : F_R \longrightarrow \{1\}$ を自明な準同型とするとき，$G = \langle S \mid R \rangle = F_S \underset{F_R}{*} \{1\}$ である．

1.4.3 ファンカンペンの定理

定理 1.4.7（ファンカンペンの定理） 位相空間 X が 2 つの開集合 U_1, U_2 で被覆されているとする：$X = U_1 \cup U_2$．$U_1, U_2, U_{12} = U_1 \cap U_2$ は弧状連結と仮定する．基点 $b \in U_{12} = U_1 \cap U_2$ をとり，包含写像を $i_1 : U_{12} \longrightarrow U_1, i_2 : U_{12} \longrightarrow U_2$ とし，これらにより誘導される準同型写像を $i_{1*} : \pi_1(U_{12}, b) \longrightarrow \pi_1(U_1, b)$，$i_{2*} : \pi_1(U_{12}, b) \longrightarrow \pi_1(U_2, b)$ とする．このとき，$\pi_1(X, b)$ は次の融合積で表される．

$$\pi_1(X, b) \cong \pi_1(U_1, b) \underset{\pi_1(U_{12}, b)}{*} \pi_1(U_2, b)$$

この定理の証明は，7.1 節（222 ページ）に与える．

ファン・カンペンの定理により，多くの図形の基本群を表示することができる．表示された群の性質を知ることは，通常，非常に難しい．実際，表示された群が自明な群であるかどうかをすべての有限表示群に対して検証するアルゴリズムは存在しないことが知られている．また，すべての有限表示群の元の表示に対して，それが単位元を表すかどうかを検証するアルゴリズムが存在しないことも知られている．

【例 1.4.8】 $S^1 \vee S^1$ を 2 つの (S^1, b_{S^1}) の基点 b_{S^1} を 1 点 b に同一視した空間とする．$S^1 \vee S^1$ の 2 つの (S^1, b_{S^1}) の近傍を U_1, U_2 とし，$U_1 \cap U_2$ が十文字の形と同相となるものがとれる．このとき，$\pi_1(U_1 \cap U_2, b) = \{\mathbf{1}\}$ であり，$\pi_1(U_i, b) \cong \pi_1(S^1, b_{S^1}) \cong \mathbf{Z}$ $(i = 1, 2)$ となる．$\pi_1(S^1 \vee S^1, b) \cong \pi_1(U_1, b) * \pi_1(U_2, b) \cong \mathbf{Z} * \mathbf{Z}$ となる．このことから，$\mathbf{R}^2 \setminus \{0\}, \mathbf{R}^2 \setminus \{\pm e\}$ は，ホモトピー同値ではないことがわかる．

【例題 1.4.9】 2 次元トーラス

$$T^2 = \{(x, y, z) \in \mathbf{R}^3 \mid ((x^2 + y^2)^{1/2} - 2)^2 + z^2 = 1\}$$

の基本群を，U_1 を

$$X = \{(x, y, z) \in \mathbf{R}^3 \mid y = 0, \ (x + 2)^2 + z^2 = 1\}$$
$$\cup \{(x, y, z) \in \mathbf{R}^3 \mid z = 0, \ x^2 + y^2 = 1\}$$

の ε 近傍 $(\varepsilon < 0.1)$，$U_2 = T^2 \setminus X$ として，被覆 $T^2 = U_1 \cup U_2$ を用いて求めよ．図 1.7 参照.

【解】 基点 b を $U_{12} = U_1 \cap U_2$ 上に，$(-1, 0, 0)$ に近く，$z > 0$ かつ $y < 0$ の部分にとる．$U_1 \cap U_2$ は $S^1 \times [0, 1]$ と同相である．したがって $\pi_1(U_1 \cap U_2, b) \cong \mathbf{Z}$．$U_1$ は，X を変形レトラクトに持ち，X は $S^1 \vee S^1$ と同相だから，弧状連結な空間の基本群は，基点のとり方によらないという問題 1.3.7 と上の例により，$\pi_1(U_1, b) \cong \pi_1(S^1 \vee S^1, b_X) \cong \mathbf{Z} * \mathbf{Z}$ である．ここで，$b_X = (-1, 0, 0)$ である．$\pi_1(X, b_X)$ の生成元は，X の S^1 をそれぞれ 1 周する曲線 $\alpha_1(t) = (-2 + \cos 2\pi t, 0, \sin 2\pi t), \alpha_2(t) = (-\cos 2\pi t, -\sin 2\pi t, 0)$ $(t \in [0, 1])$ で代表される a_1, a_2 である．U_2 は，正方形の内部と同相で，$\pi_1(U_2, b) \cong \{\mathbf{1}\}$．ここで，$(i_1)_* : \pi_1(U_1 \cap U_2, b) \longrightarrow \pi_1(U_1, b)$ を計算する必要

図 1.7 例題 1.4.9 の U_1（左），U_2（右上）と U_{12}（下）．

がある．図 1.7 からわかるように，$\pi_1(U_{12}, b)$ の生成元は，b から，α_1 の近傍を通り，α_2 の近傍を通り，さらに $\overline{\alpha}_1$ の近傍，$\overline{\alpha}_2$ の近傍を通り，b に戻る U_{12} 上の曲線で表される．したがって，$(i_1)_* : \pi_1(U_{12}, b) \longrightarrow \pi_1(U_1, b) \cong \pi_1(X, b_X)$ による $\pi_1(U_{12}, b) \cong \mathbf{Z}$ の生成元の像は，$[\alpha_1][\alpha_2][\alpha_1]^{-1}[\alpha_2]^{-1}$ で表される．したがって，次を得る．

$$\pi_1(T^2, b) \cong (\mathbf{Z} * \mathbf{Z}) \underset{\mathbf{Z}}{*} \{\mathbf{1}\} \cong \langle a_1, a_2 \mid a_1 a_2 a_1^{-1} a_2^{-1} \rangle \cong \mathbf{Z} \times \mathbf{Z}$$

【問題 1.4.10】 3 次元ユークリッド空間の部分空間 X を次で定める．

$$X = \{(x, y, z) \in \mathbf{R}^3 \mid ((x^2 + y^2)^{1/2} - 2)^2 + z^2 = 1\}$$
$$\cup \{(x, y, z) \in \mathbf{R}^3 \mid y = 0, \ (x - 2)^2 + z^2 \leqq 1\}$$

トーラスの基本群は既知として，X の基本群を求めよ．図 1.14 参照．解答例は 43 ページ．

【問題 1.4.11】 写像 $f : S^1 \cong \mathbf{R}/2\pi\mathbf{Z} \longrightarrow \mathbf{R}^3$ を次で定める．

$$f(\theta) = \big(\cos 2\theta (2 + \cos 3\theta), \sin 2\theta (2 + \cos 3\theta), \sin 3\theta\big)$$

(1) $\mathbf{R}^3 \setminus f(S^1)$ の基本群を求めよ．この群の可換化（アーベル化）は何か．

ヒント：$T^2 = \{(x, y, z) \mid ((x^2 + y^2)^{1/2} - 2)^2 + z^2 = 1\}$ という曲面（トーラ

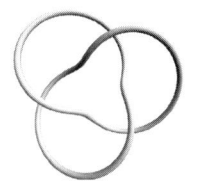

図 1.8　問題 1.4.11.

ス）に注目し，ファンカンペンの定理を使う．図 1.8 参照．

(2)　$R^3 \setminus f(S^1)$ の基本群がアーベル群ではないことはどうすればわかるか．解答例は 44 ページ．

1.5　第 1 章の問題の解答

【問題 1.2.3 の解答】　X が，弧状連結であり，連結ではないと仮定すると，$X = U \cup V$，$U \cap V = \emptyset$ となる空ではない開集合 U, V が存在する．$x_0 \in U, x_1 \in V$ に対し，弧状連結性から，連続写像 $\gamma : [0,1] \longrightarrow X$ で $\gamma(0) = x_0, \gamma(1) = x_1$ を満たすものが存在する．$\gamma^{-1}(U), \gamma^{-1}(V)$ は，区間 $[0,1]$ の空ではない開集合で，$[0,1] = \gamma^{-1}(U) \cup \gamma^{-1}(V), \gamma^{-1}(U) \cap \gamma^{-1}(V) = \emptyset$ となる．これは，区間 $[0,1]$ が連結であることに矛盾する．

念のために区間 $[0,1]$ が連結であることも示そう．区間 $[0,1]$ が連結ではないとすると 0 を含む開集合 U があり，$[0,1] \setminus U$ が空ではない開集合となる．$W = \{a \in [0,1] \mid [0,a] \subset U\}$ を考えると，開集合の定義（各点に対し，その点のある ε 近傍を含む）から，W は 0 を含む開集合である．W の上限 $b = \sup W$ をとると，$b \notin U$ である．実際，$b \in U$ ならば，$[0,1] \setminus U$ が空ではないから $b < 1$ であり，U は開集合だから，ある $\varepsilon > 0$ に対して $(b-\varepsilon, b+\varepsilon) \subset U$ となる．$[0, b-\frac{\varepsilon}{2}] \subset U$ だから，$[0, b+\frac{\varepsilon}{2}] \subset U, b+\frac{\varepsilon}{2} \in W$ となり，b が上限であることに反する．この結果，$b \in [0,1] \setminus U$ となるが，$[0,1] \setminus U$ が空ではない開集合だから，ある $\varepsilon > 0$ に対して $(b-\varepsilon, b+\varepsilon) \in [0,1] \setminus U$ となる．$b - \frac{\varepsilon}{2} \notin U$ は，b は上限であり $[0, b-\frac{\varepsilon}{2}] \subset U$ となることに反する．$[0,1]$ が連結でないと仮定したことが矛盾の原因だから，$[0,1]$ が連結であることが示された．

【問題 1.2.7 の解答】　f_0, f_1 の間のホモトピー $F : [0,1] \times X \longrightarrow Y$ に対し，$\overline{F} : [0,1] \times W \longrightarrow Z$ を $\overline{F}(t,w) = g(F(t, h(w)))$ で定義すると，$\overline{F}$ は連続写像で，$g \circ f_0 \circ h$ と $g \circ f_1 \circ h$ の間のホモトピーとなる．

【問題 1.2.8 の解答】 反射律 $f \simeq f$ が成立するのは, $f : X \longrightarrow Y$ に対し $F : [0,1] \times X \longrightarrow Y$ を $F(t,x) = f(x)$ とおけば示される. 対称律 $f_0 \simeq f_1 \Longrightarrow f_1 \simeq f_0$ は, $f_0 \simeq f_1$ を与えるホモトピー $F : [0,1] \times X \longrightarrow Y$ に対し, $F' : [0,1] \times X \longrightarrow Y$ を $F'(t,x) = F(1-t,x)$ で定義すれば確かめられる. 推移律 $f_0 \simeq f_1$, $f_1 \simeq f_2 \Longrightarrow f_0 \simeq f_2$ は, $f_0 \simeq f_1$, $f_1 \simeq f_2$ を与えるホモトピー $F_1 : [0,1] \times X \longrightarrow Y$, $F_2 : [0,1] \times X \longrightarrow Y$ に対し, $F : [0,1] \times X \longrightarrow Y$ を

$$F(t,x) = \begin{cases} F_1(2t,x) & (t \in [0, \frac{1}{2}]) \\ F_2(2t-1,x) & (t \in [\frac{1}{2}, 1]) \end{cases}$$

により定義すれば, F は補題 1.2.10 により, 連続であり, $f_0 \simeq f_2$ を与えるホモトピーとなる.

【問題 1.2.12 の解答】 (1) X が弧状連結ならば, 任意の連続写像 $f : K \longrightarrow X$ と K の各点 q に対し, $f|\{q\}$ は, X の 1 点 x_0 への定値写像 c_{x_0} にホモトピックである. したがって, $f : K \longrightarrow X$ は X の 1 点 x_0 への定値写像 c_{x_0} にホモトピックで, $[K,X]$ は 1 点集合である. 逆に, X の 2 点 x_0, x_1 に対して, x_0 への定値写像 $c_{x_0} : K \longrightarrow X$, x_1 への定値写像 $c_{x_1} : K \longrightarrow X$ を考えるとこれらがホモトピックであるから, $p \in K$ に対して, ホモトピー $F : [0,1] \times K \longrightarrow X$ の $[0,1] \times \{p\}$ への制限により, $F(0,p) = x_0$, $F(1,p) = x_1$ となる曲線が得られる. したがって, X は弧状連結である.

(2) p を $\mathbf{0} = (0, \ldots, 0)$ と考える. $r : \mathrm{Map}([0,1]^n, X) \longrightarrow \mathrm{Map}(\{\mathbf{0}\}, X)$ を制限写像とし, $i : \mathrm{Map}(\{\mathbf{0}\}, X) \longrightarrow \mathrm{Map}([0,1]^n, X)$ を $i(h) = c_{h(\mathbf{0})}$ で定義する. ここで, $c_{h(\mathbf{0})}$ は $h(\mathbf{0})$ への定値写像である. このとき, $r \circ i = \mathrm{id}_{\mathrm{Map}(\{\mathbf{0}\}, X)}$, また, $(i \circ r)(f) = c_{f(\mathbf{0})}$ である. さらに, $f \simeq g : I^n \longrightarrow X$ ならば, $r(f) \simeq r(g) : \{\mathbf{0}\} \longrightarrow X$ であり, $u \simeq v : \{\mathbf{0}\} \longrightarrow X$ ならば, $i(u) = c_{u(\mathbf{0})} \simeq c_{v(\mathbf{0})} = i(v)$. ゆえに, $r_* : [[0,1]^n, X] \longrightarrow [\{\mathbf{0}\}, X]$, $i_* : [\{\mathbf{0}\}, X] \longrightarrow [[0,1]^n, X]$ が定義され, $r_* \circ i_* = \mathrm{id}_{[\{\mathbf{0}\}, X]}$ である. したがって, i_* は単射である. 一方, i_* が全射であることは, $f : I^n \longrightarrow X$ が $f(\mathbf{0})$ への定値写像 $c_{f(\mathbf{0})}$ とホモトピックであることからしたがう. 実際, ホモトピー $F : [0,1] \times I^n \longrightarrow X$ が, $F(t,\boldsymbol{x}) = f(t\boldsymbol{x})$ で定義される.

【問題 1.2.19 の解答】 反射律 $X \simeq X$ はホモトピー同値写像として恒等写像 id_X をとればわかる. 対称律 $X \simeq Y \Longrightarrow Y \simeq X$ も定義より明らかである. 推移律 $X_0 \simeq X_1$, $X_1 \simeq X_2 \Longrightarrow X_0 \simeq X_2$ は次のように示す. ホモトピー同値写像を $f_0 : X_0 \longrightarrow X_1$, $f_1 : X_1 \longrightarrow X_2$ とし, それぞれのホモトピー逆写像

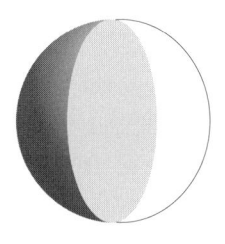

図 1.9 問題 1.2.20 の解答の Z_0（左）と Z_1（右）.

を $g_0 : X_1 \longrightarrow X_0$, $g_1 : X_2 \longrightarrow X_1$ とする. $f_0 \circ g_0 \simeq \mathrm{id}_{X_1}$, $g_0 \circ f_0 \simeq \mathrm{id}_{X_0}$, $f_1 \circ g_1 \simeq \mathrm{id}_{X_2}$, $g_1 \circ f_1 \simeq \mathrm{id}_{X_1}$ が条件である. このとき, 問題 1.2.7 の結果により, $f_1 \circ f_0$ のホモトピー逆写像が $g_0 \circ g_1$ であることがわかり, 推移律が成立する.

$$(f_1 \circ f_0) \circ (g_0 \circ g_1) = f_1 \circ (f_0 \circ g_0) \circ g_1 \simeq f_1 \circ \mathrm{id}_{X_1} \circ g_1 = f_1 \circ g_1 \simeq \mathrm{id}_{X_2},$$
$$(g_0 \circ g_1) \circ (f_1 \circ f_0) = g_0 \circ (g_1 \circ f_1) \circ f_0 \simeq g_0 \circ \mathrm{id}_{X_1} \circ f_0 = g_0 \circ f_0 \simeq \mathrm{id}_{X_0}$$

【問題 1.2.20 の解答】 X, Y が同相ではないことは, X から任意の 1 点をとり除いても弧状連結であるが, Y から $(0,0,0)$ をとり除くと 2 つの弧状連結成分に分かれることからわかる.

$X \simeq Y$ を示すために次の同相な図形 Z_0, Z_1 を考え, $X \simeq Z_0, Z_1 \simeq Y$ を示す. 図 1.9 参照.

$Z_0 = \{(x,y,z) \in \mathbf{R}^3 \mid x^2 + y^2 + z^2 = 1\} \cup \{(0,0,z) \in \mathbf{R}^3 \mid z \in [-1,1]\}$,
$Z_1 = \{(x,y,z) \in \mathbf{R}^3 \mid x^2 + y^2 + z^2 = 1, \ x \leqq 0\} \cup \{(0,y,z) \in \mathbf{R}^3 \mid y^2 + z^2 \leqq 1\}$
  $\cup \{(x,0,z) \in \mathbf{R}^3 \mid x^2 + z^2 = 1, \ x \geqq 0\}$

同相写像 $Z_0 \longrightarrow Z_1$ は, $\{(x,y,z) \mid x^2 + y^2 + z^2 = 1, \ x \leqq 0\}$ 上で id, $\{(x,y,z) \mid x^2 + y^2 + z^2 = 1, \ x \geqq 0\}$ の点に対し, $(x,y,z) \longmapsto (0,y,z)$, $\{(0,0,z) \mid z \in [-1,1]\}$ の点 $(0,0,z)$ に対し, $\{(x,0,z) \mid x^2 + z^2 = 1, \ x \geqq 0\}$ の点 $(x,0,z)$ を対応させて得られる.

ホモトピー同値 $f_1 : X \longrightarrow Z_0$ は, 次で定義する.

$$f_1((2+\cos\varphi)\cos\theta, (2+\cos\varphi)\sin\theta, \sin\varphi)$$
$$= \begin{cases} (\cos\varphi\cos\theta, \cos\varphi\sin\theta, \sin\varphi) & (\varphi \in [-\frac{\pi}{2}, \frac{\pi}{2}]) \\ (0, 0, \sin\varphi) & (\varphi \in [\frac{\pi}{2}, \frac{3\pi}{2}]), \end{cases}$$
$$f_1(r\cos\theta, r\sin\theta, 0) = (0,0,0) \quad (r \in [0,1])$$

f_1 のホモトピー逆写像 $g_1 : Z_0 \longrightarrow X$ を次で定める.

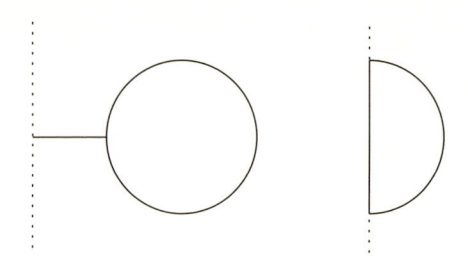

図 1.10 問題 1.2.20 の解答の X, Z_0 は，それぞれ上の図を点線の軸の周りに回転したものである．

$$g_1(\cos\varphi\cos\theta, \cos\varphi\sin\theta, \sin\varphi)$$
$$= \begin{cases} ((\cos 4\varphi + 2)\cos\theta, (\cos 4\varphi + 2)\sin\theta, \sin 4\varphi) & (\varphi \in [-\frac{\pi}{4}, \frac{\pi}{4}]) \\ (\frac{2(\pi-2|\varphi|)}{\pi}\cos\theta, \frac{2(\pi-2|\varphi|)}{\pi}\sin\theta, 0) & (|\varphi| \in [\frac{\pi}{4}, \frac{\pi}{2}]), \end{cases}$$
$$g_1(0, 0, z) = (0, 0, 0) \quad (z \in [-1, 1])$$

ホモトピー逆写像であることは次のようにして確かめる．まず，$g_1 \circ f_1$ は以下のように計算される．

$$(g_1 \circ f_1)((2+\cos\varphi)\cos\theta, (2+\cos\varphi)\sin\theta, \sin\varphi)$$
$$= \begin{cases} ((\cos 4\varphi + 2)\cos\theta, (\cos 4\varphi + 2)\sin\theta, \sin 4\varphi) & (\varphi \in [-\frac{\pi}{4}, \frac{\pi}{4}]) \\ (\frac{2(\pi-2|\varphi|)}{\pi}\cos\theta, \frac{2(\pi-2|\varphi|)}{\pi}\sin\theta, 0) & (|\varphi| \in [\frac{\pi}{4}, \frac{\pi}{2}]) \\ (0, 0, 0) & (|\varphi| \in [\frac{\pi}{2}, \pi]), \end{cases}$$
$$(g_1 \circ f_1)(r\cos\theta, r\sin\theta, 0) = (0, 0, 0) \quad (r \in [0, 1])$$

$g_1 \circ f_1$ と id_X の間のホモトピーは次のようにして得られる．X は図 1.10 の左の図を xz 平面の $x \geqq 0$ の部分 H にあると考え，点線で示した z 軸の周りに回転して得られる図形である．写像の制限 $(g_1 \circ f_1)|(X \cap H)$ と $\mathrm{id}_X|(X \cap H)$ の間のホモトピー A_t をつくればよいが，それは $x \in X \cap H$ に対し，$A_t(x)$ を図 1.10 の左の図を $z \geqq 0$ または $z \leqq 0$ に制限した曲線上の距離について，$(g_1 \circ f_1)(x)$ と x を $t : 1-t$ に内分する点とすればよい．

次に，$f_1 \circ g_1$ は以下のように計算される．

$$(f_1 \circ g_1)(\cos\varphi\cos\theta, \cos\varphi\sin\theta, \sin\varphi)$$
$$= \begin{cases} (\cos 4\varphi\cos\theta, \cos 4\varphi\sin\theta, \sin 4\varphi) & (\varphi \in [-\frac{\pi}{8}, \frac{\pi}{8}]) \\ (0, 0, \sin 4\varphi) & (|\varphi| \in [\frac{\pi}{8}, \frac{\pi}{4}]) \\ (0, 0, 0) & (|\varphi| \in [\frac{\pi}{4}, \pi]), \end{cases}$$
$$(f_1 \circ g_1)(0, 0, z) = (0, 0, 0) \quad (z \in [-1, 1])$$

$f_1 \circ g_1$ と id_{Z_0} の間のホモトピーも，Z_0 は図 1.10 の右の図を xz 平面の $x \geqq 0$ の部分 H にあると考え，点線で示した z 軸の周りに回転して得られる図形であり，前と同様にして得られる．

ホモトピー同値 $f_2 : Z_1 \longrightarrow Y$, $g_2 : Y \longrightarrow Z_1$ は次で定義される．

$$f_2(-\cos\varphi, \sin\varphi\cos\theta, \sin\varphi\sin\theta)$$
$$= (-\cos 2\varphi - 1, \sin 2\varphi\cos\theta, \sin 2\varphi\sin\theta) \quad (\varphi \in [0, \tfrac{\pi}{2}]),$$
$$f_2(0, r\cos\theta, r\sin\theta) = (0, 0, 0) \quad (r \in [0, 1]),$$
$$f_2(\cos\theta, 0, \sin\theta) = (\cos 2\theta + 1, 0, \sin 2\theta) \quad (\theta \in [-\tfrac{\pi}{2}, \tfrac{\pi}{2}]),$$

$$g_2(-\cos\varphi - 1, \sin\varphi\cos\theta, \sin\varphi\sin\theta)$$
$$= \begin{cases} (-\cos\varphi, \sin\varphi\cos\theta, \sin\varphi\sin\theta) & (\varphi \in [0, \tfrac{\pi}{2}]) \\ (0, \sin\varphi\cos\theta, \sin\varphi\sin\theta) & (\varphi \in [\tfrac{\pi}{2}, \pi]), \end{cases}$$
$$g_2(\cos\theta + 1, 0, \sin\theta) = \begin{cases} (\cos\theta, 0, \sin\theta) & (|\theta| \in [0, \tfrac{\pi}{2}]) \\ (0, 0, \sin\theta) & (|\theta| \in [\tfrac{\pi}{2}, \pi]) \end{cases}$$

$g_2 \circ f_2$ を計算すれば以下のようになる．

$$(g_2 \circ f_2)(-\cos\varphi, \sin\varphi\cos\theta, \sin\varphi\sin\theta)$$
$$= \begin{cases} (-\cos 2\varphi, \sin 2\varphi\cos\theta, \sin 2\varphi\sin\theta) & (\varphi \in [0, \tfrac{\pi}{4}]) \\ (0, \sin 2\varphi\cos\theta, \sin 2\varphi\sin\theta) & (\varphi \in [\tfrac{\pi}{4}, \tfrac{\pi}{2}]), \end{cases}$$
$$(g_2 \circ f_2)(0, r\cos\theta, r\sin\theta) = (0, 0, 0) \quad (r \in [0, 1]),$$
$$(g_2 \circ f_2)(\cos\theta, 0, \sin\theta) = \begin{cases} (\cos 2\theta, 0, \sin 2\theta) & (|\theta| \in [0, \tfrac{\pi}{4}]) \\ (0, 0, \sin 2\theta) & (|\theta| \in [\tfrac{\pi}{4}, \tfrac{\pi}{2}]) \end{cases}$$

$g_2 \circ f_2$ と id_{Z_1} の間のホモトピーは，Z_1 と x 軸を境界とする半平面 H_θ との共通部分の曲線上の距離を用いて前と同様に定義される．

$f_2 \circ g_2$ を計算すれば以下のようになる．

$$(f_2 \circ g_2)(-\cos\varphi - 1, \sin\varphi\cos\theta, \sin\varphi\sin\theta)$$
$$= \begin{cases} (-\cos 2\varphi - 1, \sin 2\varphi\cos\theta, \sin 2\varphi\sin\theta) & (\varphi \in [0, \tfrac{\pi}{2}]) \\ (0, 0, 0) & (\varphi \in [\tfrac{\pi}{2}, \pi]), \end{cases}$$
$$(f_2 \circ g_2)(\cos\theta + 1, 0, \sin\theta) = \begin{cases} (\cos 2\theta + 1, 0, \sin 2\theta) & (|\theta| \in [0, \tfrac{\pi}{2}]) \\ (0, 0, 0) & (|\theta| \in [\tfrac{\pi}{2}, \pi]) \end{cases}$$

$f_2 \circ g_2$ と id_Y の間のホモトピーも Y と x 軸を境界とする半平面 H_θ との共通部分の曲線上の距離を用いて同様に定義される．

【問題 1.2.23 の解答】　(1)　円周 $S^1 = \{(\cos\theta, \sin\theta) \in \mathbf{R}^2 \mid \theta \in \mathbf{R}\}$ とし，円周から問題に書かれたメビウスの帯 M への写像を，$f : (\cos\theta, \sin\theta) \longmapsto (2\cos\theta, 2\sin\theta, 0)$，メビウスの帯から円周への写像を

$$g : ((2 + r\cos\theta)\cos 2\theta, (2 + r\cos\theta)\sin 2\theta, r\sin\theta) \longmapsto (\cos 2\theta, \sin 2\theta)$$

で定義すると，$g \circ f = \mathrm{id}_{S^1}$，

$$(f \circ g)((2 + r\cos\theta)\cos 2\theta, (2 + r\cos\theta)\sin 2\theta, r\sin\theta) = (2\cos 2\theta, 2\sin 2\theta, 0)$$

であるが，$H : [0, 1] \times M \longrightarrow M$ を

$$H(t, r, \theta) = \bigl((2 + tr\cos\theta)\cos 2\theta, (2 + tr\cos\theta)\sin 2\theta, tr\sin\theta\bigr)$$

と定義し，$H_t(r, \theta) = H(t, r, \theta)$ とおくと，$H_1 = \mathrm{id}_M$, $H_0 = f \circ g$ となる．したがって，$S^1 \simeq M$ である．

円周から問題に書かれたアニュラス A への写像を，包含写像 i とし，A から S^1 への写像を $p : \boldsymbol{x} = (x_1, x_2) \longmapsto \dfrac{\boldsymbol{x}}{\|\boldsymbol{x}\|}$ とする．$p \circ i = \mathrm{id}_{S^1}$, $(i \circ p)(\boldsymbol{x}) = \dfrac{\boldsymbol{x}}{\|\boldsymbol{x}\|}$ となる．$F_t(\boldsymbol{x}) = \dfrac{\boldsymbol{x}}{\|\boldsymbol{x}\|^t}$ とすると，$F_0 = \mathrm{id}_A$, $F_1 = i \circ p$ となる．したがって $S^1 \simeq A$ である．

(2)　アニュラス A は平面 $\mathbf{R}^2$ の開部分集合であるから，円周からの A への連続な単射 c をとると，c の像は A を 2 つの弧状連結な開部分集合に分ける．実際，ジョルダンの閉曲線定理 1.2.21 により，c の像は平面 $\mathbf{R}^2$ を 2 つの弧状連結な開部分集合 U, V に分ける．$c(t) \in A$ の近傍は，U, V の両方に交わるので，$U \cap A$, $V \cap A$ の両方に交わる．$U \cap A, V \cap A$ はともに空ではない．

一方，メビウスの帯 M 上の閉曲線 $f(S^1)$ の補集合は

$$\{((2 + r\cos\theta)\cos 2\theta, (2 + r\cos\theta)\sin 2\theta, r\sin\theta) \mid r \in (0, 1), \theta \in \mathbf{R}\} \subset \mathbf{R}^3$$

であり，$(0, 1) \times \mathbf{R}/2\pi\mathbf{Z}$ に同相で弧状連結である．

よって，A と M は同相ではない．

【問題 1.2.24 の解答】　(1)　$P = \mathbf{R}^2 \setminus \{(-1, 0), (1, 0)\}$ は $X = \{(x, y) \in \mathbf{R}^2 \mid (x \pm 1)^2 + y^2 = 1\}$ とホモトピー同値である．実際，写像 $f : P \longrightarrow X$ を $\boldsymbol{x} = (x, y)$ に対し，次で定義する．

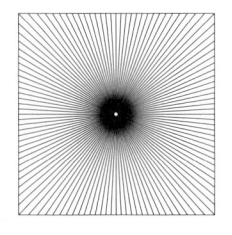

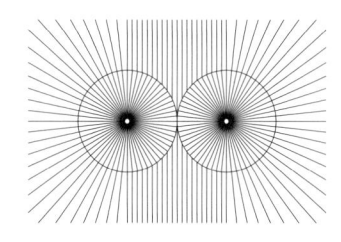

図 1.11 問題 1.2.24 の $S^1 \times S^1 \setminus \{(0,0)\}$ を切り開いた $[-\frac{1}{2}, \frac{1}{2}]^2 \setminus \{(0,0)\}$（左）と $\boldsymbol{R}^2 \setminus \{\pm e_1\}$（右）．

$$f(\boldsymbol{x}) = \begin{cases} \dfrac{\boldsymbol{x} - e_1}{\|\boldsymbol{x} - e_1\|} + e_1 & (\|\boldsymbol{x} - e_1\| \leqq 1 \text{ または } x \geqq 1) \\ \dfrac{\boldsymbol{x} + e_1}{\|\boldsymbol{x} + e_1\|} - e_1 & (\|\boldsymbol{x} + e_1\| \leqq 1 \text{ または } x \leqq -1) \\ (x, \pm\sqrt{1 - x^2}) & (\|\boldsymbol{x} - e_1\| \geqq 1 \text{ かつ } \|\boldsymbol{x} + e_1\| \geqq 1 \\ & \quad \text{かつ } x \in [-1, 1], \ \pm y \geqq 0) \end{cases}$$

このとき，包含写像 $i : X \longrightarrow P$ に対し，$f \circ i = \mathrm{id}_X, i \circ f \simeq \mathrm{id}_P$ である．後者のホモトピーは $F(t, \boldsymbol{x}) = t\boldsymbol{x} + (1-t)(i \circ f)(\boldsymbol{x})$ で与えられる．

また，$Q = S^1 \times S^1 \setminus \{(0,0)\}$ は $Y = \{(x, y) \in S^1 \times S^1 \mid x = \frac{1}{2} \text{ または } y = \frac{1}{2}\}$ とホモトピー同値である．実際，$Z = [-\frac{1}{2}, \frac{1}{2}]^2 \setminus \{(0,0)\}, W = \partial[-\frac{1}{2}, \frac{1}{2}]^2$ について，$\widehat{g} : Z \longrightarrow W$ を $\widehat{g}(\boldsymbol{x}) = \dfrac{1}{2} \dfrac{\boldsymbol{x}}{\max\{|x_1|, |x_2|\}}$ で定義し，$\widehat{i} : W \longrightarrow Z$ を包含写像とすると，$\widehat{g} \circ \widehat{i} = \mathrm{id}_W, \widehat{i} \circ \widehat{g} \simeq \mathrm{id}_Z$ である（図 1.11 参照）．後者のホモトピーは $F(t, \boldsymbol{x}) = t\boldsymbol{x} + (1-t)(\widehat{i} \circ \widehat{g})(\boldsymbol{x})$ で与えられる．$S^1 = \boldsymbol{R}/\boldsymbol{Z}$ と考えて，$p : Z \longrightarrow Q$ が定義され，$p(W) = Y$ である．上の連続写像 $\widehat{g}, \widehat{i}$ は，連続写像 $g : Q \longrightarrow Y$, $i : Y \longrightarrow Q$ を誘導し，$g \circ i = \mathrm{id}_Y, i \circ g \simeq \mathrm{id}_Q$ であり，Y と Q はホモトピー同値である．

X と Y は同相であるから，問題 1.2.19 により，P と Q はホモトピー同値である．

(2) $P = \boldsymbol{R}^2 \setminus \{(-1,0), (1,0)\}$ は平面 $\boldsymbol{R}^2$ の開部分集合であるから，円周からの P への連続な単射 c をとると，c の像は P を 2 つの弧状連結な開部分集合に分ける．実際，ジョルダンの閉曲線定理 1.2.21 により，c の像は平面 $\boldsymbol{R}^2$ を 2 つの弧状連結な開部分集合 U, V に分ける．$c(t) \in P$ の近傍は，U, V の両方に交わるので，$U \cap P, V \cap P$ の両方に交わる．$U \cap P, V \cap P$ はともに空ではない．

一方，$S^1 \times S^1$ 上の閉曲線 $S^1 \times \{\frac{1}{2}\}$ は，$S^1 \times S^1 \setminus \{(0,0)\}$ 内の閉曲線であるが，$(S^1 \times S^1 \setminus \{(0,0)\}) \setminus S^1 \times \{\frac{1}{2}\} \approx S^1 \times (-\frac{1}{2}, \frac{1}{2}) \setminus \{(0,0)\}$ は弧状連結である．

したがって，$\boldsymbol{R}^2 \setminus \{(-1,0), (1,0)\}$ と $S^1 \times S^1 \setminus \{(0,0)\}$ は同相でない．

【問題 1.2.28 の解答】 $i : (D^n, S^{n-1}) \longrightarrow (\mathbf{R}^n, S^{n-1})$ を包含写像, $j : (\mathbf{R}^n, S^{n-1}) \longrightarrow (D^n, S^{n-1})$ を $j(\mathbf{x}) = \begin{cases} \mathbf{x} & (\|\mathbf{x}\| \leq 1) \\ \dfrac{\mathbf{x}}{\|\mathbf{x}\|} & (\|\mathbf{x}\| \geq 1) \end{cases}$ で定めると, $j \circ i = \mathrm{id}_{(D^n, S^{n-1})}, i \circ j \simeq \mathrm{id}_{(\mathbf{R}^n, S^{n-1})}$ である. 後者のホモトピーは $F_t(\mathbf{x}) = (1-t)(i \circ j)(\mathbf{x}) + t\mathbf{x}$ で与えられる.

$(\mathbf{R}^n, \mathbf{R}^n \setminus D^n)$ は, $(\mathbf{R}^n, \mathbf{R}^n \setminus D^n_{\frac{1}{2}})$ ($D^n_{\frac{1}{2}} = \{\mathbf{x} \in \mathbf{R}^n \mid \|\mathbf{x}\| \leq \frac{1}{2}\}$) と同相だから, $(D^n, S^{n-1}) \simeq (\mathbf{R}^n, \mathbf{R}^n \setminus D^n_{\frac{1}{2}})$ を示せばよい. $i : (D^n, S^{n-1}) \longrightarrow (\mathbf{R}^n, \mathbf{R}^n \setminus D^n_{\frac{1}{2}})$ を包含写像, $j : (\mathbf{R}^n, \mathbf{R}^n \setminus D^n_{\frac{1}{2}}) \longrightarrow (D^n, S^{n-1})$ を $j(\mathbf{x}) = \begin{cases} 2\mathbf{x} & (\|\mathbf{x}\| \leq \frac{1}{2}) \\ \dfrac{\mathbf{x}}{\|\mathbf{x}\|} & (\|\mathbf{x}\| \geq \frac{1}{2}) \end{cases}$ で定めると, $j \circ i = \mathrm{id}_{(D^n, S^{n-1})}, i \circ j \simeq \mathrm{id}_{(\mathbf{R}^n, \mathbf{R}^n \setminus D^n_{\frac{1}{2}})}$ である. 後者のホモトピーも, $F_t(\mathbf{x}) = (1-t)(i \circ j)(\mathbf{x}) + t\mathbf{x}$ で与えられる.

【問題 1.2.31 の解答】 $\underline{f}$ は全単射である. また, 商位相の定義から, $\underline{f}$ は連続写像である. 逆写像 $\underline{f}^{-1}$ が連続であるためには, $\underline{f}$ が開写像 (開集合の像が開集合になる写像) であることをいえばよい. 同値類への射影を $p : X \longrightarrow X/A$ とする.

$U \subset X/A$ が A/A を含まない開集合ならば, $p^{-1}(U) \subset X \setminus A$ は, 開集合で, $\underline{f}(U) = f(p^{-1}(U))$ は仮定から, $Y \setminus \{b\}$ の開集合になり, Y の開集合となる.

$U \subset X/A$ が A/A を含む開集合ならば, $p^{-1}(U)$ は A を含む開集合である. したがって $X \setminus p^{-1}(U)$ は, 閉集合で, X をコンパクトとしたから, コンパクト集合である. したがって, $f(X \setminus p^{-1}(U))$ は Y のコンパクト集合で, Y はハウスドルフ空間だから $f(X \setminus p^{-1}(U))$ は閉集合となる. したがって $\underline{f}(U) = f(p^{-1}(U)) = Y \setminus f(X \setminus p^{-1}(U))$ は開集合となる.

【問題 1.2.33 の解答】 空間対 $([0,1]^n, \partial[0,1]^n)$ と空間対 (D^n, S^{n-1}) は同相である. 同相写像 $f : ([0,1]^n, \partial[0,1]^n) \longrightarrow (D^n, S^{n-1})$ は, $f(\mathbf{x}) = 2\mathbf{x} - (1,\ldots,1)$ で定義される $f : ([0,1]^n, \partial[0,1]^n) \longrightarrow ([-1,1]^n, \partial[-1,1]^n)$ と, $g : ([-1,1]^n, \partial[-1,1]^n) \longrightarrow (D^n, S^{n-1})$ の合成写像として得られる. ここで, g は, $g(\mathbf{x}) = \dfrac{\max\{|x_1|,\ldots,|x_n|\}}{\|\mathbf{x}\|}\mathbf{x}$ ($\mathbf{x} \neq \mathbf{0}$), $g(\mathbf{0}) = \mathbf{0}$ で与えられる.

$D^n/S^{n-1} \longrightarrow S^n$ は, $h(\mathbf{x}) = (1 - 2\|\mathbf{x}\|^2, 2\sqrt{1 - \|\mathbf{x}\|^2}\mathbf{x})$ で定義される写像 $h : D^n \longrightarrow S^n$ で与えられる. 実際, $\|h(\mathbf{x})\|^2 = (1-2\|\mathbf{x}\|^2)^2 + 4(1-\|\mathbf{x}\|^2)\|\mathbf{x}\|^2 = 1$ であり, 像は球面に含まれる. また, $(y_0, \mathbf{y}) \in S^n$ に対し, $y_0 \neq -1$ ならば, $\mathbf{x} = \dfrac{1}{\sqrt{4-(1+y_0)^2}}\mathbf{y}$ であり, $h^{-1}(1, \mathbf{0}) = S^{n-1}$ となる. $h|(D^n \setminus S^{n-1})$ は, $S^n \setminus \{-\mathbf{e}_1\}$ ($\mathbf{e}_1 = (1, 0, \ldots, 0)$) への同相写像であり, D^n はコンパクトであるから, 問題 1.2.31 により, $(D^n/\partial D^n, \partial D^n/\partial D^n) \approx (S^n, -\mathbf{e}_1)$ である.

【問題 1.3.2 の解答】 (1) $f_1 \simeq f_1', f_2 \simeq f_2'$ のとき $f_1 \natural f_2 \simeq f_1' \natural f_2'$ となることを示す．$f_1 \simeq f_1', f_2 \simeq f_2'$ を与えるホモトピーを $F_1 : [0,1] \times (I^n, \partial I^n) \longrightarrow (X, b_X)$，$F_2 : [0,1] \times (I^n, \partial I^n) \longrightarrow (X, b_X)$ とするとき，$F_1 \natural F_2 : [0,1] \times (I^n, \partial I^n) \longrightarrow (X, b_X)$ を

$$(F_1 \natural F_2)(s, t_1, \boldsymbol{t}') = \begin{cases} F_1(s, 2t_1, \boldsymbol{t}') & (t_1 \in [0, \tfrac{1}{2}]) \\ F_2(s, 2t_1 - 1, \boldsymbol{t}') & (t_1 \in [\tfrac{1}{2}, 1]) \end{cases}$$

とおけば，$F_1 \natural F_2$ が $f_1 \natural f_2 \simeq f_1' \natural f_2'$ を与えるホモトピーとなる．

(2) $(f_1 \natural f_2) \natural f_3 \simeq f_1 \natural (f_2 \natural f_3)$ であることを示す．t_1 方向への定義域を勘案して，$(f_1 \natural f_2) \natural f_3$ を図 1.5 の左図の左の辺，$f_1 \natural (f_2 \natural f_3)$ を図 1.5 の左図の右の辺に対応するようにするとよい．

$$((f_1 \natural f_2) \natural f_3)(t_1, \boldsymbol{t}') = \begin{cases} f_1(4t_1, \boldsymbol{t}') & (t_1 \in [0, \tfrac{1}{4}]) \\ f_2(4t_1 - 1, \boldsymbol{t}') & (t_1 \in [\tfrac{1}{4}, \tfrac{1}{2}]) \\ f_3(2t_1 - 1, \boldsymbol{t}') & (t_1 \in [\tfrac{1}{2}, 1]), \end{cases}$$

$$(f_1 \natural (f_2 \natural f_3))(t_1, \boldsymbol{t}') = \begin{cases} f_1(2t_1, \boldsymbol{t}') & (t_1 \in [0, \tfrac{1}{2}]) \\ f_2(4t_1 - 2, \boldsymbol{t}') & (t_1 \in [\tfrac{1}{2}, \tfrac{3}{4}]) \\ f_3(4t_1 - 3, \boldsymbol{t}') & (t_1 \in [\tfrac{3}{4}, 1]) \end{cases}$$

の間のホモトピー $F(s, t_1, \boldsymbol{t}')$ ($s \in [0,1]$) を次で定める．

$$F(s, t_1, \boldsymbol{t}') = \begin{cases} f_1(\tfrac{4t_1}{1+s}, \boldsymbol{t}') & (t_1 \in [0, \tfrac{1+s}{4}]) \\ f_2(s + 4t_1 - 2, \boldsymbol{t}') & (t_1 \in [\tfrac{1+s}{4}, \tfrac{2+s}{4}]) \\ f_3(1 - \tfrac{4(1-t_1)}{2-s}, \boldsymbol{t}') & (t_1 \in [\tfrac{2+s}{4}, 1]) \end{cases}$$

(3) $f \simeq f \natural c_{b_X}$ を示す．$f \simeq c_{b_X} \natural f$ も同様である．

$$(f \natural c_{b_X})(t_1, \boldsymbol{t}') = \begin{cases} f(2t_1, \boldsymbol{t}') & (t_1 \in [0, \tfrac{1}{2}]) \\ b_X & (t_1 \in [\tfrac{1}{2}, 1]) \end{cases}$$ だから，$s \in [0,1]$ に対し，

$$F(s, t_1, \boldsymbol{t}') = \begin{cases} f((1+s)t_1, \boldsymbol{t}') & (t_1 \in [0, \tfrac{1}{1+s}]) \\ b_X & (t_1 \in [\tfrac{1}{1+s}, 1]) \end{cases}$$ とすればよい．

(4) $f \natural \overline{f} \simeq c_{b_X}$ を示す．$\overline{f} \natural f \simeq c_{b_X}$ も同様である．

$$(f \natural \overline{f})(t_1, \boldsymbol{t}') = \begin{cases} f(2t_1, \boldsymbol{t}') & (t_1 \in [0, \tfrac{1}{2}]) \\ f(2 - 2t_1, \boldsymbol{t}') & (t_1 \in [\tfrac{1}{2}, 1]) \end{cases}$$ だから，

$$F(s, t_1, \boldsymbol{t}') = \begin{cases} b_X & (t_1 \in [0, \frac{s}{2}]) \\ f(2t_1 - s, \boldsymbol{t}') & (t_1 \in [\frac{s}{2}, \frac{1}{2}]) \\ f(2 - 2t_1 - s, \boldsymbol{t}') & (t_1 \in [\frac{1}{2}, 1 - \frac{s}{2}]) \\ b_X & (t_1 \in [1 - \frac{s}{2}, 1]) \end{cases} \quad \text{とおけばよい.}$$

【問題 1.3.5 の解答】 $\text{pr}_X : X \times Y \longrightarrow X$, $\text{pr}_Y : X \times Y \longrightarrow Y$ を射影とする. $f : (I^n, \partial I^n) \longrightarrow (X \times Y, (b_X, b_Y))$ に対して, $f_X = \text{pr}_X \circ f : (I^n, \partial I^n) \longrightarrow (X, b_X)$, $f_Y = \text{pr}_Y \circ f : (I^n, \partial I^n) \longrightarrow (Y, b_Y)$ が得られる. これは準同型 $((\text{pr}_X)_*, (\text{pr}_Y)_*) : \pi_n(X \times Y, (b_X, b_Y)) \longrightarrow \pi_n(X, b_X) \times \pi_n(Y, b_Y)$ を誘導する.

この準同型は全射である. 実際, $[g] \in \pi_n(X, b_X)$, $[h] \in \pi_n(X, b_X)$ に対して, $(g, h) : (I^n, \partial I^n) \longrightarrow (X \times Y, (b_X, b_Y))$ が得られ, $\text{pr}_X \circ (g, h) = g$, $\text{pr}_Y \circ (g, h) = h$ を満たす.

この準同型は単射である. 実際, $f_X \simeq c_{b_X}$ を与えるホモトピーを $F_X : [0, 1] \times (I^n, \partial I^n) \longrightarrow X$, $f_Y \simeq c_{b_Y}$ を与えるホモトピーを $F_Y : [0, 1] \times (I^n, \partial I^n) \longrightarrow Y$ とすると, $F = (F_X, F_Y) : [0, 1] \times (I^n, \partial I^n) \longrightarrow (X, Y)$ が, $f \simeq c_{(b_X, b_Y)}$ を与えるホモトピーとなる.

【問題 1.3.6 の解答】 ヒントにある内部が交わらない 2 つの直方体 K_1, K_2 と, $f_1, f_2 : (I^n, \partial I^n) \longrightarrow (X, b)$ に対し, F_{K_1, K_2} を K_1 上で $(f_1)_{K_1}$, K_2 上で $(f_2)_{K_2}$, $I^n \setminus (K_1 \cup K_2)$ を b に写す写像とする. $f_1 \natural f_2 = F_{[0, \frac{1}{2}] \times I^{n-1}, [\frac{1}{2}, 1] \times I^{n-1}}$, $f_2 \natural f_1 = F_{[\frac{1}{2}, 1] \times I^{n-1}, [0, \frac{1}{2}] \times I^{n-1}}$ であるが,

$$F_{[0, \frac{1}{2}] \times I^{n-1}, [\frac{1}{2}, 1] \times I^{n-1}} \simeq F_{[0, \frac{1}{2}]^2 \times I^{n-2}, [\frac{1}{2}, 1]^2 \times I^{n-2}}$$
$$\simeq F_{[\frac{1}{2}, 1] \times [0, \frac{1}{2}] \times I^{n-2}, [0, \frac{1}{2}] \times [\frac{1}{2}, 1] \times I^{n-2}}$$
$$\simeq F_{[\frac{1}{2}, 1] \times I^{n-1}, [0, \frac{1}{2}] \times I^{n-1}}$$

である. 実際, 上のホモトピーは, 順に $K_{1,t}^{(1)} = [0, \frac{1}{2}] \times [0, \frac{2-t}{2}] \times I^{n-2}$, $K_{2,t}^{(1)} = [\frac{1}{2}, 1] \times [\frac{t}{2}, 1] \times I^{n-2}$ に対する $F_{K_{1,t}^{(1)}, K_{2,t}^{(1)}}$, $K_{1,t}^{(2)} = [\frac{t}{2}, \frac{1+t}{2}] \times [0, \frac{1}{2}] \times I^{n-2}$, $K_{2,t}^{(2)} = [\frac{1-t}{2}, \frac{2-t}{2}] \times [\frac{1}{2}, 1] \times I^{n-2}$ に対する $F_{K_{1,t}^{(2)}, K_{2,t}^{(2)}}$, $K_{1,t}^{(3)} = [\frac{1}{2}, 1] \times [0, \frac{1+t}{2}] \times I^{n-2}$, $K_{2,t}^{(3)} = [0, \frac{1}{2}] \times [\frac{1-t}{2}, 1] \times I^{n-2}$ に対する $F_{K_{1,t}^{(3)}, K_{2,t}^{(3)}}$ で与えられる. ヒントに述べた F_{K_1, K_2} が K_1, K_2 の位置によらず互いにホモトピックであることも K_1, K_2 を十分小さな直方体に縮めて移動することにより示される.

【問題 1.3.7 の解答】 $b_X, b_X' \in X$ に対して, b_X, b_X' を結ぶ曲線 γ ($\gamma(0) = b_X$, $\gamma(1) = b_X'$) をとる. $\boldsymbol{t} = (t_1, \ldots, t_n) = (t_1, \boldsymbol{t}') \in I^n$ に対し, $\text{dist}(\boldsymbol{t}, \partial I^n) =$

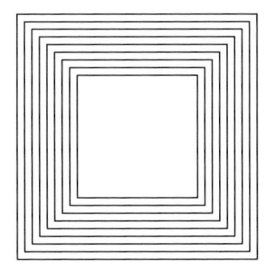

図 1.12 問題 1.3.7 は $\mathrm{dist}(\boldsymbol{t},\partial I^n)\leqq \frac{1}{4}$ の部分を使う.

$\min\{|t_1|,|1-t_1|,\ldots,|t_n|,|1-t_n|\}$ とおく. $f\in \mathrm{Map}((I^n,\partial I^n),(X,b_X))$ に対し, $\overline{\gamma}_\# f:(I^n,\partial I^n)\longrightarrow (X,b'_X)$ を次で定義する. $\boldsymbol{c}=(\frac{1}{2},\ldots,\frac{1}{2})=(\frac{1}{2},\boldsymbol{c}')$ とおく.

$$\overline{\gamma}_\# f = \begin{cases} \gamma(1-4\,\mathrm{dist}(\boldsymbol{t},\partial I^n)) & (4\,\mathrm{dist}(\boldsymbol{t},\partial I^n)\leqq 1) \\ f(\boldsymbol{c}+2(\boldsymbol{t}-\boldsymbol{c})) & (4\,\mathrm{dist}(\boldsymbol{t},\partial I^n)\geqq 1) \end{cases}$$

図 1.12 参照. 同様に $g\in \mathrm{Map}((I^n,\partial I^n),(X,b'_X))$ に対し, $\gamma_\# g:(I^n,\partial I^n)\longrightarrow (X,b_X)$ を次で定義する.

$$\gamma_\# g = \begin{cases} \gamma(4\,\mathrm{dist}(\boldsymbol{t},\partial I^n)) & (4\,\mathrm{dist}(\boldsymbol{t},\partial I^n)\leqq 1) \\ g(\boldsymbol{c}+2(\boldsymbol{t}-\boldsymbol{c})) & (4\,\mathrm{dist}(\boldsymbol{t},\partial I^n)\geqq 1) \end{cases}$$

$\overline{\gamma}_\#$ は準同型写像 $\overline{\gamma}_*:\pi_n(X,b_X)\longrightarrow \pi_n(X,b'_X)$ を誘導する. すなわち, $\overline{\gamma}_\#(\overline{f})=\overline{\overline{\gamma}_\#(f)}$, $\overline{\gamma}_\#(f_1)\natural \overline{\gamma}_\#(f_2)\simeq \overline{\gamma}_\#(f_1\natural f_2)$ が成立する.

実際, 定義から $\overline{\overline{\gamma}_\#(f)}=\overline{\gamma}_\# \overline{f}$ である.

また, $f_1,f_2:(I^n,\partial I^n)\longrightarrow (X,b_X)$ に対して, $\overline{\gamma}_\#(f_1\natural f_2)$, $(\overline{\gamma}_\# f_1)\natural(\overline{\gamma}_\# f_1):(I^n,\partial I^n)\longrightarrow (X,b'_X)$ は, ホモトピックであり, その間のホモトピーは,

$$\begin{aligned}&F(s,t_1,\boldsymbol{t}')\\&=\begin{cases} f_1(\frac{1}{4}+\frac{s}{8}+4(t_1-\frac{1}{2}),\boldsymbol{c}'+2(\boldsymbol{t}'-\boldsymbol{c}')) & (\boldsymbol{t}\in[\frac{1}{8}+\frac{s}{8},\frac{3}{8}+\frac{s}{8}]\times[\frac{1}{4},\frac{3}{4}]^{n-1})\\ f_2(\frac{3}{4}-\frac{s}{8}+4(t_1-\frac{1}{2}),\boldsymbol{c}'+2(\boldsymbol{t}'-\boldsymbol{c}')) & (\boldsymbol{t}\in[\frac{5}{8}-\frac{s}{8},\frac{7}{8}-\frac{s}{8}]\times[\frac{1}{4},\frac{3}{4}]^{n-1})\\ \gamma(a(s,\boldsymbol{t})) & (\boldsymbol{t}\text{が上の直方体に含まれない})\end{cases}\end{aligned}$$

ここで,

$$a(s,\boldsymbol{t})=1-\min\left\{\frac{|t_1|}{\frac{1}{8}+\frac{1-s}{8}},\frac{|1-t_1|}{\frac{1}{8}+\frac{1-s}{8}},\frac{|t_1-\frac{1}{2}|}{\frac{1}{8}}+1-s,4\,\mathrm{dist}(\boldsymbol{t}',\partial I^{n-1})\right\}$$

である. このホモトピーを図示したものが図 1.13 である.

したがって, $\overline{\gamma}_*:\pi_n(X,b_X)\longrightarrow \pi_n(X,b'_X)$ が誘導される.

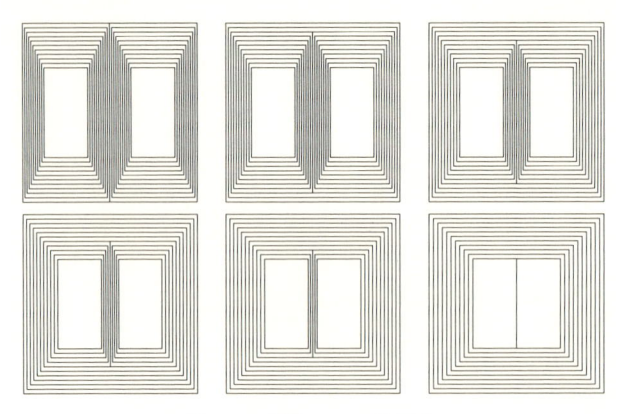

図 1.13 問題 1.3.7 の準同型.

同様に $\gamma_\#$ は準同型写像 $\gamma_* : \pi_n(X, b'_X) \longrightarrow \pi_n(X, b_X)$ を誘導する.
$\gamma_\# \overline{\gamma}_\# f$ が f とホモトピックであることは, 次のホモトピーによりわかる.

$$F(s, \boldsymbol{t}) = \begin{cases} \gamma(4\operatorname{dist}(\boldsymbol{t}, \partial I^n)) & (\operatorname{dist}(\boldsymbol{t}, \partial I^n) \leqq \frac{1-s}{4}) \\ \gamma(3(1-s) - 8\operatorname{dist}(\boldsymbol{t}, \partial I^n)) & (\frac{1-s}{4} \leqq \operatorname{dist}(\boldsymbol{t}, \partial I^n) \leqq \frac{3(1-s)}{8}) \\ f(\boldsymbol{c} + (4-3s)(\boldsymbol{t} - \boldsymbol{c})) & (\operatorname{dist}(\boldsymbol{t}, \partial I^n) \geqq \frac{3(1-s)}{8}) \end{cases}$$

【問題 1.3.8 の解答】 問題 1.2.33 により, $([0,1]/\{0,1\}, \{0,1\}/\{0,1\}) \approx (S^1, b_{S^1})$ であるから, $\alpha : ([0,1], \{0,1\}) \longrightarrow (X, b_X)$ に対して, $S^1 = [0,1]/\{0,1\}$ からの写像 $C(\alpha) : S^1 \longrightarrow X$ を対応させる写像 $\pi_1(X, b_X) \longrightarrow [S^1, X]$ が定まる. これが, 写像 $C \longrightarrow [S^1, X]$ を適切に定義していることは, $[\beta][\alpha][\beta]^{-1} \in \pi_1(X, b_X)$ は, $(\beta\natural\alpha)\natural\overline{\beta}$ のホモトピー類として定義されるが, $\beta_s(t) = \beta(s + (1-s)t)$ とおくと, $C((\beta_s\natural\alpha)\natural\overline{\beta_s})$ は, 基点を考えない円周からの写像 $C((\beta\natural\alpha)\natural\overline{\beta})$ と $C((\beta_1\natural\alpha)\natural\overline{\beta_1})$ の間のホモトピーとなることからわかる. $(\beta_1\natural\alpha)\natural\overline{\beta_1} = (c_{b_X}\natural\alpha)\natural c_{b_X} \simeq \alpha$ だから, $C((\beta\natural\alpha)\natural\overline{\beta}) \simeq C(\alpha) : S^1 \longrightarrow X$ である.

全射であることを示す. $f : S^1 = [0,1]/\{0,1\} \longrightarrow X$ に対し, b_X と $f(0) (= f(1))$ を結ぶ曲線 $\gamma : [0,1] \longrightarrow X$ $(\gamma(0) = b_X, \gamma(1) = f(1))$ をとる. $(\gamma\natural f)\natural\overline{\gamma}$ を考えると, $[(\gamma\natural f)\natural\overline{\gamma}] \in \pi_1(X, b_X)$ で, 上の議論と同様に $C((\gamma\natural f)\natural\overline{\gamma}) \simeq f$ となる.

単射であることを示す. $\alpha, \beta : ([0,1], \{0,1\}) \longrightarrow (X, b_X)$ に対して, $C(\alpha) \simeq C(\beta) : S^1 \longrightarrow X$ とする. $F : [0,1] \times S^1 = [0,1] \times ([0,1]/\{0,1\}) \longrightarrow X$ を $C(\alpha), C(\beta)$ の間のホモトピー ($C(\alpha)(t) = F(0, t), C(\beta)(t) = F(1, t)$) とする. $\gamma(s) : ([0,1], \{0,1\}) \longrightarrow (X, b_X)$ を $\gamma(s) = F(s, 1)$ で定義する. $p :$

$[0,1] \times [0,1] \longrightarrow [0,1] \times S^1$ を $p(s,t) = (s,[t])$ として，$\alpha(t) = (F \circ p)(0,t)$, $\beta(t) = (F \circ p)(1,t)$, $\gamma(s) = (F \circ p)(s,0)$, $\overline{\gamma}(s) = (F \circ p)(1-s,1)$ である．$(\gamma\sharp\beta)\sharp\overline{\gamma} \simeq \alpha : ([0,1],\{0,1\}) \longrightarrow (X,b_X)$ だから，α, β は $\pi_1(X,b_X)$ において共役である．実際，ホモトピーは，$u \in [0,1]$ に対し，$[0,1] \times [0,1]$ 上の $(0,0)$, $(u, \frac{1-u}{4})$, $(u, \frac{1+u}{2})$, $(0,1)$ を結ぶ折れ線に対する $F \circ p$ の曲線を対応させるものをつくればよい．

$$A(u,t) = \begin{cases} (4tu, t(1-u)) & (t \in [0, \frac{1}{4}]) \\ (u, (t-\frac{1}{4})(3u+1) + \frac{1-u}{4}) & (t \in [\frac{1}{4}, \frac{1}{2}]) \\ ((2-2t)u, t(1-u)+u) & (t \in [\frac{1}{2}, 1]) \end{cases}$$

【問題 1.3.9 の解答】 同相写像 $h : (I^n/\partial I^n, \partial I^n/\partial I^n) \approx (S^n, b_{S^n})$ を固定し，$p : (I^n, \partial I^n) \longrightarrow (I^n/\partial I^n, \partial I^n/\partial I^n)$ を射影とすると，$f : (S^n, b_{S^n}) \longrightarrow (X, b_X)$ に対し，$\widehat{f} = f \circ h \circ p : (I^n, \partial I^n) \longrightarrow (X, b_X)$ が定まる．一方，連続写像 $g : (I^n, \partial I^n) \longrightarrow (X, b_X)$ は，連続写像 $\underline{g} : (I^n/\partial I^n, \partial I^n/\partial I^n) \longrightarrow (X, b_X)$ で，$\underline{g} \circ p = g$ となるものを定めるから，$\underline{g} \circ h^{-1} : (S^n, b_{S^n}) \longrightarrow (X, b_X)$ が定まる．したがって，全単射 $(h \circ p)^* : \text{Map}((S^n, b_{S^n}), (X, b_X)) \longrightarrow \text{Map}((I^n, \partial I^n), (X, b_X))$ が得られる．

ここで，$f_0 \simeq f_1 : (S^n, b_{S^n}) \longrightarrow (X, b_X)$ ならば，$f_0 \circ h \circ p \simeq f_1 \circ h \circ p$ だから，写像 $(h \circ p)^* : [(S^n, b_{S^n}), (X, b_X)] \longrightarrow \pi_n(X, b_X)$ が定義される．写像の空間上で全単射であったから，これは全射である．一方，単射であることも容易にわかる．実際，$f_0, f_1 : (S^n, b_{S^n}) \longrightarrow (X, b_X)$ に対し，$f_0 \circ h \circ p \simeq f_1 \circ h \circ p$ とすると，ホモトピー $F : [0,1] \times (I^n, \partial I^n) \longrightarrow (X, b_X)$ は，連続写像 $\underline{F} : [0,1] \times (I^n/\partial I^n, \partial I^n/\partial I^n) \longrightarrow (X, b_X)$ を誘導するから，$\underline{f_0} \circ h \circ p \simeq \underline{f_1} \circ h \circ p$ である．すなわち，$f_0 \circ h \simeq f_1 \circ h$, したがって，$f_0 \simeq f_1$ である．

【問題 1.3.11 の解答】 関数 $d : I^n \longrightarrow \mathbf{R}$ を $d(\boldsymbol{t}) = \text{dist}(f(\boldsymbol{t}), \mathbf{R}^n \setminus U)$ で定義する．$\boldsymbol{t}_1, \boldsymbol{t}_2 \in I^n$ に対し，$|d(\boldsymbol{t}_1) - d(\boldsymbol{t}_2)| \leqq \|f(\boldsymbol{t}_1) - f(\boldsymbol{t}_2)\|$ であるから，d は連続である．d は正値であるから，I^n 上で最小値を持つ．それを ε とおく．このとき，$g : I^n \longrightarrow U$ が，$\sup_{\boldsymbol{t} \in I^n} \|g(\boldsymbol{t}) - f(\boldsymbol{t})\| < \varepsilon$ を満たすならば，$g(\boldsymbol{t})$, $f(\boldsymbol{t})$ を結ぶ線分は U に含まれる．

【問題 1.3.12 の解答】 問題 1.3.11 の ε をとる．写像 $f_1 : I^n \longrightarrow U$ を $f_1 = \begin{cases} f(\boldsymbol{c} + 2(\boldsymbol{t} - \boldsymbol{c})) & (\text{dist}(\boldsymbol{t}, \partial I^n) \geqq \frac{1}{4}) \\ b & (\text{dist}(\boldsymbol{t}, \partial I^n) \leqq \frac{1}{4}) \end{cases}$ で定義すると，f_1 は f とホモトピックである．

滑らかな写像の構成 f_1 は一様連続だから，正実数 $\delta_1 < \frac{1}{4}$ で，$\|\boldsymbol{t}_1 - \boldsymbol{t}_2\| < \delta_1$ ならば $\|f_1(\boldsymbol{t}_1) - f_1(\boldsymbol{t}_2)\| < \varepsilon$ となるものがある．μ を $\{\boldsymbol{t} \in \boldsymbol{R}^n \mid \|\boldsymbol{t}\| < \delta_1\}$ に台を持つ C^∞ 級関数で，$\int \mu(\boldsymbol{t}) \, d t_1 \cdots d t_n = 1$ を満たすものとする．μ とのコンボリューション $(\mu * f_1)(\boldsymbol{t}) = \int f_1(\boldsymbol{s}) \mu(\boldsymbol{s} - \boldsymbol{t}) \, d s_1 \cdots d s_n$ を考えると，$\mu * f_1$ は C^∞ 級であり，$\mathrm{dist}(\boldsymbol{t}, \partial I^n) \leqq \frac{1}{4}$ のとき，$f_1(\boldsymbol{t}) = b$ だから，$(\mu * f_1)(\partial I^n) = b$ である．また，$\|\mu * f_1(\boldsymbol{t}) - f_1(\boldsymbol{t})\| = \|\int (f_1(\boldsymbol{s} + \boldsymbol{t}) - f_1(\boldsymbol{t})) \mu(\boldsymbol{s}) \, d s_1 \cdots d s_n\| \leqq \int \|f_1(\boldsymbol{s}+\boldsymbol{t}) - f_1(\boldsymbol{t})\| \mu(\boldsymbol{s}) \, d s_1 \cdots d s_n \leqq \varepsilon$ であり，問題 1.3.11 により，$f_1, \mu * f_1$ は U への写像としてホモトピックである．$\rho * f_1$ が，求める C^∞ 級関数 g である．

区分線形写像の構成 f_1 は一様連続だから，$\|\boldsymbol{t}_1-\boldsymbol{t}_2\| < \delta$ ならば $\|f_1(\boldsymbol{t}_1)-f_1(\boldsymbol{t}_2)\| < \frac{1}{2}\varepsilon$ となるものがある．正整数 $N > \frac{\sqrt{n}}{\delta}$ をとり，I^n を各座標方向に N 等分する ($N \geqq 4$)．得られた N^n 個の立方体をそれぞれ $n!$ 個の単体に分割する．これは，I^n の単体による分割 $\{(t_1, \ldots, t_n) \mid 1 \geqq t_{\sigma(1)} \geqq \cdots \geqq t_{\sigma(n)} \geqq 0\}$ ($\sigma \in \mathcal{S}_n$ (n 次対称群)) と相似にとられているとする．写像 $\overline{f}_1 : I^n \longrightarrow U$ を頂点 $(\frac{i_1}{N}, \ldots, \frac{i_n}{N})$ を $f_1(\frac{i_1}{N}, \ldots, \frac{i_n}{N})$ に写し各単体上でアフィン写像となっているものと定義する．$\mathrm{dist}(\boldsymbol{t}, \partial I^n) \leqq \frac{1}{4}$ のとき，$f_1(\boldsymbol{t}) = b$ だから，$(\overline{f}_1)(\partial I^n) = b$ である．$\boldsymbol{t} \in I^n$ に対し，$\boldsymbol{t}$ と同じ単体の頂点 $\boldsymbol{t}_1$ をとると，1 つの単体のアフィン写像による像の直径は $\frac{\varepsilon}{2}$ 以下であり，$\|f_1(\boldsymbol{t}_1) - f_1(\boldsymbol{t})\| \leqq \frac{\varepsilon}{2}$ だから，$\|\overline{f}_1(\boldsymbol{t}) - f_1(\boldsymbol{t})\| = \|\overline{f}_1(\boldsymbol{t}) - \overline{f}_1(\boldsymbol{t}_1) + f_1(\boldsymbol{t}_1) - f_1(\boldsymbol{t})\| = \|\overline{f}_1(\boldsymbol{t}) - \overline{f}_1(\boldsymbol{t}_1)\| + \|f_1(\boldsymbol{t}_1) - f_1(\boldsymbol{t})\| \leqq \varepsilon$ となる．$\overline{f}_1$ が求める区分線形写像である．

【問題 1.3.14 の解答】 i_* が全射であることを示す．$f : (I^k, \partial I^k) \longrightarrow (U, b)$ は，問題 1.3.12 により，滑らかな写像，あるいは区分線形な写像 $g : (I^k, \partial I^k) \longrightarrow (U, b)$ とホモトピックである．$k < n$ だから，像 $g(I^k)$ の補集合は，いたるところ稠密な開集合である．$p \notin g(I^k)$ ならば，$i_*[g] = [f] \in \pi_k(U, b)$ となる．$p \in g(I^k)$ のとき，p の近傍に台を持つ U 上のベクトル場が生成するフロー φ_t で，$\varphi_1(p) \notin g(I^k)$ となるものが構成できる．実際，$q \in U \setminus g(I^k)$ を p の近くにとり，p の近傍で $q-p$ となるベクトル場をとればよい．このとき，$p \notin (\varphi_{-1} \circ g)(I^k)$ である．$i_*[\varphi_{-1} \circ g] = (\varphi_{-1})_*[g] = [g] = [f] \in \pi_k(U, b)$ となる．

i_* が単射であることを示す．$f : (I^k, \partial I^k) \longrightarrow (U \setminus \{p\}, b)$ に対し，$i \circ f \simeq c_b : (I^k, \partial I^k) \longrightarrow (U, b)$ とする．このホモトピー $F : [0,1] \times I^k \longrightarrow U$ は，$F(\partial([0,1] \times I^k)) \subset U \setminus \{p\}$ を満たしている．したがって，$\partial([0,1] \times I^k)$ の近傍 V に対し，$F(V) \subset U \setminus \{p\}$ である．問題 1.3.11 と同様にして，F を近似する $[0,1] \times I^k \setminus V$ 上では滑らかあるいは区分線形な写像 $G : [0,1] \times I^k \longrightarrow U$ で，

$G|\partial([0,1]\times I^k) = F|\partial([0,1]\times I^k)$ を満たし，F と $\partial([0,1]\times I^k)$ を固定してホモトピックなものをとることができる．$k+1 < n$ だから，像 $G([0,1]\times I^k)$ の補集合は，p の近傍で稠密な開集合である．$p \notin G([0,1]\times I^k)$ ならば，G が $f \simeq c_b : (I^k, \partial I^k) \longrightarrow (U \setminus \{p\}, b)$ とするホモトピーを与えている．$p \in G([0,1]\times I^k)$ のとき，p の近傍に台を持つ U 上のベクトル場が生成するフロー φ_t で，$\varphi_1(p) \notin G([0,1]\times I^k)$ となるものが構成できる．このとき，$\varphi_{-1} \circ G$ が，$f \simeq c_b : (I^k, \partial I^k) \longrightarrow (U \setminus \{p\}, b)$ とするホモトピーを与えている．

【問題 1.4.2 の解答】 問題 1.3.5 により，直積空間の基本群は基本群の直積となるから，$\pi_1(T^n, b_{T^n}) \cong \pi_1(S^1, b_{S^1}) \times \cdots \times \pi_1(S^1, b_{S^1}) \cong \mathbf{Z}^n$．

【問題 1.4.3 の解答】 $f \circ i = \mathrm{id}_{S^1}$ となる f に対して，$f_* \circ i_* = \mathrm{id}_{\pi_1(S^1,b)} = \mathrm{id}_{\mathbf{Z}}$ となる．ところが，$\pi_1(D^2, b) \cong \{1\}$ だから，$f_* \circ i_* = 0$ であり，矛盾する．

【問題 1.4.4 の解答】 $\mathbf{R}^2 \setminus \{0\}$ と $\mathbf{R}^n \setminus \{0\}$ ($n \geq 3$) が同相ではないことを示せばよい．同相写像 $h : \mathbf{R}^2 \setminus \{0\} \longrightarrow \mathbf{R}^n \setminus \{0\}$ があれば $\pi_1(\mathbf{R}^2 \setminus \{0\}, b) \cong \pi_1(\mathbf{R}^n \setminus \{0\}, h(b))$ となるが，$\pi_1(\mathbf{R}^2 \setminus \{0\}, b) \cong \mathbf{Z}$ と，例題 1.3.13 の $\pi_1(\mathbf{R}^n \setminus \{0\}, h(b)) = 0$ に反する．

【問題 1.4.5 の解答】 (1) $\mathrm{dist}(x,a) \leq \mathrm{dist}(x,y) + \mathrm{dist}(y,a)$ において，まず，左辺について $\inf_{a \in A}$ をとり，その後で右辺について $\inf_{a \in A}$ をとると，$\inf_{a \in A} \mathrm{dist}(x,a) \leq \mathrm{dist}(x,y) + \inf_{a \in A} \mathrm{dist}(y,a)$，すなわち $d_A(x) \leq \mathrm{dist}(x,y) + d_A(y)$ である．x, y を交換した式も成立するから，$|d_A(x) - d_A(y)| \leq \mathrm{dist}(x,y)$ が成立する．したがって，d_A は X 上の連続関数である．

(2) $f_1, \ldots, f_k$ に対し，$A_i = \bigcap_{j \neq i} \{x \in X \mid f_i \geq f_j\}$ とおくと，A_i は閉集合の共通部分だから閉集合であり，$X = \bigcup_{i=1}^k A_i$ である．A_i 上で $F|A_i = f_i|A_i$ は連続であるから，補題 1.2.10 により，F は連続である．

(3) X の開被覆 $\{U_1, \ldots, U_k\}$ に現れる U_i に対し，$f_i(x) = d_{X \setminus U_i}(x)$ で $f_i : X \longrightarrow \mathbf{R}$ を定義する．$F = \max\{f_1, \ldots, f_k\}$ を考えると，F は連続で，$x \in X$ はある開集合 U_i に含まれるから (x のある ε 近傍 $B_x(\varepsilon)$ は U_i に含まれるので)，F は正値である．X はコンパクトであるから，F の最小値 $\delta > 0$ が存在する．このとき，任意の点 x の δ 近傍 $B_x(\delta)$ は，ある U_i に含まれる．

【問題 1.4.10 の解答】 U_1 を，X におけるトーラス $T^2 = \{(x,y,z) \in \mathbf{R}^3 \mid ((x^2+y^2)^{1/2} - 2)^2 + z^2 = 1\}$ の近傍，U_2 を X における円板 $D^2 = \{(x,y,z) \in \mathbf{R}^3 \mid y = 0, (x-2)^2 + z^2 \leq 1\}$ の近傍とし，$U_{12} = U_1 \cap U_2$ が円周 $S^1 =$

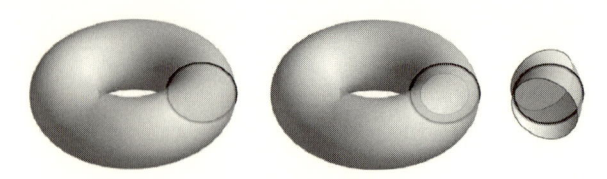

図 1.14 問題 1.4.10.

$\{(x,y,z) \in \mathbf{R}^3 \mid y = 0, (x-2)^2 + z^2 = 1\}$ を変形レトラクトに持つようにできる．基点 $b = (-1,0,0)$ とすると，$\pi_1(U_1,b) \cong \pi_1(T^2,b) \cong \mathbf{Z} \times \mathbf{Z}$, $\pi_1(U_2,b) \cong \pi_1(D^2,b) \cong \{1\}$, $\pi_1(U_{12},b) \cong \pi_1(S^1,b) \cong \mathbf{Z}$ であり，$\pi_1(U_1,b)$ の生成元は，$\alpha_1(t) = (2+\cos 2\pi t, 0, \sin 2\pi t)$, $\alpha_2(t) = (\cos 2\pi t, \sin 2\pi t, 0)$ $(t \in [0,1])$ で代表される a_1, a_2 である．$\pi_1(U_{12},b)$ は，α_1 で代表される a_1 で生成される．したがって，次を得る．

$$\pi_1(X,b) \cong (\mathbf{Z} \times \mathbf{Z}) \underset{\mathbf{Z}}{*} \{1\} \cong \langle a_1, a_2 \mid a_1 a_2 a_1^{-1} a_2^{-1}, a_1 \rangle \cong \mathbf{Z}$$

【問題 1.4.11 の解答】 (1) ヒントにある曲面 T^2 上に基点 b をとる．共通部分 $T^2 \cap (\mathbf{R}^3 \setminus f(S^1))$ は $S^1 \times (-1,1)$ と同相である．$\mathbf{R}^3 \setminus f(S^1)$ 内で $T^2 \cap (\mathbf{R}^3 \setminus f(S^1))$ の近傍 U_{12} で $T^2 \cap (\mathbf{R}^3 \setminus f(S^1))$ を変形レトラクトに持つものをとる．例えば，U_{12} としては，$\varepsilon < 0.01$ に対し，$\mathrm{dist}(\boldsymbol{x}, T^2 \cap (\mathbf{R}^3 \setminus f(S^1))) < \varepsilon \, \mathrm{dist}(\boldsymbol{x}, f(S^1))$ となる点の全体をとればよい．$\mathbf{R}^3 \setminus T^2$ の有界な成分と U_{12} の和集合を U_1, $\mathbf{R}^3 \setminus T^2$ の非有界な成分と U_{12} の和集合を U_2 とする．$\mathrm{Int}(D^2)$ を 2 次元円板の内部とすると，U_1 は，$S^1 \times \mathrm{Int}(D^2)$ と同相であり，$\pi_1(U_1,b) \cong \mathbf{Z}$ である．U_2 は，$S^1 \times \mathrm{Int}(D^2) \setminus \{1\, \text{点}\}$ と同相である．これは，例えば，この T^2 は原点中心の半径 $\sqrt{3}$ の球面についての反転で不変であり，反転は原点以外の点については，同相であることからわかる．問題 1.3.14 により，$S^1 \times \mathrm{Int}(D^2) \setminus \{1\, \text{点}\}$ の基本群は $S^1 \times \mathrm{Int}(D^2)$ の基本群 $\mathbf{Z}$ と同型である．

さて，$\mathbf{Z} \cong \pi_1(U_{12},b) \longrightarrow \pi_1(U_1,b) \cong \mathbf{Z}$ は，生成元 $a_{12} \in \pi_1(U_{12},b)$ を $(a_1)^2 \in \pi_1(U_1,b)$ に写す．ここで，a_1 は $\pi_1(U_1,b)$ の生成元である．また，$\mathbf{Z} \cong \pi_1(U_{12},b) \longrightarrow \pi_1(U_2,b) \cong \mathbf{Z}$ は，生成元 $a_{12} \in \pi_1(U_{12},b)$ を $(a_2)^3 \in \pi_1(U_1,b)$ に写す．ここで，a_2 は $\pi_1(U_2,b)$ の生成元である．したがって，次を得る．

$$\pi_1(\mathbf{R}^3 \setminus f(S^1), b) \cong \pi_1(U_1,b) \underset{\pi_1(U_{12},b)}{*} \pi_1(U_2,b) \cong \langle a_1, a_2 \mid (a_1)^2 = (a_2)^3 \rangle$$

(2) この群 $G = \pi_1(\mathbf{R}^3 \setminus f(S^1), b)$ をアーベル化すると，

$$G^{\mathrm{ab}} \cong (\mathbf{Z}a_1 \oplus \mathbf{Z}a_2)/\mathbf{Z}(2a_1 - 3a_2) \cong \mathbf{Z}$$

を得る．実際，全射準同型 $h: \mathbf{Z}a_1 \oplus \mathbf{Z}a_2 \longrightarrow \mathbf{Z}$ を $h(k_1a_1 + k_2a_2) = 3k_1 + 2k_2$ で定義すると，$\ker(h) = \mathbf{Z}(2a_1 - 3a_2)$ となる．この群 G がアーベル群でないことは，次のように示せる．$\mathcal{S}_3$ を，3次対称群（文字 $\{1, 2, 3\}$ の置換群）とし，準同型 $G \longrightarrow \mathcal{S}_3$ を $a_1 \longmapsto (12)$（互換），$a_2 \longmapsto (123)$（巡回置換）で定義する．これは全射で，$\mathcal{S}_3$ は可換ではない．したがって G は，アーベル群ではない．

第2章 ホモロジー理論の概要

この章では，まずホモロジー理論の公理を述べる．すべての位相空間，空間対に対して，この公理を満たすホモロジー理論の存在は，第6章で特異ホモロジー理論を定義し，それがこの公理を満たすことを証明して示される．一方，ホモロジー群の計算は公理を知ればすぐにできることが多い．また，計算する中でホモロジー群の持つ意味がわかってくるものである．そこで，ホモロジー理論の公理を説明し，その公理から容易に導かれる計算を行うことがこの章の目的である．

2.1 ホモロジー理論の公理

2.1.1 完全系列

今後のホモロジー群の計算のために特に必要なので，アーベル群の完全系列について説明する．次の完全系列の定義だけはアーベル群を一般の群としても同じである．

定義 2.1.1（完全系列） アーベル群 A_k $(k = 0, \ldots, n)$ と準同型 $h_k : A_k \longrightarrow A_{k+1}$ $(k = 0, \ldots, n-1)$ からなる系列 $A_0 \xrightarrow{h_0} A_1 \xrightarrow{h_1} \cdots \xrightarrow{h_{n-2}} A_{n-1} \xrightarrow{h_{n-1}} A_n$ が**完全系列**であるとは $\ker(h_j) = \mathrm{im}(h_{j-1})$ が任意の整数 $j = 1, \ldots, n-1$ に対して成立することである．アーベル群 A_k と準同型 $h_k : A_k \longrightarrow A_{k+1}$ の無限列に対しても，完全系列であることは，$\ker(h_j) = \mathrm{im}(h_{j-1})$ が定義されているところで成立することとする．

準同型は $A_{k-1} \xleftarrow{h_k} A_k$ の方向のこともある．

【例 2.1.2】 次のことは ker, im の定義，商の群の定義からわかる．単位元だけからなる群をアーベル群では 0 と書くことにする．

(0) $0 \longrightarrow A \xrightarrow{h} B$ が完全系列であることと，h が単射準同型であることは同値である．$A \xrightarrow{h} B \longrightarrow 0$ が完全系列であることと，h が全射準同型であることは同値である．

(1) $0 \longrightarrow A \longrightarrow 0$ が完全系列ならば $A = 0$ である．

(2) $0 \longrightarrow A_0 \xrightarrow{h_0} A_1 \longrightarrow 0$ が完全系列ならば，h_0 は同型写像 $A_0 \cong A_1$ である．

(3) $0 \longrightarrow A_0 \xrightarrow{h_0} A_1 \xrightarrow{h_1} A_2 \longrightarrow 0$ が完全系列ならば $A_2 \cong A_1/h_0(A_0)$ である（h_0 は単射だから，$h_0(A_0)$ を A_0 と同一視して $A_2 \cong A_1/A_0$ と書くこともある）．

【問題 2.1.3】 $0 \longrightarrow A_0 \xrightarrow{h_0} A_1 \xrightarrow{h_1} \mathbf{Z}^k \longrightarrow 0$ が完全系列ならば $A_1 \cong A_0 \oplus \mathbf{Z}^k$ を示せ．解答例は 69 ページ．

定義 2.1.4（完全系列の間の準同型） 2 つの完全系列 $A_0 \xrightarrow{h_0} A_1 \xrightarrow{h_1} \cdots \xrightarrow{h_{n-2}} A_{n-1} \xrightarrow{h_{n-1}} A_n$, $A'_0 \xrightarrow{h'_0} A'_1 \xrightarrow{h'_1} \cdots \xrightarrow{h'_{n-2}} A'_{n-1} \xrightarrow{h'_{n-1}} A'_n$ の間の準同型とは，準同型 $f_k : A_k \longrightarrow A'_k$ ($k = 0, \ldots, n$) で，下の図式が可換となる，すなわち，$h'_k \circ f_k = f_{k+1} \circ h_k$ を満たすもののことである．

$$\begin{array}{ccccccccc} A_0 & \xrightarrow{h_0} & A_1 & \xrightarrow{h_1} & \cdots & \xrightarrow{h_{n-2}} & A_{n-1} & \xrightarrow{h_{n-1}} & A_n \\ \downarrow f_0 & & \downarrow f_1 & & & & \downarrow f_{n-1} & & \downarrow f_n \\ A'_0 & \xrightarrow{h'_0} & A'_1 & \xrightarrow{h'_1} & \cdots & \xrightarrow{h'_{n-2}} & A'_{n-1} & \xrightarrow{h'_{n-1}} & A'_n \end{array}$$

【例題 2.1.5】（ファイブ・レンマ） 2 つの完全系列 $A_1 \xrightarrow{h_1} A_2 \xrightarrow{h_2} A_3 \xrightarrow{h_3} A_4 \xrightarrow{h_4} A_5$, $A'_1 \xrightarrow{h'_1} A'_2 \xrightarrow{h'_2} A'_3 \xrightarrow{h'_3} A'_4 \xrightarrow{h'_4} A'_5$ の間の準同型 $f_k : A_k \longrightarrow A'_k$ ($k = 1, \ldots, 5$) について f_1, f_2, f_4, f_5 が同型写像ならば f_3 も同型写像であることを示せ．

【解】 可換図式

$$
\begin{CD}
A_1 @>h_1>> A_2 @>h_2>> A_3 @>h_3>> A_4 @>h_4>> A_5 \\
@VVf_1V @VVf_2V @VVf_3V @VVf_4V @VVf_5V \\
A'_1 @>>h'_1> A'_2 @>>h'_2> A'_3 @>>h'_3> A'_4 @>>h'_4> A'_5
\end{CD}
$$

について,まず f_3 が単射であることを示す.$f_3(x_3) = 0$ とすると,$0 = h'_3(f_3(x_3)) = f_4(h_3(x_3))$ で,f_4 は同型だから,$h_3(x_3) = 0$ を得る(①).上側の系列の完全性から $x_2 \in A_2$ で $x_3 = h_2(x_2)$ となるものがある(②).

$$
\begin{CD}
\overset{④}{x_1} @>h_1>> \overset{②}{x_2} @>h_2>> x_3 @>h_3>> \overset{①}{0} @>h_4>> \\
@VVf_1V @VVf_2V @VVf_3V @VVf_4V @VVf_5V \\
\underset{③}{y_1} @>>h'_1> f_2(x_2) @>>h'_2> \underset{\text{仮定}}{0} @>>h'_3> 0 @>>h'_4>
\end{CD}
$$

ここで,$h'_2(f_2(x_2)) = f_3(h_2(x_2)) = 0$ だから,下側の系列の完全性から $y_1 \in A'_1$ で,$h'_1(y_1) = f_2(x_2)$ となるものがある(③).さらに,f_1 は同型だから $x_1 \in A_1$ で $f_1(x_1) = y_1$ となるものがある(④).ここで $f_2(x_2) = h'_1(f_1(x_1)) = f_2(h_1(x_1))$ で,f_2 は同型だから,$h_1(x_1) = x_2$ である.したがって,$x_3 = h_2(x_2) = h_2(h_1(x_1)) = 0$ となる.

全射であることは次のように示される.$y_3 \in A'_3$ について,f_4 が同型だから,$x_4 = f_4^{-1}(h'_3(y_3)) \in A_4$ をとる(①').f_5 が同型であることと,下側の系列の完全性から,$h_4(x_4) = f_5^{-1}(h'_4(f_4(x_4))) = f_5^{-1}(h'_4(h'_3(y_3))) = 0$ だから,$x_3 \in A_3$ で $h_3(x_3) = x_4$ となるものがある(②').

$$
\begin{CD}
@>h_1>> \underset{⑤'}{x_2} @>h_2>> h_2(x_2) @>h_3>> \overset{①'}{x_4} @>h_4>> 0 \\
@VVf_1V @VVf_2V @VVf_3V @VVf_4V @VVf_5V \\
@>>h'_1> \underset{④'}{y_2} @>>h'_2> y_3 - \underset{③'}{f_3(x_3)} @>>h'_3> h'_3(y_3) @>>h'_4> 0
\end{CD}
$$

$y_3 - f_3(x_3)$ について考える(③').

$$h'_3(y_3 - f_3(x_3)) = h'_3(y_3) - h'_3(f_3(x_3)) = h'_3(y_3) - f_4(h_3(x_3))$$
$$= h'_3(y_3) - f_4(x_4) = 0$$

だから，下側の系列の完全性から，$y_2 \in A_2'$ で，$h_2'(y_2) = y_3 - f_3(x_3)$ となるものがある（④'）．$x_2 = f_2^{-1}(y_2)$ とおく（⑤'）．ここで，$x_3 + h_2(x_2)$ をとると，

$$f_3(x_3 + h_2(x_2)) = f_3(x_3) + f_3(h_2(x_2)) = f_3(x_3) + h_2'(f_2(x_2))$$
$$= f_3(x_3) + y_3 - f_3(x_3) = y_3$$

となる．

2.1.2 公理

ホモロジー理論とは，空間対 (X, A)，非負整数 n に対して，$H_n(X, A)$ というアーベル群を与え，空間対の間の連続写像 $f : (X, A) \longrightarrow (Y, B)$ に対して，準同型写像 $f_* : H_n(X, A) \longrightarrow H_n(Y, B)$ を与える対応であり，次の 5 つの公理を満たすものである．ただし，$A = \emptyset$（空集合）の空間対 $(X, \emptyset)$ を空間 X と考え，$H_n(X, \emptyset)$ を $H_n(X)$ と書く．

(F) 共変関手である．
(H) ホモトピー公理を満たす．
(P) 空間対の長完全系列が存在する．この空間対から長完全系列への対応も共変関手となる．
(E) 切除公理を満たす．
(D) 次元公理を満たす．

これらの公理を順に説明しよう．

- (F) 共変関手

  「この対応が共変関手である」（この対応が (空間対, 連続写像) のなす圏から，(アーベル群, 準同型) のなす圏への共変関手である）とは次のことである．

  (1) 空間対の間の連続写像 $f : (X, A) \longrightarrow (Y, B)$, $g : (Y, B) \longrightarrow (Z, C)$ に対し，その結合 $g \circ f : (X, A) \longrightarrow (Z, C)$ に対応する $(g \circ f)_* : H_n(X, A) \longrightarrow H_n(Z, C)$ について，$(g \circ f)_* = g_* \circ f_*$ が成立する．ここで，$f_* : H_n(X, A) \longrightarrow H_n(Y, B)$, $g_* : H_n(Y, B) \longrightarrow H_n(Z, C)$ である．

  (2) 空間対 (X, A) の恒等写像 $\mathrm{id}_X : (X, A) \longrightarrow (X, A)$ に対して，$(\mathrm{id}_X)_* = \mathrm{id}_{H_n(X, A)} : H_n(X, A) \longrightarrow H_n(X, A)$ である．

関手性により，$(X, A), (Y, B)$ が同相ならば，各 n についてホモロジー群 $H_n(X, A), H_n(Y, B)$ は同型である．

- (H) ホモトピー公理（ホモトピー不変性）

  「この対応がホモトピー公理を満たす」とは，$f_0, f_1 : (X, A) \longrightarrow (Y, B)$ がホモトピックであるとき，$(f_0)_* = (f_1)_* : H_n(X, A) \longrightarrow H_n(Y, B)$ となることである．

この結果，空間対 (X, A) と (Y, B) がホモトピー同値ならば，各 n についてホモロジー群 $H_n(X, A), H_n(Y, B)$ は同型である．

- (P) 空間対の長完全系列

  空間対の長完全系列は以下のものである．

  空間対 (X, A) に対して**連結準同型**と呼ばれる準同型 $\partial_* : H_n(X, A) \longrightarrow H_{n-1}(A)$ が定まり，次の列が完全系列となる．

$$\begin{array}{c}
\cdots \xrightarrow{j_*} H_{n+1}(X, A) \\
\xrightarrow{\partial_*} H_n(A) \xrightarrow{i_*} H_n(X) \xrightarrow{j_*} H_n(X, A) \\
\xrightarrow{\partial_*} H_{n-1}(A) \xrightarrow{i_*} H_{n-1}(X) \xrightarrow{j_*} H_{n-1}(X, A) \\
\xrightarrow{\partial_*} H_{n-2}(A) \xrightarrow{i_*} \cdots \\
\cdots \xrightarrow{j_*} H_2(X, A) \\
\xrightarrow{\partial_*} H_1(A) \xrightarrow{i_*} H_1(X) \xrightarrow{j_*} H_1(X, A) \\
\xrightarrow{\partial_*} H_0(A) \xrightarrow{i_*} H_0(X) \xrightarrow{j_*} H_0(X, A) \longrightarrow 0
\end{array}$$

ここで，$i : A \longrightarrow X$ は包含写像，$j : X = (X, \emptyset) \longrightarrow (X, A)$ である．連結準同型は，空間対の間の連続写像 $f : (X, A) \longrightarrow (Y, B)$ に対して，$\partial_* \circ f_* = \partial_* \circ (f|A)_*$ を満たし，空間対の間の連続写像に，完全系列の間の準同型が対応する．

$$\begin{array}{ccccccccc}
\xrightarrow{\partial_*} & H_n(A) & \xrightarrow{i_*} & H_n(X) & \xrightarrow{j_*} & H_n(X, A) & \xrightarrow{\partial_*} & H_{n-1}(A) & \xrightarrow{i_*} \\
& \downarrow{\scriptstyle (f|A)_*} & & \downarrow{\scriptstyle f_*} & & \downarrow{\scriptstyle f_*} & & \downarrow{\scriptstyle (f|A)_*} & \\
\xrightarrow{\partial_*} & H_n(B) & \xrightarrow{i_*} & H_n(Y) & \xrightarrow{j_*} & H_n(Y, B) & \xrightarrow{\partial_*} & H_{n-1}(B) & \xrightarrow{i_*}
\end{array}$$

- (E) 切除公理

  切除公理は次のものである（A, B の条件については，特異ホモロジー理論で満たされるもっと緩やかなものを採用することも多い）．

$X \supset A \supset B$, A は開集合, B は閉集合とする. このとき, 包含写像 $\iota : (X \setminus B, A \setminus B) \longrightarrow (X, A)$ に同型 $\iota_* : H_n(X \setminus B, A \setminus B) \longrightarrow H_n(X, A)$ が対応する.

- (D) 次元公理

  次元公理とは次のものである.

  1 点 p からなる位相空間 $\{p\}$ に対して, $H_n(\{p\}) \cong \begin{cases} \mathbf{Z} & (n = 0) \\ 0 & (n > 0) \end{cases}$
  である. ここでは, 同型も一意に定まっている, すなわち, $\mathbf{Z}$ の生成元 1 が定まっているとする.

2.1.3 公理の帰結

いくつかの空間 (X, A) に対して, ホモロジー群 $H_n(X, A)$ は上の性質を直接使って計算できる. $H_n(X, A)$ の, 次元 n にわたる直和を $H_*(X, A)$ と書く: $H_*(X, A) = \bigoplus_{n=0}^{\infty} H_n(X, A)$.

【例 2.1.6】 $H_n(X, X) \cong H_n(\emptyset, \emptyset) = H_n(\emptyset) = 0 \ (n \geqq 0)$.

空間対 (X, X) の長完全系列は

$$
\begin{array}{l}
\cdots \xrightarrow{j_*} H_{n+1}(X, X) \\
\xrightarrow{\partial_*} H_n(X) \xrightarrow{i_*} H_n(X) \xrightarrow{j_*} H_n(X, X) \\
\xrightarrow{\partial_*} H_{n-1}(X) \xrightarrow{i_*} H_{n-1}(X) \xrightarrow{j_*} H_{n-1}(X, X) \\
\xrightarrow{\partial_*} H_{n-2}(X) \xrightarrow{i_*} \cdots
\end{array}
$$

となる. ここで, $i_* = (\mathrm{id}_X)_*$ であり, 関手性から $(\mathrm{id}_X)_* = \mathrm{id}_{H_n(X)}$ であるから, ∂_*, j_* はともに零準同型であり, $H_n(X, X) = 0$ となる. 一方, 空間対 (X, X) に対して, 切除公理を用いれば, $H_n(X, X) \cong H_n(\emptyset, \emptyset) = H_n(\emptyset)$ である. したがって, これらの群は 0 である.

【問題 2.1.7】 $X = X_1 \sqcup X_2$, X_1, X_2 は開集合とするとき, $H_*(X) \cong H_*(X_1) \oplus H_*(X_2)$, すなわち各 n に対して $H_n(X) \cong H_n(X_1) \oplus H_n(X_2)$ を示せ. 解答例は 69 ページ.

【例 2.1.8】 位相空間 X が 1 点 $\{p\}$ とホモトピー同値ならば, ホモトピー公理と次元公理から, $H_n(X) \cong \begin{cases} \mathbf{Z} & (n = 0) \\ 0 & (n > 0) \end{cases}$ となる. このとき, 任意の写像 $c : \{p\} \longrightarrow X$ は, 同型写像 $\mathbf{Z} \cong H_0(\{p\}) \longrightarrow H_0(X) \cong \mathbf{Z}$ を導く. $x \in X$

に対して $c_x : \{p\} \longrightarrow X$ を x を値とする定値写像とすると，c_x は互いにホモトピックであるから，$\langle x \rangle = (c_x)_*(1)$ は x によらず，$H_0(X)$ の同じ元である．この元 $\langle x \rangle$ を $H_0(X) \cong \mathbf{Z}$ の 1 に対応する生成元とすることにする．

【例 2.1.9】 一般に，弧状連結な位相空間 X に対し，$x \in X$ を値とする定値写像 $c_x : \{p\} \longrightarrow X$ により，$\langle x \rangle = (c_x)_*(1) \in H_0(X)$ を定めると，例 2.1.8 と同様に，c_x は互いにホモトピックであるから，この元 $\langle x \rangle$ は x によらず，$H_0(X)$ の同じ元を表す．さらに次の問題 2.1.10 により，$H_0(X)$ の $\mathbf{Z}$ と同型な直和因子を生成する．

【問題 2.1.10】 空でない位相空間 X の 0 次元のホモロジー群 $H_0(X)$ は，$\mathbf{Z}$ と同型な直和因子を持つことを示せ．解答例は 69 ページ．

切除公理を用いるときに，次の例題のように閉部分集合についての空間対から，開集合をとり除く場合を考えておくとよい．

【例題 2.1.11】 $X \supset A \supset V$, A は閉集合，V は開集合とする．$X \supset U \supset A$ となる開集合 U と，ホモトピー $f_t : X \setminus V \longrightarrow X \setminus V$ $(t \in [0,1])$ で，$f_0 = \mathrm{id}_{X \setminus V}$, $f_1(U \setminus V) \subset A \setminus V$, $f_t|(A \setminus V) = \mathrm{id}_{A \setminus V}$, $f_t(U \setminus V) \subset U \setminus V$ $(t \in [0,1])$ を満たすものが存在すると仮定する（特に $A \setminus V$ は $U \setminus V$ の変形レトラクトである）．このとき，包含写像 $(X \setminus V, A \setminus V) \longrightarrow (X, A)$ は，同型写像 $H_*(X \setminus V, A \setminus V) \cong H_*(X, A)$ を誘導することを示せ．

【解】 まず，$\widehat{f}_t : X \longrightarrow X$ を，$X = (X \setminus V) \cup A$ と考えて，$\widehat{f}_t|(X \setminus V) = f_t$, $\widehat{f}_t|A = \mathrm{id}_A$ により定める．これは，X の閉集合 $X \setminus V$, A 上で連続で，$(X \setminus V) \cap A = A \setminus V$ 上 $\mathrm{id}_{A \setminus V}$ で一致しているから，連続写像として矛盾なく定義されている．

この $\widehat{f}_1$ は，$\widehat{f}_1(U) = f_1(U \setminus V) \cup f_1(V) \subset (A \setminus V) \cup V \subset A$ を満たし，空間対の連続写像 $\widehat{f}_1 : (X, U) \longrightarrow (X, A)$ を定める．

包含写像 $i_X : (X, A) \longrightarrow (X, U)$ は，$\widehat{f}_1 : (X, U) \longrightarrow (X, A)$ をホモトピー逆写像とするホモトピー同値写像であることを示す．実際，$\widehat{f}_1 \circ i_X : (X, A) \longrightarrow (X, A)$ に対し，$\widehat{f}_t : (X, A) \longrightarrow (X, A)$ であり，$\widehat{f}_1 \circ i_X = \widehat{f}_1$, $\widehat{f}_0 = \mathrm{id}_X$ だから，$\widehat{f}_1 \circ i_X \simeq \mathrm{id}_X : (X, A) \longrightarrow (X, A)$ である．また，$i_X \circ \widehat{f}_1 : (X, U) \longrightarrow (X, U)$ について，$\widehat{f}_t(U) = f_t(U \setminus V) \cup \widehat{f}_t(V) \subset (U \setminus V) \cup V \subset U$ で，$i_X \circ \widehat{f}_1 = \widehat{f}_1$, $\widehat{f}_0 = \mathrm{id}_X$ だから，$i_X \circ \widehat{f}_1 \simeq \mathrm{id}_X : (X, U) \longrightarrow (X, U)$ である．したがって，同

型 $(i_X)_* : H_*(X,A) \cong H_*(X,U)$ が誘導される．

次に包含写像 $i_{X\setminus V} : (X\setminus V, A\setminus V) \longrightarrow (X\setminus V, U\setminus V)$ も，ホモトピー同値写像である．$f_t(U\setminus V) \subset U\setminus V$, $f_1(U\setminus V) \subset A\setminus V$ に注意して，f_1 が，$i_{X\setminus V}$ のホモトピー逆写像であることを示す．$f_1 \circ i_{X\setminus V} : (X\setminus V, A\setminus V) \longrightarrow (X\setminus V, A\setminus V)$ に対し，$f_t : (X\setminus V, A\setminus V) \longrightarrow (X\setminus V, A\setminus V)$ であり，$f_1 \circ i_{X\setminus V} = f_1$, $f_0 = \mathrm{id}_{X\setminus V}$ だから，$f_1 \circ i_{X\setminus V} \simeq \mathrm{id}_{X\setminus V} : (X\setminus V, A\setminus V) \longrightarrow (X\setminus V, A\setminus V)$ である．また，$f_t(U\setminus V) \subset U\setminus V$ で，$i_{X\setminus V} \circ f_1 = f_1$, $f_0 = \mathrm{id}_{X\setminus V}$ だから，$i_X \circ f_1 \simeq \mathrm{id}_{X\setminus V} : (X\setminus V, U\setminus V) \longrightarrow (X\setminus V, U\setminus V)$ である．したがって，同型 $(i_{X\setminus V})_* : H_*(X\setminus V, A\setminus V) \cong H_*(X\setminus V, U\setminus V)$ が誘導される．

切除公理により，包含写像 $(X\setminus A, U\setminus A) \longrightarrow (X,U)$ は同型 $H_*(X\setminus A, U\setminus A) \longrightarrow H_*(X,U)$ を誘導する．また，$X\setminus V \supset U\setminus V \supset A\setminus V$ において，$U\setminus V$ は $X\setminus V$ の開集合，$A\setminus V$ は $X\setminus V$ の閉集合だから，切除公理により，包含写像 $(X\setminus A, U\setminus A) \longrightarrow (X\setminus V, U\setminus V)$ は同型 $H_*(X\setminus A, U\setminus A) \longrightarrow H_*(X\setminus V, U\setminus V)$ を誘導する．したがって，$H_*(X\setminus V, A\setminus V) \cong H_*(X,A)$ となる．この同型が包含写像 $(X\setminus V, A\setminus V) \longrightarrow (X,A)$ により誘導されることは，包含写像の間の可換図式

$$\begin{array}{ccc} (X\setminus V, A\setminus V) & \longrightarrow & (X,A) \\ \simeq \downarrow & & \downarrow \simeq \\ (X\setminus V, U\setminus V) & \underset{\cong_{H_*}}{\longleftarrow} (X\setminus A, U\setminus A) \underset{\cong_{H_*}}{\longrightarrow} & (X,U) \end{array}$$

がホモロジー群の間に引き起こす同型写像の可換図式からわかる．

【問題 2.1.12】 $D^n = \{\boldsymbol{x} \in \boldsymbol{R}^n \mid \|\boldsymbol{x}\| \leqq 1\}$, $S^{n-1} = \{\boldsymbol{x} \in \boldsymbol{R}^n \mid \|\boldsymbol{x}\| = 1\}$ とし，M^n を n 次元多様体とする．$\iota : D^n \longrightarrow M^n$ を，像への微分同相写像とする．すなわち，$D^n \subset \boldsymbol{R}^n$ を含む開集合 U からの微分同相写像 $\hat{\iota}$ の D^n への制限となる写像とする．このとき，$H_*(D^n, S^{n-1}) \cong H_*(M^n, M^n \setminus \mathrm{Int}(\iota(D^n)))$ を示せ．ただし，$\mathrm{Int}(D^n)$ は，D^n の内部を表す．解答例は 70 ページ．

2.2 球面の次元とホモロジー群

2.2.1 球面のホモロジー群

この小節では，次を示す．

命題 2.2.1 $n \geq 1$ に対して, $D^n = \{\boldsymbol{x} \in \boldsymbol{R}^n \mid \|\boldsymbol{x}\| \leq 1\}$, $S^n = \{\boldsymbol{x} \in \boldsymbol{R}^{n+1} \mid \|\boldsymbol{x}\| = 1\}$ とする. このとき, 次が成り立つ.

$$H_k(D^n, S^{n-1}) \cong \begin{cases} \boldsymbol{Z} & (k=n) \\ 0 & (k \neq n) \end{cases}, \quad H_k(S^n) \cong \begin{cases} \boldsymbol{Z} & (k=0,\ n) \\ 0 & (k \neq 0,\ n) \end{cases}$$

2 点 S^0 のホモロジー群については, 問題 2.1.7 により, $H_*(S^0) \cong H_*(\{-1\}) \oplus H_*(\{1\})$, すなわち, $H_k(S^0) \cong \begin{cases} \boldsymbol{Z} \oplus \boldsymbol{Z} & (k=0) \\ 0 & (k>0) \end{cases}$ がわかっている. $H_0(\{-1\}) \cong \boldsymbol{Z}, H_0(\{1\}) \cong \boldsymbol{Z}$ の生成元を, 例 2.1.8 に述べたように $\langle -1 \rangle, \langle 1 \rangle$ とする.

命題 2.2.1 の証明はホモロジー群を次元の低いものから順に決めることで行われる.

命題 2.2.1 の証明 最初に $(D^1, S^0) = ([-1, 1], \{-1, 1\})$ を考える. 空間対 $([-1, 1], \{-1, 1\})$ の長完全系列を書く.

$$\begin{array}{c}
\xrightarrow{\partial_*} H_2(\{-1, 1\}) \xrightarrow{i_*} H_2([-1, 1]) \xrightarrow{j_*} H_2([-1, 1], \{-1, 1\}) \\
\xrightarrow{\partial_*} H_1(\{-1, 1\}) \xrightarrow{i_*} H_1([-1, 1]) \xrightarrow{j_*} H_1([-1, 1], \{-1, 1\}) \\
\xrightarrow{\partial_*} H_0(\{-1, 1\}) \xrightarrow{i_*} H_0([-1, 1]) \xrightarrow{j_*} H_0([-1, 1], \{-1, 1\}) \longrightarrow 0
\end{array}$$

について, 例 2.1.8 により, $H_k([-1, 1]) \cong \begin{cases} \boldsymbol{Z} & (k=0) \\ 0 & (k>0) \end{cases}$ だから, わかっているホモロジー群を書くと以下の完全系列を得る.

$$\begin{array}{c}
\xrightarrow{\partial_*} 0 \xrightarrow{i_*} 0 \xrightarrow{j_*} H_2([-1, 1], \{-1, 1\}) \\
\xrightarrow{\partial_*} 0 \xrightarrow{i_*} 0 \xrightarrow{j_*} H_1([-1, 1], \{-1, 1\}) \\
\xrightarrow{\partial_*} \boldsymbol{Z} \oplus \boldsymbol{Z} \xrightarrow{i_*} \boldsymbol{Z} \xrightarrow{j_*} H_0([-1, 1], \{-1, 1\}) \longrightarrow 0
\end{array}$$

この完全系列から $H_k([-1, 1], \{-1, 1\}) = 0\ (k \geq 2)$ がわかる.

例 2.1.8 の可縮な空間の H_0 の生成元の決め方により, $i_*(n_1, n_2) = n_1 + n_2$ がわかる. したがって

$$H_0([-1, 1], \{-1, 1\}) = 0, \quad H_1([-1, 1], \{-1, 1\}) \cong \boldsymbol{Z}.$$

これが, 命題 2.2.1 の (D^1, S^0) の場合である.

同型 $H_1([-1, 1], \{-1, 1\}) \cong \boldsymbol{Z}$ の定め方, すなわち $H_1([-1, 1], \{-1, 1\})$ の

図 2.1　$S^1 = S^1_+ \cup S^1_-$.

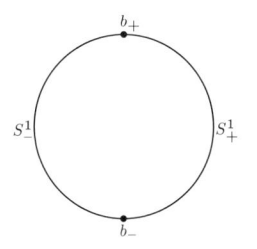

生成元のとり方は，$m \in \mathbf{Z} \cong H_1([-1,1],\{-1,1\})$ に対し，$\partial_* m = (m,-m)$ とするものと，$\partial_* m = (-m,m)$ とするものの 2 通りある．この一方を定めることは $[-1,1]$ に向きを定めることである．通常 $\overrightarrow{[-1,1]}$ という向きを定めており，$H_1([-1,1],\{-1,1\}) = H_1(D^1, S^0)$ の生成元を $[D^1, S^0]$ とするとき，

$$\partial_*[D^1, S^0] = \langle 1 \rangle - \langle -1 \rangle = \begin{pmatrix} -1 \\ 1 \end{pmatrix} \in \mathbf{Z}\langle -1 \rangle \oplus \mathbf{Z}\langle 1 \rangle = H_0(\{-1,1\})$$

と向きを付ける．

次に，$S^1 = \{\boldsymbol{x} = (x_1, x_2) \in \mathbf{R}^2 \mid \|\boldsymbol{x}\| = 1\}$ のホモロジー群を計算しよう．$S^1_+ = \{\boldsymbol{x} = (x_1, x_2) \in S^1 \mid x_1 \geqq 0\}$，$S^1_- = \{\boldsymbol{x} = (x_1, x_2) \in S^1 \mid x_1 \leqq 0\}$ とする．図 2.1 参照．

空間対 (S^1, S^1_-) のホモロジー長完全系列は次のようになる．

$$\begin{array}{l} \xrightarrow{\partial_*} H_2(S^1_-) \xrightarrow{i_*} H_2(S^1) \xrightarrow{j_*} H_2(S^1, S^1_-) \\ \xrightarrow{\partial_*} H_1(S^1_-) \xrightarrow{i_*} H_1(S^1) \xrightarrow{j_*} H_1(S^1, S^1_-) \\ \xrightarrow{\partial_*} H_0(S^1_-) \xrightarrow{i_*} H_0(S^1) \xrightarrow{j_*} H_0(S^1, S^1_-) \longrightarrow 0 \end{array}$$

ここで，切除公理（問題 2.1.12）から $H_1(S^1, S^1_-) \cong H_1(S^1_+, \partial S^1_+)$，また，写像 $(S^1_+, \partial S^1_+) \longrightarrow (D^1, S^0)$ を $(x_1, x_2) \longmapsto x_2$ により定めると，これは同相であるから，$H_1(S^1_+, \partial S^1_+) \cong H_1(D^1, S^0)$ となる．したがって次の完全系列を得る．

$$\begin{array}{lllll} \xrightarrow{\partial_*} & 0 & \xrightarrow{i_*} H_2(S^1) \xrightarrow{j_*} & 0 & \\ \xrightarrow{\partial_*} & 0 & \xrightarrow{i_*} H_1(S^1) \xrightarrow{j_*} & \mathbf{Z} & \\ \xrightarrow{\partial_*} & \mathbf{Z} & \xrightarrow{i_*} H_0(S^1) \xrightarrow{j_*} & 0 & \longrightarrow 0 \end{array}$$

この完全系列から $H_k(S^1) = 0$ $(k \geqq 2)$ がわかる．

連結準同型 $\partial_* : H_1(S^1, S^1_-) \longrightarrow H_0(S^1_-)$ を調べるために包含写像

$(S^1_+, \partial S^1_+) \longrightarrow (S^1, S^1_-)$ が誘導する $(S^1_+, \partial S^1_+)$ のホモロジー長完全系列と (S^1, S^1_-) のホモロジー長完全系列の間の写像をみる．$\partial S^1_+ = \{b_-, b_+\}$ ($b_\pm = (0, \pm 1)$) として，$\partial_*[S^1_+, \partial S^1_+] = \langle b_+ \rangle - \langle b_- \rangle$ となっている．例 2.1.8 により，$\langle b_+ \rangle, \langle b_- \rangle$ は包含写像 $\partial S^1_+ \longrightarrow S^1_-$ によって $H_0(S^1_-)$ の同じ生成元に写る．したがって，$\partial_*[S^1_+, \partial S^1_+]$ は 0 に写るから，∂_* は零写像となる．

$$\begin{array}{ccccc}
H_1(S^1_+, \{b_-, b_+\}) & \xrightarrow{(-1,1)}_{\partial_*} & H_0(\{b_-, b_+\}) & \xrightarrow{+}_{i_*} & H_0(S^1_+) \\
Z & & Z \oplus Z & & Z \\
\downarrow \cong & & \downarrow & & \\
H_1(S^1, S^1_-) & \xrightarrow{\partial_*} & H_0(S^1_-) & & \\
Z & & Z & &
\end{array}$$

したがって，$H_1(S^1) \cong Z$, $H_0(S^1) \cong Z$ が得られる．これが命題 2.2.1 の S^1 の場合である．ここで，$H_0(S^1)$ の生成元は，可縮な S^1_- の $H_0(S^1_-)$ の生成元の像であり，任意の $x \in S^1$ について $H_0(\{x\})$ の生成元 $\langle x \rangle$ の像となる．あるいは，定値写像 $c_x : \{p\} \longrightarrow S^1$ について $(c_x)_* 1$ である．$H_1(S^1)$ の生成元 $[S^1]$ は $j_*[S^1] = [S^1, S^1_-] \longleftarrow [S^1_+, \partial S^1_+]$ により定まっている．

空間対 (D^2, S^1) を考えよう．最初に空間対 (D^2, S^1) のホモロジー長完全系列を書き，次にわかっているところを書き換えると以下のようになる．

$$\begin{array}{l}
\xrightarrow{\partial_*} H_2(S^1) \xrightarrow{i_*} H_2(D^2) \xrightarrow{j_*} H_2(D^2, S^1) \\
\xrightarrow{\partial_*} H_1(S^1) \xrightarrow{i_*} H_1(D^2) \xrightarrow{j_*} H_1(D^2, S^1) \\
\xrightarrow{\partial_*} H_0(S^1) \xrightarrow{i_*} H_0(D^2) \xrightarrow{j_*} H_0(D^2, S^1) \longrightarrow 0
\end{array}$$

$$\begin{array}{l}
\xrightarrow{\partial_*} 0 \xrightarrow{i_*} 0 \xrightarrow{j_*} H_2(D^2, S^1) \\
\xrightarrow{\partial_*} Z \xrightarrow{i_*} 0 \xrightarrow{j_*} H_1(D^2, S^1) \\
\xrightarrow{\partial_*} Z \xrightarrow{i_*} Z \xrightarrow{j_*} H_0(D^2, S^1) \longrightarrow 0
\end{array}$$

$H_0(S^1)$ と $H_0(D^2)$ の生成元は，ともに任意の定値写像による $H_0(\{p\})$ の生成元の像であるから，$H_0(S^1) \xrightarrow{i_*} H_0(D^2)$ は同型であり，この完全系列から $H_k(D^2, S^1) \cong Z$ $(k = 2)$, $H_k(D^2, S^1) = 0$ $(k \neq 2)$ がわかる．このとき，$H_2(D^2, S^1)$ の生成元 $[D^2, S^1]$ は，$\partial_*[D^2, S^1] = [S^1] \in H_1(S^1)$ と定める．

次に $S^2 = \{x = (x_1, x_2, x_3) \in \mathbb{R}^3 \mid \|x\| = 1\}$ のホモロジー群を計算する．$S^2_+ = \{x = (x_1, x_2, x_3) \in S^2 \mid x_1 \geq 0\}$, $S^2_- = \{x = (x_1, x_2, x_3) \in S^2 \mid x_1 \leq$

0} とする．

空間対 (S^2, S^2_-) のホモロジー長完全系列は次のようになる．

$$\xrightarrow{\partial_*} H_2(S^2_-) \xrightarrow{i_*} H_2(S^2) \xrightarrow{j_*} H_2(S^2, S^2_-)$$
$$\xrightarrow{\partial_*} H_1(S^2_-) \xrightarrow{i_*} H_1(S^2) \xrightarrow{j_*} H_1(S^2, S^2_-)$$
$$\xrightarrow{\partial_*} H_0(S^2_-) \xrightarrow{i_*} H_0(S^2) \xrightarrow{j_*} H_0(S^2, S^2_-) \longrightarrow 0$$

$$\xrightarrow{\partial_*} 0 \xrightarrow{i_*} H_2(S^2) \xrightarrow{j_*} \mathbf{Z}$$
$$\xrightarrow{\partial_*} 0 \xrightarrow{i_*} H_1(S^2) \xrightarrow{j_*} 0$$
$$\xrightarrow{\partial_*} \mathbf{Z} \xrightarrow{i_*} H_0(S^2) \xrightarrow{j_*} 0 \longrightarrow 0$$

下の列は上の列のわかっているところを書いたものである．ここで，切除公理（問題 2.1.12）から $H_k(S^2, S^2_-) \cong H_k(S^2_+, \partial S^2_+)$ ($k \geq 0$)，また，写像 $(S^2_+, \partial S^2_+) \longrightarrow (D^2, S^1)$ を，$(x_1, x_2, x_3) \longmapsto (x_2, x_3)$ により定めると，これは同相であるから，$H_k(S^2_+, \partial S^2_+) \cong H_k(D^2, S^1)$ となることを使っている．この完全系列から $H_k(S^2) \cong \mathbf{Z}$ ($k = 0, 2$)，$H_k(S^2) = 0$ ($k \neq 0, 2$) がわかる．$H_0(S^2)$ の生成元は任意の定値写像による $H_0(\{p\})$ の生成元の像であり，$H_2(S^2)$ の生成元 $[S^2]$ は $j_*[S^2] = [S^2, S^2_-] \longleftarrow [S^2_+, \partial S^2_+]$ により定まっている．

これより次元の高いものについての議論は，(D^2, S^1)，S^2 の議論と同じである．念のために書いておくと以下の通りである．

命題 2.2.1 が n に対して正しいとし，$H_0(S^n)$ の生成元は，任意の定値写像 $c_{\boldsymbol{x}}$ ($\boldsymbol{x} \in S^n$) による $H_0(\{p\})$ の生成元の像 $\langle \boldsymbol{x} \rangle = (c_{\boldsymbol{x}})_*(1)$ であるとする．

(D^{n+1}, S^n) のホモロジー群について，最初に空間対 (D^{n+1}, S^n) のホモロジー長完全系列を書き，次にわかっているところを書き換えると以下のようになる．

$$\cdots \xrightarrow{i_*} H_{n+2}(D^{n+1}) \xrightarrow{j_*} H_{n+2}(D^{n+1}, S^n)$$
$$\xrightarrow{\partial_*} H_{n+1}(S^n) \xrightarrow{i_*} H_{n+1}(D^{n+1}) \xrightarrow{j_*} H_{n+1}(D^{n+1}, S^n)$$
$$\xrightarrow{\partial_*} H_n(S^n) \xrightarrow{i_*} H_n(D^{n+1}) \xrightarrow{j_*} H_n(D^{n+1}, S^n)$$
$$\xrightarrow{\partial_*} H_{n-1}(S^n) \xrightarrow{i_*} \cdots$$
$$\cdots \xrightarrow{i_*} H_1(D^{n+1}) \xrightarrow{j_*} H_1(D^{n+1}, S^n)$$
$$\xrightarrow{\partial_*} H_0(S^n) \xrightarrow{i_*} H_0(D^{n+1}) \xrightarrow{j_*} H_0(D^{n+1}, S^n) \longrightarrow 0$$

$$\begin{array}{cccccc}
& \cdots & \xrightarrow{i_*} & 0 & \xrightarrow{j_*} & H_{n+2}(D^{n+1}, S^n) \\
\xrightarrow{\partial_*} & 0 & \xrightarrow{i_*} & 0 & \xrightarrow{j_*} & H_{n+1}(D^{n+1}, S^n) \\
\xrightarrow{\partial_*} & \boldsymbol{Z} & \xrightarrow{i_*} & 0 & \xrightarrow{j_*} & H_n(D^{n+1}, S^n) \\
\xrightarrow{\partial_*} & 0 & \xrightarrow{i_*} & \cdots & & \\
& \cdots & \xrightarrow{i_*} & 0 & \xrightarrow{j_*} & H_1(D^{n+1}, S^n) \\
\xrightarrow{\partial_*} & \boldsymbol{Z} & \xrightarrow{i_*} & \boldsymbol{Z} & \xrightarrow{j_*} & H_0(D^{n+1}, S^n) \longrightarrow 0
\end{array}$$

$H_0(S^n)$ と $H_0(D^{n+1})$ の生成元は，ともに任意の定値写像による $H_0(\{p\})$ の生成元の像であるから，$H_0(S^n) \xrightarrow{i_*} H_0(D^{n+1})$ は同型であり，この完全系列から $H_k(D^{n+1}, S^n) \cong \boldsymbol{Z} \ (k = n+1), H_k(D^{n+1}, S^n) = 0 \ (k \neq n+1)$ がわかる．このとき，$H_{n+1}(D^{n+1}, S^n)$ の生成元 $[D^{n+1}, S^n]$ は，$\partial_*[D^{n+1}, S^n] = [S^n] \in H_n(S^n)$ と定める．

次に $S^{n+1} = \{\boldsymbol{x} = (x_1, \ldots, x_{n+2}) \in \boldsymbol{R}^{n+2} \mid \|\boldsymbol{x}\| = 1\}$ のホモロジー群を計算する．$S^{n+1}_+ = \{\boldsymbol{x} = (x_1, \ldots, x_{n+2}) \in S^{n+1} \mid x_1 \geqq 0\}$, $S^{n+1}_- = \{\boldsymbol{x} = (x_1, \ldots, x_{n+2}) \in S^{n+1} \mid x_1 \leqq 0\}$ とする．

空間対 (S^{n+1}, S^{n+1}_-) のホモロジー長完全系列は次のようになる．

$$\begin{array}{cccccc}
& H_{n+2}(S^{n+1}_-) & \xrightarrow{i_*} & H_{n+2}(S^{n+1}) & \xrightarrow{j_*} & H_{n+2}(S^{n+1}, S^{n+1}_-) \\
\xrightarrow{\partial_*} & H_{n+1}(S^{n+1}_-) & \xrightarrow{i_*} & H_{n+1}(S^{n+1}) & \xrightarrow{j_*} & H_{n+1}(S^{n+1}, S^{n+1}_-) \\
\xrightarrow{\partial_*} & H_n(S^{n+1}_-) & \xrightarrow{i_*} & H_n(S^{n+1}) & \xrightarrow{j_*} & H_n(S^{n+1}, S^{n+1}_-) \\
\xrightarrow{\partial_*} & \cdots & & \cdots & & \\
& \cdots & & \cdots & \xrightarrow{j_*} & H_1(S^{n+1}, S^{n+1}_-) \\
\xrightarrow{\partial_*} & H_0(S^{n+1}_-) & \xrightarrow{i_*} & H_0(S^{n+1}) & \xrightarrow{j_*} & H_0(S^{n+1}, S^{n+1}_-) \longrightarrow 0
\end{array}$$

$$\begin{array}{cccccc}
& 0 & \xrightarrow{i_*} & H_{n+2}(S^{n+1}) & \xrightarrow{j_*} & 0 \\
\xrightarrow{\partial_*} & 0 & \xrightarrow{i_*} & H_{n+1}(S^{n+1}) & \xrightarrow{j_*} & \boldsymbol{Z} \\
\xrightarrow{\partial_*} & 0 & \xrightarrow{i_*} & H_n(S^{n+1}) & \xrightarrow{j_*} & 0 \\
\xrightarrow{\partial_*} & \cdots & & \cdots & & \\
& \cdots & & \cdots & \xrightarrow{j_*} & 0 \\
\xrightarrow{\partial_*} & \boldsymbol{Z} & \xrightarrow{i_*} & H_0(S^{n+1}) & \xrightarrow{j_*} & 0 \longrightarrow 0
\end{array}$$

下の列は上の列のわかっているところを書いたものである．ここで切除公理（問題 2.1.12）から $H_k(S^{n+1}, S^{n+1}_-) \cong H_k(S^{n+1}_+, \partial S^{n+1}_+) \ (k \geqq 0)$，また写像

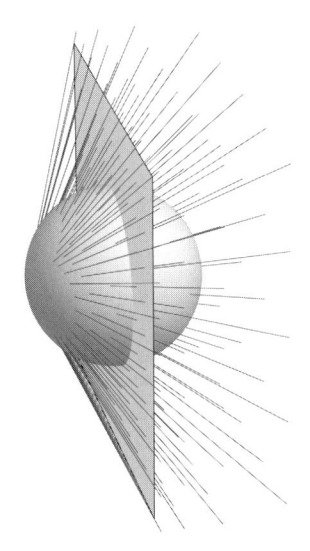

図 2.2 ステレオグラフ射影 p_- は, $-e_1$, $x \in S^n$, $p_-(x)$ が直線上にあるように定義されている.

$(S_+^{n+1}, \partial S_+^{n+1}) \longrightarrow (D^{n+1}, S^n)$ を $(x_1, \ldots, x_{n+1}, x_{n+2}) \longmapsto (x_2, \ldots, x_{n+2})$ により定めると, これは同相であるから, $H_k(S_+^{n+1}, \partial S_+^{n+1}) \cong H_k(D^{n+1}, S^n)$ であることを使っている. この完全系列から $H_k(S^{n+1}) \cong \mathbf{Z}$ $(k = 0, n+1)$, $H_k(S^{n+1}) = 0$ $(k \neq 0, n+1)$ がわかる. $H_0(S^{n+1})$ の生成元は任意の定値写像による $H_0(\{p\})$ の生成元の像であり, $H_{n+1}(S^{n+1})$ の生成元 $[S^{n+1}]$ は $j_*[S^{n+1}] = [S^{n+1}, S_-^{n+1}] \longleftarrow [S_+^{n+1}, \partial S_+^{n+1}]$ により定まっている. 以上により命題 2.2.1 が証明された. ∎

上の命題 2.2.1 の証明では, n 次元球面を 2 つの半球面に分割している. n 次元球面 S^n のステレオグラフ射影を用いて, 次の形で証明することもできる. 図 2.2 参照. この証明でも, 例 2.1.8 の可縮な空間の H_0 の生成元の決め方が, 重要であることがわかる.

【問題 2.2.2】 命題 2.2.1 の証明と同じように帰納法で $n \geqq 1$ に対して,

$$H_k(\mathbf{R}^n, \mathbf{R}^n \setminus \{\mathbf{0}\}) \cong \begin{cases} \mathbf{Z} & (k = n) \\ 0 & (k \neq n) \end{cases}, \quad H_k(S^n) \cong \begin{cases} \mathbf{Z} & (k = 0, n) \\ 0 & (k \neq 0, n) \end{cases}$$

を示せ. 解答例は 70 ページ.

球面は次元が異なれば，ホモロジー群が異なることがわかったから，次元の異なる球面は同相ではなく，さらに，ホモトピー同値ではない．1 点の補空間を考えることで，次元の異なるユークリッド空間は同相ではないことがわかる．

【問題 2.2.3】 n 次元ユークリッド空間 $\boldsymbol{R}^n$ は，次元が異なれば同相でないことを示せ．解答例は 73 ページ．

【問題 2.2.4】 n 次元閉円板 D^n と $\boldsymbol{x} \in D^n$ に対し，$H_k(D^n, D^n \setminus \{\boldsymbol{x}\})$ を求めよ．解答例は 74 ページ．

2.2.2 ブラウアーの不動点定理

ホモロジー群を用いて，各次元の球体はその境界の球面へのレトラクションを持たないことが示される．

命題 2.2.5 $n \geq 1$ に対し，$D^n = \{\boldsymbol{x} \in \boldsymbol{R}^n \mid \|\boldsymbol{x}\| \leq 1\}$, $S^{n-1} = \{\boldsymbol{x} \in \boldsymbol{R}^n \mid \|\boldsymbol{x}\| = 1\}$ とするとき，連続写像 $r: D^n \longrightarrow S^{n-1}$ で $r|S^{n-1} = \mathrm{id}_{S^{n-1}}$ を満たすもの（レトラクション）は存在しない．

証明 レトラクション $r: D^n \longrightarrow S^{n-1}$ が存在したとする．$i: S^{n-1} \longrightarrow D^n$ を包含写像とする．$r \circ i = \mathrm{id}_{S^{n-1}}$ だから，$(r \circ i)_* = \mathrm{id}: H_{n-1}(S^{n-1}) \longrightarrow H_{n-1}(S^{n-1})$ である．ここで，$H_{n-1}(S^{n-1}) \cong \begin{cases} \boldsymbol{Z} & (n \geq 2) \\ \boldsymbol{Z} \oplus \boldsymbol{Z} & (n = 1) \end{cases}$ である．一方，$(r \circ i)_* = r_* \circ i_*$ において，$i_*: H_{n-1}(S^{n-1}) \longrightarrow H_{n-1}(D^n)$ で $H_{n-1}(D^n) \cong \begin{cases} 0 & (n \geq 2) \\ \boldsymbol{Z} & (n = 1) \end{cases}$ である．したがって，

$$\mathrm{rank}(r \circ i)_*(H_{n-1}(S^{n-1})) \leq \begin{cases} 0 & (n \geq 2) \\ 1 & (n = 1) \end{cases}$$

となり，これは $(r \circ i)_* = \mathrm{id}$ と矛盾する．したがって，レトラクション r は存在しない． ■

次の命題は，ブラウアーの不動点定理と呼ばれる．

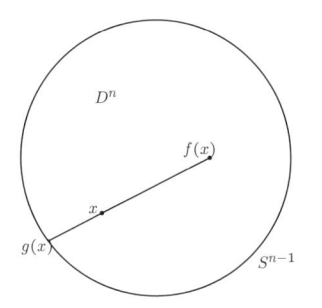

図 2.3　ブラウアーの不動点定理 2.2.6 の証明.

定理 2.2.6（ブラウアーの不動点定理）　すべての連続写像 $f : D^n \longrightarrow D^n$ に対し，$f(\boldsymbol{x}) = \boldsymbol{x}$ となる $\boldsymbol{x} \in D^n$ が存在する．

証明　すべての点 $\boldsymbol{x} \in D^n$ に対し，$f(\boldsymbol{x}) \neq \boldsymbol{x}$ と仮定する．$f(\boldsymbol{x}), \boldsymbol{x}$ を結ぶ直線と，D^n の交点のうち，$f(\boldsymbol{x}), \boldsymbol{x}$ を結ぶ線分について $\boldsymbol{x}$ の延長上にあるものをとり，$g(\boldsymbol{x})$ とおく．図 2.3 参照．$g : D^n \longrightarrow S^{n-1}$ は連続であり，$g|S^{n-1} = \mathrm{id}_{S^{n-1}}$ である．したがって，g は D^n から S^{n-1} へのレトラクションとなり，命題 2.2.5 に矛盾する．したがって，$f(\boldsymbol{x}) = \boldsymbol{x}$ となる点 $\boldsymbol{x} \in D^n$ が存在する．∎

2.3　写像度

前節で計算したように，n 次元球面 S^n $(n \geqq 1)$ に対し，$H_0(S^n) \cong \boldsymbol{Z}$, $H_n(S^n) \cong \boldsymbol{Z}$ である．連続写像 $f : S^n \longrightarrow S^n$ は準同型 $f_* : H_0(S^n) \longrightarrow H_0(S^n), f_* : H_n(S^n) \longrightarrow H_n(S^n)$ を誘導する．

$f_* : H_0(S^n) \longrightarrow H_0(S^n)$ は，標準的な生成元のとり方に対し，$\mathrm{id} : \boldsymbol{Z} \longrightarrow \boldsymbol{Z}$ である．実際，$H_0(S^n)$ の生成元は任意の定値写像 $c_{\boldsymbol{x}} : \{p\} \longrightarrow S^n$ $(\boldsymbol{x} \in S^n)$ による $H_0(\{p\})$ の生成元 1 の像 $(c_{\boldsymbol{x}})_* 1$ である．$f \circ c_{\boldsymbol{x}} = c_{f(\boldsymbol{x})}$ だから，$f_* : H_0(S^n) \longrightarrow H_0(S^n)$ は，$\mathrm{id} : \boldsymbol{Z} \longrightarrow \boldsymbol{Z}$ である．

$H_n(S^n) \cong \boldsymbol{Z}$ だから，$f_* : H_n(S^n) \longrightarrow H_n(S^n)$ は，生成元 $[S^n]$ の像 $f_*[S^n]$ で定まる．

定義 2.3.1　連続写像 $f : S^n \longrightarrow S^n$ に対し，$f_*[S^n] = m[S^n]$ で定まる整数 m を f の**写像度**と呼び，$\deg(f)$ で表す．

注意 2.3.2 空間対 $(D^n, \partial D^n)$, (S^n, S_-^n) のように，n 次元ホモロジー群の生成元 $[D^n, \partial D^n]$, $[S^n, S_-^n]$ が定まれば，連続写像 $f : (D^n, \partial D^n) \longrightarrow (D^n, \partial D^n)$, $g : (S^n, S_-^n) \longrightarrow (S^n, S_-^n)$ の写像度も同様に定義される．

【問題 2.3.3】 $n \geqq 1$ に対し，連続写像 $f : S^n \longrightarrow S^n$ が全射ではないならば，$\deg(f) = 0$ を示せ．解答例は 74 ページ．

2.3.1 円周から円周への連続写像の写像度

円周から円周への連続写像が誘導する準同型写像 $f_* : H_1(S^1) \longrightarrow H_1(S^1)$ の計算は，同型 $H_1(S^1) \longrightarrow H_1(S^1, S_-^1)$ をもとに計算する．$S^1 \cong \boldsymbol{R}/\boldsymbol{Z}$ として，整数 m に対し特別な写像 $f_m(x) = mx \mod 1$ を定義する．$(f_m)_* = m\times : \boldsymbol{Z} \longrightarrow \boldsymbol{Z}$ であること，および，任意の連続写像 $g : S^1 \longrightarrow S^1$ に対し，ある $m \in \boldsymbol{Z}$ について $g \simeq f_m$ となることを示す．すなわち，任意の連続写像は，S^1 を同じ速度で m 回転する写像にホモトピックであり，この回転の回数 m が写像度となる．

命題 2.3.4 整数 m に対し，$f_m : \boldsymbol{R}/\boldsymbol{Z} \longrightarrow \boldsymbol{R}/\boldsymbol{Z}$ を $f_m(x) = mx \mod 1$ で定めると $\deg(f_m) = m$ である．また，任意の連続写像 $g : \boldsymbol{R}/\boldsymbol{Z} \longrightarrow \boldsymbol{R}/\boldsymbol{Z}$ に対し，$g \simeq f_m$ となる整数が存在する．したがって，$\deg : [S^1, S^1] \longrightarrow \boldsymbol{Z}$ は全単射である．

証明 (1) $f : [-1, 1] \longrightarrow [-1, 1]$ を $f(x) = -x$ とするとき，$\deg(f : (D^1, S^0) \longrightarrow (D^1, S^0)) = -1$ である．

実際，$[D^1, S^0] \in H_1(D^1, S^0)$ は，$\partial_*[D^1, S^0] = \langle 1 \rangle - \langle -1 \rangle \in H_0(\{-1, 1\})$ で定まっている．$(f|S^0)_*(\langle 1 \rangle - \langle -1 \rangle) = \langle -1 \rangle - \langle 1 \rangle$ であり，下の図式が可換になるので，$f_*[D^1, S^0] = -[D^1, S^0]$ となる．

$$\begin{array}{ccc} [D^1, S^0] \in H_1(D^1, S^0) & \xrightarrow{\partial_*} & H_0(\{-1, 1\}) \ni \langle 1 \rangle - \langle -1 \rangle \\ {\scriptstyle f_*}\downarrow & {\scriptstyle (f|S^0)_*}\downarrow & \downarrow{\scriptstyle (f|S^0)_*} \\ H_1(D^1, S^0) & \xrightarrow{\partial_*} & H_0(\{-1, 1\}) \ni \langle -1 \rangle - \langle 1 \rangle \end{array}$$

(2) $\iota : D^1 \longrightarrow S^1$ を像への同相写像とする．

$$H_1(S^1) \xrightarrow{j_*} H_1(S^1, S^1 \setminus \mathrm{Int}(\iota(D^1))) \xleftarrow{\iota_*} H_1(D^1, S^0)$$

について, $\iota_*[D^1, S^0] = \pm j_*[S^1]$ で, $\pm$ は ι が向きを保つとき $+$, 向きを反対にするとき $-$ となる.

ここで, $[S^1] \in H_1(S^1)$ は, $j_0 : S^1 \longrightarrow (S^1, S^1_-), i_0 : (S^1_+, \partial S^1_+) \longrightarrow (S^1, S^1_-)$ について, $(j_0)_*[S^1] = [S^1, S^1_-] = (i_0)_*[S^1_+, \partial S^1_+] \in H_1(S^1, S^1_-)$ で定まっている. S^1 の同相写像 $f : S^1 \longrightarrow S^1$ で, id_{S^1} とホモトピックであり, $f \circ \iota(D^1) = S^1_+$ となるものが存在することを示せばよい. 実際,

$$\begin{array}{ccccc}
S^1 & \xrightarrow{j} & (S^1, S^1 \setminus \mathrm{Int}(\iota(D^1))) & \xleftarrow{\iota} & (D^1, \partial D^1) \\
\downarrow f & & \downarrow f & & \downarrow \mathrm{id}_{D^1} \\
S^1 & \xrightarrow{j_0} & (S^1, S^1 \setminus \mathrm{Int}(S^1_+)) & \xleftarrow{f \circ \iota} & (D^1, \partial D^1)
\end{array}$$

は可換であり, $f \simeq \mathrm{id}_{S^1}$ だから, $f_* = \mathrm{id}$ である. $\iota : D^1 \longrightarrow S^1$ が向きを保つとき, $(f \circ \iota)_*[D^1, \partial D^1] = (i_0)_*[S^1_+, \partial S^1_+]$ であり,

$$\begin{aligned}
\iota_*[D^1, \partial D^1] &= (f_*)^{-1}(f \circ \iota)_*[D^1, \partial D^1] \\
&= (f_*)^{-1}(i_0)_*[S^1_+, \partial S^1_+] = (f_*)^{-1}(j_0)_*[S^1] \\
&= j_*(f_*)^{-1}[S^1] = j_*[S^1]
\end{aligned}$$

となる. $\iota : D^1 \longrightarrow S^1$ が向きを反対にするときは, (1) により, $\iota_*[D^1, \partial D^1] = -j_*[S^1]$ が得られる.

f の構成は, 次のようにする. $\iota(D^1)$ が S^1 の点 $\boldsymbol{q} = (-1, 0)$ を含む場合は, t に連続に依存する円周の回転によるホモトピー $g_t : S^1 \longrightarrow S^1$ で, $g_0 = \mathrm{id}_{S^1}$, $g_1(\boldsymbol{q}) \notin \iota(D^1)$ とするものをとり, $g_1^{-1}\iota(D^1)$ が S^1 の点 $\boldsymbol{q} = (-1, 0)$ を含まないようにできる. f の構成は, $\boldsymbol{q} \notin \iota(D^1)$ となる ι に対して行えばよい.

$\boldsymbol{q} \notin \iota(D^1)$ とする. $s \longmapsto (\cos 2\pi s, \sin 2\pi s)$ により, S^1 を $\boldsymbol{R}/\boldsymbol{Z}$ と同一視すると, $\iota(D^1)$ は $(-\frac{1}{2}, \frac{1}{2})$ に含まれる閉区間 $[a, b]$ の射影として表される. これに対し $f : [-\frac{1}{2}, \frac{1}{2}] \longrightarrow [-\frac{1}{2}, \frac{1}{2}]$ を,

$$f(x) = \begin{cases} \frac{1/4}{a+(1/2)}(x + \frac{1}{2}) - \frac{1}{2} & (x \in [-\frac{1}{2}, a]) \\ \frac{1/2}{b-a}(x - a) - \frac{1}{4} & (x \in [a, b]) \\ \frac{1/4}{(1/2)-b}(x - b) + \frac{1}{4} & (x \in [b, \frac{1}{2}]) \end{cases}$$

とすれば $f(\iota(D^1)) = S^1_+$ となる．この f が求めるものである．実際，$f_t(x) = (1-t)x + tf(x)$ により f は恒等写像とホモトピックである．f は同相写像であり，ι が向きを保てば $f \circ \iota$ は向きを保ち，ι が向きを反対にすれば $f \circ \iota$ は向きを反対にする．

(3) $m \geqq 1$ に対し，$f_m{}^{-1}(S^1_+) = J^{(m)}$ とおく．$S^1 \cong \boldsymbol{R}/\boldsymbol{Z}$ 上では $J^{(m)} = \bigsqcup_{\ell=0}^{m-1} J_\ell^{(m)}$, $J_\ell^{(m)}$ は $\left[\frac{4\ell-1}{4m}, \frac{4\ell+1}{4m}\right]$ ($0 \leqq \ell \leqq m-1$) の射影と表される．$\iota_\ell : (D^1, \partial D^1) \longrightarrow (J_\ell^{(m)}, \partial J_\ell^{(m)})$ を向きを保つ写像として，$(\iota_\ell)_*[D^1, \partial D^1] = [J_\ell^{(m)}, \partial J_\ell^{(m)}]$ と定めると，(2) により，

$$j_\ell^{(m)} : S^1 \longrightarrow (S^1, S^1 \setminus \mathrm{Int}(J_\ell^{(m)})),$$
$$i_\ell^{(m)} : (J_\ell^{(m)}, \partial J_\ell^{(m)}) \longrightarrow (S^1, S^1 \setminus \mathrm{Int}(J_\ell^{(m)}))$$

に対し，$(j_\ell^{(m)})_*[S^1] = (i_\ell^{(m)})_*[J_\ell^{(m)}, \partial J_\ell^{(m)}]$ である．

$$j^{(m)} : S^1 \longrightarrow (S^1, S^1 \setminus \mathrm{Int}(J^{(m)})),$$
$$i^{(m)} : \bigsqcup_{\ell=0}^{m-1} (J_\ell^{(m)}, \partial J_\ell^{(m)}) \longrightarrow (S^1, S^1 \setminus \mathrm{Int}(J^{(m)}))$$

に対し，可換図式

$$\begin{array}{ccccc}
S^1 & \xrightarrow{j_\ell^{(m)}} & (S^1, S^1 \setminus \mathrm{Int}(J_\ell^{(m)})) & \xleftarrow{i_\ell^{(m)}} & (J_\ell^{(m)}, \partial J_\ell^{(m)}) \\
{\scriptstyle \mathrm{id}} \uparrow & & \uparrow & & \downarrow \\
S^1 & \xrightarrow{j^{(m)}} & (S^1, S^1 \setminus \mathrm{Int}(J^{(m)})) & \xleftarrow{i^{(m)}} & \bigsqcup_{\ell=0}^{m-1}(J_\ell^{(m)}, \partial J_\ell^{(m)})
\end{array}$$

を考えると，$i^{(m)}|J_\ell^{(m)} = i_\ell^{(m)}$ だから $(j^{(m)})_*[S^1] = \sum_{\ell=0}^{m-1}(i_\ell^{(m)})_*[J_\ell^{(m)}, \partial J_\ell^{(m)}]$ がわかる．

さて，$f_m|J_\ell^{(m)} : (J_\ell^{(m)}, \partial J_\ell^{(m)}) \longrightarrow (S^1_+, \partial S^1_+)$ は向きを保つ同相写像であるから，$(f_m|J_\ell^{(m)})_*[J_\ell^{(m)}, \partial J_\ell^{(m)}] = [S^1_+, \partial S^1_+]$ となる．可換図式

$$\begin{array}{ccccc}
S^1 & \xrightarrow{j^{(m)}} & (S^1, S^1 \setminus \mathrm{Int}(J^{(m)})) & \xleftarrow{i^{(m)}} & \bigsqcup_{\ell=0}^{m-1}(J_\ell^{(m)}, \partial J_\ell^{(m)}) \\
{\scriptstyle f_m} \downarrow & & {\scriptstyle f_m} \downarrow & & \downarrow {\scriptstyle f_m} \\
S^1 & \xrightarrow{j} & (S^1, S^1_-) & \xleftarrow{i} & (S^1_+, \partial S^1_+)
\end{array}$$

において，

$$j_*(f_m)_*[S^1] = (f_m)_*(j^{(m)})_*[S^1]$$
$$= \sum_{\ell=0}^{m-1}(f_m)_*(i_\ell^{(m)})_*[J_\ell^{(m)}, \partial J_\ell^{(m)}]$$
$$= \sum_{\ell=0}^{m-1} i_*(f_m|J_\ell^{(m)})_*[J_\ell^{(m)}, \partial J_\ell^{(m)}]$$
$$= m\, i_*[S_+^1, \partial S_+^1] = j_*(m[S^1])$$

である. したがって, $(f_m)_*[S^1] = m[S^1]$, すなわち, $\deg(f_m) = m$ である.

$-m \leqq -1$ に対しては, $f_{-m}^{-1}(S_+^1) = J^{(m)}$ であるが,

$$f_{-m}|J_\ell^{(m)} : (J_\ell^{(m)}, \partial J_\ell^{(m)}) \longrightarrow (S_+^1, \partial S_+^1)$$

は向きを反対にする同相写像だから, 上の計算の中で, $(f_{-m}|J_\ell^{(m)})_*[J_\ell^{(m)}, \partial J_\ell^{(m)}]$ $= -[S_+^1, \partial S_+^1]$ となる. したがって, $\deg(f_{-m}) = -m$ を得る.

$m = 0$ のときは, 写像 $c_p : S^1 \longrightarrow \{p\}$, $\boldsymbol{b} = (1,0) \in S^1$ への定値写像 $c_{\boldsymbol{b}} : \{p\} \longrightarrow S^1$ に対し, $f_0 = c_{\boldsymbol{b}} \circ c_p$ となり, $f_* = (c_{\boldsymbol{b}})_*(c_p)_*$ であるが, $H_1(\{p\}) = 0$ だから, $(f_0)_* = 0$ である.

(4) 円周から円周への写像 g はある f_m にホモトピックであることは次のように示す.

円周の基本群についての定理 1.4.1 の証明の (2) から, 合成写像 $g \circ p : [0,1] \longrightarrow S^1 \longrightarrow S^1$ に対し, $\widetilde{g \circ p} : [0,1] \longrightarrow \boldsymbol{R}$ で, $p \circ \widetilde{g \circ p} = g \circ p$ となるものがある. $m = \widetilde{g \circ p}(1) - \widetilde{g \circ p}(0)$ とするとき, $f_m \circ p$ は $\widetilde{f_m \circ p}(x) = mx$ ととることができる. $\widetilde{F}(t,x) = (1-t)\widetilde{g \circ p}(x) + t\widetilde{f_m \circ p}(x)$ とおくと,

$$\widetilde{F}(t,1) = (1-t)\widetilde{g \circ p}(1) + t\widetilde{f_m \circ p}(1) = (1-t)(\widetilde{g \circ p}(0) + m) + tm$$
$$= (1-t)\widetilde{g \circ p}(0) + m = (1-t)\widetilde{g \circ p}(0) + t\widetilde{f_m \circ p}(0) + m$$

であり, 連続写像 $F : [0,1] \times S^1 \longrightarrow S^1$ を引き起こす. したがって, g は f_m とホモトピックとなる. このとき, $g_* = m\times : H_1(S^1) \longrightarrow H_1(S^1)$ となる. ∎

2.3.2 球面から球面への連続写像の写像度

$k \geqq 1$ とする. $g : S^k \longrightarrow S^k$ に対して $Sg : S^{k+1} \longrightarrow S^{k+1}$ を

$$(Sg)(x_1, x_2, \ldots, x_{k+2}) = \left(x_1, \sqrt{1-x_1^2}\, g\left(\frac{(x_2, \ldots, x_{k+2})}{\sqrt{1-x_1^2}}\right)\right)$$

で定義する．これを g の**サスペンション**と呼ぶ．このとき，$\deg(g) = \deg(Sg)$ である．

$(Sg)|S^k = g$ であり，$(Sg)(S_\pm^{k+1}) \subset S_\pm^{k+1}$ であることに注意すると $\deg(g) = \deg(Sg)$ は，次の問題からしたがう．

【問題 2.3.5】 $n \geqq 2$ とする．

(1) $f : (D^n, S^{n-1}) \longrightarrow (D^n, S^{n-1})$ について，$\deg(f) = \deg(f|S^{n-1})$ を示せ．

(2) $f : (S^n, S_-^n) \longrightarrow (S^n, S_-^n)$ について，$\deg(f : S^n \longrightarrow S^n) = \deg(f : (S^n, S_-^n) \longrightarrow (S^n, S_-^n))$ を示せ．解答例は 74 ページ．

任意の整数 m に対し，$\deg(f) = m$ となる連続写像 $f : S^1 \longrightarrow S^1$ が存在するから，上のサスペンションをつくることにより，$n \geqq 2$ に対し，連続写像 $f : S^n \longrightarrow S^n$ で $\deg(f) = m$ となるものが存在する．

n 次元多様体 M^n への n 次元円板の埋め込み $i : D^n \longrightarrow M^n$ が与えられたとき，$i_* : H_n(D^n, \partial D^n) \longrightarrow H_n(M^n, M^n \setminus \mathrm{Int}(i(D^n)))$ を考えることが必要になる．このとき，球体定理と呼ばれる次の定理が成立する．

定理 2.3.6（球体定理） n 次元連結多様体 M^n に埋め込まれた 2 つの n 次元円板 D_0^n, D_1^n に対し，恒等写像にアイソトピックな M^n の微分同相写像 φ で $\varphi(D_0^n) = D_1^n$ を満たすものが存在する．

証明 証明の概略を述べる．アイソトピー，リーマン計量，レビ・チビタ接続，指数写像については，[多様体入門・第 6 章，第 7 章] を参照されたい．

多様体上にリーマン計量を入れる．

$s = 0, 1$ に対し，$i_s : D^n \longrightarrow M^n$ を，$i_s(D^n) = D_s^n$ となる埋め込みとする．$\gamma : [0,1] \longrightarrow M^n$ を $\gamma(s) = i_s(\mathbf{0})$ を満たす滑らかな曲線とする．

$B_{\gamma(s)}(\varepsilon)$ を $\gamma(s)$ における接空間 $T_{\gamma(s)}M^n$ のリーマン計量による半径 ε の球体とする．$B_{\gamma(s)}(\varepsilon)$ において指数写像 $\mathrm{Exp}_{\gamma(s)}$ は微分同相としてよい．レビ・チビタ接続を用いて，接空間の間の等長写像の族 $A_s : T_{\gamma(0)}M^n \longrightarrow T_{\gamma(s)}M^n$ が得られる．

$$\mathrm{Exp}_{\gamma(s)} \circ A_s \circ (\mathrm{Exp}_{\gamma(0)}|B_{\gamma(0)}(\varepsilon))^{-1} : \mathrm{Exp}_{\gamma(0)}(B_{\gamma(0)}(\varepsilon)) \longrightarrow \mathrm{Exp}_{\gamma(s)}(B_{\gamma(s)}(\varepsilon))$$

は，埋め込みの滑らかな族であるから，アイソトピー $\{\psi_t\}_{t\in[0,1]}$ ($\psi_0 = \mathrm{id}_{M^n}$) に拡張される．

以上により，$s = 0, 1$ に対し M^n のアイソトピー $\{u_t^{(s)}\}_{t\in[0,1]}$ ($u_0^{(s)} = \mathrm{id}_{M^n}$) で $u_1^{(s)}(D_s^n) = \mathrm{Exp}_{i_s(\mathbf{0})}(B_{i_s(\mathbf{0})}(\varepsilon))$ となるものを構成すれば，定理が示される．i を i_0 または i_1 とする．埋め込み $i: D^n \longrightarrow M$ は，$D^n (\subset \mathbf{R}^n)$ の近傍 U からの埋め込みの制限である．$i_*: T_{\mathbf{0}}(\mathbf{R}^n) \longrightarrow T_{i(\mathbf{0})}M^n$ および指数写像 $\mathrm{Exp}_{i(\mathbf{0})}: T_{i(\mathbf{0})}M^n \longrightarrow M^n$ が定義されており，$\mathrm{Exp}_{i(\mathbf{0})}$ は，接空間の $\mathbf{0}$ の近傍 $B_{i(\mathbf{0})}(\varepsilon)$ から $\mathrm{Exp}_{i(\mathbf{0})}(B_{i(\mathbf{0})}(\varepsilon))$ への微分同相である．ここで，ε をとり直して，$\mathrm{Exp}_{i(\mathbf{0})}(B_{i(\mathbf{0})}(\varepsilon)) \subset i(D^n)$ としてよい．$\boldsymbol{x} \in \partial D^n$ と $t \in [0,1]$ に対し，$t\boldsymbol{x} \in \mathbf{R}^n = T_{\mathbf{0}}(\mathbf{R}^n)$ と考え，$\mathrm{Exp}_{i(\mathbf{0})}(i_*(t\boldsymbol{x}))$ と $i(t\boldsymbol{x})$ を比べると，$\frac{d}{dt}\big|_{t=0} \mathrm{Exp}_{i(\mathbf{0})}(i_*(t\boldsymbol{x})) = i_*(\boldsymbol{x}) = \frac{d}{dt}\big|_{t=0} i(t\boldsymbol{x})$ であるから，$\mathbf{0}$ の近傍において，$\mathrm{exp}_{i(\mathbf{0})} \circ i_*$ と i は C^1 位相で十分近い．したがって，ε を小さくとれば，$\mathrm{Exp}_{i(\mathbf{0})} \circ i_* \circ i^{-1}$ は $\mathrm{Exp}_{i(\mathbf{0})}(B_{i(\mathbf{0})}(\varepsilon))$ 上で C^1 位相で id_{M^n} に近い．したがって，アイソトピー $\{\psi_t\}_{t\in[0,1]}$ で，$\psi_0 = \mathrm{id}_{M^n}$, $\psi_1|i(B_{i(\mathbf{0})}(\varepsilon)) = \mathrm{Exp}_{i(\mathbf{0})} \circ i_* \circ i^{-1}$ を満たすものが存在する．

一方，$B_{i(\mathbf{0})}(\varepsilon) \subset D^n$ に対して，U に台を持つアイソトピー $\{v_t\}_{t\in[0,1]}$ ($v_0 = \mathrm{id}_U$) で，半径方向に D^n を $B_{i(\mathbf{0})}(\varepsilon)$ に写すものが存在する．

$i \circ v_t \circ i^{-1}$ と ψ_t を結合したものを $\{u_t^{(s)}\}_{t\in[0,1]}$ ($s = 0, 1$) とすればよい．■

写像度は，$H_n(S^n) \cong \mathbf{Z}$ の生成元 $[S^n]$ を定めて定義されていた．この生成元を定めることは S^n の向きを定めることと同じであることが次の問題からわかる．

【問題 2.3.7】 n 次元の円板 $D^n = \{\boldsymbol{x} \in \mathbf{R}^n \mid \|\boldsymbol{x}\| \leqq 1\}$ の境界を ∂D^n とする．

(1) 微分同相写像 $f: (D^n, \partial D^n) \longrightarrow (D^n, \partial D^n)$ ($n \geqq 1$) について，f が向きを保つことおよび向きを反対にすることと，$f_* = \mathrm{id}$ および $f_* = -\mathrm{id}: H_n(D^n, \partial D^n) \longrightarrow H_n(D^n, \partial D^n)$ とは，それぞれ同値であることを示せ．

(2) n 次元の球面 S^n ($n \geqq 1$) について，微分同相写像 $g: S^n \longrightarrow S^n$ が向きを保つことおよび向きを反対にすることと，$g_* = \mathrm{id}$ および $g_* = -\mathrm{id}: H_n(S^n) \longrightarrow H_n(S^n)$ とは，それぞれ同値であることを示せ．
解答例は 75 ページ．

命題 2.3.4 の証明の (2) に対応する次のことが成立する．

【問題 2.3.8】　$\iota: D^n \longrightarrow S^n$ を像への微分同相写像とする．

$$H_n(S^n) \xrightarrow{j_*} H_n(S^n, S^n \setminus \mathrm{Int}(\iota(D^n))) \xleftarrow{\iota_*} H_n(D^n, S^{n-1})$$

について，$\iota_*[D^n, S^{n-1}] = \pm j_*[S^n]$ で，$\pm$ は ι が向きを保つとき $+$，向きを反対にするとき $-$ となることを示せ．解答例は 76 ページ．

写像度を求めるためには，次の問題の結果を使うとよい．

【問題 2.3.9】　$f: S^n \longrightarrow S^n$ に対し，点 $y \in S^n$ で次の性質を持つものがあるとする．

- y の D^n と同相な閉近傍 U が存在し，$f^{-1}(U)$ が連結成分 V_j ($j = 1, \ldots, k$) の和 $f^{-1}(U) = V_1 \sqcup \cdots \sqcup V_k$ であるとするとき，$f|V_i : V_i \longrightarrow U$ は微分同相写像である．

$f|V_j$ が向きを保つ微分同相写像のとき $\sigma(f|V_j) = +1$，$f|V_j$ が向きを反対にする微分同相写像のとき $\sigma(f|V_j) = -1$ と σ を定義するとき，$\deg(f) = \sum_{j=1}^k \sigma(f|V_j)$ を示せ．解答例は 77 ページ．

注意 2.3.10　(1)　問題 2.3.9 において，f を滑らかな写像とすると，サードの定理［多様体入門・定理 5.4.1］により，正則値 y が存在し，その近傍 U で問題の仮定を満たすものが存在することがわかる．

(2)　問題 2.3.9 の形で写像度を考えると向き付けられたコンパクト n 次元多様体の間の微分写像 $f: M_1^n \longrightarrow M_2^n$ に対して，$\deg(f)$ を定義できる．向き付けられたコンパクト n 次元多様体 M^n に対して，基本類 $[M^n] \in H_n(M^n)$ が定義され，向きを保つ n 次元円板の埋め込み $\iota: D^n \longrightarrow M^n$ に対し，$j_{\iota(D^n)}: M^n \longrightarrow (M^n, M^n \setminus \mathrm{Int}(\iota(D^n)))$ を考えると，$\iota_*[D^n, \partial D^n] = (j_{\iota(D^n)})_*[M^n] \in H_n(M^n, M^n \setminus \mathrm{Int}(\iota(D^n)))$ となる (121 ページ参照)．M_1^n, M_2^n の基本類 $[M_1^n], [M_2^n]$ に対して，$f_*[M_1^n] = (\deg(f))[M_2^n]$ となる．

【問題 2.3.11】　$R(z) = \frac{P(z)}{Q(z)}$ を有理関数とし，多項式 $P(z), Q(z)$ は共通因数を含まないとする．R が定義する正則写像 $R: CP^1 \longrightarrow CP^1$ を考える．多項式の次数を $\deg(P) = p, \deg(Q) = q$ とするとき，写像 R の写像度について，$\deg(R) = \max\{p, q\}$ となることを示せ．解答例は 77 ページ．

2.4 第2章の問題の解答

【問題 2.1.3 の解答】 $\boldsymbol{Z}^k$ の生成元 a_i $(i = 1, \ldots, k)$ に対し, A_1 の元 $\widetilde{a}_i$ で $h_1(\widetilde{a}_i) = a_i$ となるものをとる. $s : \boldsymbol{Z}^k \longrightarrow A_1$ を $s(\sum_{i=1}^k t_i a_i) = \sum_{i=1}^k t_i \widetilde{a}_i$ で定義すると, s は準同型であるが, $h_1 \circ s = \mathrm{id}_{\boldsymbol{Z}^k}$ だから単射である. A_1 の元 $\widetilde{a}$ に対し, $\widetilde{a} - s(h_1(\widetilde{a}))$ は, $h_1(\widetilde{a} - s(h_1(\widetilde{a}))) = 0$ を満たすから, 系列の完全性により, $h_0(A_0)$ の元である. h_0 は単射だから, $r(\widetilde{a}) = (h_0)^{-1}(\widetilde{a} - s(h_1(\widetilde{a})))$ と定めると, $r : A_1 \longrightarrow A_0$ は準同型であり, $r \circ h_0 = \mathrm{id}_{A_0}$ となる. こうして定義された準同型 $(r, h_1) : A_1 \longrightarrow A_0 \oplus \boldsymbol{Z}^k$, $h_0 + s : A_0 \oplus \boldsymbol{Z}^k \longrightarrow A_1$ が定義されるが, 定義から $(r, h_1) \circ (h_0 + s) = \mathrm{id}_{A_0 \oplus \boldsymbol{Z}^k}$, $(h_0 + s) \circ (r, h_1) = \mathrm{id}_{A_1}$ が成立する. したがって (r, h_1) は同型写像である.

【問題 2.1.7 の解答】 空間対の間の写像, $(X_1, \emptyset) \longrightarrow (X, X_2)$, $(X_2, X_2) \longrightarrow (X, X_2)$ がそれぞれの完全系列に誘導する準同型写像を用いて, 空間対 $(X_1, \emptyset)$ のホモロジー完全系列と空間対 (X_2, X_2) のホモロジー完全系列の直和から空間対 (X, X_2) のホモロジー完全系列への準同型写像が得られる.

$$\begin{array}{ccccccccc}
H_{n+1}(X, X_2) & \xrightarrow{\partial_*} & H_n(X_2) & \xrightarrow{i_*} & H_n(X) & \xrightarrow{j_*} & H_n(X, X_2) & \xrightarrow{\partial_*} & H_{n-1}(X_2) \\
\uparrow & & \uparrow & & \uparrow & & \uparrow & & \uparrow \\
\begin{array}{c} H_{n+1}(X_1) \\ \oplus \\ H_{n+1}(X_2, X_2) \end{array} & \xrightarrow{\partial_*} & \begin{array}{c} H_n(\emptyset) \\ \oplus \\ H_n(X_2) \end{array} & \xrightarrow{i_*} & \begin{array}{c} H_n(X_1) \\ \oplus \\ H_n(X_2) \end{array} & \xrightarrow{j_*} & \begin{array}{c} H_n(X_1) \\ \oplus \\ H_n(X_2, X_2) \end{array} & \xrightarrow{\partial_*} & \begin{array}{c} H_{n-1}(\emptyset) \\ \oplus \\ H_{n-1}(X_2) \end{array}
\end{array}$$

ここで, 例 2.1.6 により, $H_n(X_2, X_2) = 0$ であり, $H_n(X_1) \longrightarrow H_n(X, X_2)$ は切除公理により同型である. ファイブ・レンマから $H_n(X) \cong H_n(X_1) \oplus H_n(X_2)$ が得られる.

【問題 2.1.10 の解答】 1点集合 $\{p\}$ に対し, 写像 $c_p : X \longrightarrow \{p\}$ をとり, $x \in X$ に対し, 定値写像 $c_x : \{p\} \longrightarrow X$ をとると $c_p \circ c_x = \mathrm{id}_{\{p\}}$ である. したがって, $(c_p)_* \circ (c_x)_* = \mathrm{id} : H_0(\{p\}) \longrightarrow H_0(\{p\})$ である. 次元公理から $H_0(\{p\}) \cong \boldsymbol{Z}$ であり, $(c_p)_* : H_0(X) \longrightarrow H_0(\{p\}) \cong \boldsymbol{Z}$ は全射である. これらにより, 同型写像 $H_0(X) \longrightarrow \boldsymbol{Z} \oplus \ker(c_p)_*$ が, $((c_p)_*, \mathrm{id}_{H_0(X)} - (c_x)_* \circ (c_p)_*)$ により定義される.

注意 特異ホモロジー理論では, $H_0(X)$ は弧状連結成分を基底とする自由加群となるが, 公理的ホモロジー理論では, そうなるとは限らない.

【問題 2.1.12 の解答】 $D_{1+\varepsilon}^n = \{\boldsymbol{x} \in \boldsymbol{R}^n \mid \|\boldsymbol{x}\| \leqq 1+\varepsilon\}$ とおく。$D^n \subset U$ に対し，正実数 $\varepsilon < \frac{1}{2}$ で，$D_{1+2\varepsilon}^n \subset U$ となるものがある。$\varphi : [-2,2] \longrightarrow [0,1]$ を $\{-2,2\}$ の近傍で 0, $[-1,1]$ で 1 となる (C^∞ 級) 関数とする。$h_t : D_{1+2\varepsilon}^n \longrightarrow D_{1+2\varepsilon}^n$ を $h_t(\boldsymbol{x}) = \dfrac{\boldsymbol{x}}{\|\boldsymbol{x}\|^{\varphi((\|\boldsymbol{x}\|-1)/\varepsilon)t}}$ ($\boldsymbol{x} \in D_{1+2\varepsilon}^n \setminus D_{1-2\varepsilon}^n$) で定義する。$h_t$ を $M^n \setminus \widehat{\iota}(D_{1+2\varepsilon}^n \setminus D_{1-2\varepsilon}^n)$ 上では恒等写像であるように拡張して，ホモトピー $h_t : M^n \longrightarrow M^n$ を得る。

$$M^n \supset M^n \setminus \iota(D_{1-\varepsilon}^n) \supset M^n \setminus \mathrm{Int}(\iota(D^n)) \supset M^n \setminus \iota(D^n) \supset M^n \setminus \mathrm{Int}(\iota(D_{1+\varepsilon}^n))$$

となるが，$(M^n \setminus \mathrm{Int}(\iota(D^n))) \setminus (M^n \setminus \iota(D^n)) = \iota(S^{n-1})$ に対して $h_t|\iota(S^{n-1}) = \mathrm{id}_{\iota(S^{n-1})}$，$W = (M^n \setminus \iota(D_{1-\varepsilon}^n)) \setminus (M^n \setminus \mathrm{Int}(\iota(D_{1+\varepsilon}^n))) = \mathrm{Int}(\iota(D_{1+\varepsilon}^n)) \setminus \iota(D_{1-\varepsilon}^n)$ に対して $h_t(W) \subset W$, $h_1(W) \subset \iota(S^{n-1})$ だから，例題 2.1.11 により，$M^n \setminus \iota(D^n)$ は切除可能となり，包含写像 $(\iota(D^n), \iota(S^{n-1})) \longrightarrow (M^n, M^n \setminus \mathrm{Int}(\iota(D^n)))$ はホモロジー群の同型を誘導する。

【問題 2.2.2 の解答】n 次元球面 S^n に対して，$\pm \boldsymbol{e}_1 = (\pm 1, 0, \ldots, 0)$ からのステレオグラフ射影 $p_\pm : S^n \setminus \{\pm \boldsymbol{e}_1\} \longrightarrow \boldsymbol{R}^{n-1}$ を，$\boldsymbol{x}' = (x_2, \ldots, x_{n+1})$ として $(x_1, \boldsymbol{x}') \longmapsto \dfrac{1}{1 \pm x_1}\boldsymbol{x}'$ で定義する。図 2.2 参照．逆写像が $\boldsymbol{x}' \longmapsto \left(\dfrac{\|\boldsymbol{x}'\|^2 \mp 1}{\|\boldsymbol{x}'\|^2 + 1}, \dfrac{1}{\|\boldsymbol{x}'\|^2 + 1}\boldsymbol{x}'\right)$ で定義され，$S^n \setminus \{\pm \boldsymbol{e}_1\}$ と $\boldsymbol{R}^n$ の微分同相写像を与えている。

また，$i_{S^n} : S^n \longrightarrow \boldsymbol{R}^{n+1} \setminus \{\boldsymbol{0}\}$ は，ホモトピー同値写像であるから，$(i_{S^n})_* : H_k(S^n) \longrightarrow H_k(\boldsymbol{R}^{n+1} \setminus \{\boldsymbol{0}\})$ ($k \geqq 0$) は同型写像である。

$S^0 = \{\pm \boldsymbol{e}_1\}$ のホモロジー群については，命題 2.2.1 の証明と同じやり方で，$H_k(S^0) \cong \begin{cases} \boldsymbol{Z} \oplus \boldsymbol{Z} & (k = 0) \\ 0 & (k > 0) \end{cases}$ である。ホモトピー同値 $i_{S^0} : S^0 \longrightarrow \boldsymbol{R} \setminus \{0\}$ により，$H_k(\boldsymbol{R} \setminus \{0\}) \cong \begin{cases} \boldsymbol{Z} \oplus \boldsymbol{Z} & (k = 0) \\ 0 & (k > 0) \end{cases}$ である。$H_0(\boldsymbol{R} \setminus \{0\})$ の生成元は，$\langle \boldsymbol{e}_1 \rangle$, $\langle -\boldsymbol{e}_1 \rangle$ である。

空間対 $(\boldsymbol{R}, \boldsymbol{R} \setminus \{0\})$ のホモロジー完全系列を書く。

$$\xrightarrow{\partial_*} H_2(\boldsymbol{R} \setminus \{0\}) \xrightarrow{i_*} H_2(\boldsymbol{R}) \xrightarrow{j_*} H_2(\boldsymbol{R}, \boldsymbol{R} \setminus \{0\})$$
$$\xrightarrow{\partial_*} H_1(\boldsymbol{R} \setminus \{0\}) \xrightarrow{i_*} H_1(\boldsymbol{R}) \xrightarrow{j_*} H_1(\boldsymbol{R}, \boldsymbol{R} \setminus \{0\})$$
$$\xrightarrow{\partial_*} H_0(\boldsymbol{R} \setminus \{0\}) \xrightarrow{i_*} H_0(\boldsymbol{R}) \xrightarrow{j_*} H_0(\boldsymbol{R}, \boldsymbol{R} \setminus \{0\}) \longrightarrow 0$$

について，例 2.1.8 により，$H_k(\boldsymbol{R}) \cong \begin{cases} \boldsymbol{Z} & (k = 0) \\ 0 & (k > 0) \end{cases}$ だから，わかっている群を書くと以下の完全系列を得る。

$$\xrightarrow{\partial_*} 0 \xrightarrow{i_*} 0 \xrightarrow{j_*} H_2(\boldsymbol{R}, \boldsymbol{R} \setminus \{\boldsymbol{0}\})$$
$$\xrightarrow{\partial_*} 0 \xrightarrow{i_*} 0 \xrightarrow{j_*} H_1(\boldsymbol{R}, \boldsymbol{R} \setminus \{\boldsymbol{0}\})$$
$$\xrightarrow{\partial_*} \boldsymbol{Z} \oplus \boldsymbol{Z} \xrightarrow{i_*} \boldsymbol{Z} \xrightarrow{j_*} H_0(\boldsymbol{R}, \boldsymbol{R} \setminus \{\boldsymbol{0}\}) \longrightarrow 0$$

この完全系列から $H_k(\boldsymbol{R}, \boldsymbol{R} \setminus \{\boldsymbol{0}\}) = 0$ ($k \geqq 2$) がわかる．例 2.1.8 の可縮な空間の H_0 の生成元の決め方により，$i_* : H_0(\boldsymbol{R} \setminus \{\boldsymbol{0}\}) \longrightarrow H_0(\boldsymbol{R})$ において，$i_*(n_1, n_2) = n_1 + n_2$ がわかる．したがって，$H_0(\boldsymbol{R}, \boldsymbol{R} \setminus \{\boldsymbol{0}\}) = 0$, $H_1(\boldsymbol{R}, \boldsymbol{R} \setminus \{\boldsymbol{0}\}) \cong \boldsymbol{Z}$ を得る（$H_1(\boldsymbol{R}, \boldsymbol{R} \setminus \{\boldsymbol{0}\})$ の生成元 $[\boldsymbol{R}, \boldsymbol{R} \setminus \{\boldsymbol{0}\}]$ は，$\partial_*[\boldsymbol{R}, \boldsymbol{R} \setminus \{\boldsymbol{0}\}] = \langle \boldsymbol{e}_1 \rangle - \langle -\boldsymbol{e}_1 \rangle$ にとる）．

空間対 $(S^1, S^1 \setminus \{\boldsymbol{e}_1\})$ のホモロジー完全系列は次のようになる．

$$\xrightarrow{\partial_*} H_2(S^1 \setminus \{\boldsymbol{e}_1\}) \xrightarrow{i_*} H_2(S^1) \xrightarrow{j_*} H_2(S^1, S^1 \setminus \{\boldsymbol{e}_1\})$$
$$\xrightarrow{\partial_*} H_1(S^1 \setminus \{\boldsymbol{e}_1\}) \xrightarrow{i_*} H_1(S^1) \xrightarrow{j_*} H_1(S^1, S^1 \setminus \{\boldsymbol{e}_1\})$$
$$\xrightarrow{\partial_*} H_0(S^1 \setminus \{\boldsymbol{e}_1\}) \xrightarrow{i_*} H_0(S^1) \xrightarrow{j_*} H_0(S^1, S^1 \setminus \{\boldsymbol{e}_1\}) \longrightarrow 0$$

ここで，ステレオグラフ射影 $p_+ : S^1 \setminus \{\boldsymbol{e}_1\} \longrightarrow \boldsymbol{R}$ は同相写像だから，$H_k(S^1 \setminus \{\boldsymbol{e}_1\}) \cong H_k(\boldsymbol{R}) \cong \begin{cases} \boldsymbol{Z} & (k = 0) \\ 0 & (k > 0) \end{cases}$ である．

$S^1 \supset S^1 \setminus \{\boldsymbol{e}_1\} \supset \{-\boldsymbol{e}_1\}$ に対して，切除公理（問題 2.1.12）により，

$$H_k(S^1 \setminus \{-\boldsymbol{e}_1\}, S^1 \setminus \{\pm\boldsymbol{e}_1\}) \cong H_k(S^1, S^1 \setminus \{\boldsymbol{e}_1\})$$

また，ステレオグラフ射影 p_- が同相写像 $(S^1 \setminus \{-\boldsymbol{e}_1\}, S^1 \setminus \{\pm\boldsymbol{e}_1\}) \longrightarrow (\boldsymbol{R}, \boldsymbol{R} \setminus \{\boldsymbol{0}\})$ を導くから，

$$H_k(S^1 \setminus \{-\boldsymbol{e}_1\}, S^1 \setminus \{\pm\boldsymbol{e}_1\}) \cong H_k(\boldsymbol{R}, \boldsymbol{R} \setminus \{\boldsymbol{0}\}) \cong \begin{cases} \boldsymbol{Z} & (k = 1) \\ 0 & (k \neq 1) \end{cases}$$

である．それらを書くと

$$\xrightarrow{\partial_*} 0 \xrightarrow{i_*} H_2(S^1) \xrightarrow{j_*} 0$$
$$\xrightarrow{\partial_*} 0 \xrightarrow{i_*} H_1(S^1) \xrightarrow{j_*} \boldsymbol{Z}$$
$$\xrightarrow{\partial_*} \boldsymbol{Z} \xrightarrow{i_*} H_0(S^1) \xrightarrow{j_*} 0 \longrightarrow 0$$

を得る．この完全系列から $H_k(S^1) \cong 0$ ($k \geqq 2$) がわかる．

$\partial_* : H_1(S^1, S^1 \setminus \{\boldsymbol{e}_1\}) \longrightarrow H_0(S^1 \setminus \{\boldsymbol{e}_1\})$ を調べるために空間対 $(S^1 \setminus \{-\boldsymbol{e}_1\}, S^1 \setminus \{\pm\boldsymbol{e}_1\})$ の完全系列と空間対 $(S^1, S^1 \setminus \{\boldsymbol{e}_1\})$ の完全系列の間の包含写像 $(S^1 \setminus \{-\boldsymbol{e}_1\}, S^1 \setminus \{\pm\boldsymbol{e}_1\}) \longrightarrow (S^1, S^1 \setminus \{\boldsymbol{e}_1\})$ が誘導する準同型写像をみる．$\{\pm\boldsymbol{e}_2\} = \{(0, \pm 1)\} \subset S^1$ として，$\partial_*[S^1 \setminus \{-\boldsymbol{e}_1\}, S^1 \setminus \{\pm\boldsymbol{e}_1\}] = \langle \boldsymbol{e}_2 \rangle - \langle -\boldsymbol{e}_2 \rangle$ となっ

ている. $\langle e_2 \rangle, \langle -e_2 \rangle$ は包含写像 $S^1 \setminus \{\pm e_1\} \longrightarrow S^1 \setminus \{e_1\}$ によって $H_0(S^1 \setminus \{e_1\})$ の同じ生成元に写る. したがって, $\partial_*[S^1 \setminus \{-e_1\}, S^1 \setminus \{\pm e_1\}]$ は 0 に写るから, ∂_* は零写像となる.

$$
\begin{array}{ccccc}
& \mathbf{Z} & & \mathbf{Z} \oplus \mathbf{Z} & & \mathbf{Z} \\
H_1(S^1 \setminus \{-e_1\}, S^1 \setminus \{\pm e_1\}) & \xrightarrow{(-1,1)}_{\partial_*} & H_0(S^1 \setminus \{\pm e_1\}) & \xrightarrow[i_*]{i_*} & H_0(S^1 \setminus \{-e_1\}) \\
\cong \downarrow & & \downarrow & & \\
H_1(S^1, S^1 \setminus \{e_1\}) & \xrightarrow[\partial_*]{} & H_0(S^1 \setminus \{e_1\}) & & \\
\mathbf{Z} & & \mathbf{Z} & &
\end{array}
$$

したがって, $H_1(S^1) \cong \mathbf{Z}, H_0(S^1) \cong \mathbf{Z}$ が得られる. ここで, $H_0(S^1)$ の生成元は $\boldsymbol{x} \in S^1$ に対して $\langle \boldsymbol{x} \rangle$ で表されている.

さて, $H_k(S^{n-1}) \cong \begin{cases} \mathbf{Z} & (k=0, n-1) \\ 0 & (k \neq 0, n) \end{cases}$ が正しいとし, $H_0(S^{n-1})$ の生成元は, 任意の定値写像 $c_{\boldsymbol{x}}$ ($\boldsymbol{x} \in S^{n-1}$) による $H_0(\{p\})$ の生成元の像 $\langle \boldsymbol{x} \rangle = (c_{\boldsymbol{x}})_*(1)$ であるとする.

空間対 $(\mathbf{R}^n, \mathbf{R}^n \setminus \{\mathbf{0}\})$ のホモロジー完全系列を書くと次のようになる.

$$
\begin{array}{l}
\cdots \xrightarrow{i_*} H_{n+1}(\mathbf{R}^n) \xrightarrow{j_*} H_{n+1}(\mathbf{R}^n, \mathbf{R}^n \setminus \{\mathbf{0}\}) \\
\xrightarrow{\partial_*} H_n(\mathbf{R}^n \setminus \{\mathbf{0}\}) \xrightarrow{i_*} H_n(\mathbf{R}^n) \xrightarrow{j_*} H_n(\mathbf{R}^n, \mathbf{R}^n \setminus \{\mathbf{0}\}) \\
\xrightarrow{\partial_*} H_{n-1}(\mathbf{R}^n \setminus \{\mathbf{0}\}) \xrightarrow{i_*} H_{n-1}(\mathbf{R}^n) \xrightarrow{j_*} H_{n-1}(\mathbf{R}^n, \mathbf{R}^n \setminus \{\mathbf{0}\}) \\
\xrightarrow{\partial_*} H_{n-2}(\mathbf{R}^n \setminus \{\mathbf{0}\}) \xrightarrow{i_*} \cdots \\
\cdots \xrightarrow{i_*} H_1(\mathbf{R}^n) \xrightarrow{j_*} H_1(\mathbf{R}^n, \mathbf{R}^n \setminus \{\mathbf{0}\}) \\
\xrightarrow{\partial_*} H_0(\mathbf{R}^n \setminus \{\mathbf{0}\}) \xrightarrow{i_*} H_0(\mathbf{R}^n) \xrightarrow{j_*} H_0(\mathbf{R}^n, \mathbf{R}^n \setminus \{\mathbf{0}\}) \longrightarrow 0
\end{array}
$$

ここで, 包含写像 $S^{n-1} \longrightarrow \mathbf{R}^n \setminus \{\mathbf{0}\}$ は, ホモトピー同値写像で, $\mathbf{R}^n$ は可縮だから,

$$
\begin{array}{l}
\cdots \xrightarrow{i_*} 0 \xrightarrow{j_*} H_{n+1}(\mathbf{R}^n, \mathbf{R}^n \setminus \{\mathbf{0}\}) \\
\xrightarrow{\partial_*} 0 \xrightarrow{i_*} 0 \xrightarrow{j_*} H_n(\mathbf{R}^n, \mathbf{R}^n \setminus \{\mathbf{0}\}) \\
\xrightarrow{\partial_*} \mathbf{Z} \xrightarrow{i_*} 0 \xrightarrow{j_*} H_{n-1}(\mathbf{R}^n, \mathbf{R}^n \setminus \{\mathbf{0}\}) \\
\xrightarrow{\partial_*} 0 \xrightarrow{i_*} \cdots \\
\cdots \xrightarrow{i_*} 0 \xrightarrow{j_*} H_1(\mathbf{R}^n, \mathbf{R}^n \setminus \{\mathbf{0}\}) \\
\xrightarrow{\partial_*} \mathbf{Z} \xrightarrow{i_*} \mathbf{Z} \xrightarrow{j_*} H_0(\mathbf{R}^n, \mathbf{R}^n \setminus \{\mathbf{0}\}) \longrightarrow 0
\end{array}
$$

$H_0(\mathbf{R}^n \setminus \{\mathbf{0}\})$ と $H_0(\mathbf{R}^n)$ の生成元は, ともに任意の定値写像による $H_0(\{p\})$ の生成元の像であるから, $H_0(\mathbf{R}^n \setminus \{\mathbf{0}\}) \xrightarrow{i_*} H_0(\mathbf{R}^n)$ は同型であり, この完全系

列から $H_k(\mathbf{R}^n \setminus \{\mathbf{0}\}) \cong \begin{cases} \mathbf{Z} & (k = n-1) \\ 0 & (k \neq n-1) \end{cases}$ がわかる.

空間対 $(S^n, S^n \setminus \{\mathbf{e}_1\})$ のホモロジー完全系列は次のようになる.

$$H_{n+1}(S^n \setminus \{\mathbf{e}_1\}) \xrightarrow{i_*} H_{n+1}(S^n) \xrightarrow{j_*} H_{n+1}(S^n, S^n \setminus \{\mathbf{e}_1\})$$
$$\xrightarrow{\partial_*} H_n(S^n \setminus \{\mathbf{e}_1\}) \xrightarrow{i_*} H_n(S^n) \xrightarrow{j_*} H_n(S^n, S^n \setminus \{\mathbf{e}_1\})$$
$$\xrightarrow{\partial_*} H_{n-1}(S^n \setminus \{\mathbf{e}_1\}) \xrightarrow{i_*} H_{n-1}(S^n) \xrightarrow{j_*} H_{n-1}(S^n, S^n \setminus \{\mathbf{e}_1\})$$
$$\xrightarrow{\partial_*} \cdots \cdots$$
$$\cdots \cdots \xrightarrow{j_*} H_1(S^n, S^n \setminus \{\mathbf{e}_1\})$$
$$\xrightarrow{\partial_*} H_0(S^n \setminus \{\mathbf{e}_1\}) \xrightarrow{i_*} H_0(S^n) \xrightarrow{j_*} H_0(S^n, S^n \setminus \{\mathbf{e}_1\}) \longrightarrow 0$$

ここで,ステレオグラフ射影 $p_+ : S^n \setminus \{\mathbf{e}_1\} \longrightarrow \mathbf{R}^n$ は同相写像だから, $H_k(S^n \setminus \{\mathbf{e}_1\}) \cong H_k(\mathbf{R}^n) \cong \begin{cases} \mathbf{Z} & (k=0) \\ 0 & (k>0) \end{cases}$ である.

$S^n \supset S^n \setminus \{\mathbf{e}_1\} \supset \{-\mathbf{e}_1\}$ に対して,切除公理により,

$$H_k(S^n \setminus \{-\mathbf{e}_1\}, S^n \setminus \{\pm\mathbf{e}_1\}) \cong H_k(S^n, S^n \setminus \{\mathbf{e}_1\})$$

また,ステレオグラフ射影 p_- が同相写像 $(S^n \setminus \{\mathbf{e}_1\}, S^n \setminus \{\pm\mathbf{e}_1\}) \longrightarrow (\mathbf{R}^n, \mathbf{R}^n \setminus \{\mathbf{0}\})$ を導くから,

$$H_k(S^n \setminus \{-\mathbf{e}_1\}, S^n \setminus \{\pm\mathbf{e}_1\}) \cong H_k(\mathbf{R}^n, \mathbf{R}^n \setminus \{\mathbf{0}\}) \cong \begin{cases} \mathbf{Z} & (k = n) \\ 0 & (k \neq n) \end{cases}$$

である.それらを書くと,次のようになる.

$$\begin{array}{ccccccc} & 0 & \xrightarrow{i_*} & H_{n+1}(S^n) & \xrightarrow{j_*} & 0 & \\ \xrightarrow{\partial_*} & 0 & \xrightarrow{i_*} & H_n(S^n) & \xrightarrow{j_*} & \mathbf{Z} & \\ \xrightarrow{\partial_*} & 0 & \xrightarrow{i_*} & H_{n-1}(S^n) & \xrightarrow{j_*} & 0 & \\ \xrightarrow{\partial_*} & \cdots & & \cdots & & & \\ & & & \cdots & \cdots & \xrightarrow{j_*} & 0 \\ \xrightarrow{\partial_*} & \mathbf{Z} & \xrightarrow{i_*} & H_0(S^n) & \xrightarrow{j_*} & 0 & \longrightarrow 0 \end{array}$$

この完全系列から $H_k(S^n) \cong \begin{cases} \mathbf{Z} & (k=0, \ n) \\ 0 & (k \neq 0, \ n) \end{cases}$ がわかる.

【問題 2.2.3 の解答】 $h : \mathbf{R}^m \longrightarrow \mathbf{R}^n$ を同相写像とする.1 点 $\mathbf{x}_0 \in \mathbf{R}^m$ をとると,同相写像 $h|(\mathbf{R}^m \setminus \{\mathbf{x}_0\}) : \mathbf{R}^m \setminus \{\mathbf{x}_0\} \longrightarrow \mathbf{R}^n \setminus \{h(\mathbf{x}_0)\}$ が得られる. $\mathbf{R}^m \setminus \{\mathbf{x}_0\}$ は S^{m-1} とホモトピー同値,$\mathbf{R}^n \setminus \{h(\mathbf{x}_0)\}$ は S^{n-1} とホモトピー同

値であるから，S^{m-1} と S^{n-1} がホモトピー同値となる．これは，$m \neq n$ ならば，S^{m-1} と S^{n-1} のホモロジー群は異なるからホモトピー同値ではないことに矛盾する．したがって，$m \neq n$ ならば，$\boldsymbol{R}^m$, $\boldsymbol{R}^n$ は同相ではない．

【問題 2.2.4 の解答】 $\boldsymbol{x} \in \mathrm{Int}(D^n)$ のとき，包含写像 $i_{S^{n-1}} : S^{n-1} \longrightarrow D^n \setminus \{\boldsymbol{x}\}$ はホモトピー同値である．また，$\boldsymbol{x} \in \partial D^n$ のとき，$\boldsymbol{y} \in D^n \setminus \{\boldsymbol{x}\}$ に対して，包含写像 $i_{\boldsymbol{y}} : \{\boldsymbol{y}\} \longrightarrow D^n$ はホモトピー同値である．

$\boldsymbol{x} \in \mathrm{Int}(D^n)$ のとき，可換図式

$$\begin{array}{ccccccccc} H_k(S^n) & \longrightarrow & H_k(D^n) & \longrightarrow & H_k(D^n, S^{n-1}) & \longrightarrow & H_{k-1}(S^{n-1}) & \longrightarrow & H_{k-1}(D^n) \\ \downarrow & & \downarrow & & \downarrow & & \downarrow & & \downarrow \\ H_k(D^n\setminus\{\boldsymbol{x}\}) & \longrightarrow & H_k(D^n) & \longrightarrow & H_k(D^n, D^n\setminus\{\boldsymbol{x}\}) & \longrightarrow & H_{k-1}(D^n\setminus\{\boldsymbol{x}\}) & \longrightarrow & H_{k-1}(D^n) \end{array}$$

において，中央を除く準同型は同型であるから，ファイブ・レンマ（例題 2.1.5）により，中央も同型になる．

$$H_k(D^n, D^n \setminus \{\boldsymbol{x}\}) \cong H_k(D^n, S^{n-1}) \cong \begin{cases} \boldsymbol{Z} & (k = n) \\ 0 & (k \neq n) \end{cases}$$

$\boldsymbol{x} \in \partial D^n$ のとき，同様の可換図式

$$\begin{array}{ccccccccc} H_k(\{\boldsymbol{y}\}) & \longrightarrow & H_k(D^n) & \longrightarrow & H_k(D^n, \{\boldsymbol{y}\}) & \longrightarrow & H_{k-1}(\{\boldsymbol{y}\}) & \longrightarrow & H_{k-1}(D^n) \\ \downarrow & & \downarrow & & \downarrow & & \downarrow & & \downarrow \\ H_k(D^n\setminus\{\boldsymbol{x}\}) & \longrightarrow & H_k(D^n) & \longrightarrow & H_k(D^n, D^n\setminus\{\boldsymbol{x}\}) & \longrightarrow & H_{k-1}(D^n\setminus\{\boldsymbol{x}\}) & \longrightarrow & H_{k-1}(D^n) \end{array}$$

から，$H_k(D^n, D^n \setminus \{\boldsymbol{x}\}) \cong H_k(D^n, \{\boldsymbol{y}\}) = 0$．念のために述べると，$H_k(D^n, \{\boldsymbol{y}\}) = 0$ は，上の行の完全系列と $H_k(\{\boldsymbol{y}\}) \longrightarrow H_k(D^n)$ が同型であることからわかる．

【問題 2.3.3 の解答】 $f : S^n \longrightarrow S^n$ が全射でないとすると，f は定値写像にホモトピックである．実際，$\boldsymbol{x}_0 \in S^n \setminus f(S^n)$ をとり，$(\boldsymbol{Rx}_0)^\perp$ を $\boldsymbol{R}^{n+1}$ のユークリッド内積に対し $\boldsymbol{x}_0 \in \boldsymbol{R}^{n+1}$ に直交する $\boldsymbol{R}^{n+1}$ の n 次元部分空間とする．$\boldsymbol{x}_0$ からのステレオグラフ射影 $\mathrm{pr} : S^n \setminus \{\boldsymbol{x}_0\} \longrightarrow (\boldsymbol{Rx}_0)^\perp$ は同相写像で $F : [0,1] \times S^n \longrightarrow S^n$ を $F(t, \boldsymbol{x}) = \mathrm{pr}^{-1}(t \, \mathrm{pr}(f(\boldsymbol{x})))$ で定義すると，F は連続で，$F(0, \boldsymbol{x}) = -\boldsymbol{x}_0$, $F(1, \boldsymbol{x}) = f(\boldsymbol{x})$ である．$c_{-\boldsymbol{x}_0}$ は，$S^n \longrightarrow \{p\} \longrightarrow S^n$ の結合と考えられ，1 点集合について，$H_n(\{p\}) = 0$ だから，$f_*[S^n] = (c_{-\boldsymbol{x}_0})_*[S^n] = 0$ となる．

【問題 2.3.5 の解答】 (1) 空間対 (D^n, S^{n-1}) のホモロジー完全系列 $H_n(D^n) \longrightarrow H_n(D^n, S^{n-1}) \longrightarrow H_{n-1}(S^{n-1}) \longrightarrow H_{n-1}(D^n)$ への $f, f|S^{n-1}$ の作用をみて次の

可換図式を得る．

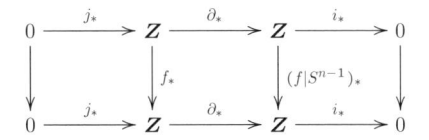

$$\begin{array}{ccccccccc}
0 & \xrightarrow{j_*} & \mathbf{Z} & \xrightarrow{\partial_*} & \mathbf{Z} & \xrightarrow{i_*} & 0 \\
\downarrow & & \downarrow f_* & & \downarrow (f|S^{n-1})_* & & \downarrow \\
0 & \xrightarrow{j_*} & \mathbf{Z} & \xrightarrow{\partial_*} & \mathbf{Z} & \xrightarrow{i_*} & 0
\end{array}$$

したがって $\deg(f) = \deg(f|S^{n-1})$ である．

(2) 空間対 (S^n, S^n_-) のホモロジー完全系列 $H_n(S^n_-) \longrightarrow H_n(S^n) \longrightarrow H_n(S^n, S^n_-) \longrightarrow H_{n-1}(S^n_-)$ への f の作用を考えて次の可換図式を得る．

$$\begin{array}{ccccccccc}
0 & \xrightarrow{i_*} & \mathbf{Z} & \xrightarrow{j_*} & \mathbf{Z} & \xrightarrow{\partial_*} & 0 \\
\downarrow & & \downarrow f_* & & \downarrow f_* & & \downarrow \\
0 & \xrightarrow{i_*} & \mathbf{Z} & \xrightarrow{j_*} & \mathbf{Z} & \xrightarrow{\partial_*} & 0
\end{array}$$

したがって $\deg(f : S^n \longrightarrow S^n) = \deg(f : (S^n, S^n_-) \longrightarrow (S^n, S^n_-))$ である．

【問題 2.3.7 の解答】 (1) $n=1$ のときは，微分同相写像 $f : (D^1, \partial D^1) \longrightarrow (D^1, \partial D^1)$ が向きを保つことおよび向きを反対にすることと，$f|\partial D^1$ が恒等写像および互換であることとは同値である．このとき，$H_1(D^1) \longrightarrow H_1(D^1, \partial D^1) \longrightarrow H_0(\partial D_1) \longrightarrow H_0(D^1)$ への f の作用をみて，次の可換図式を得る．

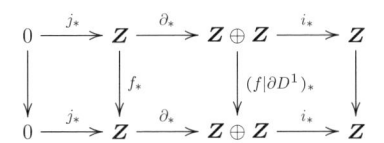

$$\begin{array}{ccccccccc}
0 & \xrightarrow{j_*} & \mathbf{Z} & \xrightarrow{\partial_*} & \mathbf{Z} \oplus \mathbf{Z} & \xrightarrow{i_*} & \mathbf{Z} \\
\downarrow & & \downarrow f_* & & \downarrow (f|\partial D^1)_* & & \downarrow \\
0 & \xrightarrow{j_*} & \mathbf{Z} & \xrightarrow{\partial_*} & \mathbf{Z} \oplus \mathbf{Z} & \xrightarrow{i_*} & \mathbf{Z}
\end{array}$$

55 ページの ∂_* の定め方により，$(f|\partial D^1)_* = \pm \mathrm{id}$ であることと，$f_* = \pm \mathrm{id}$ であることは，それぞれ同値となる．

$n \geqq 2$ のとき，$f : (D^n, \partial D^n) \longrightarrow (D^n, \partial D^n)$ が微分同相写像ならば $f|\partial D^n : \partial D^n \longrightarrow \partial D^n$ も微分同相である．このとき f が向きを保つことと $f|\partial D^n$ が向きを保つことは同値である．

空間対 $(D^n, \partial D^n)$ のホモロジー完全系列 $H_n(D^n) \longrightarrow H_n(D^n, \partial D^n) \longrightarrow H_{n-1}(\partial D^n) \longrightarrow H_{n-1}(D^n)$ への f の作用をみて次の可換図式を得る．

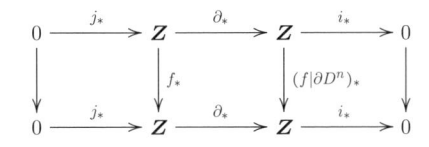

$$\begin{array}{ccccccccc}
0 & \xrightarrow{j_*} & \mathbf{Z} & \xrightarrow{\partial_*} & \mathbf{Z} & \xrightarrow{i_*} & 0 \\
\downarrow & & \downarrow f_* & & \downarrow (f|\partial D^n)_* & & \downarrow \\
0 & \xrightarrow{j_*} & \mathbf{Z} & \xrightarrow{\partial_*} & \mathbf{Z} & \xrightarrow{i_*} & 0
\end{array}$$

$(f|\partial D^n)_*$ が恒等写像であることと，f_* が恒等写像であることは同値となる．したがって，$n \geq 2$ の主張は，$(f|\partial D^n)_*$ が恒等写像であることおよび $-\mathrm{id}$ であることと，$f|\partial D^n$ が向きを保つことおよび向きを反対にすることが同値という (2) の S^{n-1} に対する主張から導かれる．

(2) S^n に埋め込まれた円板 D^n をとる．D^n と $g(D^n)$ に対し，定理 2.3.6 を用いると，S^n の恒等写像とアイソトピックな微分同相写像 φ で，$(\varphi \circ g)(D^n) = D^n$ となるものが存在する．ここで $g_* = (\varphi \circ g)_*$ であるから，$(\varphi \circ g)_* = \mathrm{id} : H_n(S^n) \longrightarrow H_n(S^n)$ と $\varphi \circ g$ が向きを保つことが同値であることをいえばよい．定理 2.3.6 により，D^n を S^n_+ に写す S^n の微分同相写像も存在するから，$S^n \setminus \mathrm{Int}(D^n)$ は D^n と微分同相であり，可縮である．空間対 $(S^n, S^n \setminus \mathrm{Int}(D^n))$ についてのホモロジー完全系列
$$H_n(S^n \setminus \mathrm{Int}(D^n)) \longrightarrow H_n(S^n) \longrightarrow H_n(S^n, S^n \setminus \mathrm{Int}(D^n)) \longrightarrow H_{n-1}(S^n \setminus \mathrm{Int}(D^n))$$
への $\varphi \circ g$ の作用を考えると次の可換図式を得る．

$$\begin{array}{ccccccc} 0 & \xrightarrow{i_*} & \mathbf{Z} & \xrightarrow{j_*} & \mathbf{Z} & \xrightarrow{\partial_*} & 0 \\ \downarrow & & \downarrow {\scriptstyle (\varphi \circ g)_*} & & \downarrow {\scriptstyle (\varphi \circ g)_*} & & \downarrow \\ 0 & \xrightarrow{i_*} & \mathbf{Z} & \xrightarrow{j_*} & \mathbf{Z} & \xrightarrow{\partial_*} & 0 \end{array}$$

したがって，$(\varphi \circ g)_* : H_n(S^n) \longrightarrow H_n(S^n)$ が恒等写像であることと，$(\varphi \circ g)_* : H_n(S^n, S^n \setminus \mathrm{Int}(D^n)) \longrightarrow H_n(S^n, S^n \setminus \mathrm{Int}(D^n))$ が恒等写像であることは同値である．さらに切除公理による同型により，これは $(\varphi \circ g|D^n)_* : H_n(D^n, \partial D^n) \longrightarrow H_n(D^n, \partial D^n)$ が恒等写像であることと同値である．したがって，(1) が成立している n に対し，(2) が成立する．

【問題 2.3.8 の解答】 $j_0 : S^n \longrightarrow (S^n, S^n_-), i_0 : (S^n_+, \partial S^n_+) \longrightarrow (S^n, S^n_-)$ とおく．定理 2.3.6 により，微分同相写像 φ で，$\iota \circ \varphi(D^n) = S^n_+$ となるものが存在する．可換図式

$$\begin{array}{ccccc} S^n & \xrightarrow{j} & (S^n, S^n \setminus \mathrm{Int}(\iota(D^n))) & \xleftarrow{\iota} & (D^n, S^{n-1}) \\ \downarrow {\scriptstyle \varphi} & & \downarrow {\scriptstyle \varphi} & & \downarrow {\scriptstyle \mathrm{id}_{D^n}} \\ S^n & \xrightarrow{j_0} & (S^n, S^n \setminus \mathrm{Int}(S^n_+)) & \xleftarrow{\varphi \circ \iota} & (D^n, S^{n-1}) \end{array}$$

において，$\varphi \simeq \mathrm{id}_{S^n}$ だから，$f_* = \mathrm{id}$ である．$\iota : D^n \longrightarrow S^n$ が向きを保つとき，問題 2.3.7 により，$(\varphi \circ \iota)_*[D^n, S^{n-1}] = (i_0)_*[S^n_+, \partial S^n_+]$ であり，

$$\begin{aligned} \iota_*[D^n, S^{n-1}] &= (\varphi_*)^{-1}(\varphi \circ \iota)_*[D^n, S^{n-1}] \\ &= (\varphi_*)^{-1}(i_0)_*[S^n_+, \partial S^n_+] = (\varphi_*)^{-1}(j_0)_*[S^n] \\ &= j_*(\varphi_*)^{-1}[S^n] = j_*[S^n] \end{aligned}$$

となる．$\iota : D^n \longrightarrow S^n$ が向きを反対にするときは，問題 2.3.7 により，$\iota_*[D^n, S^{n-1}] = -j_*[S^n]$ が得られる．

【問題 2.3.9 の解答】 問題 2.3.8 により，$\iota_U : U \longrightarrow S^n, \iota_\ell : V_\ell \longrightarrow S^n$ ($\ell = 1, \ldots, k$) を向きを保つ埋め込みとみて，$j_U : S^n \longrightarrow (S^n, S^n \setminus U)$, $j_\ell : S^n \longrightarrow (S^n, S^n \setminus V_\ell)$ に対し，$(\iota_U)_*[U, \partial U] = (j_U)_*[S^n] \in H_n(S^n, S^n \setminus U)$, $(\iota_\ell)_*[V_\ell, \partial V_\ell] = (j_\ell)_*[S^n] \in H_n(S^n, S^n \setminus \mathrm{Int}(V_\ell))$ である．ここで，$\iota : \bigsqcup_{\ell=1}^{k}(V_\ell, \partial V_\ell) \longrightarrow (S^n, S^n \setminus \bigsqcup_{\ell=1}^{k} \mathrm{Int}(V_\ell))$, $j : S^n \longrightarrow (S^n, S^n \setminus \bigsqcup_{\ell=1}^{k} \mathrm{Int}(V_\ell))$ に対し，可換図式

$$\begin{array}{ccccc} S^n & \xrightarrow{j_\ell} & (S^n, S^n \setminus \mathrm{Int}(V_\ell)) & \xleftarrow{\iota_\ell} & (V_\ell, \partial V_\ell) \\ \uparrow \mathrm{id} & & \uparrow & & \downarrow \\ S^n & \xrightarrow{j} & (S^n, S^n \setminus \bigsqcup_{\ell=1}^{k} \mathrm{Int}(V_\ell)) & \xleftarrow{\iota} & \bigsqcup_{\ell=1}^{k}(V_\ell, \partial V_\ell) \end{array}$$

を考えると，$\iota | V_\ell = \iota_\ell$ と考えて，$j_*[S^n] = \sum_{\ell=1}^{k}(\iota_\ell)_*[V_\ell, \partial V_\ell]$ がわかる．

さて，$f|V_\ell : (V_\ell, \partial V_\ell) \longrightarrow (U, \partial U)$ について，仮定より，$(f|V_\ell)_*[V_\ell, \partial V_\ell] = \sigma(f|V_\ell)[U, \partial U]$ となる．可換図式

$$\begin{array}{ccccc} S^n & \xrightarrow{j} & (S^n, S^n \setminus \bigsqcup_{\ell=1}^{k} \mathrm{Int}(V_\ell)) & \xleftarrow{\iota} & \bigsqcup_{\ell=1}^{k}(V_\ell, \partial V_\ell) \\ \downarrow f & & \downarrow f & & \downarrow f \\ S^n & \xrightarrow{j_U} & (S^n, S^n \setminus \mathrm{Int}(U)) & \xleftarrow{i_U} & (U, \partial U) \end{array}$$

において，

$$\begin{aligned}(j_U)_* f_*[S^n] &= f_* j_*[S^n] \\ &= \sum_{\ell=1}^{k} f_*(\iota_\ell)_*[V_\ell, \partial V_\ell] = \sum_{\ell=1}^{k} (\iota_U)_*(f|V_\ell)_*[V_\ell, \partial V_\ell] \\ &= \sum_{\ell=1}^{k} (\iota_U)_* \sigma(f|V_\ell)[U, \partial U] = \sum_{\ell=1}^{k} \sigma(f|V_\ell) j_*[S^n]\end{aligned}$$

である．したがって，$f_*[S^n] = \sum_{\ell=1}^{k} \sigma(f|V_\ell)[S^n]$, すなわち，$\deg(f) = \sum_{\ell=1}^{k} \sigma(f|V_\ell)$ である．

【問題 2.3.11 の解答】 $\boldsymbol{C}P^1 = (\boldsymbol{C}^2 \setminus \{\boldsymbol{0}\})/\boldsymbol{C}^\times$ とし，$\{[z:1] \mid z \in \boldsymbol{C}\}$, $\{[1:w] \mid w \in \boldsymbol{C}\}$ を座標近傍とする．$R : \boldsymbol{C}P^1 \longrightarrow \boldsymbol{C}P^1$ は，それぞれの座標近傍で $R([z:1]) = [P(z) : Q(z)]$, $R([1:w]) = [P(\frac{1}{w}) : Q(\frac{1}{w})]$ により定義されており，$P(z), Q(z)$ は共通因数を含まないから，$\boldsymbol{C}P^1$ への写像として定義されてい

る．CP^1 の 1 点 $[\zeta:1]$ ($\zeta \in C$) の逆像の点 $[z:1]$ は $R([z:1]) = [\zeta:1]$，すなわち $\frac{P(z)}{Q(z)} = \zeta$ を満たす．$P(z), Q(z)$ は共通因数を持たないから，このことは，z が方程式 $P(z) - \zeta Q(z) = 0$ の解であることと同値である．$p = q$ のとき，$p\,(= q)$ 次の係数が 0 になる ζ を ζ_0 とすると，$R([0:1]) = \begin{cases} 0 & (p < q) \\ \zeta_0 & (p = q) \\ \infty & (p > q) \end{cases}$ となる．したがって，ζ_0 を除く ζ に対し，$R^{-1}([\zeta:1])$ は，重複を込めて $\max\{p,q\}$ 個の点 $[z:1]$ からなる．

$$\frac{dR}{dz} = \frac{P'(z)Q(z) - Q'(z)P(z)}{Q(z)^2}$$

であるが，$R^{-1}([\zeta:1])$ の点は $Q(z)$ の根ではない．$P'(z)Q(z) - Q'(z)P(z) = 0$ の解となる z に対し，$[z:1]$ が R の臨界点であるが，これらは高々 $p + q - 1$ 個の点であり，ζ が，これらの点の像に含まれなければ，$R^{-1}([\zeta:1])$ は，$\max\{p,q\}$ 個の正則点からなる．w の十分小さな閉近傍 U で，2 次元円板 D^2 と微分同相なものをとると，$R^{-1}(U) = \bigsqcup_{\ell=1}^{\max\{p,q\}} V_\ell$ で，$R|V_\ell$ は微分同相であるが，R は複素関数であるから，向きを保つ．したがって問題 2.3.9 により，$\deg(R) = \max\{p,q\}$ である．

第3章 胞体複体

この章では，ホモロジー群が理解しやすい有限胞体複体を導入する．有限胞体複体は，$n-1$ 次元骨格に n 次元円板を境界の $n-1$ 次元球面からの写像で貼り付けて得られる空間である．第 2 章で定義した写像度を用いて，チェイン複体が定義され，胞体複体のホモロジー群はチェイン複体のホモロジー群として計算される．

3.1 空間の貼りあわせ

定義 3.1.1 空間対 (X, A), 連続写像 $\varphi : A \longrightarrow Y$ について，$Z = Y \cup_\varphi X$ を次のような位相空間として定義する．直和 $X \sqcup Y$ 上の同値関係 $\sim$ を $x \in A$ について，$x \sim \varphi(x)$ となるような最小のものとして定義し，$Z = (X \sqcup Y)/\sim$ とおき，商位相を入れる．$Z = Y \cup_\varphi X$ を X を Y に（X と Y を）$\varphi : A \longrightarrow Y$ で貼りあわせて（接着して）得られる空間と呼ぶ．φ を貼りあわせ写像あるいは接着写像と呼ぶ．$Y \longrightarrow Z$ は単射で像への同相写像であり，これにより，$Y \subset Z$ と考え，空間対 (Z, Y) が定義される．また，$X \setminus A \longrightarrow Z$ も単射で像への同相写像である．

命題 3.1.2 X, Y をハウスドルフ空間とし，X のコンパクト集合 A に対し，A を含む X の開集合 U で，A へのレトラクションを持つものがあるとする．すなわち，連続写像 $r : U \longrightarrow A$ で $r|A = \mathrm{id}_A$ となるものがあるとする．連続写像 $\varphi : A \longrightarrow Y$ について，X を Y に $\varphi : A \longrightarrow Y$ で貼りあわせて得られる空間 $Z = Y \cup_\varphi X$ は，ハウスドルフ空間となる．

証明 $z_1, z_2 \in Z$ について，$X \sqcup Y$ における代表元 $\widehat{z}_1, \widehat{z}_2$ がともに $X \setminus A$ の元ならば，X の開集合 U_1, U_2 で，$\widehat{z}_1 \in U_1, \widehat{z}_2 \in U_2, U_1 \cap U_2 = \emptyset$ となるものがとれるが，$U_1 \cap (X \setminus A), U_2 \cap (X \setminus A)$ の Z における像は $z_1, z_2 \in Z$ を分離する．$\widehat{z}_1, \widehat{z}_2$ がともに Y の元ならば，Y の開集合 V_1, V_2 で，$\widehat{z}_1 \in V_1$, $\widehat{z}_2 \in V_2, V_1 \cap V_2 = \emptyset$ となるものがとれる．$r^{-1}(\varphi^{-1}(V_1))$, $r^{-1}(\varphi^{-1}(V_2))$ は X の開集合で，$\varphi^{-1}(\widehat{z}_1), \varphi^{-1}(\widehat{z}_2)$ を分離している．$(r^{-1}(\varphi^{-1}(V_1)) \sqcup V_1)/\sim$, $(r^{-1}(\varphi^{-1}(V_2)) \sqcup V_2)/\sim$ は z_1, z_2 を分離する開集合である．$\widehat{z}_1 \in X \setminus A, \widehat{z}_2 \in Y$ ならば，まず，A の点 x に対し，$\widehat{z}_1$ と x を分離する開集合 $\widehat{z}_1 \in U_{1x}, x \in U_{2x}$ ($U_{1x} \cap U_{2x} = \emptyset$) をとる．$A$ はコンパクトだから，A の有限被覆 $\{U_{2x_i}\}_{i=1,\ldots,k}$ がとれる．このとき，$W_1 = \bigcap_{i=1}^k U_{1x_i}, W_2 = \bigcup_{i=1}^k U_{2x_i}$ は $\widehat{z}_1$ と A を分離する開集合である．このとき，$W_1/\sim, (W_2 \sqcup Y)/\sim$ は z_1, z_2 を分離する開集合である． ∎

【例 3.1.3】 Y を 1 点からなる位相空間とする $(Y = \{p\})$ とき，空間対 (X, A) と $c_p : A \longrightarrow \{p\}$ について，$\{p\} \cup_{c_p} X = X/A$ (X において A を 1 点に縮めた空間) となる (14 ページ参照).

次の命題は，貼りあわせにより得られる空間のホモロジー群の計算において，しばしば使われる.

命題 3.1.4 空間対 (X, A) について，A を閉集合とし，X の A を含む開集合 U で，A に X のホモトピーでレトラクトするものがあるとする．すなわち，ホモトピー $F_t : X \longrightarrow X$ で，$F_t(U) \subset U, F_t|A = \mathrm{id}_A, F_0 = \mathrm{id}_X, F_1(U) \subset A$ となるものがあるとする．このとき，X を Y に $\varphi : A \longrightarrow Y$ で貼りあわせて得られる空間 $Y \cup_\varphi X$ について，$H_*(X, A) \cong H_*(Y \cup_\varphi X, Y)$ となる．

証明 $\mathrm{id}_X : (X, A) \longrightarrow (X, U), F_1 : (X, U) \longrightarrow (X, A)$ について，$\mathrm{id}_X \circ F_1 \simeq \mathrm{id}_{(X,U)}, F_1 \circ \mathrm{id}_X \simeq \mathrm{id}_{(X,A)}$ だから，ホモトピー公理から，$H_*(X, A) \cong H_*(X, U)$ である．

$Z = Y \cup_\varphi X$ に対し，ホモトピー $G_t : Z \longrightarrow Z$ を $F_t \sqcup \mathrm{id}_Y : X \sqcup Y \longrightarrow X \sqcup Y$ が誘導する写像として定義する．$F_t|A = \mathrm{id}_A$ だから G_t は矛盾なく定義される．$\mathrm{id}_Z : (Z, Y) \longrightarrow (Z, Y \cup_\varphi U), G_1 : (Z, Y \cup_\varphi U) \longrightarrow (Z, Y)$ について，$\mathrm{id}_Z \circ G_1 \simeq \mathrm{id}_{(Z, Y \cup_\varphi U)}, G_1 \circ \mathrm{id}_Z \simeq \mathrm{id}_{(Z, Y)}$ だから，ホモトピー公理から，

$H_*(Z,Y) \cong H_*(Z, Y \cup_\varphi U)$ である.

また，切除公理により，$X \supset U \supset A$ について $H_*(X \setminus A, U \setminus A) \cong H_*(X,U)$ である．同様に，切除公理により，$Y \cup_\varphi X \supset Y \cup_\varphi U \supset Y$ について，$H_*((Y \cup_\varphi X) \setminus Y, (Y \cup_\varphi U) \setminus Y) \cong H_*(X \setminus A, U \setminus A)$ である．

したがって,

$$H_*(X,A) \cong H_*(X,U) \cong H_*(X \setminus A, U \setminus A)$$
$$= H_*((Y \cup_\varphi X) \setminus Y, (Y \cup_\varphi U) \setminus Y)$$
$$\cong H_*(Y \cup_\varphi X, Y \cup_\varphi U) \cong H_*(Y \cup_\varphi X, Y)$$

となる. ∎

円板をその境界で張り付けた空間，特に胞体複体では，次のことを用いる.

【例 3.1.5】 $(X,A) = (D^n, S^{n-1})$ とする．$F: [0,1] \times D^n \longrightarrow D^n$ を次で定義する．

$$F(t, \boldsymbol{x}) = \begin{cases} (1+t)\boldsymbol{x} & (\|\boldsymbol{x}\| \leq \frac{1}{t+1}) \\ \dfrac{\boldsymbol{x}}{\|\boldsymbol{x}\|} & (\|\boldsymbol{x}\| \geq \frac{1}{t+1}) \end{cases}$$

$U = \{\boldsymbol{x} \in D^n \mid \|\boldsymbol{x}\| > \frac{1}{2}\}$ は，S^{n-1} の D^n における近傍であり，ホモトピー F で S^{n-1} にレトラクトする．したがって命題 3.1.4 により，任意の $\varphi: S^{n-1} \longrightarrow Y$ に対して，

$$H_k(Y \cup_\varphi D^n, Y) \cong H_k(D^n, S^{n-1}) \cong \begin{cases} \boldsymbol{Z} & (k=n) \\ 0 & (k \neq n) \end{cases}$$

である．

【問題 3.1.6】 S^n $(n \geq 1)$ を n 次元球面とする．

(1) $H_*([0,1] \times S^n, \{0,1\} \times S^n)$ を求めよ.

(2) $S^1 \times S^n$ を $[0,1] \times S^n$ において $(1, \boldsymbol{x})$ と $(0, \boldsymbol{x})$ を同一視して得られる空間と考えて，そのホモロジー群を求めよ．

(3) $\iota: S^n \longrightarrow S^n$ を $\iota(x_1, \ldots, x_n, x_{n+1}) = (x_1, \ldots, x_n, -x_{n+1})$ とするとき，$[0,1] \times S^n$ において $(1, \boldsymbol{x})$ と $(0, \iota(\boldsymbol{x}))$ を同一視して得られる空間 X のホモロジー群を求めよ．解答例は 121 ページ．

3.2 有限胞体複体

3.2.1 n 次元有限胞体複体の定義

定義 3.2.1　0 次元有限胞体複体とは，各点を開集合とする（離散位相を持つ）有限集合のことである．$n-1$ 次元有限胞体複体 $X^{(n-1)}$ が定義されているとする．有限個の n 次元円板 $D_1^n, \ldots, D_{k_n}^n$ と連続写像 $\varphi_i^n : \partial D_i^n \longrightarrow X^{(n-1)}$ ($i = 1, \ldots, k_n$) が与えられているとき，n 次元有限胞体複体 $X^{(n)}$ は，$n-1$ 次元有限胞体複体 $X^{(n-1)}$，および有限個の n 次元円板 $D_1^n, \ldots, D_{k_n}^n$ の直和と，連続写像 $\varphi^n : \bigsqcup_{i=1}^{k_n} \partial D_i^n \longrightarrow X^{(n-1)}$ により，$X^{(n)} = X^{(n-1)} \cup_{\varphi^n} (\bigsqcup_{i=1}^{k_n} D_i^n)$ として与えられるものである．ここで，貼りあわせ写像 φ^n は，制限 $\varphi^n|\partial D_i^n = \varphi_i^n : \partial D_i^n \longrightarrow X^{(n-1)}$ により定められている．$X^{(n)}$ 内の $\mathrm{Int}(D_i^n)$ の像を e_i^n と書き，n（次元）**胞体**と呼ぶ．

本書であつかう胞体複体は，こうして定義される有限胞体複体である．

n 次元有限胞体複体 $X = X^{(n)}$ の部分空間として $X^{(j)}$ が含まれるが，$X^{(j)}$ を X の j（次元）**骨格**と呼ぶ．上の定義から，連続写像 $D_i^j \longrightarrow X^{(j)} \subset X$ が得られるが，これを $\iota_i^j : D_i^j \longrightarrow X$ と書くことにする．$\iota_i^j|\mathrm{Int}(D_i^j)$ は像への同相写像であり，$e_i^j = \iota_i^j(\mathrm{Int}(D_i^j))$ とおくと，$X^{(j)} = X^{(j-1)} \cup (\bigcup_{i=1}^{k_j} e_i^j)$ は，$X^{(j)}$ の共通部分を持たない部分集合への分割となっている．したがって，$X = X^{(n)}$ は e_i^j ($j = 0, \ldots, n; i = 1, \ldots, k_j$) に分割されている．

このとき，しばしば $X = (e_1^0 \cup \cdots \cup e_{k_0}^0) \cup \cdots \cup (e_1^n \cup \cdots \cup e_{k_n}^n)$ のように書かれる．空間 X を胞体複体の形に表すことを，**胞体分割**を与えるという．空間 X の胞体分割を与えるためには次の性質を持つ連続写像 $\iota_i^j : D_i^j \longrightarrow X$ ($j = 0, \ldots, n; i = 1, \ldots, k_j$) を与えればよい．

- $\iota_i^j|\mathrm{Int}(D_i^j)$ は像への同相写像である．
- $X^{(j-1)} = \bigcup_{\ell=1}^{j-1} \bigcup_{i=1}^{k_\ell} \iota_i^\ell(D_i^\ell)$ とするとき，$\iota_i^j(\partial D_i^j) \subset X^{(j-1)}$ となる．

【例 3.2.2】　(1) 区間 $[-1, 1]$ は $e_0^0 = \{-1\}, e_1^0 = \{+1\}, e^1 = (-1, 1)$ となる胞体分割を持つ．

(2) 球面 $S^n = \{\boldsymbol{x} \in \boldsymbol{R}^{n+1} \mid \|\boldsymbol{x}\| = 1\}$ の胞体分割は，$\iota^0 : D^0 \longrightarrow S^n$, $\iota^n : D^n \longrightarrow S^n$ を $\iota^0(0) = (-1, 0, \ldots, 0)$, $\iota^n(\boldsymbol{x}) = (\cos(\pi\|\boldsymbol{x}\|), \sin(\pi\|\boldsymbol{x}\|)\dfrac{\boldsymbol{x}}{\|\boldsymbol{x}\|})$

のように定めれば得られる．$S^n = e^0 \cup e^n$ と書かれる．

(3) 円周 $S^1 = \mathbf{R}/\mathbf{Z}$, 自然数 $\ell \geqq 1$ に対し, $i_j^0 : D^0 \longrightarrow S^1$ を $i_j^0(0) = \frac{j}{\ell}$, $i_j^1 : D^1 \longrightarrow S^1$ を $i_j^0(x) = \frac{j-1}{\ell} + \frac{x}{2\ell}$ $(j = 1, \ldots, \ell)$ のように定めると胞体分割が定まる．$S^1 = (e_1^0 \cup \cdots \cup e_\ell^0) \cup (e_1^1 \cup \cdots \cup e_\ell^1)$ と書かれる．

【問題 3.2.3】 n 次元胞体複体 $X^{(n)} = X^{(n-1)} \cup_{\varphi^n} (\bigsqcup_{i=1}^{k_n} D_i^n)$ について，ホモロジー群 $H_*(X^{(n)}, X^{(n-1)})$ を求めよ．解答例は 123 ページ．

命題 3.2.4 n 次元胞体複体 $X^{(n)}$ が弧状連結であることと，その 1 次元骨格 $X^{(1)}$ が弧状連結であることは同値である．

証明 $x_0 \in X^{(0)}$ を固定する．$X^{(1)}$ が弧状連結と仮定する．このとき，$x_1 \in X^{(1)}$ に対し，曲線 $c : [0,1] \longrightarrow X^{(1)}$ で $c(0) = x_0, c(1) = x_1$ となるものがある．以後，$X^{(k)}$ が弧状連結と仮定して，$X^{(k+1)}$ が弧状連結であることを示す．$x_1 \in X^{(k+1)} \setminus X^{(k)}$ に対し，$x_1 \in e_i^{k+1}$ となる $k+1$ 胞体 e_i^{k+1} があり，x_1 は $X^{(k)} \cup_{\varphi^{k+1}} D_i^{k+1}$ の点であり，D_i^{k+1} の点 $\boldsymbol{y}_1$ の像である．D_i^{k+1} 内の線分 $\gamma : [0,1] \longrightarrow D_i^{k+1}$ で $\gamma(0) \in \partial D_i^{k+1}, \gamma(1) = \boldsymbol{y}_1$ となるものをとると，γ は $\overline{\gamma} : [0,1] \longrightarrow X^{(k+1)}$ を定義し，$\overline{\gamma}(0) \in X^{(k)}, \overline{\gamma}(1) = x_1$ となる．$X^{(k)}$ は弧状連結と仮定したから，曲線 $c : [0,1] \longrightarrow X^{(k)}$ で $c(0) = x_0, c(1) = \overline{\gamma}(0)$ となるものがある．$c \natural \overline{\gamma}$ は $(c \natural \overline{\gamma})(0) = x_0, (c \natural \overline{\gamma})(1) = x_1$ を満たす曲線である．したがって，$X^{(k+1)}$ は弧状連結である．この結果，$X^{(1)}$ が弧状連結ならば，$X = X^{(n)}$ は弧状連結である．

$X = X^{(n)}$ が弧状連結であると仮定する．$x_1 \in X^{(1)}$ に対し，曲線 $c : [0,1] \longrightarrow X^{(n)}$ で $c(0) = x_0, c(1) = x_1$ となるものがある．

このとき，$n \geqq 2$ ならば，$n-1$ 次元骨格 $X^{(n-1)}$ 上の曲線 γ で $\gamma(0) = x_0$, $\gamma(1) = x_1$ となるものがあることを示す．

$n-1$ 次元骨格 $X^{(n-1)}$ の近傍 U で，$X^{(n-1)}$ に $X^{(n)}$ のホモトピーでレトラクトするものが，例 3.1.5 の構成によりつくられる．$X^{(n)}$ を $U, \mathrm{Int}(D_i^n)$ $(i = 1, \ldots, k(n))$ で被覆する．この被覆の c による逆像で $[0,1]$ を被覆し，そのルベーグ数を δ とする．$[0,1]$ 区間を $\frac{1}{N} < \delta$ の区間に分割する．各小区間の像は U 内にあるか，$\mathrm{Int}(D_i^n)$ にあるかどちらかである．U 内にある $c(\frac{j}{N})$ に対し，$r(c(\frac{j}{N}))$ を対応させる．$c([\frac{j}{N}, \frac{j+1}{N}]) \in U$ ならば，$r(c(\frac{j}{N})), r(c(\frac{j+1}{N}))$ に対し，

$r \circ c|[\frac{j}{N}, \frac{j+1}{N}]$ という $X^{(n-1)}$ 内でつなぐ曲線がある．$c([\frac{j}{N}, \frac{j+1}{N}]) \in U$ とならない小区間の和集合の連結成分 $[\frac{j}{N}, \frac{k}{N}]$ は，$c([\frac{j-1}{N}, \frac{j}{N}]) \in U, c([\frac{k}{N}, \frac{k+1}{N}]) \in U$，ある D_i^n に対して，$c([\frac{j}{N}, \frac{k}{N}]) \in \mathrm{Int}(D_i^n)$ となる．$r(c(\frac{j}{N})), r(c(\frac{k}{N}))$ は $\varphi_j^n(\partial D_i^n)$ 上の点であるから，∂D_j^n 上の大円の像によってつながれている．これらの曲線をつないで，$n-1$ 次元骨格 $X^{(n-1)}$ 上の曲線 γ で $\gamma(0) = x_0, \gamma(1) = x_1$ となるものが得られる．

この議論を繰り返すと，$k \geqq 2$ に対し，曲線 $c: [0,1] \longrightarrow X^{(k)}$ で $c(0) = x_0$，$c(1) = x_1$ となるものがあると仮定すると，$k-1$ 次元骨格 $X^{(k-1)}$ 上の曲線 γ で $\gamma(0) = x_0, \gamma(1) = x_1$ となるものが得られる．したがって，$X^{(1)}$ が弧状連結となる．∎

3.2.2　胞体複体の直積

有限胞体複体 X, Y の直積 $X \times Y$ は自然に有限胞体複体の構造を持つ．これは胞体複体を考えることが有用である理由の 1 つである．

m 次元有限胞体複体

$$X = X^{(m)} \supset X^{(m-1)} \supset \cdots \supset X^{(1)} \supset X^{(0)},$$
$$X^{(\ell)} = X^{(\ell-1)} \cup_{\varphi_X^\ell} (D_{X1}^\ell \sqcup \cdots \sqcup D_{Xk_\ell^X}^\ell) \ (\ell = 1, \ldots, m),$$

n 次元有限胞体複体

$$Y = Y^{(n)} \supset Y^{(n-1)} \supset \cdots \supset Y^{(1)} \supset Y^{(0)},$$
$$Y^{(\ell)} = Y^{(\ell-1)} \cup_{\varphi_Y^\ell} (D_{Y1}^\ell \sqcup \cdots \sqcup D_{Yk_\ell^Y}^\ell) \ (\ell = 1, \ldots, n)$$

が与えられているとする．$X \times Y$ は，ℓ 次元骨格 $(X \times Y)^{(\ell)}$ が，$\bigcup_{a+b=\ell} X^{(a)} \times Y^{(b)}$ であり，X の a 次元胞体 e_{Xi}^a，Y の b 次元胞体 e_{Yj}^b に対応する $a+b$ 次元胞体 $e_{Xi}^a \times e_{Yj}^b$ からなる胞体複体の構造を持つ．e_{Xi}^a の貼りあわせ写像が $\varphi_{Xi}^a : \partial D_{Xi}^a = S_{Xi}^{a-1} \longrightarrow X^{(a-1)}$，$e_{Yj}^b$ の貼りあわせ写像が $\varphi_{Yj}^b : \partial D_{Yj}^b = S_{Yj}^{b-1} \longrightarrow Y^{(b-1)}$ で与えられているとき，$a+b$ 次元円板 D^{a+b} と直積 $D_{Xi}^a \times D_{Yj}^b$ の同相写像による同一視のもとで，$\partial(D_{Xi}^a \times D_{Yj}^b) = (\partial D_{Xi}^a) \times D_{Yj}^b \cup D_{Xi}^a \times (\partial D_{Yj}^b)$ であり，$e_{Xi}^a \times e_{Yj}^b$ の貼りあわせ写像は，

$$\varphi_{Xi}^a \times \iota_{Yj}^b \cup \iota_{Xi}^a \times \varphi_{Yj}^b : (\partial D_{Xi}^a) \times D_{Yj}^b \cup D_{Xi}^a \times (\partial D_{Yj}^b)$$
$$\longrightarrow X^{(a-1)} \times Y^{(b)} \cup X^{(a)} \times Y^{(b-1)} \subset (X \times Y)^{(a+b-1)}$$

で与えられる．ここで，$\iota_{Xi}^a : D_{Xi}^a \longrightarrow X^{(a)}$, $\iota_{Yj}^b : D_{Yj}^b \longrightarrow Y^{(b)}$,

$$(\varphi_{Xi}^a \times \iota_{Yj}^b \cup \iota_{Xi}^a \times \varphi_{Yj}^b)(u,v)$$
$$= \begin{cases} (\varphi_{Xi}^a(u), \iota_{Yj}^b(v)) \in X^{(a-1)} \times Y^{(b)} & ((u,v) \in (\partial D_{Xi}^a) \times D_{Yj}^b) \\ (\iota_{Xi}^a(u), \varphi_{Yj}^b(v)) \in X^{(a)} \times Y^{(b-1)} & ((u,v) \in D_{Xi}^a \times (\partial D_{Yj}^b)) \end{cases}$$

である．この胞体複体の構造を**積複体**の構造と呼ぶ．

【例 3.2.5】 (1) $[0,1]^n$ は，例 3.2.2(1) の胞体分割の直積として胞体分割され，その分割は $2^{n-i}\binom{n}{i}$ 個の i 次元胞体を持つ（$\binom{n}{i}$ は 2 項係数）．

(2) $p \leqq q$ のとき，p 次元球面 $S^p = e^0 \cup e^p$, q 次元球面 $S^q = e^0 \cup e^q$ の直積 $S^p \times S^q$ は，$e^0 \times e^0 \cup e^p \times e^0 \cup e^0 \times e^q \cup e^p \times e^q$ という胞体分割を持つ．

3.3 チェイン複体

有限胞体複体のホモロジー群のとりあつかいは，有限胞体複体に付随するチェイン複体のホモロジー群として実行される．チェイン複体の完全系列からのずれを記述するのがホモロジー群となる．

定義 3.3.1（チェイン複体） 整数 k に対して定まるアーベル群 C_k と準同型 $\partial_k : C_k \longrightarrow C_{k-1}$ からなる系列

$$C_* : \cdots \xleftarrow{\partial_{k-1}} C_{k-1} \xleftarrow{\partial_k} C_k \xleftarrow{\partial_{k+1}} C_{k+1} \xleftarrow{\partial_{k+2}} \cdots$$

が，チェイン複体であるとは，$\partial_k \circ \partial_{k+1} = 0$, すなわち $\operatorname{im} \partial_{k+1} \subset \ker \partial_k$ が任意の整数 k に対して成立することである．C_k の元を，しばしば k（次元）**チェイン**と呼ぶ．また，∂_k を**境界準同型**あるいは**境界作用素**と呼ぶ．

定義 3.3.2（チェイン複体のホモロジー群） チェイン複体 $C_* : \cdots \xleftarrow{\partial_{k-1}} C_{k-1} \xleftarrow{\partial_k} C_k \xleftarrow{\partial_{k+1}} C_{k+1} \xleftarrow{\partial_{k+2}} \cdots$ の k 次元**ホモロジー群** $H_k = H_k(C_*)$ を $H_k = \ker \partial_k / \operatorname{im} \partial_{k+1}$ で定義する．$Z_k = \ker \partial_k$ の元を，k（次元）**サイクル**，$B_k = \operatorname{im} \partial_{k+1}$ の元を，k（次元）**バウンダリー**と呼ぶ．k 次元サイクル c を代表元とする H_k の元 $[c]$ を c の**ホモロジー類**と呼ぶ．同じホモロジー類に属する 2 つのサイクルは**ホモロガス**であるという．

チェイン複体の準同型を与えるのがチェイン写像である．

定義 3.3.3（チェイン写像） 2つのチェイン複体

$$C_* : \cdots \xleftarrow{\partial_{k-1}} C_{k-1} \xleftarrow{\partial_k} C_k \xleftarrow{\partial_{k+1}} C_{k+1} \xleftarrow{\partial_{k+2}} \cdots,$$
$$C'_* : \cdots \xleftarrow{\partial_{k-1}} C'_{k-1} \xleftarrow{\partial_k} C'_k \xleftarrow{\partial_{k+1}} C'_{k+1} \xleftarrow{\partial_{k+2}} \cdots$$

の間のチェイン写像（チェイン準同型）$f_* : C_* \longrightarrow C'_*$ とは，整数 k に対して定まる準同型 $f_k : C_k \longrightarrow C'_k$ の組で，$f_{k-1} \circ \partial_k = \partial_k \circ f_k$ を満たすもののことである．

$$\begin{array}{ccccccccc}
\cdots & \xleftarrow{\partial_{k-1}} & C_{k-1} & \xleftarrow{\partial_k} & C_k & \xleftarrow{\partial_{k+1}} & C_{k+1} & \xleftarrow{\partial_{k+2}} & \cdots \\
& & \downarrow{f_{k-1}} & & \downarrow{f_k} & & \downarrow{f_{k+1}} & & \\
\cdots & \xleftarrow{\partial_{k-1}} & C'_{k-1} & \xleftarrow{\partial_k} & C'_k & \xleftarrow{\partial_{k+1}} & C'_{k+1} & \xleftarrow{\partial_{k+2}} & \cdots
\end{array}$$

命題 3.3.4 チェイン写像 $f_* : C_* \longrightarrow C'_*$ はホモロジー群の準同型 $f_* : H_k(C_*) \longrightarrow H_k(C'_*)$ を誘導する．

証明 $c \in C_k$ を k サイクル $(\partial_k c = 0)$ とすると，

$$\partial_k(f_k c) = f_{k-1}(\partial_k c) = f_{k-1} 0 = 0$$

だから，$f_k c \in C_k$ も k サイクルである．$c \in C_k$ が k バウンダリー $(c = \partial_{k+1} b)$ とすると，

$$f_k c = f_k(\partial_{k+1} b) = \partial_{k+1} f_{k+1}(b)$$

だから，$f_k c \in C_k$ も k バウンダリーである．したがって，ホモロジー群の準同型 $f_* : H_k(C_*) \longrightarrow H_k(C'_*)$ を誘導する．∎

さて，2つのチェイン写像 $f_*, f'_* : C_* \longrightarrow C'_*$ に対して，それらが，ホモロジー群で同じ準同型を誘導するための条件も定式化される．

定義 3.3.5（チェイン・ホモトピー） 2つのチェイン複体の間の2つのチェイン写像 $f_*, f'_* : C_* \longrightarrow C'_*$ の間のチェイン・ホモトピー $h_* : C_* \longrightarrow C'_{*+1}$ とは，整数 k に対して定まる準同型 $h_k : C_k \longrightarrow C'_{k+1}$ の組で，$f'_k - f_k = \partial_{k+1} \circ h_k + h_{k-1} \circ \partial_k$ を満たすもののことである．このとき，2つのチェイン

写像 $f_*, f'_* : C_* \longrightarrow C'_*$ はチェイン・ホモトピックであるという.

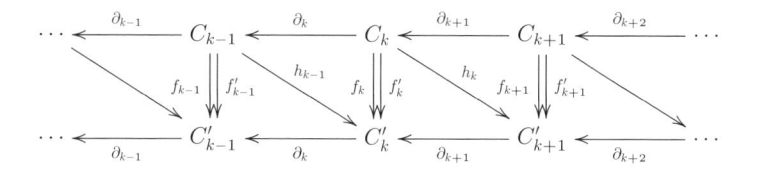

$$\cdots \xleftarrow{\partial_{k-1}} C_{k-1} \xleftarrow{\partial_k} C_k \xleftarrow{\partial_{k+1}} C_{k+1} \xleftarrow{\partial_{k+2}} \cdots$$
$$\big\downarrow f_{k-1}\, f'_{k-1} \quad \big\downarrow f_k\, f'_k \quad \big\downarrow f_{k+1}\, f'_{k+1}$$
$$\cdots \xleftarrow{\partial_{k-1}} C'_{k-1} \xleftarrow{\partial_k} C'_k \xleftarrow{\partial_{k+1}} C'_{k+1} \xleftarrow{\partial_{k+2}} \cdots$$

命題 3.3.6 2つのチェイン写像 $f_*, f'_* : C_* \longrightarrow C'_*$ がチェイン・ホモトピックであるならば, f_*, f'_* は, ホモロジー群に同じ準同型写像を誘導する: $f_* = f'_* : H_k(C_*) \longrightarrow H_k(C'_*)$.

証明 $f'_* - f_* = 0$ をいえばよい. $c \in \ker \partial_k$ に対し,

$$(f'_k - f_k)(c) = (\partial_{k+1} h_k + h_{k-1} \partial_k)(c) = \partial_{k+1}(h_k c)$$

だから, $(f'_* - f_*)[c] = 0 \in H_k(C'_*)$ である. ∎

注意 3.3.7 命題 3.3.6 の逆も正しい. すなわち, 2つのチェイン写像がホモロジー群に同じ準同型写像を誘導するならば, それらはチェイン・ホモトピックである.

3.4 有限胞体複体のホモロジー群

この節では有限胞体複体のホモロジー群が貼りあわせ写像（接着写像）の情報から求まることを説明する. まず, 次元の低い有限胞体複体をあつかう.

3.4.1 1次元胞体複体のホモロジー群

有限胞体複体では, 0次元胞体を**頂点**, 1次元胞体を**辺**と呼ぶ.

1次元胞体複体 $X = X^{(1)}$ は, 頂点の有限集合 $X^{(0)} = \{e^0_1, \ldots, e^0_{k_0}\}$ および辺の集合 $\{D^1_1, \ldots, D^1_{k_1}\}$ ($D^1_i \approx [-1,1]$) について, 各 D^1_i の境界 ∂D^1_i と $X^{(0)} = \{e^0_1, \ldots, e^0_{k_0}\}$ の点との同一視 $\varphi^1_i : \partial D^1_i \longrightarrow X^{(0)}$ が与えられたものである.

$$X = X^{(0)} \cup_{\bigsqcup \varphi^1_i} (D^1_1 \cup \cdots \cup D^1_{k_1}) = X^{(0)} \cup (e^1_1 \cup \cdots \cup e^1_{k_1})$$

1 次元胞体複体 X が連結であるとして，X のホモロジー群を求めよう．
空間対 $(X^{(1)}, X^{(0)})$ のホモロジー完全系列

$$\xrightarrow{\partial_*} H_1(X^{(0)}) \xrightarrow{i_*} H_1(X^{(1)}) \xrightarrow{j_*} H_1(X^{(1)}, X^{(0)})$$
$$\xrightarrow{\partial_*} H_0(X^{(0)}) \xrightarrow{i_*} H_0(X^{(1)}) \xrightarrow{j_*} H_0(X^{(1)}, X^{(0)}) \xrightarrow{j_*} 0$$

において，
$$H_*(X^{(0)}) \cong \begin{cases} \mathbf{Z}^{k_0} & (* = 0) \\ 0 & (* \neq 0) \end{cases}$$

であり，例 3.1.5, 問題 3.2.3 により，

$$H_*(X^{(1)}, X^{(0)}) \cong \bigoplus_{i=1}^{k_1} H_*(D_i^1, \partial D_i^1) \cong \begin{cases} \mathbf{Z}^{k_1} & (* = 1) \\ 0 & (* \neq 1) \end{cases}$$

である．$H_0(X^{(0)}), H_1(X^{(1)}, X^{(0)})$ の生成元を $e_i^0, e_j^1 = [D_j^1, \partial D_j^1]$ と書くと，$H_0(X^{(0)}) = \mathbf{Z}e_1^0 \oplus \cdots \oplus \mathbf{Z}e_{k_0}^0, H_1(X^{(1)}, X^{(0)}) = \mathbf{Z}e_1^1 \oplus \cdots \oplus \mathbf{Z}e_{k_1}^1$ となり，次の完全系列から，$H_0(X^{(1)}), H_1(X^{(1)})$ が求められる．

$$0 \xrightarrow{i_*} H_1(X^{(1)}) \xrightarrow{j_*} \bigoplus_{i=1}^{k_1} \mathbf{Z}e_i^1 \xrightarrow{\partial_*} \bigoplus_{i=1}^{k_0} \mathbf{Z}e_i^0 \xrightarrow{i_*} H_0(X^{(1)}) \xrightarrow{j_*} 0$$

準同型 ∂_* を列ベクトルに作用する行列として書くと k_0 行 k_1 列の行列で，各列はすべて 0 であるか，または 1, -1 と $k_0 - 2$ 個の 0 が並んでいる．これをよくみると ∂_* の核 $\ker \partial_*$, 像 $\operatorname{im} \partial_*$ が求められるはずである．

具体的に計算をしなくても，準同型の性質から次がわかる．まず，$\mathbf{Z}e_i^0 = H_0(\{e_i^0\}) \longrightarrow H_0(X^{(1)})$ の像と $\mathbf{Z}e_j^0 = H_0(\{e_j^0\}) \longrightarrow H_0(X^{(1)})$ の像は，$\varphi_\ell^1(\partial D_\ell) = \{e_i^0, e_j^0\}$ となる D_ℓ^1 があれば一致する．連結を仮定しているので，$e_1^0, \ldots, e_{k_0}^0$ は，どの 2 点にもいくつかの 1 胞体 e_ℓ^1 をたどる道がある．ゆえに，$H_0(\{e_j^0\}) \longrightarrow H_0(X^{(1)})$ の像は，すべて一致する．したがって，$H_0(X^{(0)}) \cong \mathbf{Z}$ がわかる．準同型 i_* は $i_*(\sum_{i=1}^{k_0} m_i e_i^0) = \sum_{i=1}^{k_0} m_i$ という準同型である．

$\operatorname{rank}(\operatorname{im} \partial_*) = \operatorname{rank}(\ker i_*) = k_0 - 1$ であり，自由アーベル群の部分群は自由アーベル群で，$\operatorname{rank}(\ker \partial_*) = k_1 - \operatorname{rank}(\operatorname{im} \partial_*) = k_1 - k_0 + 1$ だから $H_1(X^{(1)}) \cong \mathbf{Z}^{k_1 - k_0 + 1}$ がわかる．

こうして，1 次元胞体複体のホモロジー群 $H_0(X^{(1)}), H_1(X^{(1)})$ が計算された．

注意 3.4.1 $H_0(X^{(1)}) \cong \mathbf{Z}$, $H_1(X^{(1)}) \cong \mathbf{Z}^{k_1-k_0+1}$ は，チェイン複体

$$0 \longleftarrow \mathbf{Z}e_1^0 \oplus \cdots \oplus \mathbf{Z}e_{k_0}^0 \xleftarrow{\partial_*} \mathbf{Z}e_1^1 \oplus \cdots \oplus \mathbf{Z}e_{k_1}^1 \longleftarrow 0$$

のホモロジー群である．

【例 3.4.2】 例 3.2.2 (3) の円周 S^1 の胞体分割に対応するチェイン複体は，

$$0 \longleftarrow \mathbf{Z}e_1^0 \oplus \cdots \oplus \mathbf{Z}e_\ell^0 \xleftarrow{\partial_*} \mathbf{Z}e_1^1 \oplus \cdots \oplus \mathbf{Z}e_\ell^1 \longleftarrow 0$$

であり，ここで $\partial_*(e_j^1) = e_j^0 - e_{j-1}^0$ $(e_0^0 = e_\ell^0)$ である．非自明なホモロジー群を生成元とともに書くと，$H_0(S^1) \cong \mathbf{Z}[e_1^0]$, $H_1(S^1) \cong \mathbf{Z}[e_1^1 + \cdots + e_\ell^1]$ である．

【例 3.4.3】 次の 3 つの 1 次元胞体複体 X_k $(k = 1, 2, 3)$ について，$H_0(X_k) \cong \mathbf{Z}$, $H_1(X_k) \cong \mathbf{Z}^2$, $H_n(X_k) = 0$ $(n \geq 2)$ である（X_1, X_2, X_3 はホモトピー同値であることも容易にわかる）．図 3.1 参照．

(1) $X_1 = e^0 \cup (e_1^1 \cup e_2^1)$, $\varphi_i^1(\pm 1) = e^0$ $(i = 1, 2)$.

(2) $X_2 = (e_1^0 \cup e_2^0) \cup (e_1^1 \cup e_2^1 \cup e_3^1)$, $\varphi_1^1(\pm 1) = e_1^0$, $\varphi_2^1(\pm 1) = e_2^0$, $\varphi_3^1(-1) = e_1^0$, $\varphi_3^1(+1) = e_2^0$.

(3) $X_3 = (e_1^0 \cup e_2^0) \cup (e_1^1 \cup e_2^1 \cup e_3^1)$, $\varphi_\ell^1(-1) = e_1^0$, $\varphi_\ell^1(+1) = e_2^0$ $(\ell = 1, 2, 3)$.

【問題 3.4.4】 例 3.4.3 の X_1, X_2, X_3 について，注意 3.4.1 のチェイン複体

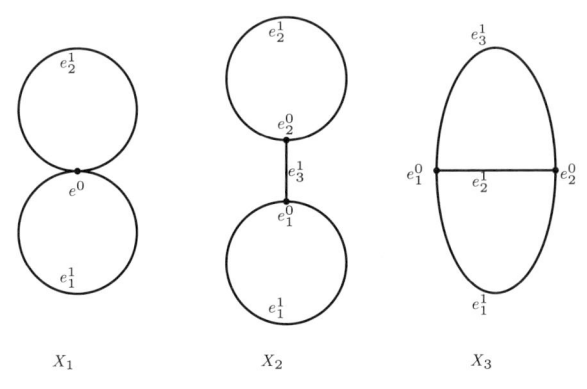

図 3.1 例 3.4.3. 1 次元胞体複体 X_1, X_2, X_3 は，ホモトピー同値である．

を求め，そのホモロジー群を求めよ．解答例は 123 ページ．

3.4.2　2 次元胞体複体のホモロジー群

2 次元胞体複体 X のホモロジー群はどのように計算されるか考えよう．

$$X^{(0)} = e_1^0 \cup \cdots \cup e_{k_0}^0,$$
$$X^{(1)} = X^{(0)} \cup e_1^1 \cup \cdots \cup e_{k_1}^1,$$
$$X = X^{(2)} = X^{(1)} \cup_{\varphi^2} (D_1^2 \sqcup \cdots \sqcup D_{k_2}^2)$$
$$= X^{(1)} \cup e_1^2 \cup \cdots \cup e_{k_2}^2$$

のように X は与えられている．

空間対 $(X^{(2)}, X^{(1)})$ のホモロジー完全系列

$$\xrightarrow{\partial_*} H_2(X^{(1)}) \xrightarrow{i_*} H_2(X^{(2)}) \xrightarrow{j_*} H_2(X^{(2)}, X^{(1)})$$
$$\xrightarrow{\partial_*} H_1(X^{(1)}) \xrightarrow{i_*} H_1(X^{(2)}) \xrightarrow{j_*} H_1(X^{(2)}, X^{(1)})$$
$$\xrightarrow{\partial_*} H_0(X^{(1)}) \xrightarrow{i_*} H_0(X^{(2)}) \xrightarrow{j_*} H_0(X^{(2)}, X^{(1)})$$

において，$H_*(X^{(1)})$ は上で計算されている．また，例 3.1.5, 問題 3.2.3 により，

$$H_*(X^{(2)}, X^{(1)}) \cong \bigoplus_{i=1}^{k_2} H_*(D_i^2, \partial D_i^2) \cong \begin{cases} \mathbf{Z}^{k_2} & (* = 2) \\ 0 & (* \neq 2) \end{cases}$$

である．したがって，次の完全系列を得る．

$$\xrightarrow{\partial_*} 0 \xrightarrow{i_*} H_2(X^{(2)}) \xrightarrow{j_*} \mathbf{Z}e_1^2 \oplus \cdots \oplus \mathbf{Z}e_{k_2}^2$$
$$\xrightarrow{\partial_*} H_1(X^{(1)}) \xrightarrow{i_*} H_1(X^{(2)}) \xrightarrow{j_*} 0$$
$$\xrightarrow{\partial_*} H_0(X^{(1)}) \xrightarrow{i_*} H_0(X^{(2)}) \xrightarrow{j_*} 0$$

ここで，$X^{(1)}$ が弧状連結ならば，$H_0(X^{(1)}) \cong \mathbf{Z}$ であり，上の完全系列から，$H_0(X^{(2)}) \cong H_0(X^{(1)}) \cong \mathbf{Z}$ である．命題 3.2.4 で述べたように $X^{(1)}$ が弧状連結であることと $X = X^{(2)}$ が弧状連結であることは同値である．

一方，$H_1(X^{(2)}), H_2(X^{(2)})$ を求めるためには，

$$0 \xrightarrow{i_*} H_2(X^{(2)}) \xrightarrow{j_*} \mathbf{Z}e_1^2 \oplus \cdots \oplus \mathbf{Z}e_{k_2}^2 \xrightarrow{\partial_*} H_1(X^{(1)}) \xrightarrow{i_*} H_1(X^{(2)}) \xrightarrow{j_*} 0$$

において，$\mathbf{Z}e_1^2 \oplus \cdots \oplus \mathbf{Z}e_{k_2}^2 \xrightarrow{\partial_*} H_1(X^{(1)})$ の核と像を計算しなければなら

ない．

この完全系列に，$(X^{(1)}, X^{(0)})$ の完全系列の情報を書き加えると次の図式を得る．

$$\begin{CD}
@. @. 0 @. @. \\
@. @. @VVV @. @. \\
0 @>>> H_2(X^{(2)}) @>>> H_2(X^{(2)}, X^{(1)}) @>>> H_1(X^{(1)}) @>>> H_1(X^{(2)}) @>>> 0 \\
@. @. @. @VVV @. @. \\
@. @. @. H_1(X^{(1)}, X^{(0)}) @. @. \\
@. @. @. @VVV @. @. \\
@. @. @. H_0(X^{(0)}) @. @. \\
@. @. @. @VVV @. @. \\
@. @. @. H_0(X^{(1)}) @. @. \\
@. @. @. @VVV @. @. \\
@. @. @. 0 @. @.
\end{CD}$$

ここで，
$$H_2(X^{(2)}, X^{(1)}) \xrightarrow{\partial_*} H_1(X^{(1)}) \xrightarrow{j_*} H_1(X^{(1)}, X^{(0)})$$

の合成写像 $\partial = j_* \circ \partial_*$ を考えると，$\partial : \mathbf{Z}e_1^2 \oplus \cdots \oplus \mathbf{Z}e_{k_2}^2 \longrightarrow \mathbf{Z}e_1^1 \oplus \cdots \oplus \mathbf{Z}e_{k_1}^1$ が得られ，その核が $H_2(X^{(2)})$ となる．その像で $H_1(X^{(1)})$ の商をとって $H_1(X^{(2)})$ が得られるが，$H_1(X^{(1)}) \cong \ker(\partial_* : H_1(X^{(1)}, X^{(0)}) \longrightarrow H_0(X^{(0)}))$ だから，

$$H_1(X^{(2)}) \cong \frac{\ker(\partial_* : H_1(X^{(1)}, X^{(0)}) \longrightarrow H_0(X^{(0)}))}{\operatorname{im}(\partial : H_2(X^{(2)}, X^{(1)}) \longrightarrow H_1(X^{(1)}, X^{(0)}))}$$

となっている．

ここで，$\partial : \mathbf{Z}e_1^2 \oplus \cdots \oplus \mathbf{Z}e_{k_2}^2 \longrightarrow \mathbf{Z}e_1^1 \oplus \cdots \oplus \mathbf{Z}e_{k_1}^1$ を列ベクトルに作用する k_2 行 k_1 列の行列で表すと，その ij 成分は写像度 $\deg(\partial D_j^2 \longrightarrow D_i^1/\partial D_i^1)$ で与えられる．ただし，$\partial D_j^2 \longrightarrow D_i^1/\partial D_i^1$ は，写像

$$\partial D_j^2 \xrightarrow{\varphi_j^2} X^{(1)} \longrightarrow X^{(1)}/(X^{(1)} \setminus e_i^1) \approx D_i^1/\partial D_i^1$$

の合成である．このような円周の間の写像の写像度は，2.3.1 小節（62 ページ）に述べたように容易に求められる．

注意 3.4.5 2 次元胞体複体に対し，チェイン複体

$$0 \longleftarrow \boldsymbol{Z}e_1^0 \oplus \cdots \oplus \boldsymbol{Z}e_{k_0}^0 \xleftarrow{\partial} \boldsymbol{Z}e_1^1 \oplus \cdots \oplus \boldsymbol{Z}e_{k_1}^1 \xleftarrow{\partial} \boldsymbol{Z}e_1^2 \oplus \cdots \oplus \boldsymbol{Z}e_{k_2}^2 \xleftarrow{\partial} 0$$

が対応し，そのチェイン複体の完全系列からのずれをはかるホモロジー群が 2 次元胞体複体のホモロジー群である．

【例 3.4.6】 (1) **2 次元球面** S^2. 2 次元球面は，$S^2 = e^0 \cup e^2$ という胞体複体の表示を持つ．このときのチェイン複体は

$$0 \longleftarrow \boldsymbol{Z}e^0 \xleftarrow{\partial_*} 0 \xleftarrow{\partial_*} \boldsymbol{Z}e^2 \longleftarrow 0$$

であり，$H_k(S^2) \cong \begin{cases} \boldsymbol{Z} & (k=0,2) \\ 0 & (k \neq 0,2) \end{cases}$ を得る．

2 次元球面は，$S^2 = (e_1^0 \cup e_2^0) \cup (e_1^1 \cup e_2^1) \cup (e_1^2 \cup e_2^2)$ という球の中心について対称な胞体複体の表示も持つ．実際，分割は

$$\iota_1^0(0) = (0,0,1), \quad \iota_2^0 = (0,0,-1),$$
$$\iota_1^1(x) = (0, \sqrt{1-x^2}, x), \quad \iota_2^1(x) = (0, -\sqrt{1-x^2}, -x),$$
$$\iota_1^2(\boldsymbol{x}) = (\sqrt{1-\|\boldsymbol{x}\|^2}, \boldsymbol{x}), \quad \iota_2^2(\boldsymbol{x}) = (-\sqrt{1-\|\boldsymbol{x}\|^2}, -\boldsymbol{x})$$

で与えられる．図 3.2 参照．これに付随するチェイン複体は

$$0 \longleftarrow \boldsymbol{Z}e_1^0 \oplus \boldsymbol{Z}e_2^0 \xleftarrow{\begin{pmatrix} 1 & -1 \\ -1 & 1 \end{pmatrix}} \boldsymbol{Z}e_1^1 \oplus \boldsymbol{Z}e_2^1 \xleftarrow{\begin{pmatrix} 1 & -1 \\ 1 & -1 \end{pmatrix}} \boldsymbol{Z}e_1^2 \oplus \boldsymbol{Z}e_2^2 \longleftarrow 0$$

となり，同じホモロジー群を得る．

(2) **実射影平面** $\boldsymbol{R}P^2$. 実射影平面は，球面 S^2 の対蹠点，すなわち球の中心について対称な点を同一視して得られる 2 次元多様体である．球面上の点を対蹠点に写す $\boldsymbol{Z}/2\boldsymbol{Z}$ の作用で不変な胞体分割を (1) でつくっているが，これを用いて，$\boldsymbol{R}P^2 = e^0 \cup e^1 \cup e^2$ という胞体複体の表示を持つ．図 3.2 参照．このときのチェイン複体は

$$0 \longleftarrow \boldsymbol{Z}e^0 \xleftarrow{0} \boldsymbol{Z}e^1 \xleftarrow{2} \boldsymbol{Z}e^2 \longleftarrow 0$$

であり，$H_k(\boldsymbol{R}P^2) \cong \begin{cases} \boldsymbol{Z}/2\boldsymbol{Z} & (k=1) \\ \boldsymbol{Z} & (k=0) \\ 0 & (k \neq 0,1) \end{cases}$ を得る．

【例 3.4.7】 (1) **2 次元トーラス** T^2. $T^2 = S^1 \times S^1$ は，$S^1 = e^0 \cup e^1$ とい

3.4 有限胞体複体のホモロジー群　　93

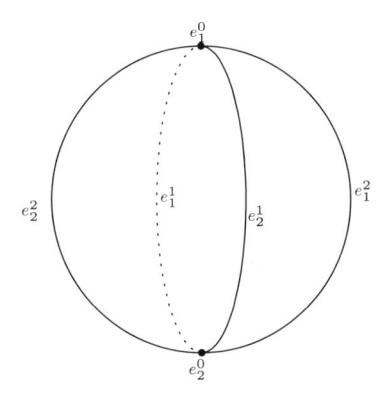

図 3.2 例 3.4.6(1) の球面 S^2 の胞体分割．対蹠点を同一視して例 3.4.6(2) の射影平面 $\mathbf{R}P^2$ の胞体分割を得る．

う胞体分割を 2 つ直積した形の $T^2 = e^0 \cup (e_1^1 \cup e_2^1) \cup e^2$ という胞体複体の表示を持つ．このときのチェイン複体は

$$0 \longleftarrow \mathbf{Z}e^0 \xleftarrow{(0\ 0)} \mathbf{Z}e_1^1 \oplus \mathbf{Z}e_2^1 \xleftarrow{\begin{pmatrix} 0 \\ 0 \end{pmatrix}} \mathbf{Z}e^2 \longleftarrow 0$$

であり，$H_k(T^2) \cong \begin{cases} \mathbf{Z} & (k = 0,\ 2) \\ \mathbf{Z} \oplus \mathbf{Z} & (k = 1) \\ 0 & (k \neq 0,\ 1,\ 2) \end{cases}$ を得る．

2 次元トーラス T^2 を $\mathbf{R}^3$ に，回転面として

$$\{(x, y, z) \in \mathbf{R}^3 \mid (\sqrt{x^2 + y^2} - 2)^2 + z^2 = 1\}$$

の形に実現したとき，ベクトル空間 $\mathbf{R}^3$ 上の -1 倍の作用によって不変であるような胞体分割を次のように与えることができる．T^2 上の点 $\boldsymbol{x}$ の座標を

$$\boldsymbol{x}(\theta, \varphi) = (\cos\theta(2 + \cos\varphi), \sin\theta(2 + \cos\varphi), \sin\varphi)$$

とおくとき，

$$\begin{aligned}
&\iota_1^0(0) = \boldsymbol{x}(0,0), \quad \iota_2^0(0) = \boldsymbol{x}(\pi, 0), \\
&\iota_1^1(x) = \boldsymbol{x}(0, (-x+1)\pi), \quad \iota_2^1(x) = \boldsymbol{x}(\tfrac{x+1}{2}\pi, 0), \\
&\iota_3^1(x) = \boldsymbol{x}(\pi, (x+1)\pi), \quad \iota_4^1(x) = \boldsymbol{x}(\tfrac{x+3}{2}\pi, 0), \\
&\iota_1^2(x, y) = \boldsymbol{x}(\tfrac{u_1(x,y)+1}{2}\pi, (u_2(x,y)+1)\pi), \\
&\iota_2^2(x, y) = \boldsymbol{x}(\tfrac{u_1(x,y)+3}{2}\pi, (-u_2(x,y)+1)\pi)
\end{aligned}$$

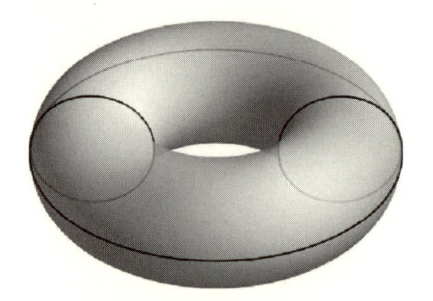

図 3.3 例 3.4.7(1) の $(e_1^0 \cup e_2^0) \cup (e_1^1 \cup e_2^1 \cup e_3^1 \cup e_4^1) \cup (e_1^2 \cup e_2^2)$ の形のトーラス T^2 の胞体分割．-1 倍の点を同一視して例 3.4.7(2) のクライン・ボトル K の胞体分割を得る．

ただし，$x \in [-1, 1], (x, y) \in D^2$ であり，$u = (u_1, u_2) : D^2 \longrightarrow [-1, 1]^2$ は，

$$u(x, y) = (u_1(x, y), u_2(x, y)) = \frac{\sqrt{x^2 + y^2}}{\max\{|x|, |y|\}} (x, y)$$

で与えられる同相写像である．図 3.3 参照．この胞体分割に付随するチェイン複体は

$$0 \longleftarrow \boldsymbol{Z}e_1^0 \oplus \boldsymbol{Z}e_2^0 \xleftarrow{\begin{pmatrix} 0 & -1 & 0 & 1 \\ 0 & 1 & 0 & -1 \end{pmatrix}} \boldsymbol{Z}e_1^1 \oplus \boldsymbol{Z}e_2^1 \oplus \boldsymbol{Z}e_3^1 \oplus \boldsymbol{Z}e_4^1 \xleftarrow{\begin{pmatrix} 1 & 1 \\ 0 & 0 \\ 1 & 1 \\ 0 & 0 \end{pmatrix}} \boldsymbol{Z}e_1^2 \oplus \boldsymbol{Z}e_2^2 \longleftarrow 0$$

であり，同じホモロジー群を得る．

(2) **クライン・ボトル K．**クライン・ボトルは，$\boldsymbol{R}^3$ に，回転面として $\{(x, y, z) \in \boldsymbol{R}^3 \mid (\sqrt{x^2 + y^2} - 2)^2 + z^2 = 1\}$ の形に実現した 2 次元トーラス T^2 の，ベクトル空間 $\boldsymbol{R}^3$ 上の -1 倍の作用による商空間である．この作用は，T^2 上の点を (1) のように表すと，$\boldsymbol{x}(\theta, \varphi) \mapsto \boldsymbol{x}(\theta + \pi, -\varphi)$ というものである．(1) で与えた T^2 の -1 倍で保たれる胞体分割を用いて $K = e^0 \cup (e_1^1 \cup e_2^1) \cup e^2$ という胞体複体の表示が得られる．このときのチェイン複体は

$$0 \longleftarrow \boldsymbol{Z}e^0 \xleftarrow{(0\ 0)} \boldsymbol{Z}e_1^1 \oplus \boldsymbol{Z}e_2^1 \xleftarrow{\begin{pmatrix} 0 \\ 2 \end{pmatrix}} \boldsymbol{Z}e^2 \longleftarrow 0$$

であり，$H_k(K) \cong \begin{cases} \boldsymbol{Z} \oplus (\boldsymbol{Z}/2\boldsymbol{Z}) & (k = 1) \\ \boldsymbol{Z} & (k = 0) \\ 0 & (k \neq 0, 1) \end{cases}$ を得る．

【問題 3.4.8】 正方形 Q の 4 つの辺のうちの 2 つをとり，辺と辺とを同相写像で同一視する．さらに残りの 2 つの辺を同相写像で同一視する．

(1) こうして得られる空間は何通りあるか．同相なものは 1 つと数える．ヒント：隣りあわせの辺を同一視するか，向かいあわせの辺を同一視するかで分け，同一視が正方形から導かれる辺の向きを保つか保たないかで分類する．

(2) (1) で得られた空間の自然な胞体分割を用いて，ホモロジー群を求めよ．解答例は 123 ページ．

注意 3.4.9 (1) 一般に，$k \geqq 2$ とするとき，正 $2k$ 角形の辺を 2 つずつ同一視して得られる空間は，2 次元多様体となる．コンパクトな 2 次元多様体を**閉曲面**と呼ぶ．またすべての連結な 2 次元閉多様体は，このような空間として得られる．連結な **2 次元閉多様体**は，そのホモロジー群で同相かどうか判定される．

(2) $2k$ 角形の辺に境界としての向きを考えるとき，2 つずつ辺を同じ向きに同一視すると，（どのような辺の組み合わせで同一視しても，）**種数** k の向き付け不可能な閉曲面 N_k^2 が得られる．図 3.4 左参照．N_1^2 は実射影平面 $\boldsymbol{R}P^2$ と考えられる．N_2^2 はクライン・ボトルである．N_k^2 に対するチェイン複体は

$$0 \longleftarrow \boldsymbol{Z}e^0 \xleftarrow{(0 \cdots 0)} \boldsymbol{Z}e_1^1 \oplus \cdots \oplus \boldsymbol{Z}e_k^1 \xleftarrow{\begin{pmatrix}2\\\vdots\\2\end{pmatrix}} \boldsymbol{Z}e^2 \longleftarrow 0$$

であり，ホモロジー群は以下のようになる．

$$H_0(N_k^2) \cong \boldsymbol{Z}[e^0],$$

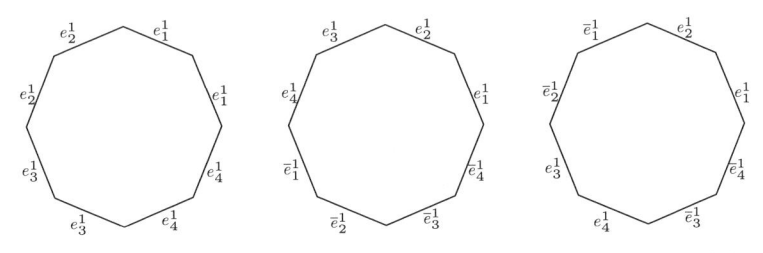

図 3.4 正 8 角形の辺の同一視（注意 3.4.9）．左の同一視では種数 4 の向き付け不可能曲面 N_4^2 が得られる．中央と右の同一視で e_j^1 と $\bar{e}_j^1$ は向きが逆になっている．中央と右の同一視からは，種数 2 の向き付け可能曲面 Σ_2^2 が得られる．右の分割からは Σ_2^2 の基本群が，交換子積を関係式とする 4 元生成の群となることがわかる．

$$H_1(N_k^2) \cong \mathbf{Z}^{k-1} \oplus (\mathbf{Z}/2\mathbf{Z}) = \bigoplus_{i=1}^{k-1} \mathbf{Z}[e_i^1] \oplus (\mathbf{Z}/2\mathbf{Z})[\sum_{i=1}^{k} e_i^1],$$

$$H_m(N_k^2) = 0 \quad (m \geqq 2)$$

(3) $4k$ 角形の辺に境界としての向きを考えるとき，対辺を反対向きに同一視すると，**種数** k の向き付け可能な閉曲面 Σ_k^2 が得られる．図 3.4 中央参照．Σ_0^2 は球面 S^2 と考えられる．Σ_1^2 はトーラス T^2 である．Σ_k^2 に対するチェイン複体は

$$0 \longleftarrow \mathbf{Z}e^0 \xleftarrow{(0\ \cdots\ 0)} \mathbf{Z}e_1^1 \oplus \cdots \oplus \mathbf{Z}e_{2k}^1 \xleftarrow{\begin{pmatrix} 0 \\ \vdots \\ 0 \end{pmatrix}} \mathbf{Z}e^2 \longleftarrow 0$$

であり，ホモロジー群は以下のようになる．

$$H_0(\Sigma_k^2) \cong \mathbf{Z}[e^0],$$
$$H_1(\Sigma_k^2) \cong \mathbf{Z}^{2k} = \bigoplus_{i=1}^{2k} \mathbf{Z}[e_i^1],$$
$$H_2(\Sigma_k^2) \cong \mathbf{Z}[e^2],$$
$$H_m(\Sigma_k^2) = 0 \quad (m \geqq 3)$$

(4) 2 次元連結閉多様体は，常に，(2), (3) の形の胞体分割を持つことが知られている．したがって，2 次元連結閉多様体のホモロジー群は，特別な形を持つ．向き付け不可能な閉曲面の 2 次元ホモロジー群が自明であり，向き付け可能な閉曲面の 2 次元ホモロジー群は $\mathbf{Z}$ と同型である．

3.4.3　3 次元胞体複体のホモロジー群

3 次元胞体複体のホモロジー群の計算も，2 次元の場合と同様にできることが予想される．実際，3 次元胞体複体 X は

$$X = X^{(3)} = X^{(2)} \cup_{\varphi^3} (D_1^3 \sqcup \cdots \sqcup D_{k_3}^3)$$
$$= X^{(2)} \cup e_1^3 \cup \cdots \cup e_{k_3}^3$$

のように与えられている．

空間対 $(X^{(3)}, X^{(2)})$ のホモロジー完全系列

$$\xrightarrow{\partial_*} H_3(X^{(2)}) \xrightarrow{i_*} H_3(X^{(3)}) \xrightarrow{j_*} H_3(X^{(3)}, X^{(2)})$$
$$\xrightarrow{\partial_*} H_2(X^{(2)}) \xrightarrow{i_*} H_2(X^{(3)}) \xrightarrow{j_*} H_2(X^{(3)}, X^{(2)})$$
$$\xrightarrow{\partial_*} H_1(X^{(2)}) \xrightarrow{i_*} H_1(X^{(3)}) \xrightarrow{j_*} H_1(X^{(3)}, X^{(2)})$$
$$\xrightarrow{\partial_*} H_0(X^{(2)}) \xrightarrow{i_*} H_0(X^{(3)}) \xrightarrow{j_*} H_0(X^{(3)}, X^{(2)})$$

において，$H_*(X^{(2)})$ は計算されていて，

$$H_*(X^{(3)}, X^{(2)}) \cong \bigoplus_{i=1}^{k_3} H_*(D_i^3, \partial D_i^3) \cong \begin{cases} \mathbf{Z}^{k_3} & (* = 3) \\ 0 & (* \neq 3) \end{cases}$$

である．したがって，$H_k(X) = H_k(X^{(3)}) \cong H_k(X^{(2)})$ $(k = 0, 1)$ であり，$H_2(X^{(3)}), H_3(X^{(3)})$ については完全系列

$$0 \xrightarrow{i_*} H_3(X^{(3)}) \xrightarrow{j_*} \mathbf{Z}^{k_3} \xrightarrow{\partial_*} H_2(X^{(2)}) \xrightarrow{i_*} H_2(X^{(3)}) \xrightarrow{j_*} 0$$

を得る．この完全系列を，$X^{(2)}$ のホモロジー群を求めるための 91 ページの図式に書き加えると，次が得られる．

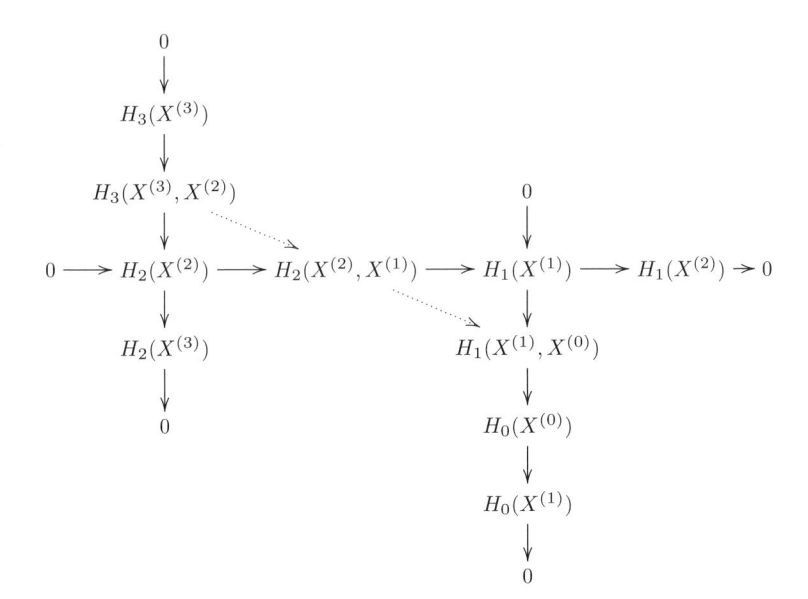

$$\begin{array}{c}
0 \\ \downarrow \\
H_3(X^{(3)}) \\ \downarrow \\
H_3(X^{(3)}, X^{(2)}) \\ \downarrow \\
0 \longrightarrow H_2(X^{(2)}) \longrightarrow H_2(X^{(2)}, X^{(1)}) \longrightarrow H_1(X^{(1)}) \longrightarrow H_1(X^{(2)}) \to 0 \\
\downarrow \qquad\qquad\qquad\qquad\qquad\qquad \downarrow \\
H_2(X^{(3)}) \qquad\qquad\qquad\qquad H_1(X^{(1)}, X^{(0)}) \\
\downarrow \qquad\qquad\qquad\qquad\qquad\qquad \downarrow \\
0 \qquad\qquad\qquad\qquad\qquad\qquad H_0(X^{(0)}) \\
\downarrow \\
H_0(X^{(1)}) \\ \downarrow \\ 0
\end{array}$$

ここで，

$$H_3(X^{(3)}, X^{(2)}) \xrightarrow{\partial_*} H_2(X^{(2)}) \xrightarrow{j_*} H_2(X^{(2)}, X^{(1)})$$

の合成写像 $\partial = j_* \circ \partial_*$ を考えると，$\partial : \boldsymbol{Z}e_1^3 \oplus \cdots \oplus \boldsymbol{Z}e_{k_3}^3 \longrightarrow \boldsymbol{Z}e_1^2 \oplus \cdots \oplus \boldsymbol{Z}e_{k_2}^2$ が得られる．$j_* : H_2(X^{(2)}) \longrightarrow H_2(X^{(2)}, X^{(1)})$ は単射だから，この ∂ の核が $H_3(X^{(3)})$ となる．一方，∂_* の像で $H_2(X^{(2)})$ の商をとって $H_2(X^{(3)})$ が得られるが，$H_2(X^{(2)}) \cong \ker(\partial_* : H_2(X^{(2)}, X^{(1)}) \longrightarrow H_1(X^{(1)}))$ であり，さらに $H_1(X^{(1)}) \longrightarrow H_1(X^{(1)}, X^{(0)})$ は単射だから，

$$H_2(X) = H_2(X^{(3)}) \cong \frac{\ker(\partial : H_2(X^{(2)}, X^{(1)}) \longrightarrow H_1(X^{(1)}, X^{(0)}))}{\operatorname{im}(\partial : H_3(X^{(3)}, X^{(2)}) \longrightarrow H_2(X^{(2)}, X^{(1)}))}$$

となっている．

ここで，$\partial : \boldsymbol{Z}e_1^3 \oplus \cdots \oplus \boldsymbol{Z}e_{k_3}^3 \longrightarrow \boldsymbol{Z}e_1^2 \oplus \cdots \oplus \boldsymbol{Z}e_{k_2}^2$ を列ベクトルに作用する k_2 行 k_3 列の行列で表すと，その ij 成分は写像度 $\deg(\partial D_j^3 \longrightarrow D_i^2/\partial D_i^2)$ で与えられる．ただし，$\partial D_j^3 \longrightarrow D_i^2/\partial D_i^2$ は，写像

$$\partial D_j^3 \xrightarrow{\varphi_j^3} X^{(2)} \longrightarrow X^{(2)}/(X^{(2)} \setminus e_i^2) \approx D_i^2/\partial D_i^2$$

の合成である．この写像の写像度は，問題 2.3.9（68 ページ）の考え方で求められる．

注意 3.4.10 $X = X^{(3)}$ のホモロジー群は，チェイン複体

$$0 \longleftarrow \boldsymbol{Z}e_1^0 \oplus \cdots \oplus \boldsymbol{Z}e_{k_0}^0 \xleftarrow{\partial} \boldsymbol{Z}e_1^1 \oplus \cdots \oplus \boldsymbol{Z}e_{k_1}^1$$
$$\xleftarrow{\partial} \boldsymbol{Z}e_1^2 \oplus \cdots \oplus \boldsymbol{Z}e_{k_2}^2 \xleftarrow{\partial} \boldsymbol{Z}e_1^3 \oplus \cdots \oplus \boldsymbol{Z}e_{k_3}^3 \longleftarrow 0$$

のホモロジー群として求められる．

このように，胞体複体のホモロジー群の計算をしようとすると，胞体を生成元とする自由加群とその間の準同型写像 ∂ の系列が定義される．準同型写像 ∂ は $\partial \circ \partial = 0$ を満たしているが，完全系列ではない．この系列が胞体複体に付随するチェイン複体であり，それが完全系列からどれだけ離れているかが，$\ker \partial / \operatorname{im} \partial$ によりはかられる．この群が，1 次元，2 次元，3 次元の胞体複体 X については，位相空間 X のホモロジー群に一致していることが，上の計算からわかる．

【問題 3.4.11】 立方体の頂点に図 3.5 の左図のように名前を付ける．X をこ

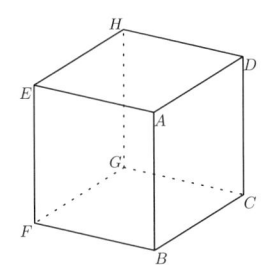

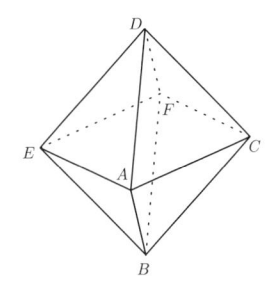

図 3.5 左は問題 3.4.11 の立方体の面の同一視．右は問題 3.4.12 の正 8 面体の面の同一視．

の立方体から，対面をアフィン写像 $HEFG \longmapsto ABCD$, $DHGC \longmapsto EFBA$, $BCGF \longmapsto DHEA$ により同一視して得られる空間とする．X のホモロジー群を求めよ．解答例は 125 ページ．

【問題 3.4.12】 正 8 面体の頂点に図 3.5 の右図のように名前を付ける．Y をこの正 8 面体から，対面をアフィン写像 $ABC \longmapsto DEF$, $ACD \longmapsto EBF$, $ADE \longmapsto BCF$, $AEB \longmapsto CDF$ により同一視して得られる空間とする．Y のホモロジー群を求めよ．解答例は 126 ページ．

【問題 3.4.13】 x, y, z を座標とする 3 次元ユークリッド空間の xy 平面上の原点を中心とする正 p 角形の頂点を $A_1, \ldots, A_p$ とする．z 軸上に点 $P = (0,0,1), Q = (0,0,-1)$ をとる．$A_1, \ldots, A_p, P, Q$ を頂点とする凸多面体（p 角錐 $PA_1 \cdots A_p, QA_1 \cdots A_p$ の和集合）を X とする（X は境界も内部も含んでいる）．$1 \leqq q \leqq p-1$ を満たし，p と互いに素な自然数 q をとる．X において，次の 2 つずつの三角形を合同変換で同一視して得られる空間を Y とする．

$$\triangle PA_{i-1}A_i \sim \triangle QA_{i-1+q}A_{i+q} \quad (i = 1, \ldots, p)$$

ただし，$A_0 = A_p$ とする．Y の胞体分割と，それに付随するチェイン複体を記述せよ．それを用いて，Y の（整数係数）ホモロジー群を求めよ．解答例は 127 ページ．

注意 3.4.14 問題 3.4.13 の空間 Y は (p,q) レンズ空間 $L_{p,q}$ と呼ばれる．p を定めると，p と互いに素であるような q に対し $L_{p,q}$ が定まる．それらはホモロジー群，基本群が同型であるが必ずしも同相ではない．レンズ空間の分類は，ライデ

マイスター・トーションの計算によって行われた.

【問題 3.4.15】 $S^2 \times [0,1]$ において,$S^2 \times \{0\}$ の点 $(\boldsymbol{x}, 0)$ $(\boldsymbol{x} \in \boldsymbol{R}^3, \|\boldsymbol{x}\| = 1)$ と $(-\boldsymbol{x}, 0)$, $S^2 \times \{1\}$ の点 $(\boldsymbol{x}, 1)$ と $(-\boldsymbol{x}, 1)$ を同一視してできる空間 W のホモロジー群を求めよ.解答例は 128 ページ.

3.5 有限胞体複体のチェイン複体とホモロジー群

前節までの考察に基づき,一般の次元の有限胞体複体のホモロジー群の計算方法をまとめておこう.

3.5.1 n 次元胞体複体のチェイン複体

胞体複体は,低い次元のものから順に定義されているので,n 次元胞体複体 X は次のように与えられている.

$$X = X^{(n)} = X^{(n-1)} \cup_{\varphi^n} (D_1^n \sqcup \cdots \sqcup D_{k_n}^n) = X^{(n-1)} \cup (e_1^n \cup \cdots \cup e_{k_n}^n)$$

$X = X^{(n)}$ に対して,空間対 $(X^{(n)}, X^{(n-1)})$ のホモロジー完全系列を書くと以下のようになる.

$$\begin{array}{c}\xrightarrow{\partial_*} H_n(X^{(n-1)}) \xrightarrow{i_*} H_n(X^{(n)}) \xrightarrow{j_*} H_n(X^{(n)}, X^{(n-1)}) \\ \xrightarrow{\partial_*} H_{n-1}(X^{(n-1)}) \xrightarrow{i_*} H_{n-1}(X^{(n)}) \xrightarrow{j_*} H_{n-1}(X^{(n)}, X^{(n-1)}) \\ \xrightarrow{\partial_*} H_{n-2}(X^{(n-1)}) \xrightarrow{i_*} H_{n-2}(X^{(n)}) \xrightarrow{j_*} H_{n-2}(X^{(n)}, X^{(n-1)}) \\ \xrightarrow{\partial_*} \cdots \\ \cdots \xrightarrow{j_*} H_1(X^{(n)}, X^{(n-1)}) \\ \xrightarrow{\partial_*} H_0(X^{(n-1)}) \xrightarrow{i_*} H_0(X^{(n)}) \xrightarrow{j_*} H_0(X^{(n)}, X^{(n-1)})\end{array}$$

ここで,

$$H_*(X^{(n)}, X^{(n-1)}) \cong \bigoplus_{i=1}^{k_n} H_*(D_i^n, \partial D_i^n) \cong \begin{cases} \boldsymbol{Z}^{k_n} & (* = n) \\ 0 & (* \neq n) \end{cases}$$

である.したがって,$\ell = 0, \ldots, n-2$ に対して,$H_\ell(X) = H_\ell(X^{(n)}) \cong H_\ell(X^{(n-1)})$ である.また,$H_{n-1}(X^{(n)})$, $H_n(X^{(n)})$ について完全系列

$$0 \xrightarrow{i_*} H_n(X^{(n)}) \xrightarrow{j_*} H_n(X^{(n)}, X^{(n-1)}) \xrightarrow{\partial_*} H_{n-1}(X^{(n-1)}) \xrightarrow{i_*} H_{n-1}(X^{(n)}) \xrightarrow{j_*} 0$$

を得る．ここで，$X^{(n-1)}$ についても次の同様の完全系列が得られている．

$$0 \xrightarrow{i_*} H_{n-1}(X^{(n-1)}) \xrightarrow{j_*} H_{n-1}(X^{(n-1)}, X^{(n-2)})$$
$$\xrightarrow{\partial_*} H_{n-2}(X^{(n-2)}) \xrightarrow{i_*} H_{n-2}(X^{(n-1)}) \xrightarrow{j_*} 0$$

このようにして得られる $(X^{(n)}, X^{(n-1)})$, $(X^{(n-1)}, X^{(n-2)})$, $(X^{(n-2)}, X^{(n-3)})$, ... の図式を組み合わせて次を得る．

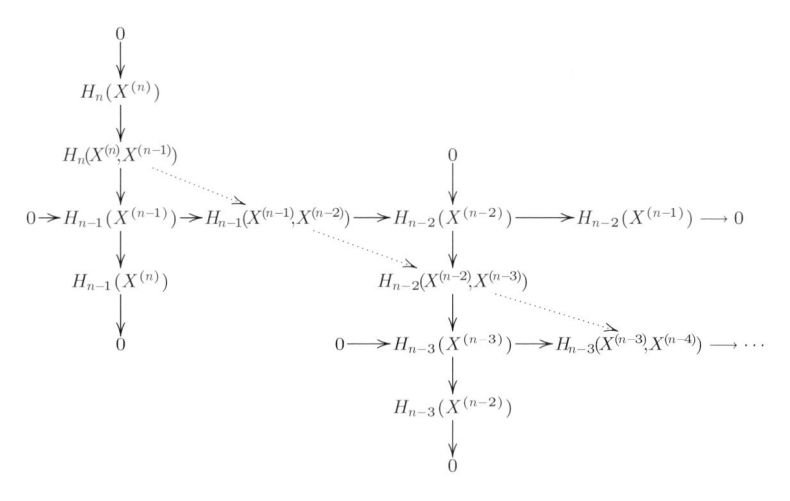

$$\begin{array}{c}
0 \\ \downarrow \\
H_n(X^{(n)}) \\ \downarrow \\
H_n(X^{(n)}, X^{(n-1)}) \qquad\qquad\qquad 0 \\
\downarrow \qquad\qquad\qquad\qquad\qquad \downarrow \\
0 \to H_{n-1}(X^{(n-1)}) \to H_{n-1}(X^{(n-1)}, X^{(n-2)}) \to H_{n-2}(X^{(n-2)}) \to H_{n-2}(X^{(n-1)}) \to 0 \\
\downarrow \qquad\qquad\qquad\qquad\qquad \downarrow \\
H_{n-1}(X^{(n)}) \qquad\qquad\qquad H_{n-2}(X^{(n-2)}, X^{(n-3)}) \\
\downarrow \qquad\qquad\qquad\qquad\qquad \downarrow \\
0 \qquad\qquad 0 \to H_{n-3}(X^{(n-3)}) \to H_{n-3}(X^{(n-3)}, X^{(n-4)}) \to \cdots \\
\qquad\qquad\qquad\qquad\qquad \downarrow \\
\qquad\qquad\qquad\qquad\qquad H_{n-3}(X^{(n-2)}) \\
\qquad\qquad\qquad\qquad\qquad \downarrow \\
\qquad\qquad\qquad\qquad\qquad 0
\end{array}$$

胞体複体 $X = X^{(n)} \supset X^{(n-1)} \supset \cdots \supset X^{(1)} \supset X^{(0)}$ において，$\ell = n, n-1, \ldots, 0$ に対し，

$$H_\ell(X^{(\ell)}, X^{(\ell-1)}) \xrightarrow{\partial_*} H_{\ell-1}(X^{(\ell-1)}) \xrightarrow{j_*} H_{\ell-1}(X^{(\ell-1)}, X^{(\ell-2)})$$

の合成 $j_* \circ \partial_*$ を ∂ とおくと，∂ は上の図式を右下に斜めに下っていく写像である．この右下に斜めに下っていく系列は，チェイン複体となっていることがわかる．すなわち，$C_\ell(X) = H_\ell(X^{(\ell)}, X^{(\ell-1)})$ ($\ell = n, n-1, \ldots, 0$) とおくと，系列

$$C_*(X) : 0 \xleftarrow{\partial} C_0(X) \xleftarrow{\partial} C_1(X) \xleftarrow{\partial} C_2(X) \xleftarrow{\partial} \cdots$$

が定まり，$\partial \circ \partial = j_* \circ \partial_* \circ j_* \circ \partial_* = 0$ であることが，$\partial_* \circ j_*$ は完全系列の 2 つの準同型の結合であることからわかる．したがって，この系列はチェイン複体である．$j_* : H_n(X^{(n)}) \longrightarrow H_n(X^{(n)}, X^{(n-1)})$ は単射だか

ら，$H_n(X) = H_n(X^{(n)})$ は，$\ker(\partial : C_n(X) \longrightarrow C_{n-1}(X))$ として求まる．一方，$H_{n-1}(X) = H_{n-1}(X^{(n)})$ は $H_{n-1}(X^{(n-1)})/\partial_*(C_n(X))$ と同型であるが，$H_{n-1}(X^{(n-1)}) \cong \ker(\partial_* : C_{n-1}(X) \longrightarrow H_{n-2}(X^{(n-2)}))$ であり，さらに $H_{n-2}(X^{(n-2)}) \longrightarrow C_{n-2}(X)$ は単射だから，

$$H_{n-1}(X^{(n)}) \cong \frac{\ker(\partial : C_{n-1} \longrightarrow C_{n-2})}{\mathrm{im}(\partial : C_n \longrightarrow C_{n-1})}$$

となっている．$\ell \leqq n-2$ については，上に述べたように，$H_\ell(X) \cong H_\ell(X^{(n-1)})$ であり，

$$H_\ell(X) \cong H_\ell(X^{(n-1)}) \cong H_\ell(C_*(X^{(n-1)})) = H_\ell(C_*(X))$$

である．したがって，$H_*(X)$ は，チェイン複体 $C_*(X)$ のホモロジー群 $H_*(C_*(X))$ と同型である．

ここで，

$$C_\ell(X) = H_\ell(X^{(\ell)}, X^{(\ell-1)}) \cong \bigoplus_{i=1}^{k_\ell} H_\ell(D_i^\ell, \partial D_i^\ell) = \bigoplus_{i=1}^{k_\ell} \mathbf{Z}[D_i^\ell, \partial D_i^\ell] = \bigoplus_{i=1}^{k_\ell} \mathbf{Z} e_i^\ell$$

は自由加群である．$\partial : C_\ell(X) \longrightarrow C_{\ell-1}(X)$ は，$k_{\ell-1}$ 行 k_ℓ 列の行列で表され，その ij 成分は，合成写像

$$\partial D_i^\ell \xrightarrow{\varphi_i^\ell} X^{(\ell-1)} \longrightarrow X^{(\ell-1)}/(X^{(\ell-1)} \setminus e_j^{\ell-1}) \approx D_j^{\ell-1}/\partial D_j^{\ell-1} \approx S^{\ell-1}$$

の写像度で与えられる．この写像度は，問題 2.3.9（68 ページ）の考え方で求められる．

注意 3.5.1 n 次元有限胞体複体 X の位相空間としてのホモロジー群 $H_*(X)$ と胞体複体に付随するチェイン複体 $C_*(X)$ のホモロジー群 $H_*(C_*(X))$ との同型は，$H_\ell(X) \cong H_\ell(X^{(\ell+1)})$ が 101 ページの図式に入っていることから得られている．

【問題 3.5.2】 (1) 例 3.4.6(1) と同様の n 次元球面の胞体分割で，$0 \leqq k \leqq n$ に対して k 次元の胞体を 2 個持つものを構成せよ．

(2) 例 3.4.6(2) 実射影平面 $\mathbf{R}P^2$ の胞体分割と同様に n 次元実射影空間 $\mathbf{R}P^n$ の胞体分割を与えよ．

(3) $\mathbf{R}P^n$ のホモロジー群を求めよ．解答例は 128 ページ．

【問題 3.5.3】 (1) 複素射影平面 $CP^2 = (C^3 \setminus \{0\})/C^\times$ の胞体分割 $e^0 \cup e^2 \cup e^4$ を定めよ．このときの接着写像 $\partial D^4 \longrightarrow S^2 = e^0 \cup e^2$ を表せ．CP^2 のホモロジー群を求めよ．

ヒント：$e^4 = \{[z_1 : z_2 : 1] \in CP^2\} \cong \dfrac{(z_1, z_2)}{\sqrt{1 + |z_1|^2 + |z_2|^2}} \subset D^4$ とする．$(w_1, w_2) \in S^3 \subset C^2$ に対し，$\mathrm{Int}(D^4)$ から近づく点をとり，CP^2 での極限を計算する．

(2) n 次元複素射影空間 CP^n について，胞体分割とホモロジー群を求めよ．解答例は 129 ページ．

3.5.2 チェイン複体の境界準同型の標準形

有限生成自由加群からなるチェイン複体 $C_* : 0 \xleftarrow{\partial} C_0 \xleftarrow{\partial} C_1 \xleftarrow{\partial} \cdots \xleftarrow{\partial} C_n \xleftarrow{} 0$ に対して，C_ℓ のランク（階数）を k_ℓ とする．$\partial_\ell : C_\ell \longrightarrow C_{\ell-1}$ は $k_{\ell-1} \times k_\ell$ の整数行列で表されている．$C_0, C_1, \ldots, C_n$ の基底を代数的にとり替えて ∂_ℓ の表示を簡単にすることができる．

C_ℓ の部分加群 $\ker \partial_\ell$ を考えると，$\ker \partial_\ell$ は自由加群 C_ℓ の部分加群であるから自由加群である．$C_\ell / \ker \partial_\ell$ は自由加群 $C_{\ell-1}$ の部分加群 $\mathrm{im}\, \partial_\ell$ と同型だから自由加群であり，$C_\ell / \ker \partial$ の基底の引き戻しと $\ker \partial$ の基底をこの順に並べて C_ℓ の基底を与えることができる．$\ker \partial_\ell$ のランクを r_ℓ とおき，C_ℓ および $C_{\ell-1}$ にこのような基底を与えると，$\mathrm{im}\, \partial_\ell \subset \ker \partial_{\ell-1}$ だから，$k_\ell - r_\ell \leqq r_{\ell-1}$ であり，$\partial : C_\ell \longrightarrow C_{\ell-1}$ は次の形に表される．

$$\begin{array}{c} \overbrace{}^{k_\ell - r_\ell} \overbrace{}^{r_\ell} \\ \left. \begin{array}{c} k_{\ell-1} - r_{\ell-1} \\ r_{\ell-1} \end{array} \right\{ \begin{pmatrix} 0 & 0 \\ A & 0 \end{pmatrix} \end{array}$$

この表示の A の部分について，行列の基本変形を行えば，次の形の $r_{\ell-1}$ 行 $k_\ell - r_\ell$ 列の行列で書かれる．A の部分に関係する基底のとり替えは，$\ker \partial_\ell$ の補空間と $\ker \partial_{\ell-1}$ で行っているので，チェイン複体の境界準同型について一斉に行うことができる．

$$\begin{pmatrix} 0 & 0 & \cdots & 0 \\ \vdots & \vdots & \ddots & \vdots \\ 0 & 0 & \cdots & 0 \\ a_1 & 0 & \cdots & 0 \\ 0 & a_2 & \cdots & 0 \\ \vdots & \vdots & \ddots & \vdots \\ 0 & 0 & \cdots & a_{k_\ell - r_\ell} \end{pmatrix}$$

この A を表す行列の上部の $\begin{matrix} 0 & 0 & \cdots & 0 \\ \vdots & \vdots & \ddots & \vdots \\ 0 & 0 & \cdots & 0 \end{matrix}$ は $r_{\ell-1} + r_\ell - k_\ell$ 行 $k_\ell - r_\ell$ 列の零行列であり，$a_1, a_2, \ldots, a_{k_\ell - r_\ell}$ は $a_1 | a_2 | \cdots | a_{k_\ell - r_\ell - 1} | a_{k_\ell - r_\ell}$ (a_1 は a_2 の約数，…, $a_{k_\ell - r_\ell - 1}$ は $a_{k_\ell - r_\ell}$ の約数) を満たす自然数である．$a_1, a_2, \ldots, a_{k_\ell - r_\ell}$ のうちの最初の p_ℓ 個は 1，残りの $q_\ell = k_\ell - r_\ell - p_\ell$ 個を $m_1^\ell, \ldots, m_{q_\ell}^\ell \, (>1)$ として ($p_\ell + q_\ell = k_\ell - r_\ell$)，この行列の下部の対角行列は，$\begin{pmatrix} 1 & \cdots & 0 \\ \vdots & \ddots & \vdots \\ 0 & \cdots & 1 \end{pmatrix}$ と $\begin{pmatrix} m_1^\ell & \cdots & 0 \\ \vdots & \ddots & \vdots \\ 0 & \cdots & m_{q_\ell}^\ell \end{pmatrix}$ の直和に書かれる．こうして，∂_ℓ の表示は，

$$\begin{pmatrix} 0 & \cdots & 0 & 0 & \cdots & 0 & 0 & \cdots & 0 \\ \vdots & \ddots & \vdots & \vdots & \ddots & \vdots & \vdots & \ddots & \vdots \\ 0 & \cdots & 0 & 0 & \cdots & 0 & 0 & \cdots & 0 \\ 1 & \cdots & 0 & & & & & & \\ \vdots & \ddots & \vdots & & & & & & \\ 0 & \cdots & 1 & & & & & & \\ & & & m_1^\ell & \cdots & 0 & & & \\ & & & \vdots & \ddots & \vdots & & & \\ & & & 0 & \cdots & m_{q_\ell}^\ell & & & \end{pmatrix}$$

の形で，零行列は $k_{\ell-1} - p_\ell - q_\ell$ 行で，$m_1^\ell | m_2^\ell | \cdots | m_{q_\ell}^\ell \, (m_1^\ell > 1)$ を満たすように書かれる．

このように行列を表す基底により，$C_\ell = \boldsymbol{Z}^{k_\ell} = \boldsymbol{Z}^{p_\ell} \oplus \boldsymbol{Z}^{q_\ell} \oplus \boldsymbol{Z}^{r_\ell}$ と書き，$C_{\ell-1} = \boldsymbol{Z}^{k_{\ell-1}} = \boldsymbol{Z}^{p_{\ell-1}} \oplus \boldsymbol{Z}^{q_{\ell-1}} \oplus \boldsymbol{Z}^{r_{\ell-1} - p_\ell - q_\ell} \oplus \boldsymbol{Z}^{p_\ell} \oplus \boldsymbol{Z}^{q_\ell}$ と書くと，

$$\ker \partial_\ell = \boldsymbol{0} \oplus \boldsymbol{0} \oplus \boldsymbol{Z}^{r_\ell} \subset \boldsymbol{Z}^{k_\ell},$$

である．

ホモロジー群 $H_\ell(C_*)$ を考えるために，$\mathrm{im}\,\partial_{\ell+1}$ を書けば，

$$C_\ell = \mathbf{Z}^{k_\ell} = \mathbf{Z}^{p_\ell} \oplus \mathbf{Z}^{q_\ell} \oplus \mathbf{Z}^{r_\ell}$$
$$= \mathbf{Z}^{p_\ell} \oplus \mathbf{Z}^{q_\ell} \oplus \mathbf{Z}^{r_\ell - p_{\ell+1} - q_{\ell+1}} \oplus \mathbf{Z}^{p_{\ell+1}} \oplus \mathbf{Z}^{q_{\ell+1}}$$

において，

$$\mathrm{im}\,\partial_{\ell+1} = \mathbf{0} \oplus \mathbf{0} \oplus \mathbf{0} \oplus \mathbf{Z}^{p_{\ell+1}} \oplus \bigoplus_{i=1}^{q_{\ell+1}} m_i^{\ell+1} \mathbf{Z} \subset \mathbf{Z}^{k_\ell}$$

となる．

したがって，ホモロジー群は

$$H_\ell(C_*) \cong \mathbf{Z}^{k_\ell - (p_\ell + q_\ell) - (p_{\ell+1} + q_{\ell+1})} \oplus \bigoplus_{i=1}^{q_{\ell+1}} \mathbf{Z}/m_i^{\ell+1}\mathbf{Z}$$

となる．

n 次元有限胞体複体 X のホモロジー群は，有限生成自由加群からなるチェイン複体 $C_*(X)$ のホモロジー群であることがわかった．こうして計算される有限胞体複体のホモロジー群としてどのようなものが現れるかについては，次の 2 つの問題を参照されたい．我々は，多様体のホモロジー群などに興味があるが，多様体のホモロジー群には，もっと強い条件が付く．2 次元コンパクト連結多様体の場合には，注意 3.4.9 に述べた形になる．一般の次元でも，例えば，ポアンカレ双対定理（[微分形式・定理 5.2.1]）による条件が付くことになる．

【問題 3.5.4】 任意の有限生成アーベル群の列，$A_0, A_1, \ldots, A_n$ に対し，有限生成自由加群によるチェイン複体 $C_* : 0 \longleftarrow C_0 \longleftarrow \cdots \longleftarrow C_n \longleftarrow 0$ で，そのホモロジー群が $H_k(C_*) \cong A_k$ を満たすものが存在することを示せ．ただし A_n は自由アーベル群とする．解答例は 130 ページ．

【問題 3.5.5】 任意の有限生成自由加群からなるチェイン複体 $A_* : 0 \longleftarrow A_0 \longleftarrow \cdots \longleftarrow A_n \longleftarrow 0$ に対し，n 次元有限胞体複体 X で，それに付随するチェイン複体 $C_*(X)$ が A_* と同型になるものが存在することを示せ．ただ

し $H_0(A_*)$ は自由アーベル群とする．解答例は 130 ページ．

注意 3.5.6 チェイン複体に対し，それを与える胞体複体のホモトピー型は一意ではない．すなわち，ホモトピー同値ではない 2 つの胞体複体が，同じチェイン複体を与える例はたくさんある．

3.5.3 有限胞体複体のオイラー標数

オイラー標数は，オイラーが凸多面体の頂点と辺と面の個数の間に常に成立する関係式を得たことに由来する．有限胞体複体のオイラー標数が位相空間としての不変量であることは，ホモロジー群が位相空間の不変量であることから容易に導かれる．

定義 3.5.7 n 次元有限胞体複体 X の ℓ 次元胞体の個数を k_ℓ とする．有限胞体複体 X の**オイラー数**あるいは**オイラー標数**（**オイラー・ポアンカレ標数**）$\chi(X)$ は次で定義される．

$$\chi(X) = \sum_{\ell=0}^{n}(-1)^\ell k_\ell$$

このとき，次の命題が成立する．

命題 3.5.8 $\quad \chi(X) = \sum_{\ell=0}^{n}(-1)^\ell \operatorname{rank}(H_\ell(X)).$

証明 有限胞体複体 X に付随するチェイン複体の境界準同型 $\partial : C_k \longrightarrow C_{k-1}$ について，完全系列

$$0 \longleftarrow \operatorname{im}\partial \xleftarrow{\partial} C_k \longleftarrow \ker\partial \longleftarrow 0$$

を考えると，$\operatorname{rank}(C_k) = \operatorname{rank}(\operatorname{im}\partial) + \operatorname{rank}(\ker\partial)$ である．一方，X に付随するチェイン複体

$$0 \xleftarrow{\partial_0} C_0 \xleftarrow{\partial_1} C_1 \xleftarrow{\partial_2} \cdots \xleftarrow{\partial_n} C_n \xleftarrow{\partial_{n+1}} 0$$

に対して，

$$\operatorname{rank}(H_\ell(X)) = \operatorname{rank}(\ker\partial_\ell / \operatorname{im}\partial_{\ell+1}) = \operatorname{rank}(\ker\partial_\ell) - \operatorname{rank}(\operatorname{im}\partial_{\ell+1})$$

である．したがって，次のように計算される．

$$\sum_{\ell=0}^{n}(-1)^{\ell}\operatorname{rank}(H_{\ell}(X)) = \sum_{\ell=0}^{n}(-1)^{\ell}(\operatorname{rank}(\ker\partial_{\ell}) - \operatorname{rank}(\operatorname{im}\partial_{\ell+1}))$$
$$= \sum_{\ell=0}^{n}(-1)^{\ell}(\operatorname{rank}(\ker\partial_{\ell}) + \operatorname{rank}(\operatorname{im}\partial_{\ell}))$$
$$= \sum_{\ell=0}^{n}(-1)^{\ell}\operatorname{rank}(C_{k}(X)) = \sum_{\ell=0}^{n}(-1)^{\ell}k_{\ell} = \chi(X)$$

∎

注意 3.5.9 位相空間 X のホモロジー群は，ホモトピー不変量，特に同相不変量であるから，この命題により，X が胞体分割を持つときに，胞体の個数の交代和であるオイラー数は，胞体分割のとり方によらない．

【例 3.5.10】 (1) n 次元円板のオイラー数は次元によらず 1 である．球面 S^n については，n が奇数のとき $\chi(S^n) = 0$，n が偶数のとき $\chi(S^n) = 2$ である．

(2) 注意 3.4.9(2) に現れた種数 k の向き付け不可能な閉曲面 N_k^2 $(k \geqq 1)$ のオイラー数は，$\chi(N_k^2) = 2 - k$ であり，注意 3.4.9(3) に現れた種数 k の向き付け可能な閉曲面 Σ_k^2 $(k \geqq 0)$ のオイラー数は，$\chi(\Sigma_k^2) = 2 - 2k$ である．

注意 3.5.11 3 次元ユークリッド空間内の**凸多面体**の表面を考えると，頂点，辺，凸多角形の面による自然な胞体分割を持っている．このときオイラーの多面体定理は，

（頂点の個数）− （辺の個数）+ （面の個数） = 2

という主張である．これは，上の例 3.5.10(1) の 2 次元球面の場合である．

【問題 3.5.12】 有限胞体複体 X, Y の直積について，$\chi(X \times Y) = \chi(X)\chi(Y)$ を示せ．解答例は 131 ページ．

3.5.4 体を係数とするホモロジー群

3.5.3 小節におけるオイラー数の計算は有限生成アーベル群のランクの計算であった．自由加群からなるチェイン複体に対して，ホモロジー群が，自由部分加群 $\ker\partial, \operatorname{im}\partial$ の商として得られ，そのランクはランクの差であることを用いている．このようなランクの計算は，線形空間に対してはより明快

である．$\partial : \mathbf{Z}^{k_\ell} \cong C_\ell \longrightarrow C_{\ell-1} \cong \mathbf{Z}^{k_{\ell-1}}$ は整数係数の行列で表されているので，線形空間の間の線形写像 $\mathbf{R}^{k_\ell} \longrightarrow \mathbf{R}^{k_{\ell-1}}$ と考えることができる．また，実際の応用では，素数 p に対して p 個の元からなる有限体 $\mathbf{F}_p = \mathbf{Z}/p\mathbf{Z}$ 上で考えると（特に，向き付けを持たない多様体上で $\mathbf{F}_2 = \mathbf{Z}/2\mathbf{Z}$ 上で考えると）便利なことが多い．整数係数の行列は，有限体上のベクトル空間の間の線形写像と考えることもできる．

自由加群からなるチェイン複体 $C_* : 0 \xleftarrow{\partial} C_0 \xleftarrow{\partial} C_1 \xleftarrow{\partial} \cdots \xleftarrow{\partial} C_n \xleftarrow{\partial} 0$ $(C_\ell \cong \mathbf{Z}^{k_\ell})$ と体 $\mathbf{K}$ に対して，$C_* \otimes \mathbf{K} : 0 \xleftarrow{\partial} C_0 \otimes \mathbf{K} \xleftarrow{\partial} C_1 \otimes \mathbf{K} \xleftarrow{\partial} \cdots \xleftarrow{\partial} C_n \otimes \mathbf{K} \xleftarrow{\partial} 0$ を $C_\ell \otimes \mathbf{K} \cong \mathbf{K}^{k_\ell}$ について，（行列で書けば同じ）∂ により定義される系列とする（$\mathbf{K} = \mathbf{Q}, \mathbf{R}$ に対しては ∂ は同じ行列で書かれ，$\mathbf{K} = \mathbf{F}_p$ に対しては $\partial \bmod p$ となる）．ここで $\otimes$ は 4.4.2 小節 (146 ページ) で説明するテンソル積の記号である．

このような体上の線形空間に対しては，∂ を表す行列は，

$$\begin{pmatrix} & & & 0 & \cdots & 0 \\ & & & \vdots & \ddots & \vdots \\ & & & 0 & \cdots & 0 \\ 1 & \cdots & 0 & & & \\ \vdots & \ddots & \vdots & & & \\ 0 & \cdots & 1 & & & \end{pmatrix}$$

すなわち $p_\ell^{\mathbf{K}}$ 次の単位行列と $k_{\ell-1} - p_\ell^{\mathbf{K}}$ 行 $k_\ell - p_\ell^{\mathbf{K}}$ 列の零行列の直和となる．体 $\mathbf{K}$ 上で考えると，行列の表示は，$\mathbf{K}$ 上の行列のランク $p_\ell^{\mathbf{K}}$ で上のように定まるが，ランク $p_\ell^{\mathbf{K}}$ は，体 $\mathbf{K}$ のとり方により異なりうる．このとき，3.5.2 小節の議論から

$$H_\ell(C_* \otimes \mathbf{K}) \cong \mathbf{K}^{k_\ell - p_\ell^{\mathbf{K}} - p_{\ell+1}^{\mathbf{K}}}$$

となる．この群を $H_\ell(X; \mathbf{K})$ と書き，$\mathbf{K}$ 係数のホモロジー群と呼ぶ．一般のアーベル群 A に対しても同様にアーベル群 $H_\ell(X; A) = H_\ell(C_*(X) \otimes A)$ が定まり，A 係数のホモロジー群と呼ばれる．$H_\ell(X; \mathbf{Z}) = H_\ell(X)$ である．

ここで，$\dim_{\mathbf{K}} H_\ell(C_* \otimes \mathbf{K})$ と $\operatorname{rank} H_\ell(C_*)$ は一般には異なる．しかし，3.5.3 小節のオイラー標数の計算から，次の命題が得られる．

命題 3.5.13 $\quad \chi(X) = \sum_{\ell=0}^{n} (-1)^\ell \dim_{\mathbf{K}} (H_\ell(X); \mathbf{K})$.

【例 3.5.14】 注意 3.4.9(2) の種数 k の向き付け不可能な閉曲面 N_k^2 について，$C_*(N_k^2) \otimes \boldsymbol{F}_2$ は，

$$0 \longleftarrow \boldsymbol{F}_2 e^0 \xleftarrow{(0 \cdots 0)} \boldsymbol{F}_2 e_1^1 \oplus \cdots \oplus \boldsymbol{F}_2 e_k^1 \xleftarrow{\begin{pmatrix}0\\ \vdots \\ 0\end{pmatrix}} \boldsymbol{F}_2 e^2 \longleftarrow 0$$

であり，

$$H_0(N_k^2; \boldsymbol{F}_2) \cong \boldsymbol{F}_2[e^0], \quad H_1(N_k^2; \boldsymbol{F}_2) \cong \bigoplus_{i=1}^k \boldsymbol{F}_2[e_i^1], \quad H_2(N_k^2; \boldsymbol{F}_2) \cong \boldsymbol{F}_2[e^2],$$
$$H_m(N_k^2; \boldsymbol{F}_2) = 0 \quad (m \geqq 3)$$

となる．

3.6 胞体写像

2つの胞体複体に対して，その間の連続写像 f が誘導するホモロジー群の準同型はどのようにして求められるかを考えよう．

3.6.1 胞体写像が誘導するチェイン写像

胞体複体に対しては，胞体写像を考えるのが自然である．m 次元有限胞体複体

$$X = X^{(m)} \supset X^{(m-1)} \supset \cdots \supset X^{(1)} \supset X^{(0)},$$
$$X^{(\ell)} = X^{(\ell-1)} \cup_{\varphi_X^\ell} (D_{X1}^\ell \sqcup \cdots \sqcup D_{Xk_X^\ell}^\ell) \quad (\ell = 1, \ldots, m),$$

n 次元有限胞体複体

$$Y = Y^{(n)} \supset Y^{(n-1)} \supset \cdots \supset Y^{(1)} \supset Y^{(0)},$$
$$Y^{(\ell)} = Y^{(\ell-1)} \cup_{\varphi_Y^\ell} (D_{Y1}^\ell \sqcup \cdots \sqcup D_{Yk_Y^\ell}^\ell) \quad (\ell = 1, \ldots, n)$$

が与えられているとする．

定義 3.6.1（胞体写像） 胞体複体 $X = X^{(m)} \supset X^{(m-1)} \supset \cdots \supset X^{(1)} \supset X^{(0)}$, $Y = Y^{(n)} \supset Y^{(n-1)} \supset \cdots \supset Y^{(1)} \supset Y^{(0)}$ の間の連続写像 $f: X \longrightarrow Y$ は，$f(X^{(\ell)}) \subset Y^{(\ell)}$ ($\ell = 1, \ldots, m$) が成り立つとき**胞体写像**であると呼ぶ．

胞体写像 f は，胞体複体のチェイン複体 $C_\ell(X) = H_\ell(X^{(\ell)}, X^{(\ell-1)})$, $C_\ell(Y) = H_\ell(Y^{(\ell)}, Y^{(\ell-1)})$ の間の準同型写像 f_* を誘導する．実際，連続写像 f の ℓ 次元骨格 $X^{(\ell)}$ への制限は，連続写像 $f|X^{(\ell)} : (X^{(\ell)}, X^{(\ell-1)}) \longrightarrow (Y^{(\ell)}, Y^{(\ell-1)})$ であり，準同型写像 $(f|X^{(\ell)})_* : H_\ell(X^{(\ell)}, X^{(\ell-1)}) \longrightarrow H_\ell(Y^{(\ell)}, Y^{(\ell-1)})$ を誘導する．この準同型写像が $C_*(X), C_*(Y)$ の境界準同型 ∂ と可換であることが，次の可換図式からわかる．

$$\begin{CD}
H_\ell(X^{(\ell)}, X^{(\ell-1)}) @>{\partial_*}>> H_{\ell-1}(X^{(\ell-1)}) @>{j_*}>> H_{\ell-1}(X^{(\ell-1)}, X^{(\ell-2)}) \\
@V{(f|X^{(\ell)})_*}VV @V{(f|X^{(\ell-1)})_*}VV @V{(f|X^{(\ell-1)})_*}VV \\
H_\ell(Y^{(\ell)}, Y^{(\ell-1)}) @>{\partial_*}>> H_{\ell-1}(Y^{(\ell-1)}) @>{j_*}>> H_{\ell-1}(Y^{(\ell-1)}, Y^{(\ell-2)})
\end{CD}$$

チェイン複体の境界準同型と可換な準同型をチェイン写像と呼ぶが，3.3 節で述べたようにチェイン写像はホモロジー群の準同型を導く．今の場合，$\ker(\partial : C_\ell(X) \longrightarrow C_{\ell-1}(X))$ の元 c に対し，$\partial(f_*c) = f_*(\partial c) = 0$ だから，$f_*c \in \ker(\partial : C_\ell(Y) \longrightarrow C_{\ell-1}(Y))$ である．また，$b = \partial a \in \mathrm{im}(\partial : C_{\ell+1}(X) \longrightarrow C_\ell(X))$ に対し，$f_*b = f_*(\partial a) = \partial(f_*a) \in \mathrm{im}(\partial : C_{\ell+1}(Y) \longrightarrow C_\ell(Y))$ であるから，$f_* : H_\ell(C_*(X)) \longrightarrow H_\ell(C_*(Y))$ が誘導される．

注意 3.5.1 で述べたように，$H_*(X)$ と $H_*(C_*(X))$ の同型は，$H_\ell(X) \cong H_\ell(X^{(\ell+1)})$ が 101 ページの図式に含まれていることにより得られている．胞体複体 X と Y についてこの図式を書くと対応するホモロジー群の間に f の制限による準同型があり，可換な図式となる．したがって，準同型 $f_* : H_\ell(C_*(X)) \longrightarrow H_\ell(C_*(Y))$ は，連続写像が誘導する準同型 $f_* : H_*(X) \longrightarrow H_*(Y)$ に一致する．

f_* を具体的に書くと

$$C_\ell(X) = H_\ell(X^{(\ell)}, X^{(\ell-1)}) = \bigoplus_{i=1}^{k_X^\ell} \mathbf{Z} e_{Xi}^\ell = \bigoplus_{i=1}^{k_X^\ell} \mathbf{Z}[D_{Xi}^\ell, \partial D_{Xi}^\ell],$$

$$C_\ell(Y) = H_\ell(Y^{(\ell)}, Y^{(\ell-1)}) = \bigoplus_{j=1}^{k_Y^\ell} \mathbf{Z} e_{Yj}^\ell = \bigoplus_{j=1}^{k_Y^\ell} \mathbf{Z}[D_{Yj}^\ell, \partial D_{Yj}^\ell]$$

として，胞体写像 f は

$$(D_{Xi}^\ell, \partial D_{Xi}^\ell) \xrightarrow{(\iota_{Xi}^\ell, \varphi_{Xi}^\ell)} (X^\ell, X^{\ell-1}) \xrightarrow{f} (Y^\ell, Y^{\ell-1}) \longrightarrow (Y^\ell, Y^\ell \setminus e_{Yj}^\ell)$$

を誘導するから，連続写像 $D_{Xi}^\ell / \partial D_{Xi}^\ell \longrightarrow D_{Yj}^\ell / \partial D_{Yj}^\ell$ が得られる．f_* は行列で表され，その ij 成分は $D_{Xi}^\ell / \partial D_{Xi}^\ell \longrightarrow D_{Yj}^\ell / \partial D_{Yj}^\ell$ の写像度で与えられる．

【例 3.6.2】 (1) 例 3.4.6(1)(2) で, S^2 の胞体分割 $S^2 = (e_1^0 \cup e_2^0) \cup (e_1^1 \cup e_2^1) \cup (e_1^2 \cup e_2^2)$ から $\boldsymbol{RP}^2$ の胞体分割 $\boldsymbol{RP}^2 = e^0 \cup e^1 \cup e^2$ を構成したが, 自然な胞体写像 $S^2 \longrightarrow \boldsymbol{RP}^2$ は各次元で行列 $(1,1)$ で与えられる. この胞体写像は, H_0 で同型写像, H_1, H_2 で自明な写像を与える.

(2) 例 3.4.7(1)(2) で構成した胞体分割 $T^2 = (e_1^0 \cup e_2^0) \cup (e_1^1 \cup e_2^1 \cup e_3^1 \cup e_4^1) \cup (e_1^2 \cup e_2^2)$, $K = e^0 \cup (e_1^1 \cup e_2^1) \cup e^2$ について, 胞体写像 $T^2 \longrightarrow K$ は, H_0 で同型写像, H_1 で全射準同型写像 $\boldsymbol{Z} \oplus \boldsymbol{Z} \longrightarrow \boldsymbol{Z} \oplus (\boldsymbol{Z}/2\boldsymbol{Z})$, H_2 で自明な写像を与える.

3.6.2 胞体の積の境界

胞体複体の直積は, 胞体の積による胞体分割を持っている. その境界準同型を求めるときには, 符号に注意する必要がある.

境界準同型は, 写像度を用いて定義されていた. そのための $H_{n-1}(S^{n-1})$ の生成元 $[S^{n-1}]$, $H_n(D^n, S^{n-1})$ の生成元 $[D^n, S^{n-1}]$ は, 次元 n について帰納的に定められたものである.

さて, n 次元立方体 I^n は, $\{e_0^0, e_1^0, e^1\}^n$ の元に対応する 3^n 個の胞体からなる胞体複体の構造を持つ. これに対する境界準同型を, 次元の低い場合に観察する.

正方形 $[0,1]^2$ に対して, その直積としての胞体分割は $\{e_0^0, e_1^0, e^1\}^2$, すなわち,

$$(e_0^0 \times e_0^0 \cup e_1^0 \times e_0^0 \cup e_0^0 \times e_1^0 \cup e_1^0 \times e_1^0)$$
$$\cup (e^1 \times e_0^0 \cup e^1 \times e_1^0 \cup e_0^0 \times e^1 \cup e_1^0 \times e^1)$$
$$\cup e^1 \times e^1$$

で与えられる. これを

$$(\{e_0^0, e_1^0\} \times \{e_0^0, e_1^0\}) \cup (e^1 \times \{e_0^0, e_1^0\} \cup \{e_0^0, e_1^0\} \times e^1) \cup e^1 \times e^1$$

と書く. 1 次元胞体に対する生成元を自然にとると次のようになる.

$$\partial(e^1 \times e_0^0) = e_1^0 \times e_0^0 - e_0^0 \times e_0^0, \quad \partial(e^1 \times e_1^0) = e_1^0 \times e_1^0 - e_0^0 \times e_1^0,$$
$$\partial(e_0^0 \times e^1) = e_0^0 \times e_1^0 - e_0^0 \times e_0^0, \quad \partial(e_1^0 \times e^1) = e_1^0 \times e_1^0 - e_1^0 \times e_0^0$$

一方, $e^1 \times e^1$ を 2 次元胞体とみたときの境界準同型は次で与えられる.

$$\partial(e^1 \times e^1) = e_1^0 \times e^1 - e_0^0 \times e^1 - e^1 \times e_1^0 + e^1 \times e_0^0$$

これは，
$$\partial(e^1 \times e^1) = (\partial e^1) \times e^1 - e^1 \times (\partial e^1)$$

と書かれる．

立方体 $[0,1]^3$ に対して，その胞体分割は $\{e_0^0, e_1^0, e^1\}^3$, すなわち,

$(\{e_0^0, e_1^0\} \times \{e_0^0, e_1^0\} \times \{e_0^0, e_1^0\})$
$\cup\ (e^1 \times \{e_0^0, e_1^0\} \times \{e_0^0, e_1^0\} \cup \{e_0^0, e_1^0\} \times e^1 \times \{e_0^0, e_1^0\} \cup \{e_0^0, e_1^0\} \times \{e_0^0, e_1^0\} \times e^1)$
$\cup\ (\{e_0^0, e_1^0\} \times e^1 \times e^1 \cup e^1 \times \{e_0^0, e_1^0\} \times e^1 \cup e^1 \times e^1 \times \{e_0^0, e_1^0\})$
$\cup\ e^1 \times e^1 \times e^1$

で与えられる．前と同様に 1 次元胞体に対する生成元を自然にとると次のようになる．

$$\partial(e^1 \times e_{i_2}^0 \times e_{i_3}^0) = (\partial e^1) \times e_{i_2}^0 \times e_{i_3}^0,$$
$$\partial(e_{i_1}^0 \times e^1 \times e_{i_3}^0) = e_{i_1}^0 \times (\partial e^1) \times e_{i_3}^0,$$
$$\partial(e_{i_1}^0 \times e_{i_2}^0 \times e^1) = e_{i_1}^0 \times e_{i_2}^0 \times (\partial e^1)$$

2 次元胞体に対しては，それぞれの正方形に対して座標の順により定まる生成元を対応させれば，次のようになる．

$$\partial(e_{i_1}^0 \times e^1 \times e^1) = e_{i_1}^0 \times (\partial e^1) \times e^1 - e_{i_1}^0 \times e^1 \times (\partial e^1),$$
$$\partial(e^1 \times e_{i_2}^0 \times e^1) = (\partial e^1) \times e_{i_2}^0 \times e^1 - e^1 \times e_{i_2}^0 \times (\partial e^1),$$
$$\partial(e^1 \times e^1 \times e_{i_3}^0) = (\partial e^1) \times e^1 \times e_{i_3}^0 - e^1 \times (\partial e^1) \times e_{i_1}^0$$

これにより，$H_1(I^3) = 0$ も確かめられる．3 次元胞体に対しては

$$\partial(e^1 \times e^1 \times e^1) = (\partial e^1) \times e^1 \times e^1 - e^1 \times (\partial e^1) \times e^1 + e^1 \times e^1 \times (\partial e^1)$$

と定めると，$[D^3, S^2]$ の定義と一致する（球面のホモロジー群の生成元は空間対 (S^n, S_-^n) のホモロジー完全系列内の同型 $H_n(S^n) \cong H_n(S^n, S_-^n)$ と，切除同型 $H_n(D^n, \partial D^n) \cong H_n(S^n, S_-^n)$ により定められている）．

n 次元立方体 I^n に対して，同様に考えると，$\{e_0^0, e_1^0, e^1\}^n$ の元に対応する 3^n 個の胞体からなる胞体複体の構造に対し，その n 胞体については，

$$\partial(e^1 \times \cdots \times e^1) = (\partial e^1) \times \cdots \times e^1 - e^1 \times (\partial e^1) \times \cdots \times e^1$$
$$+ \cdots + (-1)^{n-1} e^1 \times \cdots \times e^1 \times (\partial e^1)$$

となる．

一方，I^n は D^n と同相だから $\{e^0, e^{n-1}, e^n\}$ という胞体複体の構造を持つ．これは，$\partial I^n \approx \partial D^n = S^{n-1}$ の例 3.2.2(2) による胞体分割と $I^n \approx D^n$ 自身を合わせたものである．∂I^n の胞体分割について，$\{e_0^0, e_1^0, e^1\}^n \setminus \{e^1 \times \cdots \times e^1\}$ から $\{e^0, e^{n-1}\}$ への胞体写像が，$e_1^0 \times e^1 \times \cdots \times e^1 \mapsto e^{n-1}$, 他の胞体は e^0 に写す形で定まる．この胞体写像は，$\{e_0^0, e_1^0, e^1\}^n$ から $\{e^0, e^{n-1}, e^n\}$ への胞体写像に拡張する．$H_n(\partial I^n)$ の生成元 $[\partial I^n]$ は，$e_1^0 \times e^1 \times \cdots \times e^1 \mapsto e^{n-1}$ の像として定まっていたから，$\{e^0, e^{n-1}\}$ のチェイン複体における $[e^{n-1}]$ に一致する．さらに，$\partial e^n = e^{n-1}$ が $\partial_*([I^n, \partial I^n]) = [\partial I^n]$ を誘導することがわかる．

$I^p \times I^q$ について，空間として $\partial(I^p \times I^q) = (\partial I^p \times I^q) \cup (I^q \times \partial I^q)$ であるが，$\{e_0^0, e_1^0, e^1\}^{p+q}$ という胞体分割のチェイン複体では，上の計算から

$$\partial(e^1 \times \cdots \times e^1) = \partial(\overbrace{e^1 \times \cdots \times e^1}^{p}) \times \overbrace{(e^1 \times \cdots \times e^1)}^{q}$$
$$+ (-1)^{p-1}\overbrace{(e^1 \times \cdots \times e^1)}^{p} \times \partial\overbrace{(e^1 \times \cdots \times e^1)}^{q}$$

となる．$I^p = \{e^0, e^{p-1}, e^p\}, I^q = \{e^0, e^{q-1}, e^q\}$ を上のようにとると，

$$\partial(e^p \times e^q) = (\partial e^p) \times e^q + (-1)^{p-1} e^p \times (\partial e^q)$$
$$= e^{p-1} \times e^q + (-1)^{p-1} e^p \times e^{q-1}$$

となる．実際，胞体写像 $\{e_0^0, e_1^0, e^1\}^{p+q} \longrightarrow \{e^0, e^{p-1}, e^p\} \times \{e^0, e^{q-1}, e^q\}$ が，

$$(e^1)^p \times (e^1)^q \longmapsto e^p \times e^q,$$
$$e_1^0 \times (e^1)^{p-1} \times (e^1)^q \longmapsto e^{p-1} \times e^q,$$
$$(e^1)^p \times e_1^0 \times (e^1)^{q-1} \longmapsto e^p \times e^{q-1},$$
$$e_1^0 \times (e^1)^{p-1} \times (q' \text{ 胞体 } (q' < q)) \longmapsto e^{p-1} \times e^0,$$
$$(p' \text{ 胞体 } (p' < p)) \times e_1^0 \times (e^1)^{q-1} \longmapsto e^0 \times e^{p-1},$$
$$(\text{これら以外の胞体}) \longmapsto e^0 \times e^0$$

により定まる．この胞体写像が誘導するチェイン写像がチェイン複体の境界準同型と可換であることから，上のように $\partial(e^p \times e^q)$ が定まる．

【問題 3.6.3】 $(i_1, \ldots, i_n)$ を $(1, \ldots, n)$ の置換とするとき，I^n の同相写像 $f : (x_1, \ldots, x_n) \longmapsto (x_{i_1}, \ldots, x_{i_n})$ は，$H_n(I^n, \partial I^n)$ に $\mathrm{sign}\begin{pmatrix} 1 \cdots n \\ i_1 \cdots i_n \end{pmatrix}$ 倍という同型写像を誘導することを示せ．解答例は 131 ページ．

3.2.2 小節で述べたように，胞体複体 X, Y の積複体の胞体は，X の a 次元胞体 e_{Xi}^a, Y の b 次元胞体 e_{Yj}^b の直積 $e_{Xi}^a \times e_{Yj}^b$ であり，貼りあわせ写像 $\varphi_{XiYj}^{a+b} : \partial(D_{Xi}^a \times D_{Yj}^b) \longrightarrow X^{(a-1)} \times Y^{(b)} \cup X^{(a)} \times Y^{(b-1)} \subset (X \times Y)^{(a+b-1)}$ は，

$$\varphi_{XiYj}^{a+b} = \varphi_{Xi}^a \times \iota_{Yj}^b \cup \iota_{Xi}^a \times \varphi_{Yj}^b :$$
$$(\partial D_{Xi}^a) \times D_{Yj}^b \cup D_{Xi}^a \times (\partial D_{Yj}^b) \longrightarrow X^{(a-1)} \times Y^{(b)} \cup X^{(a)} \times Y^{(b-1)}$$
$$\subset (X \times Y)^{(a+b-1)}$$

で与えられる．$C_*(X \times Y)$ の生成元 $e_{Xi}^a \times e_{Yj}^b \in H_{a+b}((X \times Y)^{(a+b)}, (X \times Y)^{(a+b-1)})$ は，生成元

$$[D_{Xi}^a \times D_{Yj}^b, \partial(D_{Xi}^a \times D_{Yj}^b)] \in H_{a+b}(D_{Xi}^a \times D_{Yj}^b, \partial(D_{Xi}^a \times D_{Yj}^b))$$

の像として定まっている．

$X = Y$ のとき，成分を入れ替える胞体写像 $\sigma : X \times X \longrightarrow X \times X$ が，$\sigma(x_1, x_2) = (x_2, x_1)$ により定まる．集合としては $\sigma(e_{Xi}^a \times e_{Xj}^b) = e_{Xj}^b \times e_{Xi}^a$ であるが，$C_*(X \times X)$ の生成元 $e_{Xi}^a \times e_{Xj}^b, e_{Xj}^a \times e_{Xi}^b$ については，$\sigma_*(e_{Xi}^a \times e_{Xj}^b) = (-1)^{ab} e_{Xj}^a \times e_{Xi}^b$ となる．

これは，$D_{Xi}^a = I^a, D_{Xj}^b = I^b$ という同一視のもとで，$H_{a+b}(I^{a+b}, \partial I^{a+b})$ 上の写像 $\tau : (x_1, \ldots, x_a, x_{a+1}, \ldots, x_{a+b}) \longmapsto (x_{a+1}, \ldots, x_{a+b}, x_1, \ldots, x_a)$ を計算することである．問題 3.6.3 により，$\tau_*[I^{a+b}, \partial I^{a+b}] = (-1)^{ab}[I^{a+b}, \partial I^{a+b}]$ となる．以上により，次の命題を得る．

命題 3.6.4 胞体複体 X に対し，$\sigma : X \times X \longrightarrow X \times X$ を $\sigma(x_1, x_2) = (x_2, x_1)$ により定めると，$\sigma_* : C_*(X \times X) \longrightarrow C_*(X \times X)$ は，$\sigma_*(e_{Xi}^a \times e_{Xj}^b) = (-1)^{ab} e_{Xj}^a \times e_{Xi}^b$ で与えられる．

3.6.3 胞体近似定理

有限胞体複体 X, Y の間の連続写像は，ホモロジー理論の公理によりホモロジー群の準同型を導く．次の定理により，その連続写像とホモトピックな胞体写像が存在する．胞体写像が胞体複体のチェイン複体の間のチェイン写像を誘導し，それが誘導するホモロジー群の準同型とみることができる．

定理 3.6.5（胞体近似定理） 有限胞体複体 X, Y の間の連続写像 $f : X \longrightarrow Y$ は，胞体写像にホモトピックである．

証明は，胞体複体の構造を用いて f をホモトピーで変形していくことにより与えられる．

$$X = X^{(m)} \supset X^{(m-1)} \supset \cdots \supset X^{(1)} \supset X^{(0)},$$
$$Y = Y^{(n)} \supset Y^{(n-1)} \supset \cdots \supset Y^{(1)} \supset Y^{(0)}$$

とする．

胞体近似定理の証明の中で，次の補題が必要になる．

補題 3.6.6 $K \subset U \subset \overline{U} \subset V \subset \mathbf{R}^n$, U, V は開集合，$K, \overline{U}$ はコンパクト集合とする．任意の連続写像 $f : V \longrightarrow \mathbf{R}^m$, $\varepsilon > 0$ に対し，K の近傍上で滑らかあるいは区分的に線形な写像 $\overline{f}$ で，$\overline{f}|(V \setminus U) = f|(V \setminus U)$, $\sup_V \|\overline{f} - f\| < \varepsilon$ となるものが存在する．

【問題 3.6.7】 補題 3.6.6 を示せ．
ヒント：問題 1.3.12（20 ページ）と同様である．解答例は 131 ページ．

胞体近似定理の証明のために，まず，特別な場合を考える．

補題 3.6.8 $m < n$ とし，m 次元胞体複体 X から n 次元胞体複体 Y への写像 $f : X \longrightarrow Y$ が $f(X^{(m-1)}) \subset Y^{(m-1)}$ を満たしているとき，$f = f_0 \simeq f_1 : X \longrightarrow Y$, $f_1(X^{(m)}) \subset Y^{(m)}$ とできる．

証明 X の m 次元胞体 e_{Xi}^m が，$\iota_{Xi}^m : D_i^m \longrightarrow X^{(m)}$ で与えられているとする．$f \circ \iota_{Xi}^m : D_i^m \longrightarrow Y^{(n)}$ $(n > m)$ が得られる．Y の n 次元胞体 e_{Yj}^n が，$\iota_{Yj}^n : D_{Yj}^n \longrightarrow Y^{(n)}$ で与えられているとし，$0 < r < 1$ に対し，$D_{j,r}^n$ を D_{Yj}^n 内の原点を中心とする半径 r の閉球体の ι_{Yj}^n による像とする．Y の n 次元胞体を $e_1^n, \ldots, e_{k_n^Y}^n$ とするとき，f を $\bigcup_{j=1}^{k_n^Y}(f \circ \iota_{Xi}^m)^{-1}(D_{j,\frac{1}{2}}^n)$ の近傍でホモトピーで変形して，$f \circ \iota_{Xi}^m : D_{Xi}^m \longrightarrow Y^{(n-1)}$ となるようにできることをいう．$\bigcup_{j=1}^{k_n^Y}(f \circ \iota_{Xi}^m)^{-1}(D_{j,\frac{1}{2}}^n) \subset \operatorname{Int} D_{Xi}^m$ について，$(f \circ \iota_{Xi}^m)^{-1}(D_{j,\frac{1}{2}}^n)$ の近傍

$U_j \subset \text{Int}\, D_{Xi}^m$ で，互いに交わらず，$(f \circ \iota_{Xi}^m)(U_j) \subset D_{j,\frac{2}{3}}^n$ となるものがとれる．補題 3.6.6 により，U_j において，$(f \circ \iota_{Xi}^m)$ をホモトピーで変形して，$(f \circ \iota_{Xi}^m)^{-1}(D_{j,\frac{1}{2}}^n)$ では，区分線形あるいは滑らかな写像にすることができる．ホモトピーで変形すると，$\boldsymbol{y}_j^n \in D_{j,\frac{1}{2}}^n$ で $f \circ \iota_{Xi}^m$ の像に含まれないものが存在する．

$\boldsymbol{y}_j^n$ と異なる点 $\boldsymbol{y} \in D_{Yj}^n$ に対し，$(\iota_{Yj}^n)^{-1}(\boldsymbol{y}_j^n)$ から $\boldsymbol{y}$ へ半直線を引いたとき，$\boldsymbol{y}' \in \partial D_{Yj}^n$ で ∂D_j^n に交わるとすると，ホモトピー $h_t : Y^{(n-1)} \cup (e_{Yj}^n \setminus \{\boldsymbol{y}_j^n\}) \longrightarrow Y^{(n-1)} \cup (e_{Yj}^n \setminus \{\boldsymbol{y}_j^n\})$ $(t \in [0,1])$ が $h_t(\iota_{Yj}^n(\boldsymbol{y})) = \iota_{Yj}^n((1-t)\boldsymbol{y} + t\boldsymbol{y}')$ により定まる．

このようなホモトピーは各 U_j について同時につくることができる．したがって，

$$h_t : Y^{(n-1)} \cup (\bigcup_{j=1}^{k_n^Y}(e_{Yj}^n \setminus \{\boldsymbol{y}_j^n\})) \longrightarrow Y^{(n-1)} \cup (\bigcup_{j=1}^{k_n^Y}(e_{Yj}^n \setminus \{\boldsymbol{y}_j^n\})) \qquad (t \in [0,1])$$

で，$h_0 = \text{id}$ であり，h_1 の像が $Y^{(n-1)}$ に含まれるものがある．このとき，$h_1 \circ (f \circ \iota_{Xi}^m)$ の像は $Y^{(n-1)}$ に含まれる．

この操作をすべての D_{Xi}^m に対して行って，f とホモトピックな写像で X の像が $Y^{(n-1)}$ に含まれるものが構成される．

さらに，この議論を，$f : X \longrightarrow Y^{(n-1)}, \ldots, f : X \longrightarrow Y^{(m+1)}$ に対して繰り返して，補題の f_1 が得られる． ∎

胞体近似定理 3.6.5 の証明 定理の証明のためには，f を次の手順で変形する．$f|X^{(0)} : X^{(0)} \longrightarrow Y$ について，$f_0^{(0)} = f|X^{(0)}, f_1^{(0)} : X^{(0)} \subset Y^{(0)}$ となるようにホモトピー $f_t^{(0)}$ をつくる．$f_t^{(0)}$ を $f_t^0 : X \longrightarrow Y$ に拡張する．$f_1^0|X^{(1)} \longrightarrow Y$ について，$f_0^{(1)} = f_1^0|X^{(0)}, f_1^{(1)} : X^{(1)} \subset Y^{(1)}$ となるようにホモトピー $f_t^{(1)}$ をつくる．$f_t^{(1)}$ を $f_t^1 : X \longrightarrow Y$ に拡張する．こうして，$f_1^\ell : X \longrightarrow Y$ で，$f_1^\ell(X^{(\ell)}) \subset Y^{(\ell)}$ となるものができているとき，$f_1^\ell|(X^{(\ell+1)}) \subset Y$ について，$f_0^{(\ell+1)} = f_1^\ell|X^{(\ell+1)}, f_1^{(\ell+1)} : X^{(\ell+1)} \subset Y^{(\ell+1)}$ となるようにホモトピー $f_t^{(\ell+1)}$ をつくる．$f_t^{(\ell+1)}$ を $f_t^{\ell+1} : X \longrightarrow Y$ に拡張する．

以上で，定理が証明された． ∎

ホモトピーを拡張できるのは次の補題による．この補題を用いれば，$f_t^{(\ell+1)}$

は順に次元の高い骨格上のホモトピーに拡張できる．

補題 3.6.9（ホモトピーの拡張補題） 有限胞体複体 X から位相空間 Y への連続写像 $f_0 : X \longrightarrow Y$ と $f_0|X^{(k)}$ のホモトピー $f_t|X^{(k)}$ $(t \in [0,1])$ が与えられているとする．$f_t|X^{(k)}$ は，$f_0|X^{(k+1)}$ のホモトピー $f_t|X^{(k+1)}$ に拡張できる．したがって，$f_0, f_t|X^{(k)}$ は X のホモトピー $f_t : X \longrightarrow Y$ に拡張できる．

証明 連続写像 $f_0 : D^k \longrightarrow Y$ について，$f_0|\partial D^k$ のホモトピー $f : [0,1] \times \partial D^k \longrightarrow Y, f(0, \boldsymbol{x}) = f_0(\boldsymbol{x})$ $(\boldsymbol{x} \in \partial D^k)$ が与えられているとする．f を拡張する f_0 のホモトピー $F : [0,1] \times \partial D^k \longrightarrow Y, F(0, \boldsymbol{x}) = f_0(\boldsymbol{x})$ $(\boldsymbol{x} \in D^k)$ を以下のように構成すればよい．

$$F(t, \boldsymbol{x}) = \begin{cases} f_0((1+t)\boldsymbol{x}) & ((1+t)\|\boldsymbol{x}\| \leqq 1) \\ f(t, \dfrac{\boldsymbol{x}}{\|\boldsymbol{x}\|}) & ((1+t)\|\boldsymbol{x}\| \geqq 1) \end{cases}$$

■

こうして胞体近似定理 3.6.5 が示された．■

胞体近似定理は，非常に強力な定理である．

【例 3.6.10】 次元の低い球面から次元の高い球面への写像 $f : S^m \longrightarrow S^n$ $(m < n)$ は，定値写像にホモトピックである．実際，胞体分割 $S^m = e^0 \cup e^m$, $S^n = e^0 \cup e^n$ について，胞体近似定理を用いれば，f は $e^0 \in S^n$ への定値写像とホモトピックになる．これは，m 次元の任意の胞体複体から S^n への写像に対しても同様である．

【問題 3.6.11】 整数係数の行列 $A = \begin{pmatrix} a & b \\ c & d \end{pmatrix}$ の $\boldsymbol{R}^2$ への線形作用は，$\boldsymbol{Z}^2$ をそれ自身に写すので，$T^2 = \boldsymbol{R}^2/\boldsymbol{Z}^2$ への作用を引き起こす．A がホモロジー群 $H_*(T^2)$ 上に誘導する作用を求めよ．解答例は 132 ページ．

【問題 3.6.12】 整数係数の行列 $A = \begin{pmatrix} a & b \\ c & d \end{pmatrix}$ で，$\det A = 1$ を満たすものをとる．$[0,1] \times T^2$ において $(1, \boldsymbol{x})$ と $(0, A\boldsymbol{x})$ を同一視して得られる空間 X のホモロジー群を求めよ．解答例は 133 ページ．

3.6.4 ホモトピックな胞体写像

X, Y を有限胞体複体とする．連続写像 $f: X \longrightarrow Y$ の 2 つの胞体近似 f_0, f_1 は，ともに f にホモトピックだから，ホモトピックである．ホモトピーの定義域である $[0,1] \times X$ は，X の胞体 D_{Xj}^{ℓ} に対し，$\{0\} \times D_{Xj}^{\ell}, \{1\} \times D_{Xj}^{\ell}$, $[0,1] \times D_{Xj}^{\ell}$ を胞体とする胞体分割を持つ．そうすると，$F: [0,1] \times X$ の胞体近似 F' で，$F'|\{0\} \times X = f_0, F'|\{1\} \times X = f_1$ となるものがとれる．これは胞体近似へのホモトピーを構成するときに，すでに胞体写像となっている部分は，変更しないですむからである．得られた胞体写像 F' を F と書き直す．

F は胞体写像であるから，チェイン写像 $F_*: C_*([0,1] \times X) \longrightarrow C_*(Y)$ が得られる．また，$i_0: X \longrightarrow \{0\} \times X \subset [0,1] \times X, i_1: X \longrightarrow \{1\} \times X \subset [0,1] \times X$ も得られる．このとき，$F_* \circ i_{0*} = f_{0*}, F_* \circ i_{1*} = f_{1*}$ である．

ここで，$F_*((0,1) \times e_j^{\ell}) \in H^{\ell+1}(Y^{(\ell+1)}, Y^{(\ell)}) = C_{\ell+1}(Y)$ であるが，

$$\partial F_*((0,1) \times e_j^{\ell}) - F_*((0,1) \times \partial e_j^{\ell}) = F_* i_{0*}(e_j^{\ell}) - F_* i_{1*}(e_j^{\ell})$$
$$= f_{0*}(e_j^{\ell}) - f_{1*}(e_j^{\ell})$$

となる．$H: C_{\ell}(K) \longrightarrow C_{\ell+1}(K)$ を $H(e_j^{\ell}) = F_*((0,1) \times e_j^{\ell})$ で定めると，上で確かめたように $f_{0*} - f_{1*} = \partial H + H\partial$ を満たす．この H を f_{0*} と f_{1*} の間のチェイン・ホモトピーと呼ぶ．次章で示すように，チェイン・ホモトピーがあると，ホモロジー群において $f_{0*} = f_{1*}$ となる．以上で次が示された．

命題 3.6.13 (胞体複体, 胞体写像) のなす圏において，2 つの胞体写像の間のホモトピーは，胞体複体のチェイン複体に誘導される 2 つのチェイン写像の間のチェイン・ホモトピーを引き起こす．

3.7 多様体の胞体分割（展開）

コンパクト n 次元多様体 M は，有限胞体複体として表示される．M 上のモース関数 f で，f の指数 k の臨界点 c における臨界値が $f(c) = k$ となるものをとることができる．このとき M 上にリーマン計量を 1 つとり，勾配ベクトル場 $\mathrm{grad}\, f$ が生成する勾配流 φ_t を考える．勾配流の指数 k の臨界点

c の安定多様体

$$\{x \in M \mid \lim_{t\to\infty} \varphi_t(x) = c\}$$

は k 次元ユークリッド空間と同相であるが，これらの安定多様体による多様体の分割が本書で定義している有限胞体複体としての分割を与えているとはいえない．接着写像が自然には定義されていないからである．

しかしこの考え方はおおむね正しい．モース関数は，ハンドル分解を与えている（巻末の参考文献参照）．すなわち，$f^{-1}([0, k+\frac{1}{2}])$ は，$f^{-1}([0, k-\frac{1}{2}])$ に指数 k の臨界点に対応する k ハンドルを貼り付けた空間となる．特に，指数 k の臨界点の安定多様体と $f^{-1}([k-\frac{1}{2}, k+\frac{1}{2}])$ の共通部分は，k 次元円板と同相であり，$f^{-1}([0, k+\frac{1}{2}])$ は，$f^{-1}([0, k-\frac{1}{2}])$ に指数 k の臨界点に対応する k 次元円板をその境界で貼り付けた空間を変形レトラクトとして持つ．この変形レトラクトを使って胞体分割を与えることができる．

各 $n-1$ 次元胞体は，その両面に n 次元胞体の境界が貼り付けられている．これは，モース関数が与えるハンドル分解から得られる胞体分割において，指数 $n-1$ の臨界点においてはモース関数が，$x_1^2 - \sum_{i=2}^n x_i^2 + n - 1$ の形に書かれる座標近傍をとることができるというモースの補題と，臨界点の近傍の勾配流の様子を考察することからもわかる．

コンパクト連結 n 次元多様体 M に対して，指数 $0, n$ の臨界点がそれぞれただ 1 つであるようなモース関数をとることができる．すなわち，0 次元胞体，n 次元胞体がただ 1 つであるような胞体分割を持つ．このことから，コンパクト連結 n 次元多様体 M から，1 点あるいは n 次元円板を除いた空間は，$n-1$ 次元の胞体複体とホモトピー同値であることがわかる．

命題 3.7.1 M を n 次元コンパクト連結多様体とする．このとき，ある非負整数 ℓ に対し，$H_n(M) \cong \mathbf{Z}$ かつ $H_{n-1}(M) \cong \mathbf{Z}^\ell$ であるか，または，$H_n(M) = 0$ かつ $H_{n-1}(M) \cong (\mathbf{Z}/2\mathbf{Z}) \oplus \mathbf{Z}^\ell$ である．

証明 M の胞体分割 $M = M^{(n)} \supset M^{(n-1)} \supset M^{(n-2)} \supset \cdots$ の n 次元胞体がただ 1 つであるとしてよい．$n-1$ 次元胞体の個数を k_{n-1} とする．空間対 $(M, M^{(n-1)})$ のホモロジー完全系列

$$H_n(M^{(n-1)}) \xrightarrow{i_*} H_n(M) \xrightarrow{j_*} H_n(M, M^{(n-1)})$$
$$\xrightarrow{\partial_*} H_{n-1}(M^{(n-1)}) \xrightarrow{i_*} H_{n-1}(M) \xrightarrow{j_*} H_{n-1}(M, M^{(n-1)})$$

において，

$$H_n(M^{(n-1)}) = 0,$$
$$H_*(M, M^{(n-1)}) \cong H_*(D^n, \partial D^n) \cong \begin{cases} \mathbf{Z} & (* = n), \\ 0 & (* = n-1) \end{cases}$$

である．また，完全系列

$$H_{n-1}(M^{(n-2)}) \xrightarrow{i_*} H_{n-1}(M^{(n-1)}) \xrightarrow{j_*} H_{n-1}(M^{(n-1)}, M^{(n-2)})$$

において，$H_{n-1}(M^{(n-2)}) = 0$ だから，$H_{n-1}(M^{(n-1)})$ は，

$$H_{n-1}(M^{(n-1)}, M^{(n-2)}) \cong \bigoplus_{i=1}^{k_{n-1}} H_{n-1}(D^{n-1}, \partial D^{n-1}) \cong \mathbf{Z}^{k_{n-1}}$$

の部分加群と同型で，自由 $\mathbf{Z}$ 加群である．$H_{n-1}(M^{(n-1)}) \cong \mathbf{Z}^{\ell_{n-1}}$ とする．こうして，完全系列

$$0 \xrightarrow{i_*} H_n(M) \xrightarrow{j_*} \mathbf{Z} \xrightarrow{\partial_*} \mathbf{Z}^{\ell_{n-1}} \xrightarrow{i_*} H_{n-1}(M) \xrightarrow{j_*} 0$$

が得られる．各 $n-1$ 次元胞体は，その両面に n 次元胞体の境界が貼り付けられているから，符号が等しいか，異なるかにしたがって，$\partial_* : H_n(M, M^{(n-1)}) \longrightarrow H_{n-1}(M^{(n-1)})$ を表す行列の成分は，±2 または 0 になるから，$\partial_* = \begin{pmatrix} \pm 2 & \cdots & \pm 2 & 0 & \cdots & 0 \end{pmatrix}$ と書かれる．したがって，∂_* に ±2 の成分が 1 つでもあれば，∂_* は単射で，$H_n(M) = 0$ となり，$H_{n-1}(M) \cong (\mathbf{Z}/2\mathbf{Z}) \oplus \mathbf{Z}^{\ell_{n-1}-1}$ となる．$\partial_* = 0$ ならば，$H_n(M) \cong \mathbf{Z}$，$H_{n-1}(M) \cong \mathbf{Z}^{\ell_{n-1}}$ となる． ∎

多様体は第 5 章で説明する単体複体の構造を持つことが知られている（[微分形式・付録] 参照）．多様体が単体複体として表されているとき，各 $n-1$ 次元単体の内部の点において，局所ユークリッド的であることから，各 $n-1$ 次元単体は，ちょうど 2 つの n 次元単体の境界となっている．さらに，単体複体の双対胞体複体の 1 次元骨格の極大樹木をとり，その極大樹木と交わる $n-1$

次元単体に沿って隣りあった n 次元単体を貼りあわせると，n 次元単体の内部をすべて含む n 次元胞体が構成できる．

多様体が向き付け可能であれば，各単体の向きを多様体の向きと合わせることにより，各 $n-1$ 次元単体に隣接する 2 つの n 次元単体がこの $n-1$ 次元単体に境界として誘導する符号が異なるようにできる．このときは，上の命題で，$H_n(M) \cong \mathbf{Z}$ の場合になる．n 次元単体の和が $H_n(M) \cong \mathbf{Z}$ の生成元を代表するが，この生成元を M の基本類と呼び，$[M]$ と表す．逆に，$H_n(M) \cong \mathbf{Z}$ とすると，n 次元単体の内部をすべて貼りあわせた n 次元胞体に向きを入れると，残された $n-1$ 次元骨格への境界準同型は 0 となり，この n 次元胞体の向きを各 n 次元単体に入れることができる．多様体の各点の近傍に対し，その近傍と交わる n 次元単体の向きにより向きを定めると，矛盾なく向きが定まる．

したがって，n 次元コンパクト連結多様体 M について，M が向き付け可能であることと $H_n(M) \cong \mathbf{Z}$ は同値である．

3.8　第 3 章の問題の解答

【問題 3.1.6 の解答】　(1)　空間対 $([0,1] \times S^n, \{0,1\} \times S^n)$ のホモロジー長完全系列は次のものである．

$$H_{n+1}(\{0,1\} \times S^n) \xrightarrow{i_*} H_{n+1}([0,1] \times S^n) \xrightarrow{j_*} H_{n+1}([0,1] \times S^n, \{0,1\} \times S^n)$$
$$\xrightarrow{\partial_*} H_n(\{0,1\} \times S^n) \xrightarrow{i_*} H_n([0,1] \times S^n) \xrightarrow{j_*} H_n([0,1] \times S^n, \{0,1\} \times S^n)$$
$$\xrightarrow{\partial_*} H_{n-1}(\{0,1\} \times S^n) \xrightarrow{i_*} \cdots$$
$$\cdots$$
$$\xrightarrow{\partial_*} H_1(\{0,1\} \times S^n) \xrightarrow{i_*} H_1([0,1] \times S^n) \xrightarrow{j_*} H_1([0,1] \times S^n, \{0,1\} \times S^n)$$
$$\xrightarrow{\partial_*} H_0(\{0,1\} \times S^n) \xrightarrow{i_*} H_0([0,1] \times S^n) \xrightarrow{j_*} H_0([0,1] \times S^n, \{0,1\} \times S^n)$$

ここで，$i_* : H_k(\{0,1\} \times S^n) \longrightarrow H_k([0,1] \times S^n)$ は，$k = n, 0$ で $(a_0, a_1) \longmapsto a_0 + a_1 :$ $\mathbf{Z}^2 \longrightarrow \mathbf{Z}$ であるから，$H_k([0,1] \times S^n, \{0,1\} \times S^n) \cong \begin{cases} \mathbf{Z} & (k = 1,\ n+1) \\ 0 & (k \neq 1,\ n+1) \end{cases}$ となる．

(2)　同一視の同値関係を $\sim$ と書く．$S^1 \times S^n$ は，S^n に $[0,1] \times S^n$ を接着して得られていると考えられる．$S^1 \times S^n$ における $\{0,1\} \times S^n$ の像を S_0^n と書くと，命題 3.1.4 により，$H_*(S^1 \times S^n, S_0^n) \cong H_*([0,1] \times S^n, \{0,1\} \times S^n)$ である．空間

対 $(S^1 \times S^n, S_0^n)$ のホモロジー長完全系列は次のようになる．

$$\begin{array}{c}
H_{n+1}(S_0^n) \xrightarrow{i_*} H_{n+1}(S^1 \times S^n) \xrightarrow{j_*} H_{n+1}(S^1 \times S^n, S_0^n) \\
\xrightarrow{\partial_*} H_n(S_0^n) \xrightarrow{i_*} H_n(S^1 \times S^n) \xrightarrow{j_*} H_n(S^1 \times S^n, S_0^n) \\
\xrightarrow{\partial_*} H_{n-1}(S_0^n) \xrightarrow{i_*} \cdots \\
\cdots \xrightarrow{j_*} H_2(S^1 \times S^n, S_0^n) \\
\xrightarrow{\partial_*} H_1(S_0^n) \xrightarrow{i_*} H_1(S^1 \times S^n) \xrightarrow{j_*} H_1(S^1 \times S^n, S_0^n) \\
\xrightarrow{\partial_*} H_0(S_0^n) \xrightarrow{i_*} H_0(S^1 \times S^n) \xrightarrow{j_*} H_0(S^1 \times S^n, S_0^n)
\end{array}$$

ここで，(1) における境界準同型 ∂_* と上の図式の境界準同型 ∂_* について，

$$\begin{array}{ccc}
H_{k+1}([0,1] \times S^n, \{0,1\} \times S^n) & \xrightarrow{\partial_*} & H_k(\{0,1\} \times S^n) \\
\downarrow & & \downarrow \\
H_{k+1}(S^1 \times S^n, S_0^n) & \xrightarrow{\partial_*} & H_k(S_0^n)
\end{array}$$

は可換で，(1) における ∂_* は，$k = n, 1$ において，$\partial_* a = (-a, a)$ という形になっているので，$\partial_* : H_{k+1}(S^1 \times S^n, S_0^n) \longrightarrow H_k(S_0^n)$ は零写像である．したがって，$n \neq 1$ ならば，$H_k(S^1 \times S^n) \cong \begin{cases} \boldsymbol{Z} & (k = 0, 1, n, n+1) \\ 0 & (k \neq 0, 1, n, n+1) \end{cases}$ であり，$n = 1$ ならば，$H_k(S^1 \times S^n) \cong \begin{cases} \boldsymbol{Z} & (k = 0, 2) \\ \boldsymbol{Z} \oplus \boldsymbol{Z} & (k = 1) \\ 0 & (k \neq 0, 1, 2) \end{cases}$ である．

(3) X における $\{0,1\} \times S^n$ の像を S_1^n と書くと，空間対 (X, S_1^n) のホモロジー長完全系列は次のようになる．

$$\begin{array}{c}
H_{n+1}(S_1^n) \xrightarrow{i_*} H_{n+1}(X) \xrightarrow{j_*} H_{n+1}(X, S_1^n) \\
\xrightarrow{\partial_*} H_n(S_1^n) \xrightarrow{i_*} H_n(X) \xrightarrow{j_*} H_n(X, S_1^n) \\
\xrightarrow{\partial_*} H_{n-1}(S_1^n) \xrightarrow{i_*} \cdots \\
\cdots \xrightarrow{j_*} H_2(X, S_1^n) \\
\xrightarrow{\partial_*} H_1(S_1^n) \xrightarrow{i_*} H_1(X) \xrightarrow{j_*} H_1(X, S_1^n) \\
\xrightarrow{\partial_*} H_0(S_1^n) \xrightarrow{i_*} H_0(X) \xrightarrow{j_*} H_0(X, S_1^n)
\end{array}$$

(2) と同様に考えると，ι が向きを逆にしているので，$k = n$ において，$\partial_* : H_{k+1}(X, S_1^n) \longrightarrow H_k(S_1^n)$ は生成元を $\pm 2[S_1^n]$ に写し，$k = 1$ において，∂_* は零写像である．したがって，$n \neq 1$ ならば，$H_k(X) \cong \begin{cases} \boldsymbol{Z}/2\boldsymbol{Z} & (k = n) \\ \boldsymbol{Z} & (k = 0, 1) \\ 0 & (k \neq 0, 1, n) \end{cases}$

であり，$n=1$ ならば，$H_k(X) \cong \begin{cases} (\boldsymbol{Z}/2\boldsymbol{Z}) \oplus \boldsymbol{Z} & (k=1) \\ \boldsymbol{Z} & (k=0) \\ 0 & (k \neq 0, 1) \end{cases}$ である．

【問題 3.2.3 の解答】 $X^{(n)} = X^{(n-1)} \cup_{\varphi^n} (\bigsqcup_{i=1}^{k_n} D_i^n)$ について，例 3.1.5 と同様に $U = \bigsqcup_{i=1}^{k_n} \{\boldsymbol{x} \in D_i^n \mid \|\boldsymbol{x}\| > \frac{1}{2}\}$ をとれば，U は $\bigsqcup_{i=1}^{k_n} \partial D_i^n$ に，$\bigsqcup_{i=1}^{k_n} D_i^n$ のホモトピーでレトラクトする．したがって，命題 3.1.4 により次を得る．

$$H_*(X^{(n)}, X^{(n-1)}) \cong \bigoplus_{i=1}^{k_n} H_*(D_i^n, \partial D_i^n) \cong \begin{cases} \boldsymbol{Z}^{k_n} & (* = n) \\ 0 & (* \neq n) \end{cases}$$

【問題 3.4.4 の解答】 X_1, X_2, X_3 に対するチェイン複体は，それぞれ次の (1), (2), (3) である．

(1) $0 \longleftarrow \boldsymbol{Z}e^0 \xleftarrow{\begin{pmatrix} 0 & 0 \end{pmatrix}} \boldsymbol{Z}e_1^1 \oplus \boldsymbol{Z}e_2^1 \longleftarrow 0.$

(2) $0 \longleftarrow \boldsymbol{Z}e_1^0 \oplus \boldsymbol{Z}e_2^0 \xleftarrow{\begin{pmatrix} 0 & 0 & -1 \\ 0 & 0 & +1 \end{pmatrix}} \boldsymbol{Z}e_1^1 \oplus \boldsymbol{Z}e_2^1 \oplus \boldsymbol{Z}e_3^1 \longleftarrow 0.$

(3) $0 \longleftarrow \boldsymbol{Z}e_1^0 \oplus \boldsymbol{Z}e_2^0 \xleftarrow{\begin{pmatrix} -1 & -1 & -1 \\ +1 & +1 & +1 \end{pmatrix}} \boldsymbol{Z}e_1^1 \oplus \boldsymbol{Z}e_2^1 \oplus \boldsymbol{Z}e_3^1 \longleftarrow 0.$

非自明なホモロジー群を生成元とともに書くと，

$$H_0(X_1) \cong \boldsymbol{Z}[e^0], \quad H_1(X_1) \cong \boldsymbol{Z}[e_1^1] \oplus \boldsymbol{Z}[e_2^1],$$
$$H_0(X_2) \cong \boldsymbol{Z}[e_1^0], \quad H_1(X_2) \cong \boldsymbol{Z}[e_1^1] \oplus \boldsymbol{Z}[e_2^1],$$
$$H_0(X_3) \cong \boldsymbol{Z}[e_1^0], \quad H_1(X_3) \cong \boldsymbol{Z}[e_2^1 - e_1^1] \oplus \boldsymbol{Z}[e_3^1 - e_2^1]$$

となる．

【問題 3.4.8 の解答】 (1) 4 通りとなる．

それを示すには，正方形の辺の同一視の仕方を考える．図 3.6 参照．対辺を同一視するものについて，2 組の対辺の正方形の境界としての向きについて，2 つとも反対向き（図 3.6(1)），1 つだけ反対向き（図 3.6(2)），2 つとも同じ向き（図 3.6(3)）という 3 つの同一視の方法がある．隣りあう辺を同一視するものについて，2 組の隣りあう辺の正方形の境界としての向きについて，2 つとも反対向き（図 3.6(4)），1 つだけ反対向き（図 3.6(5)），2 つとも同じ向き（図 3.6(6)）という 3 つの同一視の方法がある．

図 3.6(1) の同一視で T^2 を得る．実際，$T^2 = \boldsymbol{R}^2/\boldsymbol{Z}^2$ と考えれば，図 3.6(1) は，$\boldsymbol{Z}^2$ 作用の基本領域とその境界における同一視を与えている．

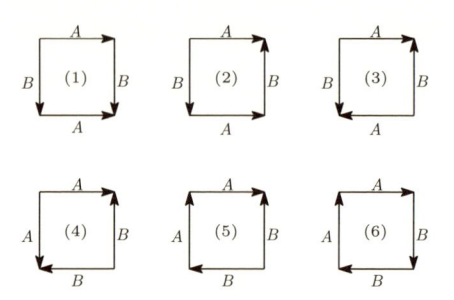

図 3.6 正方形の辺の同一視の分類. A の辺, B の辺をそれぞれ矢印の向きに同一視する.

図 3.6(2) の同一視でクライン・ボトル K を得るが, 図 3.6(6) でもクライン・ボトルを得る. それを示すには図 3.6(6) において, 正方形を対角線で分割し, A, B が両方の三角形に残るようにする. 新たに生まれた辺を C とする. B の部分を貼りあわせると図 3.6(2) と同じ同一視をしていることがわかる.

図 3.6(3) の同一視で射影平面 $\boldsymbol{R}P^2$ を得るが, 図 3.6(5) でも射影平面を得る. 図 3.6(3) の同一視は, 図 3.2 における半球面の境界の同一視と同相で写りあう. 図 3.6(5) の辺 B の同一視で, 円錐と同相な図形を得る. 円錐は半球面と同相であるが, その境界における辺 A の同一視は, 図 3.2 における半球面の境界の同一視と同相で写りあう. こうして, ともに射影平面を得る.

図 3.6(4) は, 2 次元球面 S^2 と同相である. 例えば, 正方形を対角線で分割し, A, B がそれぞれ一方の三角形に入るようにして, 辺 A, 辺 B を同一視すると, 2 つの円錐を得る. その境界を同一視したものは, 球面である.

これらの 4 通りの図形が同相ではないことは, ホモロジー群の計算からわかる.

(2)　図 3.6(1)–(6) が与える胞体複体の 2 胞体は 1 個, 1 胞体は 2 個であるが, 0 胞体の個数は, (1), (2), (6) で 1 個, (3), (5) で 2 個, (4) で 3 個である. 0 胞体を, 正方形において, 左上, 右上, 左下, 右下の順に現れる順序で, e_1^0, e_2^0, e_3^0 のようにおき, A, B に対応する 1 胞体を, e_1^1, e_2^1, 2 胞体を e^2 とおくと, 図 3.6(1)–(6) の与える胞体複体に付随するチェイン複体および非自明なホモロジー群は次のようになる.

図 3.6(1)
$$0 \longleftarrow \boldsymbol{Z}e^0 \xleftarrow{(0\ 0)} \boldsymbol{Z}e_1^1 \oplus \boldsymbol{Z}e_2^1 \xleftarrow{\binom{0}{0}} \boldsymbol{Z}e^2 \longleftarrow 0,$$
$H_0 \cong \boldsymbol{Z}[e^0], H_1 \cong \boldsymbol{Z}[e_1^1] \oplus \boldsymbol{Z}[e_2^1], H_2 \cong \boldsymbol{Z}[e^2].$

図 3.6(2)
$$0 \longleftarrow \boldsymbol{Z}e^0 \xleftarrow{(0\ 0)} \boldsymbol{Z}e_1^1 \oplus \boldsymbol{Z}e_2^1 \xleftarrow{\binom{0}{2}} \boldsymbol{Z}e^2 \longleftarrow 0,$$

$$H_0 \cong \boldsymbol{Z}[e^0],\ H_1 \cong \boldsymbol{Z}[e_1^1] \oplus (\boldsymbol{Z}/2\boldsymbol{Z})[e_2^1],\ H_2 = 0.$$

図 3.6(3)

$$0 \longleftarrow \boldsymbol{Z}e_1^0 \oplus \boldsymbol{Z}e_2^0 \xleftarrow{\begin{pmatrix}-1 & -1\\ 1 & 1\end{pmatrix}} \boldsymbol{Z}e_1^1 \oplus \boldsymbol{Z}e_2^1 \xleftarrow{\begin{pmatrix}-2\\ 2\end{pmatrix}} \boldsymbol{Z}e^2 \longleftarrow 0,$$

$$H_0 \cong \boldsymbol{Z}[e_1^0],\ H_1 \cong (\boldsymbol{Z}/2\boldsymbol{Z})[e_2^1 - e_1^1],\ H_2 = 0.$$

図 3.6(4)

$$0 \longleftarrow \boldsymbol{Z}e_1^0 \oplus \boldsymbol{Z}e_2^0 \oplus \boldsymbol{Z}e_3^0 \xleftarrow{\begin{pmatrix}-1 & 0\\ 1 & 1\\ 0 & -1\end{pmatrix}} \boldsymbol{Z}e_1^1 \oplus \boldsymbol{Z}e_2^1 \xleftarrow{\begin{pmatrix}0\\ 0\end{pmatrix}} \boldsymbol{Z}e^2 \longleftarrow 0,$$

$$H_0 \cong \boldsymbol{Z}[e_1^0],\ H_1 = 0,\ H_2 \cong \boldsymbol{Z}[e^2].$$

図 3.6(5)

$$0 \longleftarrow \boldsymbol{Z}e_1^0 \oplus \boldsymbol{Z}e_2^0 \xleftarrow{\begin{pmatrix}0 & 1\\ 0 & -1\end{pmatrix}} \boldsymbol{Z}e_1^1 \oplus \boldsymbol{Z}e_2^1 \xleftarrow{\begin{pmatrix}-2\\ 0\end{pmatrix}} \boldsymbol{Z}e^2 \longleftarrow 0,$$

$$H_0 \cong \boldsymbol{Z}[e^0],\ H_1 \cong (\boldsymbol{Z}/2\boldsymbol{Z})[e_1^1],\ H_2 = 0.$$

図 3.6(6)

$$0 \longleftarrow \boldsymbol{Z}e^0 \xleftarrow{\begin{pmatrix}0 & 0\end{pmatrix}} \boldsymbol{Z}e_1^1 \oplus \boldsymbol{Z}e_2^1 \xleftarrow{\begin{pmatrix}-2\\ -2\end{pmatrix}} \boldsymbol{Z}e^2 \longleftarrow 0,$$

$$H_0 \cong \boldsymbol{Z}[e^0],\ H_1 \cong \boldsymbol{Z}[e_1^1] \oplus (\boldsymbol{Z}/2\boldsymbol{Z})[e_1^1 + e_2^1],\ H_2 = 0.$$

【問題 3.4.11 の解答】 頂点，線分などの X における像を $[\cdot]$ で表す．X について，次の胞体分割が得られる．

$$\begin{aligned}
e_1^0 &= [A] = [C] = [F] = [H],\ e_2^0 = [B] = [D] = [E] = [G],\\
e_1^1 &= [\mathrm{Int}(\overrightarrow{AB})] = [\mathrm{Int}(\overrightarrow{HE})] = [\mathrm{Int}(\overrightarrow{CG})],\\
e_2^1 &= [\mathrm{Int}(\overrightarrow{BC})] = [\mathrm{Int}(\overrightarrow{EF})] = [\mathrm{Int}(\overrightarrow{DH})],\\
e_3^1 &= [\mathrm{Int}(\overrightarrow{CD})] = [\mathrm{Int}(\overrightarrow{FG})] = [\mathrm{Int}(\overrightarrow{AE})],\\
e_4^1 &= [\mathrm{Int}(\overrightarrow{DA})] = [\mathrm{Int}(\overrightarrow{GH})] = [\mathrm{Int}(\overrightarrow{BF})],\\
e_1^2 &= [\mathrm{Int}(\square ABCD)] = [\mathrm{Int}(\square HEFG)],\\
e_2^2 &= [\mathrm{Int}(\square EFBA)] = [\mathrm{Int}(\square DHGC)],\\
e_3^2 &= [\mathrm{Int}(\square DHEA)] = [\mathrm{Int}(\square BCGF)],\\
e^3 &= [\mathrm{Int}(X)]
\end{aligned}$$

これに付随するチェイン複体は，

$$0 \longleftarrow \boldsymbol{Z}e_1^0 \oplus \boldsymbol{Z}e_2^0 \xleftarrow{\begin{pmatrix} -1 & 1 & -1 & 1 \\ 1 & -1 & 1 & -1 \end{pmatrix}} \boldsymbol{Z}e_1^1 \oplus \boldsymbol{Z}e_2^1 \oplus \boldsymbol{Z}e_3^1 \oplus \boldsymbol{Z}e_4^1$$

$$\xleftarrow{\begin{pmatrix} 1 & -1 & 1 \\ 1 & 1 & 1 \\ 1 & 1 & -1 \\ 1 & -1 & -1 \end{pmatrix}} \boldsymbol{Z}e_1^2 \oplus \boldsymbol{Z}e_2^2 \oplus \boldsymbol{Z}e_3^2 \xleftarrow{\begin{pmatrix} 0 \\ 0 \\ 0 \end{pmatrix}} \boldsymbol{Z}e^3 \longleftarrow 0$$

H_1 について、$\ker \partial = \{a_1 e_1^1 + a_2 e_2^1 + a_3 e_3^1 + a_4 e_4^1 \mid a_1 - a_2 + a_3 - a_4 = 0\}$ であり、$\mathrm{im}\, \partial$ は、$\begin{pmatrix} 1 & 0 & 2 \\ 1 & 2 & 2 \\ 1 & 2 & 0 \\ 1 & 0 & 0 \end{pmatrix}$ の列ベクトルで生成される。$a_1 e_1^1 + a_2 e_2^1 + a_3 e_3^1 + a_4 e_4^1 = (a_1 - a_4) e_1^1 + (a_2 - a_4) e_2^1 + (a_3 - a_4) e_3^1 + a_4 (e_1^1 + e_2^1 + e_3^1 + e_4^1)$ だから、これが $\mathrm{im}\, \partial$ の元であるためには、$2|(a_1 - a_4), 2|(a_3 - a_4)$ が必要である。$\ker$ の元ならば、$a_2 - a_4 = (a_1 - a_4) + (a_3 - a_4)$ となる。したがって、$H_1 \cong \boldsymbol{Z}/2\boldsymbol{Z} \oplus \boldsymbol{Z}/2\boldsymbol{Z}$ である。まとめると、$H_1(Y) \cong \boldsymbol{Z}$, $H_1(Y) \cong \boldsymbol{Z}/2\boldsymbol{Z} \oplus \boldsymbol{Z}/2\boldsymbol{Z}$, $H_2(Y) = 0$, $H_3(Y) \cong \boldsymbol{Z}$.

【問題 3.4.12 の解答】 頂点、線分などの Y における像を $[\cdot]$ で表す。Y について、次の胞体分割が得られる.

$$e^0 = [A] = [B] = [C] = [D] = [E] = [F],$$
$$e_1^1 = [\mathrm{Int}(\overrightarrow{AB})] = [\mathrm{Int}(\overrightarrow{DE})] = [\mathrm{Int}(\overrightarrow{CF})],$$
$$e_2^1 = [\mathrm{Int}(\overrightarrow{AC})] = [\mathrm{Int}(\overrightarrow{EB})] = [\mathrm{Int}(\overrightarrow{DF})],$$
$$e_3^1 = [\mathrm{Int}(\overrightarrow{AD})] = [\mathrm{Int}(\overrightarrow{BC})] = [\mathrm{Int}(\overrightarrow{EF})],$$
$$e_4^1 = [\mathrm{Int}(\overrightarrow{AE})] = [\mathrm{Int}(\overrightarrow{BF})] = [\mathrm{Int}(\overrightarrow{CD})],$$
$$e_1^2 = [\mathrm{Int}(\triangle ABC)] = [\mathrm{Int}(\triangle DEF)],$$
$$e_2^2 = [\mathrm{Int}(\triangle ACD)] = [\mathrm{Int}(\triangle EBF)],$$
$$e_3^2 = [\mathrm{Int}(\triangle ADE)] = [\mathrm{Int}(\triangle BCF)],$$
$$e_4^2 = [\mathrm{Int}(\triangle AEB)] = [\mathrm{Int}(\triangle CDF)],$$
$$e^3 = [\mathrm{Int}(X)]$$

これに付随するチェイン複体は、

$$0 \longleftarrow \boldsymbol{Z}e^0 \xleftarrow{(0\ 0\ 0\ 0)} \boldsymbol{Z}e_1^1 \oplus \boldsymbol{Z}e_2^1 \oplus \boldsymbol{Z}e_3^1 \oplus \boldsymbol{Z}e_4^1$$

$$\xleftarrow{\begin{pmatrix} 1 & 0 & 1 & -1 \\ -1 & 1 & 0 & 1 \\ 1 & -1 & 1 & 0 \\ 0 & 1 & -1 & 1 \end{pmatrix}} \boldsymbol{Z}e_1^2 \oplus \boldsymbol{Z}e_2^2 \oplus \boldsymbol{Z}e_3^2 \oplus \boldsymbol{Z}e_4^2 \xleftarrow{\begin{pmatrix} 0 \\ 0 \\ 0 \\ 0 \end{pmatrix}} \boldsymbol{Z}e^3 \longleftarrow 0$$

ここに現れる 4×4 行列は基底をとり替えれば，対角成分が $1, 1, 1, 3$ の対角行列になる．したがって，ホモロジー群は $H_0(Y) \cong \boldsymbol{Z}$, $H_1(Y) \cong \boldsymbol{Z}/3\boldsymbol{Z}$, $H_2(Y) = 0$, $H_3(Y) \cong \boldsymbol{Z}$, $H_k(Y) = 0 \ (k > 3)$ となる．

【問題 3.4.13 の解答】 頂点，線分などの Y における像を $[\cdot]$ で表す．

次の胞体分割を考える．

$$e_0^0 = [A_1] = \cdots = [A_p], \ e_1^1 = [\mathrm{Int}(\overrightarrow{A_p A_1})] = \cdots = [\mathrm{Int}(\overrightarrow{A_{p-1} A_p})],$$
$$e^2 = [\mathrm{Int}(\bigcup_{i=1}^p \triangle P A_{i-1} A_i)], \ e^3 = [\mathrm{Int}(X)].$$

チェイン複体は,

$$0 \longleftarrow \boldsymbol{Z}e_0^0 \xleftarrow{0} \boldsymbol{Z}e_0^1 \xleftarrow{p} \boldsymbol{Z}e^2 \xleftarrow{0} \boldsymbol{Z}e^3 \longleftarrow 0$$

整数係数のホモロジー群は, $H_0(Y) \cong \boldsymbol{Z}$, $H_1(Y) \cong \boldsymbol{Z}/p\boldsymbol{Z}$, $H_2(Y) = 0$, $H_3(Y) \cong \boldsymbol{Z}$ である．

問題で与えられた多面体の同一視される頂点，辺，面をすべて数え上げる場合は，Y の胞体分割は，次で与えられる．

$$e_0^0 = [A_1] = \cdots = [A_p], \ e_1^0 = [P] = [Q],$$
$$e_0^1 = [\mathrm{Int}(\overrightarrow{A_p A_1})] = [\mathrm{Int}(\overrightarrow{A_1 A_2})] = \cdots = [\mathrm{Int}(\overrightarrow{A_{p-1} A_p})],$$
$$e_i^1 = [\mathrm{Int}(\overrightarrow{A_i P})] = [\mathrm{Int}(\overrightarrow{A_{i+q} Q})] \ (i = 1, \ldots, p),$$
$$e_i^2 = [\mathrm{Int}(\triangle P A_{i-1} A_i)] \ (i = 1, \ldots, p),$$
$$e^3 = [\mathrm{Int}(X)]$$

チェイン複体は次のようになる．このホモロジー群も同じになる．

$$0 \longleftarrow \boldsymbol{Z}e_0^0 \oplus \boldsymbol{Z}e_1^0 \xleftarrow{\begin{pmatrix} 0 & -1 & \cdots & -1 \\ 0 & 1 & \cdots & 1 \end{pmatrix}} \boldsymbol{Z}e_0^1 \oplus \boldsymbol{Z}e_1^1 \oplus \cdots \oplus \boldsymbol{Z}e_p^1$$

$$\xleftarrow{\begin{pmatrix} 1 & 1 & 1 & \cdots & \cdots & 1 \\ -1 & 1 & 0 & \cdots & \cdots & 0 \\ 0 & -1 & 1 & 0 & \ddots & \vdots \\ \vdots & 0 & -1 & \ddots & \ddots & 0 \\ \vdots & \vdots & \ddots & \ddots & 1 & 0 \\ 0 & 0 & \cdots & 0 & -1 & 1 \\ 1 & 0 & \cdots & 0 & 0 & -1 \end{pmatrix}} \boldsymbol{Z}e_1^2 \oplus \cdots \oplus \boldsymbol{Z}e_p^2 \xleftarrow{\begin{pmatrix} 0 \\ \vdots \\ 0 \end{pmatrix}} \boldsymbol{Z}e^3 \longleftarrow 0$$

(H_1 の計算において $\ker \partial = \{a_0 e_0^1 + \sum_{i=1}^p a_i e_i^1 \mid \sum_{i=1}^p a_i = 0\}$, $\operatorname{im} \partial = \{\sum_{i=1}^p b_i e_0^1 + \sum_{i=1}^p (b_{i+1} - b_i) e_i^1\}$ ($b_{p+1} = b_1$) である. b_1 を固定して, $b_i = b_1 + \sum_{j=1}^{i-1} a_j$ とおけば, $\sum_{i=1}^p b_i = p b_1 + \sum_{i=1}^p \sum_{j=1}^{i-1} a_j$ であるから, $a_0 - \sum_{i=1}^p \sum_{j=1}^{i-1} a_j$ が p で割り切れることが $\operatorname{im} \partial$ の元となるための条件である.)

【問題 3.4.15 の解答】 $S^2 \times [0,1]$ を次のように胞体分割する. まず, $S^2 \times \{0\}$, $S^2 \times \{1\}$ を例 3.4.6 (1) の 2 番目の方法で分割する. そうすると, 例 3.4.6 (2) に書かれているように, 商空間で, $S^2 \times \{0\}/\sim \,= e_0^0 \cup e_0^1 \cup e_0^2$, $S^2 \times \{1\}/\sim \,= e_1^0 \cup e_1^1 \cup e_1^2$ の形の胞体分割を与える. S^2 を $e^0 \cup e^2$ の形に胞体分割し, $(0,1)$ との直積をとって, $S^2 \times (0,1) = e^1 \cup e^3$ のように分割し, e^1 の端点は, $S^2 \times \{0,1\}$ の 0 胞体となるようにできる. このとき, 胞体分割に付随するチェイン複体は,

$$0 \longleftarrow \boldsymbol{Z}e_0^0 \oplus \boldsymbol{Z}e_1^0 \xleftarrow{\begin{pmatrix} -1 & 0 & 0 \\ 1 & 0 & 0 \end{pmatrix}} \boldsymbol{Z}e^1 \oplus \boldsymbol{Z}e_0^1 \oplus \boldsymbol{Z}e_1^1 \xleftarrow{\begin{pmatrix} 0 & 0 \\ 2 & 0 \\ 0 & 2 \end{pmatrix}} \boldsymbol{Z}e_0^2 \oplus \boldsymbol{Z}e_1^2$$

$$\xleftarrow{\begin{pmatrix} 0 \\ 0 \end{pmatrix}} \boldsymbol{Z}e^3 \longleftarrow 0$$

これから, $H_k(W) \cong \begin{cases} \boldsymbol{Z} & (k = 0, 3) \\ (\boldsymbol{Z}/2\boldsymbol{Z}) \oplus (\boldsymbol{Z}/2\boldsymbol{Z}) & (k = 1) \\ 0 & (k \neq 0, 1, 3) \end{cases}$ が得られる.

【問題 3.5.2 の解答】 (1) $S^n \,(\subset \boldsymbol{R}^n)$ は,

$\iota_1^0(0) = (0, \ldots, 0, 1), \quad \iota_2^0 = (0, \ldots, 0, -1),$
$\iota_1^1(x) = (0, \ldots, 0, \sqrt{1-x^2}, x), \quad \iota_2^1(x) = (0, \ldots, 0, -\sqrt{1-x^2}, -x),$
$\iota_1^k(\boldsymbol{x}) = (0, \ldots, 0, \sqrt{1-\|\boldsymbol{x}\|^2}, \boldsymbol{x}), \quad \iota_2^k(\boldsymbol{x}) = (0, \ldots, 0, -\sqrt{1-\|\boldsymbol{x}\|^2}, -\boldsymbol{x})$
$$(\boldsymbol{x} \in D^k; k = 2, \ldots, n-1),$$
$\iota_1^n(\boldsymbol{x}) = (\sqrt{1-\|\boldsymbol{x}\|^2}, \boldsymbol{x}), \quad \iota_2^n(\boldsymbol{x}) = (-\sqrt{1-\|\boldsymbol{x}\|^2}, -\boldsymbol{x})$

の形の胞体分割を持つ．この胞体複体に付随するチェイン複体は，

$$0 \longleftarrow \mathbf{Z}e_1^0 \oplus \mathbf{Z}e_2^0 \xleftarrow{\begin{pmatrix} 1 & -1 \\ -1 & 1 \end{pmatrix}} \mathbf{Z}e_1^1 \oplus \mathbf{Z}e_2^1 \xleftarrow{\begin{pmatrix} 1 & -1 \\ 1 & -1 \end{pmatrix}} \mathbf{Z}e_1^2 \oplus \mathbf{Z}e_2^2$$

$$\xleftarrow{\begin{pmatrix} 1 & -1 \\ -1 & 1 \end{pmatrix}} \cdots \xleftarrow{\begin{pmatrix} 1 & -1 \\ \pm 1 & \mp 1 \end{pmatrix}} \mathbf{Z}e_1^n \oplus \mathbf{Z}e_2^n \longleftarrow 0$$

ここで，$\begin{pmatrix} 1 & -1 \\ \pm 1 & \mp 1 \end{pmatrix}$ は，n が偶数のとき $\begin{pmatrix} 1 & -1 \\ 1 & -1 \end{pmatrix}$，奇数のとき $\begin{pmatrix} 1 & -1 \\ -1 & 1 \end{pmatrix}$ である．

(2) $\mathbf{R}P^n$ は，各次元の胞体を同一視した胞体分割 $e^0 \cup e^1 \cup \cdots \cup e^n$ を持つ．この胞体分割に付随したチェイン複体は，n が偶数のとき，

$$0 \longleftarrow \mathbf{Z}e^0 \xleftarrow{0} \mathbf{Z}e^1 \xleftarrow{2} \mathbf{Z}e^2 \xleftarrow{0} \cdots \xleftarrow{0} \mathbf{Z}e^{n-1} \xleftarrow{2} \mathbf{Z}e^n \longleftarrow 0$$

n が奇数のとき，

$$0 \longleftarrow \mathbf{Z}e^0 \xleftarrow{0} \mathbf{Z}e^1 \xleftarrow{2} \mathbf{Z}e^2 \xleftarrow{0} \cdots \xleftarrow{2} \mathbf{Z}e^{n-1} \xleftarrow{0} \mathbf{Z}e^n \longleftarrow 0$$

である．

(3) ホモロジー群は，n が偶数 $2k$ のとき，$H_0(\mathbf{R}P^n) \cong \mathbf{Z}$, $H_{2\ell-1}(\mathbf{R}P^n) \cong \mathbf{Z}/2\mathbf{Z}$ $(1 \leqq \ell \leqq k)$, $H_{2\ell}(\mathbf{R}P^n) = 0$ $(1 \leqq \ell \leqq k)$, $H_\ell(\mathbf{R}P^n) = 0$ $(\ell \geqq 2k+1)$.

n が奇数 $2k+1$ のとき，$H_0(\mathbf{R}P^n) \cong \mathbf{Z}$, $H_{2\ell-1}(\mathbf{R}P^n) \cong \mathbf{Z}/2\mathbf{Z}$ $(1 \leqq \ell \leqq k)$, $H_{2\ell}(\mathbf{R}P^n) = 0$ $(1 \leqq \ell \leqq k)$, $H_{2k+1}(\mathbf{R}P^n) \cong \mathbf{Z}$, $H_\ell(\mathbf{R}P^n) = 0$ $(\ell \geqq 2k+2)$.

【問題 3.5.3 の解答】 (1) $e^0 = [1:0:0]$, $e^1 = \{[z_1:1:0] \mid z_1 \in \mathbf{C}\}$, $e^2 = \{[z_1:z_2:1] \mid z_1, z_2 \in \mathbf{C}\}$ となるように $\iota^0, \iota^1, \iota^2$ を定めることができる．実際，$w \in \mathbf{C}, |w| \leqq 1$ に対し，$\iota^1(w) = [w : \sqrt{1-|w|^2} : 0]$ とし，$(w_1, w_2) \in \mathbf{C}^2$, $|w_1|^2 + |w_2|^2 \leqq 1$ に対し，$\iota^2(w_1, w_2) = [w_1 : w_2 : \sqrt{1-(|w_1|^2 + |w_2|^2)}]$ とすればよい．このとき，$\varphi^4 : \partial D^4 \longrightarrow e^0 \cup e^2 = \mathbf{C}P^1 \cong S^2$ は，$(w_1, w_2) \in \mathbf{C}^2$, $|w_1|^2 + |w_2|^2 \leqq 1$ に対し，$\varphi^4(w_1, w_2) = [w_1 : w_2]$ で定義される．φ^4 は，$\mathbf{C}P^1$ の各点の逆像が円周と同相となり，ホップ・ファイブレーションと呼ばれる（例 7.3.15, 235 ページ参照）．

この胞体分割に付随するチェイン複体は

$$0 \longleftarrow \mathbf{Z}e^0 \longleftarrow 0 \longleftarrow \mathbf{Z}e^2 \longleftarrow 0 \longleftarrow \mathbf{Z}e^4 \longleftarrow 0$$

であり，ホモロジー群は，$H_{2k}(\mathbf{C}P^2) \cong \mathbf{Z}[e^{2k}]$ $(k = 0, 1, 2)$, $H_i(\mathbf{C}P^2) = 0$ $(i \neq 0, 2, 4)$ と容易に求められる．

(2) n 次元複素射影空間 $\mathbf{C}P^n$ は，胞体分割 $e^0 \cup e^2 \cup \cdots \cup e^{2n}$ を持ち，ホモロ

ジー群は,$H_{2k}(\boldsymbol{C}P^n) \cong \boldsymbol{Z}[e^{2k}]$ ($k = 0, \ldots, n$), $H_i(\boldsymbol{C}P^n) = 0$ ($i \neq 0, 2, \ldots, 2n$) と容易に求められる.

$\iota^{2k} : D^{2k} \longrightarrow \boldsymbol{C}P^n$ は, $\boldsymbol{w} = (w_1, \ldots, w_k) \in \boldsymbol{C}^{2k}$, $\|\boldsymbol{w}\|^2 = \sum_{i=0}^{k} |w_i|^2 \leq 1$ に対し,$\iota^{2k}(\boldsymbol{w}) = [\boldsymbol{w} : \sqrt{1 - \|\boldsymbol{w}\|^2} : 0 : \cdots : 0]$ で定義される. また, $\varphi^{2n} : S^{2n-1} \longrightarrow \boldsymbol{C}P^{n-1}$ も $\boldsymbol{C}P^{n-1}$ の各点の逆像が円周と同相となり,これもホップ・ファイブレーションと呼ばれる (例 7.3.15, 235 ページ参照).

【問題 3.5.4 の解答】 任意の有限生成アーベル群 A は,有限生成自由加群の商の群として表されるから,単射準同型 $h : \boldsymbol{Z}^v \longrightarrow \boldsymbol{Z}^u$ を含む完全系列 $0 \longleftarrow A \longleftarrow \boldsymbol{Z}^u \xleftarrow{h} \boldsymbol{Z}^v \longleftarrow 0$ が存在する. すなわち,チェイン複体 $0 \longleftarrow \boldsymbol{Z}^u \xleftarrow{h} \boldsymbol{Z}^v \longleftarrow 0$ の $\boldsymbol{Z}^u$ におけるホモロジー群が A である. A_i ($i = 0, \ldots, n-1$) に対し, このようなチェイン複体をとり, A_n は自由加群であるから, $0 \longleftarrow A_n \longleftarrow 0$ をとって,それらの直和を考えれば,求めるチェイン複体が得られる.

【問題 3.5.5 の解答】 これは, $H_0(C_*) \cong \boldsymbol{Z}$ という場合は可能である.まず, $X^{(1)}$ については, C_0, C_1 の基底をとり替えて, $\partial : C_1 \longrightarrow C_0$ は行列

$$\begin{pmatrix} 1 & \cdots & 0 & & \\ \vdots & \ddots & \vdots & & \\ 0 & \cdots & 1 & & \\ & & & 0 & \cdots & 0 \end{pmatrix}$$

で表される. このときの C_0 の基底を $e_1^0, \ldots, e_{k_0}^0$, C_1 の基底を $e_1^1, \ldots, e_{k_1}^1$ とする. C_0 の基底を $e_1^0 + e_{k_0}^0, \ldots, e_{k_0-1}^0 + e_{k_0}^0, e_{k_0}^0$ にとり替えると行列は

$$\begin{pmatrix} 1 & \cdots & 0 \\ \vdots & \ddots & \vdots \\ 0 & \cdots & 1 \\ -1 & \cdots & -1 & 0 & \cdots & 0 \end{pmatrix}$$

で表される.この行列に対応する 1 次元胞体複体は,頂点 $e_1^0, \ldots, e_{k_0}^0$, 辺 $e_1^1, \ldots, e_{k_1}^1$ を持ち, $\varphi_i^1(-1) = e_{k_0}^0$, $\varphi_i^1(1) = \begin{cases} e_i^0 & (i < k_0) \\ e_{k_0}^0 & (i \geq k_0) \end{cases}$

で与えられる. $X^{(n-1)}$ が定義されているとき,$\varphi_i^n : \partial D_i^n \longrightarrow X^{(n-1)}$ で結合写像 $\varphi_i^n : \partial D_i^n \longrightarrow X^{(n-1)} \longrightarrow D_j^{n-1}/\partial D_j^{n-1}$ の写像度が与えられた整数になるものを構成する.

$X^{(n-1)}$ は弧状連結だから,$X^{(0)}$ の 1 点 $e_{k_0}^0$ と $\iota(D_j^{n-1})$ に含まれる $X^{(0)}$ の点 e_ℓ^0 を結ぶ曲線 γ_j がとれる. $\iota b_j = e_j^0$ となる $b_j \in \partial D_j^{n-1}$ をとり, $f_{ij} : (D^{n-1}, \partial D^{n-1}) \longrightarrow (D_j^{n-1}, b_j)$ で $\deg(f_{ij} : (D^{n-1}, \partial D^{n-1}) \longrightarrow (D_j^{n-1}, \partial D_j^{n-1}))$ が, $\partial : C_n \longrightarrow C_{n-1}$ を表す行列の ij 成分 ∂_{ij} に等しいものをとる. $\gamma_j \# f_{ij} : (D^{n-1}, \partial D^{n-1}) \longrightarrow (X^{(n-1)}, e_{k_0}^0)$ について $D^{n-1} \approx I^{n-1}$ と同一視して,それら

の和 $(\gamma_1 \# f_{i1}) \natural \cdots \natural (\gamma_{k_{n-1}} \# f_{ik_{n-1}})$ を $\partial D^n = I^{n-1}/\partial I^{n-1}$ からの写像とみたものを $\varphi_i^n : \partial D^n \longrightarrow X^{(n-1)}$ とおく．そうすると，$\varphi^n = \bigsqcup_{i=1}^{k_n} \varphi_i^n$ により定義する $X^{(n)} = X^{(n-1)} \cup_{\varphi^n} (D_1^n \sqcup \cdots \sqcup D_{k_n}^n)$ は n 次元胞体複体であり，その定義するチェイン複体は C_* に一致する．

【問題 3.5.12 の解答】 X の i 胞体の個数を k_i^X, Y の j 胞体の個数を k_j^Y とすると，X,Y の胞体の直積による $X \times Y$ の胞体分割について，m 胞体の個数は，$\sum_{i+j=m} k_i^X k_j^Y$ となる．したがって

$$\chi(X \times Y) = \sum_m (-1)^m \sum_{i+j=m} k_i^X k_j^Y = \sum_m \sum_{i+j=m} (-1)^{i+j} k_i^X k_j^Y$$
$$= \sum_i \sum_j (-1)^{i+j} k_i^X k_j^Y = \sum_i (-1)^i k_i^X \sum_j (-1)^j k_j^Y$$
$$= \chi(X) \chi(Y)$$

【問題 3.6.3 の解答】 f は 2 つの座標の互換の結合として書かれ，$\mathrm{sign}(f)$ は，互換の個数の偶奇を表すので，f が 2 つの座標の互換のときに -1 倍を誘導することを示せばよい．同相写像 $g : I^n \longrightarrow D^n$ で，$h = gfg^{-1}$ が D^n の原点を通る超平面 H^{n-1} についての鏡映変換となるものが存在する．このとき，D^n の次のような胞体分割をとることができる．

$$D^n = e^0 \cup e^{n-2} \cup (e_1^{n-1} \cup e_2^{n-1}) \cup e^n$$

ここで，$S^{n-1} = \partial D^n = e^0 \cup e^{n-2} \cup (e_1^{n-1} \cup e_2^{n-1})$, $S^{n-1} \cap H^{n-1} = e^0 \cup e^{n-2}$ である．$H_{n-1}(S^{n-1})$ の生成元 $[S^{n-1}]$ が，$\partial_* e^n = e_1^{n-1} + e_2^{n-1}$ で表されるように胞体分割をとることができる．このとき，鏡映変換 h は，胞体写像で，$h|(S^{n-1} \cap H^{n-1}) = \mathrm{id}_{S^{n-1} \cap H^{n-1}}$, $h(e_1^{n-1}) = e_2^{n-1}$, $h(e_2^{n-1}) = e_1^{n-1}$ を満たすが，e_1^{n-1}, e_2^{n-1} の向きを考えると，$h_*(e_1^{n-1}) = -e_2^{n-1}$, $h_*(e_2^{n-1}) = -e_1^{n-1}$ となる．したがって，$h_*[S^{n-1}] = -[S^{n-1}]$ である．空間対 (D^n, S^{n-1}) へ誘導する写像 h_* を考えると，$H_{n-1}(D^n, S^{n-1})$ の生成元 $[D^n, S^{n-1}]$ について，$h_*[D^n, S^{n-1}] = -[D^n, S^{n-1}]$ である．

【問題 3.6.7 の解答】 f は $\overline{U}$ 上で一様連続であるから，ε に対し，$\delta > 0$ で $\|\boldsymbol{x} - \boldsymbol{y}\| < \delta$ ならば $\|f(\boldsymbol{x}) - f(\boldsymbol{y})\| < \varepsilon$ となるものが存在する．さらに $4\delta < \mathrm{dist}(K, \boldsymbol{R}^n \setminus U)$ とする．

滑らかな写像の構成 C^∞ 級関数 $\mu(\boldsymbol{x})$ で $\{\boldsymbol{x} \in \boldsymbol{R}^n \mid \|\boldsymbol{x}\| < \delta\}$ に台を持ち，$\int_{\boldsymbol{R}^n} \mu(\boldsymbol{x}) \mathrm{d}\,x_1 \cdots \mathrm{d}\,x_n = 1$ となるものをとる．$\overline{f}(\boldsymbol{x}) = (\mu * f)(\boldsymbol{x}) =$

$\int \mu(\boldsymbol{x}-\boldsymbol{y})f(\boldsymbol{y})\,\mathrm{d}y_1\cdots\mathrm{d}y_n$ とおく．$\overline{f}(\boldsymbol{x})$ は K の 3δ 近傍で定義され，C^∞ 級である．また，$\|\overline{f}(\boldsymbol{x})-f(\boldsymbol{x})\| = \|\int \mu(\boldsymbol{x}-\boldsymbol{y})(f(\boldsymbol{y})-f(\boldsymbol{x}))\,\mathrm{d}y_1\cdots\mathrm{d}y_n\| \leqq \int \mu(\boldsymbol{x}-\boldsymbol{y})\|f(\boldsymbol{y})-f(\boldsymbol{x})\|\,\mathrm{d}y_1\cdots\mathrm{d}y_n \leqq \int \mu(\boldsymbol{x}-\boldsymbol{y})\varepsilon\,\mathrm{d}y_1\cdots\mathrm{d}y_n = \varepsilon$ である．$\nu(\boldsymbol{x}) = \min\{\max\{0,\frac{\mathrm{dist}(\boldsymbol{x},K)}{\delta}-1\},1\}$ とすると，ν は K の δ 近傍で 0，2δ 近傍の外で 1 となる連続関数である．$(1-\nu(\boldsymbol{x}))\overline{f}(\boldsymbol{x})+\nu(\boldsymbol{x})f(\boldsymbol{x})$ を改めて $\overline{f}$ とすれば，これが求める K の δ 近傍上で C^∞ 級の写像である．

区分線形写像の構成 U を辺が座標軸に平行で辺の長さが δ の小立方体に分割する．ただし，$4\sqrt{n}\delta < \mathrm{dist}(K,\boldsymbol{R}^n\setminus U)$ とする．その頂点になる点を格子点と呼ぶ．さらに立方体を問題 1.3.12 の解答（41 ページ）のように単体に分割する．U 上の格子点 $\boldsymbol{x}$ に $f(\boldsymbol{x})$ を対応させる写像を単体上にアフィン写像として拡張すると，区分線形な写像が得られるが，K の 3δ 近傍に交わる単体の頂点は U 内にあるので，この区分線形写像 $\overline{f}$ は K の $3\sqrt{n}\delta$ 近傍上で定義されている．$\boldsymbol{x}$ を含む単体の頂点を $\boldsymbol{v}_0,\ldots,\boldsymbol{v}_n$ とすると，$\boldsymbol{x} = \sum_{i=0}^n t_i\boldsymbol{v}_i$ ($t_i \geqq 0$, $\sum_{i=0}^n t_i = 1$) であり，$\|\overline{f}(\boldsymbol{x})-f(\boldsymbol{x})\| = \|\sum_{i=0}^n t_i f(\boldsymbol{v}_i) - (\sum_{i=0}^n t_i)f(\boldsymbol{x})\| = \|\sum_{i=0}^n t_i(f(\boldsymbol{v}_i)-f(\boldsymbol{x}))\| \leqq \sum_{i=0}^n t_i\|f(\boldsymbol{v}_i)-f(\boldsymbol{x})\| \leqq \sum_{i=0}^n t_i\varepsilon = \varepsilon$ となる．$\nu(\boldsymbol{x}) = \min\{\max\{0,\frac{\mathrm{dist}(x,K)}{\sqrt{n}\delta}-2\},1\}$ とすると ν は K の $2\sqrt{n}\delta$ 近傍で 0，$3\sqrt{n}\delta$ 近傍の外で 1 となる連続関数である．$(1-\nu(\boldsymbol{x}))\overline{f}(\boldsymbol{x})+\nu(\boldsymbol{x})f(\boldsymbol{x})$ を改めて $\overline{f}$ とすれば，これが求める K の $2\sqrt{n}\delta$ 近傍で区分線形な写像である．

【問題 3.6.11 の解答】 A の胞体近似を求める．$\boldsymbol{R}^2$ 上の $[0,1]^2$ の対辺を同一視したものとして T^2 は得られているから，$e^0 = (0,0)$，$e_1^1 = (0,1)\times\{0\}$，$e_2^1 = \{0\}\times(0,1)$，$e^2 = (0,1)^2$ となる胞体分割をとる．

ここで，$A: \boldsymbol{R}^2 \longrightarrow \boldsymbol{R}^2$ とホモトピックな写像 f を次のように定義する．

$$f(x,0) = \begin{cases} \begin{pmatrix} a[x] \\ c[x] \end{pmatrix} + \begin{pmatrix} \mathrm{sign}(a)(|a|+|c|)(x-[x]) \\ 0 \end{pmatrix} & (x-[x] \in [0,\frac{|a|}{|a|+|c|}]) \\ \begin{pmatrix} a[x] \\ c[x] \end{pmatrix} + \begin{pmatrix} a \\ \mathrm{sign}(c)((|a|+|c|)(x-[x])-|a|) \end{pmatrix} & (x-[x] \in [\frac{|a|}{|a|+|c|},1)), \end{cases}$$

$$f(0,y) = \begin{cases} \begin{pmatrix} b[y] \\ d[y] \end{pmatrix} + \begin{pmatrix} \mathrm{sign}(b)(|b|+|d|)(y-[y]) \\ 0 \end{pmatrix} & (y-[y] \in [0,\frac{|b|}{|b|+|d|}]) \\ \begin{pmatrix} b[y] \\ d[y] \end{pmatrix} + \begin{pmatrix} b \\ \mathrm{sign}(d)((|b|+|d|)(y-[y])-|b|) \end{pmatrix} & (y-[y] \in [\frac{|b|}{|b|+|d|},1)), \end{cases}$$

$$f(x,y) = f(x,0) + f(0,y)$$

この $f(x,y)$ は連続であり，$(m,n) \in \boldsymbol{Z}^2$ に対し，$f(x+m,y+n) = f(x,y) + A\begin{pmatrix} m \\ n \end{pmatrix}$

を満たすから，$f(x+m, y+n) = f(x,y) \pmod{\mathbf{Z}^2}$ が成り立ち，f は，写像 $T^2 \longrightarrow T^2$ を定める．$f(x,y)$ と $A\begin{pmatrix}x\\y\end{pmatrix}$ の間のホモトピーを $F(t,x,y) = tf(x,y) + (1-t)A\begin{pmatrix}x\\y\end{pmatrix}$ と定義すると，

$$F(t, x+m, y+n) = tf(x,y) + (1-t)A\begin{pmatrix}x\\y\end{pmatrix} + A\begin{pmatrix}m\\n\end{pmatrix}$$

だから，$T^2 \longrightarrow T^2$ の写像として，A と f はホモトピックである．

f は，T^2 の上の胞体分割について胞体写像である．この胞体写像について，チェイン複体に誘導される f_* を求めると，まず $f_*(e^0) = e^0$ である．また，$f((0,1)\times\{0\})$，$f(\{0\}\times(0,1))$ の形から，$f_*(e_1^1) = ae_1^1 + ce_2^1$, $f_*(e_2^1) = be_2^1 + be_2^1$ がわかる．$f_*(e^2)$ については，

$$\begin{pmatrix}0\\0\end{pmatrix}, \begin{pmatrix}a\\0\end{pmatrix}, \begin{pmatrix}a\\c\end{pmatrix}, \begin{pmatrix}a+b\\c\end{pmatrix}, \begin{pmatrix}a+b\\c+d\end{pmatrix}, \begin{pmatrix}a+b\\d\end{pmatrix}, \begin{pmatrix}b\\d\end{pmatrix}, \begin{pmatrix}b\\0\end{pmatrix}, \begin{pmatrix}0\\0\end{pmatrix}$$

を順に結んで得られる多角形の代数的面積を S として，$f_*(e^2) = Se^2$ となる．三角形 $\begin{pmatrix}0\\0\end{pmatrix} \begin{pmatrix}a\\0\end{pmatrix} \begin{pmatrix}a\\c\end{pmatrix}$ と三角形 $\begin{pmatrix}a+b\\c+d\end{pmatrix} \begin{pmatrix}a+b\\d\end{pmatrix} \begin{pmatrix}b\\d\end{pmatrix}$，三角形 $\begin{pmatrix}a\\c\end{pmatrix} \begin{pmatrix}a+b\\c\end{pmatrix} \begin{pmatrix}a+b\\c+d\end{pmatrix}$ と三角形 $\begin{pmatrix}b\\d\end{pmatrix} \begin{pmatrix}b\\0\end{pmatrix} \begin{pmatrix}0\\0\end{pmatrix}$ はそれぞれ合同で向きが逆であるから，S は，平行四辺形 $\begin{pmatrix}0\\0\end{pmatrix} \begin{pmatrix}a\\c\end{pmatrix} \begin{pmatrix}a+b\\c+d\end{pmatrix} \begin{pmatrix}b\\d\end{pmatrix} \begin{pmatrix}0\\0\end{pmatrix}$ の面積 $\det A = ad - bc$ に等しい．したがって $f_*(e^2) = (\det A)e^2$ となる．A と f はチェイン・ホモトピックで，T^2 のホモロジー群は，チェイン複体の群と一致しており，$H_0(T^2) \cong \mathbf{Z}[e^0]$, $H_1(T^2) \cong \mathbf{Z}[e_1^1] \oplus \mathbf{Z}[e_2^1]$, $H_0(T^2) \cong \mathbf{Z}[e^2]$ である．したがって，生成元について，$A_*[e^0] = [e^0]$, $A_*[e_1^1] = a[e_1^1] + c[e_2^1]$, $A_*[e_2^1] = b[e_1^1] + d[e_2^1]$, $A_*[e^2] = (\det A)[e^2]$ となる．

【問題 3.6.12 の解答】 問題 3.1.6 と同様の手順で考える．X における $\{1\}\times T^2$ の像を，T_0^2 とすると，$H_*([0,1]\times T^2, \{0,1\}\times T^2) \cong H_*(X, T_0^2)$ である．$([0,1]\times T^2, \{0,1\}\times T^2)$ のホモロジー長完全系列を考えると，

$$H_3(\{0,1\}\times T^2) \xrightarrow{i_*} H_3([0,1]\times T^2) \xrightarrow{j_*} H_3([0,1]\times T^2, \{0,1\}\times T^2)$$
$$\xrightarrow{\partial_*} H_2(\{0,1\}\times T^2) \xrightarrow{i_*} H_2([0,1]\times T^2) \xrightarrow{j_*} H_2([0,1]\times T^2, \{0,1\}\times T^2)$$
$$\xrightarrow{\partial_*} H_1(\{0,1\}\times T^2) \xrightarrow{i_*} H_1([0,1]\times T^2) \xrightarrow{j_*} H_1([0,1]\times T^2, \{0,1\}\times T^2)$$
$$\xrightarrow{\partial_*} H_0(\{0,1\}\times T^2) \xrightarrow{i_*} H_0([0,1]\times T^2) \xrightarrow{j_*} H_0([0,1]\times T^2, \{0,1\}\times T^2)$$

となるが，$i_*(u,v) = u + v$ がどの次元でも成立しているので，$k = 0, 1, 2$ に対し，$H_{k+1}([0,1]\times T^2, \{0,1\}\times T^2) \cong \ker(i_* : H_k(\{0,1\}\times T^2) \longrightarrow H_k([0,1]\times T^2))$ であることがわかる．つまり $H_{k+1}([0,1]\times T^2, \{0,1\}\times T^2)$ の元 u は $(-u, u) \in$

$H_k(\{0,1\} \times T^2)$ の形の元に写る.

空間対 (X, T_0^2) のホモロジー長完全系列は,

$$H_3(T_0^2) \xrightarrow{i_*} H_3(X) \xrightarrow{j_*} H_3(X, T_0^2)$$
$$\xrightarrow{\partial_*} H_2(T_0^2) \xrightarrow{i_*} H_2(X) \xrightarrow{j_*} H_2(X, T_0^2)$$
$$\xrightarrow{\partial_*} H_1(T_0^2) \xrightarrow{i_*} H_1(X) \xrightarrow{j_*} H_1(X, T_0^2)$$
$$\xrightarrow{\partial_*} H_0(T_0^2) \xrightarrow{i_*} H_0(X) \xrightarrow{j_*} H_0(X, T_0^2)$$

$\partial_* : H_{k+1}(S^1 \times T^2, T_0^2) \longrightarrow H_k(T_0^2)$ は, $H_{k+1}(S^1 \times T^2, T_0^2) \cong H_{k+1}([0,1] \times T^2, \{0,1\} \times T^2) \xrightarrow{\partial_*} H_k(\{0,1\} \times T^2) \longrightarrow H_k(T_0^2)$ の結合と一致する. $T_0^2 = e^0 \cup (e_1^1 \cup e_2^1) \cup e^2$ を問題 3.6.11 と同じ胞体分割とすると, 問題 3.6.11 の計算により,

$$\partial_*(H_3(S^1 \times T^2, T_0^2)) = \mathbf{Z}(1 - \det A)[e^2] = \{0\} \subset \mathbf{Z}[e^2],$$
$$\partial_*(H_2(S^1 \times T^2, T_0^2)) = \mathbf{Z}((1-a)[e_1^1] - c[e_2^1]) \oplus \mathbf{Z}(-b[e_1^1] + (1-d)[e_2^1])$$
$$\subset \mathbf{Z}[e_1^1] \oplus \mathbf{Z}[e_2^1],$$
$$\partial_*(H_1(S^1 \times T^2, T_0^2)) = \{0\} \subset \mathbf{Z}[e^0]$$

となる. したがって, $H_3(X) \cong \mathbf{Z}$, $H_0(X) \cong \mathbf{Z}$ である.

$H_2(X), H_1(X)$ は, $\mathbf{1} - A = \begin{pmatrix} 1-a & -b \\ -c & 1-d \end{pmatrix}$ の共役類に依存する.

$\det(\mathbf{1} - A) = (1-a)(1-d) - (-b)(-c) = 1 + \det A - \operatorname{tr} A = 2 - \operatorname{tr} A \neq 0$ ならば, $\partial_* : H_2(S^1 \times T^2, T_0^2) \longrightarrow H_1(T_0^2)$ は単射であり, $H_2(X) \cong H_2(T_0^2) \cong \mathbf{Z}$, $H_1(X) \cong H_2(T_0^2)/\partial_*(H_2(S^1 \times T^2, T_0^2)) \oplus H_1(X, T_0^2) = G \oplus \mathbf{Z}$ で, G は位数 $|2 - \operatorname{tr} A|$ の有限アーベル群である. $2 - \operatorname{tr} A = k\ell$ とするとき, $G \cong (\mathbf{Z}/k\mathbf{Z}) \oplus (\mathbf{Z}/\ell\mathbf{Z})$ となりうる. 実際, $A = \begin{pmatrix} k\ell + 1 & k \\ \ell & 1 \end{pmatrix}$ とすると, $\det A = 1$ で, $\begin{pmatrix} 1-a & -b \\ -c & 1-d \end{pmatrix} = \begin{pmatrix} -k\ell & -k \\ -\ell & 0 \end{pmatrix}$ であり,

$$\frac{\mathbf{Z}[e_1^1] \oplus \mathbf{Z}[e_2^1]}{\mathbf{Z}((1-a)[e_1^1] - c[e_2^1]) \oplus \mathbf{Z}(-b[e_1^1] + (1-d)[e_2^1])} \cong (\mathbf{Z}/k\mathbf{Z}) \oplus (\mathbf{Z}/\ell\mathbf{Z})$$

となる.

$2 - \operatorname{tr} A = 0$ とすると, A は, $\begin{pmatrix} 1 & b \\ 0 & 1 \end{pmatrix}$ に共役である. A がこの形のとき, $\mathbf{1} - A = \begin{pmatrix} 0 & -b \\ 0 & 0 \end{pmatrix}$ であり, $H_2(X) \cong H_2(T_0^2) \oplus \ker(\partial_* : H_2(S^1 \times T^2, T_0^2) \longrightarrow H_1(T_0^2)) \cong \mathbf{Z}^2$. $\partial_*(H_2(S^1 \times T^2, T_0^2)) = \mathbf{Z}b[e_1^1] \subset \mathbf{Z}[e_1^1] \oplus \mathbf{Z}[e_2^1]$ であり, $H_1(X) \cong H_2(T_0^2)/\partial_*(H_2(S^1 \times T^2, T_0^2)) \oplus H_1(X, T_0^2) = (\mathbf{Z}/b\mathbf{Z}) \oplus \mathbf{Z} \oplus \mathbf{Z}$ である.

第4章 チェイン複体とホモロジー群の計算

この章では，チェイン複体の間のチェイン写像をとりあつかう．代数的考察からホモロジー群の計算に役立つ完全系列が得られる．

4.1 チェイン写像

定義 4.1.1 A_*, B_*, C_* をチェイン複体とする．チェイン写像 $i: A_* \longrightarrow B_*$ が単射，$j: B_* \longrightarrow C_*$ が全射，$\ker(j) = \operatorname{im}(i)$ のとき

$$0 \longrightarrow A_* \xrightarrow{i} B_* \xrightarrow{j} C_* \longrightarrow 0$$

を**チェイン複体の短完全系列**と呼ぶ．

チェイン複体 A_*, B_*, C_* を列に書き，チェイン写像を行に書くとき，チェイン複体の短完全系列は，行の系列が完全系列である可換図式のことである．

$$\begin{array}{ccccccccc}
& & \vdots & & \vdots & & \vdots & & \\
& & \downarrow \partial & & \downarrow \partial & & \downarrow \partial & & \\
0 & \longrightarrow & A_2 & \xrightarrow{i} & B_2 & \xrightarrow{j} & C_2 & \longrightarrow & 0 \\
& & \downarrow \partial & & \downarrow \partial & & \downarrow \partial & & \\
0 & \longrightarrow & A_1 & \xrightarrow{i} & B_1 & \xrightarrow{j} & C_1 & \longrightarrow & 0 \\
& & \downarrow \partial & & \downarrow \partial & & \downarrow \partial & & \\
0 & \longrightarrow & A_0 & \xrightarrow{i} & B_0 & \xrightarrow{j} & C_0 & \longrightarrow & 0 \\
& & \downarrow & & \downarrow & & \downarrow & & \\
& & 0 & & 0 & & 0 & &
\end{array}$$

命題 4.1.2　チェイン複体の短完全系列 $0 \longrightarrow A_* \xrightarrow{i} B_* \xrightarrow{j} C_* \longrightarrow 0$ に対し，**連結準同型** $\partial_* : H_k(C_*) \longrightarrow H_{k-1}(A_*)$ が次で定義される．

- $c_k \in \ker(\partial : C_k \longrightarrow C_{k-1})$ に対し，$j(b_k) = c_k$ となる $b_k \in B_k$ をとり，$i(a_{k-1}) = \partial(b_k)$ となる $a_{k-1} \in \ker(\partial : A_{k-1} \longrightarrow A_{k-2})$ をとる．これにより，$\partial_* : H_k(C_*) \longrightarrow H_{k-1}(A_*)$ を $\partial_*[c_k] = [a_{k-1}]$ とする．

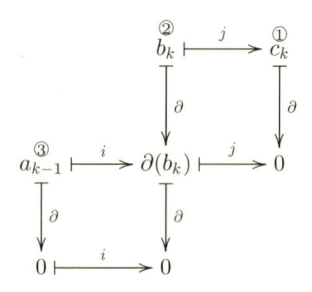

$$\begin{array}{ccc}
\overset{②}{b_k} & \xmapsto{j} & \overset{①}{c_k} \\
\Big\downarrow\partial & & \Big\downarrow\partial \\
\overset{③}{a_{k-1}} \xmapsto{i} \partial(b_k) & \xmapsto{j} & 0 \\
\Big\downarrow\partial & \Big\downarrow\partial & \\
0 \xmapsto{i} 0 & &
\end{array}$$

詳しく説明すると，$c_k \in \ker(\partial : C_k \longrightarrow C_{k-1})$ に対し（①），j は全射だから $j(b_k) = c_k$ となる $b_k \in B_k$ がとれる（②）．$j(\partial(b_k)) = \partial(j(b_k)) = 0$ だから，行の系列の完全性から $i(a_{k-1}) = \partial(b_k)$ となる $a_{k-1} \in A_{k-1}$ がとれる（③）．$i(\partial(a_{k-1})) = \partial(i(a_{k-1})) = \partial(\partial(b_k)) = 0$ で，i は単射だから，$\partial(a_{k-1}) = 0$ となる．こうして，$c_k \in \ker(\partial : C_k \longrightarrow C_{k-1})$ に対し，$a_{k-1} \in \ker(\partial : A_{k-1} \longrightarrow A_{k-2})$ をとり，これにより，$\partial_* : H_k(C_*) \longrightarrow H_{k-1}(A_*)$ を $\partial_*[c_k] = [a_{k-1}]$ とするのである．上の図式参照．

命題 4.1.2 の証明　∂_* が矛盾なく定義されているためには次を示せばよい．
(1)　$j(b_k') = c_k$ となる b_k' も同じ $H_{k-1}(A_*)$ の元を定めること．
(2)　$\ker(\partial : C_k \longrightarrow C_{k-1}) \longrightarrow H_{k-1}(A_*)$ は準同型となること．
(3)　$c_k = \partial c_{k+1}$ は $0 \in H_{k-1}(A_*)$ を定めること．

(1)　c_k に対し，$j(b_k') = c_k$ となる $b_k' \in B_k$ をとると，$i(a_{k-1}') = \partial(b_k')$ となる a_{k-1}' が定まる．$b_k' - b_k$ について（①′），$j(b_k' - b_k) = c_k - c_k = 0$ だから，$b_k' - b_k = i(a_k)$ と書かれる（②′）．このとき，$\partial(b_k' - b_k) = \partial(i(a_k)) = i(\partial(a_k))$，$\partial(b_k' - b_k) = i(a_{k-1}') - i(a_{k-1})$ であり，i は単射だから，$a_{k-1}' = a_{k-1} + \partial(a_k)$ となる（③′）．したがって b_k' も同じ $H_{k-1}(A_*)$ の元を定める．次の図式参照．

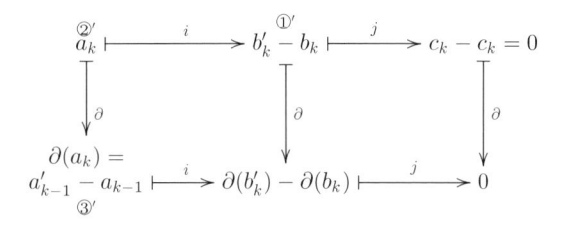

$$
\begin{array}{ccccc}
\overset{\textcircled{2}'}{a_k} & \overset{i}{\longmapsto} & \overset{\textcircled{1}'}{b'_k - b_k} & \overset{j}{\longmapsto} & c_k - c_k = 0 \\
\Big\downarrow \partial & & \Big\downarrow \partial & & \Big\downarrow \partial \\
\begin{array}{c}\partial(a_k) = \\ \underset{\textcircled{3}'}{a'_{k-1} - a_{k-1}}\end{array} & \overset{i}{\longmapsto} & \partial(b'_k) - \partial(b_k) & \overset{j}{\longmapsto} & 0
\end{array}
$$

(2) $\ker(\partial : C_k \longrightarrow C_{k-1})$ の元の和,差に対して,B_k の元を和,差にとることができるから,$\ker(\partial : C_k \longrightarrow C_{k-1}) \longrightarrow H_{k-1}(A_*)$ は準同型となる.

(3) $c_k = \partial c_{k+1}$ とすると,$j(b_{k+1}) = c_{k+1}$ となる $b_{k+1} \in B_{k+1}$ をとることができる.$j(\partial(b_{k+1})) = \partial(j(b_{k+1})) = \partial c_{k+1} = c_k$ だから,$b_k = \partial(b_{k+1})$ が定める元を考えればよいが,$\partial(b_k) = \partial(\partial(b_{k+1})) = 0$ だから,$a_{k-1} = 0$ ととれる ($i(0) = 0 = \partial(b_k)$).したがって $c_k = \partial c_{k+1}$ は,$0 \in H_{k-1}(A_*)$ を定める. ■

定理 4.1.3 チェイン複体の短完全系列 $0 \longrightarrow A_* \overset{i}{\longrightarrow} B_* \overset{j}{\longrightarrow} C_* \longrightarrow 0$ は次のチェイン複体の**ホモロジー群の長完全系列**を誘導する.

$$
\begin{array}{c}
\cdots \\
\overset{\partial_*}{\longrightarrow} H_2(A_*) \overset{i_*}{\longrightarrow} H_2(B_*) \overset{j_*}{\longrightarrow} H_2(C_*) \\
\overset{\partial_*}{\longrightarrow} H_1(A_*) \overset{i_*}{\longrightarrow} H_1(B_*) \overset{j_*}{\longrightarrow} H_1(C_*) \\
\overset{\partial_*}{\longrightarrow} H_0(A_*) \overset{i_*}{\longrightarrow} H_0(B_*) \overset{j_*}{\longrightarrow} H_0(C_*) \longrightarrow 0
\end{array}
$$

証明 $\operatorname{im} i_* \subset \ker j_*$, $\operatorname{im} j_* \subset \ker \partial_*$, $\operatorname{im} \partial_* \subset \ker i_*$, $\operatorname{im} i_* \supset \ker j_*$, $\operatorname{im} j_* \supset \ker \partial_*$, $\operatorname{im} \partial_* \supset \ker i_*$ を順に確かめる.

$\underline{\operatorname{im} i_* \subset \ker j_*}$. $j \circ i : A_* \longrightarrow C_*$ は 0 チェイン写像であり,$(j \circ i)_* = j_* \circ i_*$ だから,$j_* \circ i_* = 0$.したがって,$\operatorname{im} i_* \subset \ker j_*$.

$\underline{\operatorname{im} j_* \subset \ker \partial_*}$. ∂_* の定義において,$\partial b_k = 0$ となる $b_k \in B_k$ について,$\partial_*[j(b_k)]$ を計算するには,b_k をとればよいが,これに対して $\partial b_k = 0$ だから,$a_{k-1} = 0$ となる.

$\underline{\operatorname{im} \partial_* \subset \ker i_*}$. $a_{k-1} \in \ker(\partial : A_{k-1} \longrightarrow A_{k-2})$ は,$\partial c_k = 0$ となる $c_k \in C_k$ に対して,$j(b_k) = c_k$ となる $b_k \in B_k$ をとり,$i(a_{k-1}) = \partial(b_k)$ となるようにとられている.したがって,$i_*[a_{k-1}] = 0 \in H_{k-1}(B_*)$.

$\underline{\operatorname{im} i_* \supset \ker j_*}$. $\partial b_k = 0$ が $j(b_k) = \partial c_{k+1}$ を満たすとき,$j(b_{k+1}) = c_{k+1}$ となる b_{k+1} をとる.$j(b_k - \partial b_{k+1}) = j(b_k) - j(\partial(b_{k+1})) = j(b_k) - \partial(j(b_{k+1})) = j(b_k) - \partial c_{k+1} = 0$ だから,$i(a_k) = b_k - \partial b_{k+1}$ となる a_k がある.$i(\partial a_k) = \partial(i(a_k)) = \partial b_k - \partial(\partial b_{k+1}) = 0$ だから $\partial a_k = 0$ だが,$i_*[a_k] = [b_k - \partial b_{k+1}] = [b_k]$ であるから,$\operatorname{im} i_* \supset \ker j_*$.

$\underline{\operatorname{im} j_* \supset \ker \partial_*}$. $c_k \in \ker(\partial : C_k \longrightarrow C_{k-1})$ について,$j(b_k) = c_k$ となる $b_k \in B_k$ をとり,$i(a_{k-1}) = \partial(b_k)$ としたとき,$a_{k-1} = \partial a_k$ とする.$b_k - i(a_k)$ について,$\partial(b_k - i(a_k)) = \partial(b_k) - \partial(i(a_k)) = i(a_{k-1}) - i(\partial(a_k)) = i(a_{k-1}) - i(a_{k-1}) = 0$ である.$j_*[b_k - i(a_k)] = [j(b_k) - j(i(a_k))] = [c_k]$ だから,$\operatorname{im} j_* \supset \ker \partial_*$.

$\underline{\operatorname{im} \partial_* \supset \ker i_*}$. $a_{k-1} \in \ker(\partial : A_{k-1} \longrightarrow A_{k-2})$ に対し,$i(a_{k-1}) = \partial(b_k)$ とする.$\partial(j(b_k)) = j(\partial(b_k)) = j(i(a_{k-1})) = 0$ である.$\partial_*[j(b_k)] = [a_{k-1}]$ だから,$\operatorname{im} \partial_* \supset \ker i_*$. ∎

4.2 胞体複体の対

有限胞体複体 X の部分複体 A を考える.すなわち,A は胞体複体であり,その胞体の集合が,胞体複体 X の胞体の部分集合となっているとする.胞体複体のチェイン複体 $C_*(X), C_*(A)$ はそれぞれ,X の胞体,A の胞体を生成元とする自由加群である.$C_*(X, A) = C_*(X)/C_*(A)$ とおき,射影を $j : C_*(X) \longrightarrow C_*(X, A)$ とおく.$C_*(X, A)$ は,A に含まれない X の胞体を生成元とする自由加群と考えることもできる.

包含写像 $i : A \longrightarrow X$ はチェイン写像 $i_* : C_*(A) \longrightarrow C_*(X)$ を誘導するから,$C_*(X)$ の境界準同型 ∂ は,$\partial : C_*(X, A) \longrightarrow C_{*-1}(X, A)$ を誘導し,$\partial \circ \partial = 0$ だから $C_*(X, A)$ はチェイン複体となる.こうして,次のチェイン複体の短完全系列を得る.

$$0 \longrightarrow C_*(A) \stackrel{i}{\longrightarrow} C_*(X) \stackrel{j}{\longrightarrow} C_*(X, A) \longrightarrow 0$$

このチェイン複体の短完全系列から,定理 4.1.3 により導かれるホモロジー群の長完全系列は,空間対 (X, A) のホモロジー群の完全系列と同じものを与える.

チェイン複体の短完全系列の 1 つの行は,次のような自由加群である.

$$0 \longrightarrow H_k(A^{(j)}, A^{(j-1)}) \longrightarrow H_k(X^{(j)}, X^{(j-1)}) \longrightarrow H_k(X^{(j)}, X^{(j-1)} \cup A^{(j)}) \longrightarrow 0$$

【例 4.2.1】 問題 3.5.2（102 ページ）および例 3.2.2（82 ページ）により，n 次元球面 S^{n-1} は胞体分割

$$S^{n-1} = (e_0^0 \cup e_1^0) \cup (e_0^1 \cup e_1^1) \cup \cdots \cup (e_0^{n-2} \cup e_1^{n-2}) \cup (e_0^{n-1} \cup e_1^{n-1}),$$
$$S^{n-1} = e^0 \cup e^{n-1}$$

を持つ．したがって，n 次元円板 D^n は，$D^n = (e_0^0 \cup e_1^0) \cup (e_0^1 \cup e_1^1) \cup \cdots \cup (e_0^{n-1} \cup e_1^{n-1}) \cup e^n$ または $D^n = e^0 \cup e^{n-1} \cup e^n$ という胞体分割を持つ．これにより，(D^n, S^{n-1}) は胞体複体の対となっている．

【問題 4.2.2】 $D^2 \times S^1$ の胞体分割を定めよ．ただし，$\partial D^2 \times S^1$ は部分複体となるとする．この胞体分割に付随するチェイン複体の短完全系列

$$0 \longrightarrow C_*(\partial D^2 \times S^1) \longrightarrow C_*(D^2 \times S^1) \longrightarrow C_*(D^2 \times S^1, \partial D^2 \times S^1) \longrightarrow 0$$

を記述せよ．このチェイン複体の短完全系列が誘導するホモロジー群の長完全系列を記述せよ．解答例は 159 ページ．

【問題 4.2.3】 X を $D^2 \times S^1$ と微分同相な S^3 の部分集合とする．このとき，S^3 は $D^2 \times S^1$ を部分複体とする胞体分割を持つ．$S^3 \setminus X$ のホモロジー群を求めよ．解答例は 160 ページ．

4.3 マイヤー・ビエトリス完全系列

胞体複体 X が 2 つの部分胞体複体 X_1, X_2 の和集合であるならば，$X_{12} = X_1 \cap X_2$ も部分胞体複体である．このとき，

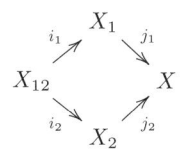

$$\begin{array}{ccc} & X_1 & \\ {}^{i_1}\nearrow & & \searrow^{j_1} \\ X_{12} & & X \\ {}_{i_2}\searrow & & \nearrow_{j_2} \\ & X_2 & \end{array}$$

について，部分胞体複体からの包含写像は胞体写像となるので，$C_k(X_{12}) = H_k(X_{12}{}^{(k)}, X_{12}{}^{(k-1)})$, $C_k(X_1) = H_k(X_1{}^{(k)}, X_1{}^{(k-1)})$, $C_k(X_2) = H_k(X_2{}^{(k)},$

$X_2^{(k-1)}$), $C_k(X) = H_k(X^{(k)}, X^{(k-1)})$ に対し,次のチェイン複体の短完全系列が得られる.

$$
\begin{array}{ccccccccc}
 & & \downarrow\partial & & \downarrow\partial & & \downarrow\partial & & \\
0 & \longrightarrow & C_2(X_{12}) & \xrightarrow{(i_{1*},i_{2*})} & C_2(X_1) \oplus C_2(X_2) & \xrightarrow{j_{1*}-j_{2*}} & C_2(X) & \longrightarrow & 0 \\
 & & \downarrow\partial & & \downarrow\partial & & \downarrow\partial & & \\
0 & \longrightarrow & C_1(X_{12}) & \xrightarrow{(i_{1*},i_{2*})} & C_1(X_1) \oplus C_1(X_2) & \xrightarrow{j_{1*}-j_{2*}} & C_1(X) & \longrightarrow & 0 \\
 & & \downarrow\partial & & \downarrow\partial & & \downarrow\partial & & \\
0 & \longrightarrow & C_0(X_{12}) & \xrightarrow{(i_{1*},i_{2*})} & C_0(X_1) \oplus C_0(X_2) & \xrightarrow{j_{1*}-j_{2*}} & C_0(X) & \longrightarrow & 0 \\
 & & \downarrow\partial & & \downarrow\partial & & \downarrow\partial & & \\
 & & 0 & & 0 & & 0 & & \\
\end{array}
$$

ここで,

$$
\begin{array}{ccc}
 & H_k(X_1^{(k)}, X_1^{(k-1)}) & \\
{}^{i_{1*}}\nearrow & & \searrow{}^{j_{1*}} \\
H_k(X_{12}^{(k)}, X_{12}^{(k-1)}) & & H_k(X^{(k)}, X^{(k-1)}) \\
{}^{i_{2*}}\searrow & & \nearrow{}^{j_{2*}} \\
 & H_k(X_2^{(k)}, X_2^{(k-1)}) & \\
\end{array}
$$

が可換であることを使っている.

上のチェイン複体の短完全系列から得られる連結準同型 $\Delta_* : H_k(X) \longrightarrow H_{k-1}(X_{12})$ の定義は以下のようになる. $c \in \ker(\partial : C_k(X) \longrightarrow C_{k-1}(X))$ に対し, $c_1 \in C_k(X_1)$, $c_2 \in C_*(X_2)$ で, $j_{1*}c_1 - j_{2*}c_2 = c$ となるものをとる. $i_{1*}(c_{12}) = \partial(j_{1*}c_1)$, $i_{2*}(c_{12}) = \partial(j_{2*}c_2)$ の一方を満たす c_{12} は他方も満たす $\ker(\partial : C_{k-1}(X_{12}) \longrightarrow C_{k-2}(X_{12}))$ の元である. $\Delta_*[c] = [c_{12}]$ で定められる.

この連結準同型を用いて,次のホモロジー群の長完全系列が得られる.これを**マイヤー・ビエトリス完全系列**と呼ぶ.

$$
\begin{array}{l}
\cdots \\
\xrightarrow{\Delta_*} H_2(X_{12}) \xrightarrow{(i_{1*},i_{2*})} H_2(X_1) \oplus H_2(X_2) \xrightarrow{j_{1*}-j_{2*}} H_2(X) \\
\xrightarrow{\Delta_*} H_1(X_{12}) \xrightarrow{(i_{1*},i_{2*})} H_1(X_1) \oplus H_1(X_2) \xrightarrow{j_{1*}-j_{2*}} H_1(X) \\
\xrightarrow{\Delta_*} H_0(X_{12}) \xrightarrow{(i_{1*},i_{2*})} H_0(X_1) \oplus H_0(X_2) \xrightarrow{j_{1*}-j_{2*}} H_0(X) \longrightarrow 0
\end{array}
$$

【問題 4.3.1】 $n \geqq 2$ とする．n 次元球面 S^n に，$S^n = S^n_+ \cup S^n_-$ について，S^n_+, S^n_-, $S^{n-1} = S^n_+ \cap S^n_-$ が部分胞体複体となる胞体分割を与えよ．マイヤー・ビエトリス完全系列を用いて，S^{n-1} のホモロジー群がわかっているときに S^n のホモロジー群を決定せよ．解答例は 161 ページ．

【例題 4.3.2】 $m, n \geqq 1$ とする．
$$S^{m+n+1} = \partial(D^{m+1} \times D^{n+1})$$
$$= (\partial D^{m+1}) \times D^{n+1} \cup D^{m+1} \times (\partial D^{n+1})$$
$$= S^m \times D^{n+1} \cup D^{m+1} \times S^n,$$
$$S^m \times D^{n+1} \cap D^{m+1} \times S^n = S^m \times S^n$$

について，$S^m \times S^n$ が部分複体となる胞体分割を与えよ．これについてのマイヤー・ビエトリス完全系列の準同型写像を記述せよ．

【解】 D^{m+1}, D^{n+1} は，それぞれ $e^0 \cup e^m \cup e^{m+1}$, $e^0 \cup e^n \cup e^{n+1}$ という胞体分割を持つ．したがって，$D^{m+1} \times D^{n+1}$ は $e^0 = e^0 \times e^0$, $e^m = e^m \times e^0$, $e^{m+1} = e^{m+1} \times e^0$, $e^n = e^0 \times e^n$, $e^{n+1} = e^0 \times e^{n+1}$, $e^{m+n} = e^m \times e^n$, $e_1^{m+n+1} = e^{m+1} \times e^n$, $e_2^{m+n+1} = e^m \times e^{n+1}$, $e^{m+n+2} = e^{m+1} \times e^{n+1}$ による胞体分割を持つ．これにより，

$$\partial(D^{m+1} \times D^{n+1}) = e^0 \cup e^m \cup e^n \cup e^{m+1} \cup e^{n+1} \cup e^{m+n} \cup e_1^{m+n+1} \cup e_2^{m+n+1}$$

と胞体分割される．チェイン複体の生成元として $\partial e^{m+1} = e^m, \partial e^{n+1} = e^n$ ととられている．また，これに付随するチェイン複体において $0 \xleftarrow{\partial} \mathbb{Z}e^{m+n} \xleftarrow{\partial} \mathbb{Z}e_1^{m+n+1} \oplus \mathbb{Z}e_2^{m+n+1} \xleftarrow{\partial} 0$ が得られる．ここで，

$$\partial e_1^{m+n+1} = \partial(e^{m+1} \times e^n) = e^m \times e^n,$$
$$\partial e_2^{m+n+1} = \partial(e^m \times e^{n+1}) = (-1)^{m-1} e^m \times e^n$$

である．

マイヤー・ビエトリス完全系列は，

$$\xrightarrow{\Delta_*} H_{m+n+1}(S^m \times S^n) \xrightarrow{(i_{1*}, i_{2*})} H_{m+n+1}(S^m \times D^{n+1}) \oplus H_{m+n+1}(D^{m+1} \times S^n)$$
$$\xrightarrow{j_{1*} - j_{2*}} H_{m+n+1}(S^{m+n+1})$$
$$\xrightarrow{\Delta_*} H_{m+n}(S^m \times S^n) \xrightarrow{(i_{1*}, i_{2*})} H_{m+n}(S^m \times D^{n+1}) \oplus H_{m+n}(D^{m+1} \times S^n)$$
$$\xrightarrow{j_{1*} - j_{2*}} H_{m+n}(S^{m+n+1})$$

これは
$$0 \longrightarrow 0 \oplus 0 \longrightarrow \mathbf{Z}[e_1^{m+n+1} + e_2^{m+n+1}]$$
$$\longrightarrow \mathbf{Z}[e^{m+n}] \longrightarrow 0 \oplus 0$$

である. $m \neq n$ ならば, $[e^m] \longmapsto [e^m], [e^n] \longmapsto [e^n]$ による同型

$$H_m(S^m \times S^n) \xrightarrow{(i_{1*}, i_{2*})} H_m(S^m \times D^{n+1}) \oplus H_m(D^{m+1} \times S^n) \cong \mathbf{Z}[e^m] \oplus 0 ,$$
$$H_n(S^m \times S^n) \xrightarrow{(i_{1*}, i_{2*})} H_n(S^m \times D^{n+1}) \oplus H_n(D^{m+1} \times S^n) \cong 0 \oplus \mathbf{Z}[e^n]$$

がある. $m = n$ ならば, 同型

$$H_m(S^m \times S^m)$$
$$\xrightarrow{(i_{1*}, i_{2*})} H_m(S^m \times D^{m+1}) \oplus H_m(D^{m+1} \times S^m) \cong \mathbf{Z}[e_1^m] \oplus \mathbf{Z}[e_2^m]$$

を得る.

【問題 4.3.3】 2 つのコンパクト連結 n 次元多様体 M_1, M_2 に対しそれらの連結和 $M_1 \# M_2$ を次のように定義する. M_1, M_2 に含まれる n 次元閉円板を D_1, D_2 とし

$$M_1 \# M_2 = ((M_1 \setminus \mathrm{Int}(D_1)) \sqcup (M_2 \setminus \mathrm{Int}(D_2)))/\sim$$

ただし, $\boldsymbol{x} \in \partial(M_1 \setminus \mathrm{Int}(D_1)) = \partial D_1 \cong S^{n-1}$, $\boldsymbol{y} \in \partial(M_2 \setminus \mathrm{Int}(D_2)) = \partial D_2 \cong S^{n-1}$ に対し, $\boldsymbol{x} \sim \boldsymbol{y} \iff \boldsymbol{x} = \overline{\boldsymbol{y}}\ (\overline{(y_1, y_2, \ldots, y_n)} = (-y_1, y_2, \ldots, y_n))$ とする. M_1, M_2 の少なくとも一方が向き付け可能のとき, $M_1 \# M_2$ の整数係数ホモロジー群を M_1, M_2 の整数係数ホモロジー群で表せ. 解答例は 161 ページ.

【問題 4.3.4】 $A : S^1 \times S^1 \longrightarrow S^1 \times S^1$ を $\begin{pmatrix} p & q \\ r & s \end{pmatrix} \in GL(2, \mathbf{Z})$ の $\mathbf{R}^2$ への作用から引き起こされる同相写像とするとき, 次の空間の整数係数ホモロジー群を計算せよ.

$$X = (D^2 \times S^1)_1 \sqcup (D^2 \times S^1)_2 / \sim$$

ただし, $x \in \partial(D^2 \times S^1)_1 \cong \partial D^2 \times S^1, y \in (\partial D^2 \times S^1)_2 \cong \partial D^2 \times S^1$ に対し, $x \sim y \iff x = A(y)$ とする. 解答例は 163 ページ.

【問題 4.3.5】 G を有限アーベル群とする. $k \in \mathbf{Z}_{\geq 0}$ とする. 3 次元コンパクト連結多様体 M で, $H_3(M) \cong \mathbf{Z}, H_2(M) \cong \mathbf{Z}^k, H_1(M) \cong \mathbf{Z}^k \oplus G,$ $H_0(M) \cong \mathbf{Z}$ となるものを構成せよ. 解答例は 164 ページ.

4.4 キネットの公式と普遍係数定理

4.4.1 積複体

3.2.2 小節（84 ページ）でみたように，有限胞体複体 X, Y の直積 $X \times Y$ は自然に胞体複体の構造を持つ．そこで使った記法によれば，$X \times Y$ は，X の a 次元胞体 e_{Xi}^a，Y の b 次元胞体 e_{Yj}^b に対応する $a+b$ 次元胞体 $e_{Xi}^a \times e_{Yj}^b$ からなる胞体複体の構造を持つ．e_{Xi}^a が $\varphi_{Xi}^a : \partial D_{Xi}^a = S_{Xi}^{a-1} \longrightarrow X^{(a-1)}$，$e_{Yj}^b$ が $\varphi_{Yj}^b : \partial D_{Yj}^b = S_{Yj}^{b-1} \longrightarrow Y^{(b-1)}$ で与えられているとき，$\partial(D_{Xi}^a \times D_{Yj}^b) = (\partial D_{Xi}^a) \times D_{Yj}^b \cup D_{Xi}^a \times (\partial D_{Yj}^b)$ であり，$e_{Xi}^a \times e_{Yj}^b$ は，

$$\varphi_{Xi}^a \times \iota_{Yj}^b \cup \iota_{Xi}^a \times \varphi_{Yj}^b :$$
$$(\partial D_{Xi}^a) \times D_{Yj}^b \cup D_{Xi}^a \times (\partial D_{Yj}^b) \longrightarrow X^{(a-1)} \times Y^{(b)} \cup X^{(a)} \times Y^{(b-1)}$$

で与えられる．ここで，

$$(\varphi_{Xi}^a \times \iota_{Yj}^b \cup \iota_{Xi}^a \times \varphi_{Yj}^b)(u,v)$$
$$= \begin{cases} (\varphi_{Xi}^a(u), \iota_{Yj}^b(v)) \in X^{(a-1)} \times Y^{(b)} & ((u,v) \in (\partial D_{Xi}^a) \times D_{Yj}^b) \\ (\iota_{Xi}^a(u), \varphi_{Yj}^b(u)) \in X^{(a)} \times Y^{(b-1)} & ((u,v) \in D_{Xi}^a \times (\partial D_{Yj}^b)) \end{cases}$$

である．さて，写像度を考えよう．$(S_{Xi}^{a-1} \times D_{Yj}^b \cup D_{Xi}^a \times S_{Yj}^{b-1}, S_{Xi}^{a-1} \times S_{Yj}^{b-1})$ について

$$H_{a+b-1}(S_{Xi}^{a-1} \times D_{Yj}^b \cup D_{Xi}^a \times S_{Yj}^{b-1}, S_{Xi}^{a-1} \times S_{Yj}^{b-1})$$
$$\cong H_{a+b-1}(S_{Xi}^{a-1} \times D_{Yj}^b, S_{Xi}^{a-1} \times S_{Yj}^{b-1}) \oplus H_{a+b-1}(D_{Xi}^a \times S_{Yj}^{b-1}, S_{Xi}^{a-1} \times S_{Yj}^{b-1})$$
$$\cong \mathbf{Z}[S_{Xi}^{a-1} \times D_{Yj}^b, S_{Xi}^{a-1} \times S_{Yj}^{b-1}] \oplus \mathbf{Z}[D_{Xi}^{a-1} \times S_{Yj}^{b-1}, S_{Xi}^{a-1} \times S_{Yj}^{b-1}]$$

である．したがって次を得る．

$$(\varphi_{Xi}^a \times \iota_{Yj}^b \cup \iota_{Xi}^a \times \varphi_{Yj}^b)_*([S_{Xi}^{a-1}] \times [D_{Yj}^b, \partial D_{Yj}^b]) = [S_{Xi}^{a-1}] \times \partial e_{Yj}^b,$$
$$(\varphi_{Xi}^a \times \iota_{Yj}^b \cup \iota_{Xi}^a \times \varphi_{Yj}^b)_*([D_i^a, \partial D_i^a] \times [S_{Yj}^{b-1}]) = \partial e_i^a \times [S_{Yj}^{b-1}]$$

直積の胞体複体のチェイン複体は，$e_{Xi}^a \times e_{Yj}^b$ を基底とする $\mathbf{Z}^{k_a^X \times k_b^Y}$ を 4.4.2 小節で説明するテンソル積 $\otimes$ を用いて $e_{Xi}^a \otimes e_{Yj}^b$ を基底とする $C_a(X) \otimes C_b(Y)$ と書くとき，2 つの境界作用素 $\partial'(e_{Xi}^a \otimes e_{Yj}^b) = (\partial e_{Xi}^a) \otimes e_{Yj}^b$，$\partial''(e_{Xi}^a \otimes e_{Yj}^b) =$

$e_{Xi}^a \otimes (\partial e_{Yj}^b)$ からなる次の図式で記述される.

$$\begin{array}{ccccccccc}
& & \vdots & & \vdots & & \vdots & & \\
& & \downarrow \partial'' & & \downarrow \partial'' & & \downarrow \partial'' & & \\
0 & \longleftarrow & C_0(X) \otimes C_2(Y) & \stackrel{\partial'}{\longleftarrow} & C_1(X) \otimes C_2(Y) & \stackrel{\partial'}{\longleftarrow} & C_2(X) \otimes C_2(Y) & \stackrel{\partial'}{\longleftarrow} & \cdots \\
& & \downarrow \partial'' & & \downarrow \partial'' & & \downarrow \partial'' & & \\
0 & \longleftarrow & C_0(X) \otimes C_1(Y) & \stackrel{\partial'}{\longleftarrow} & C_1(X) \otimes C_1(Y) & \stackrel{\partial'}{\longleftarrow} & C_2(X) \otimes C_1(Y) & \stackrel{\partial'}{\longleftarrow} & \cdots \\
& & \downarrow \partial'' & & \downarrow \partial'' & & \downarrow \partial'' & & \\
0 & \longleftarrow & C_0(X) \otimes C_0(Y) & \stackrel{\partial'}{\longleftarrow} & C_1(X) \otimes C_0(Y) & \stackrel{\partial'}{\longleftarrow} & C_2(X) \otimes C_0(Y) & \stackrel{\partial'}{\longleftarrow} & \cdots \\
& & \downarrow \partial'' & & \downarrow \partial'' & & \downarrow \partial'' & & \\
& & 0 & & 0 & & 0 & &
\end{array}$$

この図式は可換であり, ∂', ∂'' は列のなすチェイン複体, 行のなすチェイン複体のチェイン写像ともみられる. このような図式を **2重複体** と呼ぶ. この図式の上で, 直積 $X \times Y$ のチェイン複体は, $C_n(X \times Y) = \bigoplus_{i+j=n}(C_i(X) \otimes C_j(Y))$ であり, 境界準同型 ∂ は

$$\partial|(C_i(X) \otimes C_j(Y)) = \partial' \oplus (-1)^j \partial''$$
$$: C_i(X) \otimes C_j(Y) \longrightarrow C_{i-1}(X) \otimes C_j(Y) \oplus C_i(X) \otimes C_{j-1}(Y)$$

で定義される. $\partial \circ \partial = 0$ となっていることが容易に確かめられる.

【例 4.4.1】 p 次元球面 $S^p = e^0 \cup e^p$, q 次元球面 $S^q = e^0 \cup e^q$ の直積 $S^p \times S^q$ に対して, 直積の 2 重複体は以下の形で表される. 書かれていない加群は 0 であり, 写像はすべて零写像である.

$$\begin{array}{ccccccc}
& \downarrow & & & & \downarrow & \\
0 \longleftarrow & C_0(S^p) \otimes C_q(S^q) \cong \mathbf{Z} & \longleftarrow & \cdots & \longleftarrow & C_p(S^p) \otimes C_q(S^q) \cong \mathbf{Z} & \longleftarrow \\
& \downarrow & & & & \downarrow & \\
& \vdots & & & & \vdots & \\
& \downarrow & & & & \downarrow & \\
0 \longleftarrow & C_0(S^p) \otimes C_0(S^q) \cong \mathbf{Z} & \longleftarrow & \cdots & \longleftarrow & C_p(S^p) \otimes C_0(S^q) \cong \mathbf{Z} & \longleftarrow \\
& \downarrow & & & & \downarrow & \\
& 0 & & & & 0 &
\end{array}$$

したがって，$\partial = \partial' \oplus (\pm\partial'')$ も零写像で，ホモロジー群は，次のようになる．

$$p \neq q \text{ ならば，} H_k(S^p \times S^q) \cong \begin{cases} \mathbf{Z} & (k = 0,\ p,\ q,\ p+q) \\ 0 & (k \neq 0,\ p,\ q,\ p+q), \end{cases}$$

$$p = q \text{ ならば，} H_k(S^p \times S^p) \cong \begin{cases} \mathbf{Z} & (k = 0,\ 2p) \\ \mathbf{Z}^2 & (k = p) \\ 0 & (k \neq 0,\ p,\ 2p) \end{cases}$$

【例 4.4.2】 2次元射影平面に例 3.4.6 (92ページ) の胞体分割 $\mathbf{R}P^2 = e^0 \cup e^1 \cup e^2$ を与え，$\mathbf{R}P^2 \times \mathbf{R}P^2$ の胞体分割を考えると $\mathbf{R}P^2$ のチェイン複体は

$$0 \longleftarrow \mathbf{Z}e^0 \xleftarrow{0} \mathbf{Z}e^1 \xleftarrow{2} \mathbf{Z}e^2 \longleftarrow 0$$

だから，次の 2 重複体を得る．

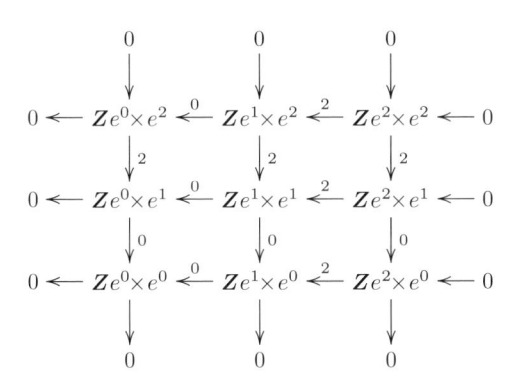

$$\begin{array}{ccccccc}
& & 0 & & 0 & & 0 \\
& & \downarrow & & \downarrow & & \downarrow \\
0 \longleftarrow & \mathbf{Z}e^0 \times e^2 & \xleftarrow{0} & \mathbf{Z}e^1 \times e^2 & \xleftarrow{2} & \mathbf{Z}e^2 \times e^2 & \longleftarrow 0 \\
& \downarrow 2 & & \downarrow 2 & & \downarrow 2 & \\
0 \longleftarrow & \mathbf{Z}e^0 \times e^1 & \xleftarrow{0} & \mathbf{Z}e^1 \times e^1 & \xleftarrow{2} & \mathbf{Z}e^2 \times e^1 & \longleftarrow 0 \\
& \downarrow 0 & & \downarrow 0 & & \downarrow 0 & \\
0 \longleftarrow & \mathbf{Z}e^0 \times e^0 & \xleftarrow{0} & \mathbf{Z}e^1 \times e^0 & \xleftarrow{2} & \mathbf{Z}e^2 \times e^0 & \longleftarrow 0 \\
& & \downarrow & & \downarrow & & \downarrow \\
& & 0 & & 0 & & 0
\end{array}$$

これから，0次元のサイクルの群は $\mathbf{Z}e^0 \times e^0$ であり，$H_0(\mathbf{R}P^2 \times \mathbf{R}P^2) \cong \mathbf{Z}$ である．1次元のサイクルの群は $\mathbf{Z}e^0 \times e^1 \oplus \mathbf{Z}e^1 \times e^0$ であり，1次元のバウンダリーの群は $2\mathbf{Z}e^0 \times e^1 \oplus 2\mathbf{Z}e^1 \times e^0$ であるから，$H_1(\mathbf{R}P^2 \times \mathbf{R}P^2) \cong (\mathbf{Z}/2\mathbf{Z}) \oplus (\mathbf{Z}/2\mathbf{Z})$ である．2次元のサイクルの群は $\mathbf{Z}e^1 \times e^1$ であり，2次元のバウンダリーの群は $2\mathbf{Z}e^1 \times e^1$ であるから，$H_2(\mathbf{R}P^2 \times \mathbf{R}P^2) \cong \mathbf{Z}/2\mathbf{Z}$ である．∂ において，縦向きの境界写像については符号が付くことから，3次元のサイクルの群は $\mathbf{Z}(e^1 \times e^2 + e^2 \times e^1)$ であり，3次元のバウンダリーの群は $2\mathbf{Z}(e^1 \times e^2 + e^2 \times e^1)$ であるから，$H_3(\mathbf{R}P^2 \times \mathbf{R}P^2) \cong \mathbf{Z}/2\mathbf{Z}$ となることに注目すべきである．

4.4.2 テンソル積

Z 上のテンソル積 $\otimes$ を考える．2 つの Z 加群 A, B の Z 上のテンソル積 $A \otimes B$ は，一意的に定まる双 Z 線形写像 $h : A \times B \longrightarrow A \otimes B$ とともに，任意の加群 C への任意の双 Z 線形写像 $f : A \times B \longrightarrow C$ に対し，準同型 $g : A \otimes B \longrightarrow C$ が一意的に存在し，$f = g \circ h$ となることで定義される．テンソル積 $A \otimes B$ の存在は，$A \times B$ の元を基底とする自由加群 $Z[A \times B]$ を，双線形の関係式で生成する部分加群で割った商の加群として定義することにより示される．$(a, b) \in A \times B$ に対し，$A \otimes B$ における像を $a \otimes b$ と書く．$A \times B \cong B \times A$ だから，$A \otimes B \cong B \otimes A$ である．また，$(A \oplus A') \otimes B = A \otimes B \oplus A' \otimes B$, $A \otimes (B \oplus B') = A \otimes B \oplus A \otimes B'$ が成立する．$Z \otimes Z \cong Z$, $Z \otimes Q \cong Q$, $(Z/pZ) \otimes Z \cong Z/pZ$, $(Z/pZ) \otimes (Z/qZ) \cong Z/(p, q)Z$ （(p, q) は p, q の最大公約数）などが容易にわかる．準同型 $f : A \longrightarrow A'$ に対し，$a \longmapsto a'$ ならば $a \otimes b \longmapsto a' \otimes b$ だから $f \otimes \mathrm{id}_B : A \otimes B \longrightarrow A' \otimes B$ が定義される．

命題 4.4.3 Z 加群（アーベル群）の完全系列 $0 \longrightarrow A \xrightarrow{i} A' \xrightarrow{j} A'' \longrightarrow 0$ に対し，$A \otimes B \xrightarrow{i \otimes \mathrm{id}_B} A' \otimes B \xrightarrow{j \otimes \mathrm{id}_B} A'' \otimes B \longrightarrow 0$ は完全である．この性質をテンソル積 $\otimes$ の**右完全性**と呼ぶ．

証明 $A'' \otimes B$ においての完全性．準同型 $A' \longrightarrow A''$ が全射だから，$a'' \in A''$ に対し，$j(a') = a''$ となる a' が存在する．$A'' \otimes B$ の生成元 $a'' \otimes b$ に対し，$(j \otimes \mathrm{id}_B)(a' \otimes b) = a'' \otimes b$ だから，$A' \otimes B \longrightarrow A'' \otimes B$ は全射である．

$A' \otimes B$ においての完全性．$(i \otimes \mathrm{id}_B)(A \otimes B) \subset \ker(j \otimes \mathrm{id}_B : A' \otimes B \longrightarrow A'' \otimes B)$ は明らかである．一方，準同型 $A'' \otimes B \longrightarrow A' \otimes B/(i \otimes \mathrm{id}_B)(A \otimes B)$ が構成できる．実際，$a'' \otimes b \in A'' \otimes B$ に対し，$a'' \longmapsto a' \pmod{i(A)}$ をとると，$a'' \otimes b \longmapsto a' \otimes b \pmod{(i \otimes \mathrm{id}_B)(A \otimes B)}$ が定まる．この準同型に対し，

$$A' \otimes B \longrightarrow A'' \otimes B \longrightarrow A' \otimes B/(i \otimes \mathrm{id}_B)(A \otimes B)$$

は射影 $A' \otimes B \longrightarrow A' \otimes B/(i \otimes \mathrm{id}_B)(A \otimes B)$ と一致するから，

$$\ker(j \otimes \mathrm{id}_B : A' \otimes B \longrightarrow A'' \otimes B) \subset (i \otimes \mathrm{id}_B)(A \otimes B)$$

である． ∎

定義 4.4.4（$\mathrm{Tor}(A,B)$）　有限生成加群 A に対し，

$$0 \longrightarrow \boldsymbol{Z}^m \longrightarrow \boldsymbol{Z}^n \longrightarrow A \longrightarrow 0$$

が完全となるように $\boldsymbol{Z}^m \longrightarrow \boldsymbol{Z}^n$ をとる．このとき，B とのテンソル積をとると

$$B^m \longrightarrow B^n \longrightarrow A \otimes B \longrightarrow 0$$

は完全である．$\mathrm{Tor}(A,B)$ を

$$0 \longrightarrow \mathrm{Tor}(A,B) \longrightarrow B^m \longrightarrow B^n \longrightarrow A \otimes B \longrightarrow 0$$

が完全となるように定義する．

定義から，$\mathrm{Tor}(A_1 \oplus A_2, B) = \mathrm{Tor}(A_1, B) \oplus \mathrm{Tor}(A_2, B)$, $\mathrm{Tor}(A, B_1 \oplus B_2) = \mathrm{Tor}(A, B_1) \oplus \mathrm{Tor}(A, B_2)$ がわかる．次の計算から，$\mathrm{Tor}(A,B) \cong \mathrm{Tor}(B,A)$ であることがわかる．

【例 4.4.5】　(1)　A または B が $\boldsymbol{Z}$ ならば，$\mathrm{Tor}(A,B) = 0$ である．

(2)　$A = \boldsymbol{Z}/p\boldsymbol{Z}$, $B = \boldsymbol{Z}/q\boldsymbol{Z}$ のとき，完全系列 $0 \longrightarrow \boldsymbol{Z} \xrightarrow{p} \boldsymbol{Z} \longrightarrow \boldsymbol{Z}/p\boldsymbol{Z} \longrightarrow 0$ と $B = \boldsymbol{Z}/q\boldsymbol{Z}$ とのテンソル積をとると，完全系列 $\boldsymbol{Z}/q\boldsymbol{Z} \xrightarrow{p} \boldsymbol{Z}/q\boldsymbol{Z} \longrightarrow (\boldsymbol{Z}/p\boldsymbol{Z}) \otimes (\boldsymbol{Z}/q\boldsymbol{Z}) \longrightarrow 0$ を得る．ここで $(\boldsymbol{Z}/p\boldsymbol{Z}) \otimes (\boldsymbol{Z}/q\boldsymbol{Z}) \cong \boldsymbol{Z}/(p,q)\boldsymbol{Z}$ である．

$$0 \longrightarrow \boldsymbol{Z}/(p,q)\boldsymbol{Z} \longrightarrow \boldsymbol{Z}/q\boldsymbol{Z} \xrightarrow{p} \boldsymbol{Z}/q\boldsymbol{Z} \longrightarrow \boldsymbol{Z}/(p,q)\boldsymbol{Z} \longrightarrow 0$$

が完全系列であるから，$\mathrm{Tor}(\boldsymbol{Z}/p\boldsymbol{Z}, \boldsymbol{Z}/q\boldsymbol{Z}) = \boldsymbol{Z}/(p,q)\boldsymbol{Z}$ である．ここで $\boldsymbol{Z}/(p,q)\boldsymbol{Z} \longrightarrow \boldsymbol{Z}/q\boldsymbol{Z}$ は，$\boldsymbol{Z}/(p,q)\boldsymbol{Z}$ の生成元 1 を $\boldsymbol{Z}/q\boldsymbol{Z}$ の $\frac{q}{(p,q)}1$ に写す．

4.4.3　キネットの公式

アーベル群の短完全系列 $0 \longrightarrow A \xrightarrow{i} B \xrightarrow{j} C \longrightarrow 0$ が**分裂する**とは，準同型写像 $s: C \longrightarrow B$ で，$j \circ s = \mathrm{id}_C$ となるもの，あるいは準同型写像 $r: B \longrightarrow A$ で，$r \circ i = \mathrm{id}_A$ となるものが存在することである．このとき，$B \cong A \oplus C$ となる．

チェイン複体のテンソル積のホモロジー群は次の定理で計算される．

定理 4.4.6（キネットの公式） C_* を自由加群からなるチェイン複体，C'_* を
アーベル群からなるチェイン複体とするとき，次が成立する．

$$H_n(C_* \otimes C'_*) \cong \bigoplus_{p+q=n} H_p(C_*) \otimes H_q(C'_*) \oplus \bigoplus_{p+q=n-1} \mathrm{Tor}(H_p(C_*), H_q(C'_*))$$

すなわち，

$$0 \longrightarrow \bigoplus_{p+q=n} H_p(C_*) \otimes H_q(C'_*) \longrightarrow H_n(C_* \otimes C'_*)$$
$$\longrightarrow \bigoplus_{p+q=n-1} \mathrm{Tor}(H_p(C_*), H_q(C'_*)) \longrightarrow 0$$

は分裂する完全系列である．

証明 $Z_p = \ker(\partial : C_p \longrightarrow C_{p-1})$ とおき，$\overline{B}_p = \mathrm{im}(\partial : C_p \longrightarrow C_{p-1})$ とする（これは，次元をそろえるためであり，普通は $\overline{B}_p$ は B_{p-1} と書かれる）．このとき，

$$0 \longrightarrow Z_* \xrightarrow{i} C_* \xrightarrow{\partial} \overline{B}_* \longrightarrow 0$$

は自由加群からなるチェイン複体の短完全系列である．$\overline{B}_*$ は自由加群だから，完全系列

$$0 \longrightarrow Z_* \otimes C'_* \xrightarrow{i} C_* \otimes C'_* \xrightarrow{\partial} \overline{B}_* \otimes C'_* \longrightarrow 0$$

が得られる．このチェイン複体の短完全系列から，次の長完全系列が得られる．

$$\cdots \longrightarrow H_{n+1}(\overline{B}_* \otimes C'_*) \xrightarrow{\partial_*} H_n(Z_* \otimes C'_*) \longrightarrow H_n(C_* \otimes C'_*)$$
$$\longrightarrow H_n(\overline{B}_* \otimes C'_*) \xrightarrow{\partial_*} H_{n-1}(Z_* \otimes C'_*) \longrightarrow$$

ここで，2 重複体 $Z_* \otimes C'_*$ および $\overline{B}_* \otimes C'_*$ における境界準同型は

$$\begin{array}{ccc} \downarrow & & \downarrow \\ Z_{p-1} \otimes C'_q \xleftarrow{0} Z_p \otimes C'_q & & \overline{B}_{p-1} \otimes C'_q \xleftarrow{0} \overline{B}_p \otimes C'_q \\ & \downarrow (-1)^p \partial'' & & \downarrow (-1)^p \partial'' \\ & Z_p \otimes C'_{q-1} & & \overline{B}_p \otimes C'_{q-1} \end{array}$$

であり，F が自由加群のとき $H_*(F \otimes C_*') \cong F \otimes H_*(C_*')$ となるから，

$$\bigoplus_{p+q=n+1} \overline{B}_p \otimes H_q(C_*') \xrightarrow{\partial_*} \bigoplus_{p+q=n} Z_p \otimes H_q(C_*') \longrightarrow H_n(C_* \otimes C_*')$$
$$\longrightarrow \bigoplus_{p+q=n} \overline{B}_p \otimes H_q(C_*') \xrightarrow{\partial_*} \bigoplus_{p+q=n-1} Z_p \otimes H_q(C_*')$$

が完全系列となる．ここで，連結準同型 ∂_* の定義をみると，$\partial = j \otimes \mathrm{id}$ ($j : \overline{B}_{p+1} = B_p \subset Z_p$) であることがわかる．すなわち，次の完全系列を得る．

$$\bigoplus_{p+q=n} B_p \otimes H_q(C_*') \xrightarrow{j \otimes \mathrm{id}} \bigoplus_{p+q=n} Z_p \otimes H_q(C_*') \longrightarrow H_n(C_* \otimes C_*')$$
$$\longrightarrow \bigoplus_{p+q=n-1} B_p \otimes H_q(C_*') \xrightarrow{j \otimes \mathrm{id}} \bigoplus_{p+q=n-1} Z_p \otimes H_q(C_*')$$

したがって，短完全系列 $0 \longrightarrow \mathrm{coker}(j \otimes \mathrm{id}) \longrightarrow H_n(C_* \otimes C_*') \longrightarrow \ker(j \otimes \mathrm{id}) \longrightarrow 0$ を得る．短完全系列 $0 \longrightarrow B_p \xrightarrow{j} Z_p \longrightarrow H_p(C_*) \longrightarrow 0$ と，$H_q(C_*') = H_q'$ のテンソル積をとると，右完全性から，$\mathrm{coker}(j \otimes \mathrm{id}) \cong H_p(C_*) \otimes H_q'$ が得られる．また Tor の定義により，完全系列

$$0 \longrightarrow \mathrm{Tor}(H_p, H_q') \longrightarrow B_p \otimes H_q' \xrightarrow{j \otimes \mathrm{id}} Z_p \otimes H_q' \longrightarrow H_p(C_*) \otimes H_q' \longrightarrow 0$$

を得る．したがって，$\ker(j \otimes \mathrm{id}) = \mathrm{Tor}(H_p, H_q')$ である．次元に注意してまとめて，キネットの公式の完全系列を得る．

分裂することを示すために，自由加群からなるチェイン複体の短完全系列 $0 \longrightarrow Z_* \xrightarrow{i} C_* \xrightarrow{\partial} \overline{B}_* \longrightarrow 0$ に対し，$r_p : C_p \longrightarrow Z_p$ で，$r_p \circ i = \mathrm{id}_{Z_p}$ となるものをとる．同様に，$0 \longrightarrow Z_*' \xrightarrow{i} C_*' \xrightarrow{\partial} \overline{B}_*' \longrightarrow 0$ に対し，$r_q' : C_q' \longrightarrow Z_q'$ で，$r_q' \circ i = \mathrm{id}_{Z_q'}$ となるものをとる．$C_* \otimes C_*'$ の n 次元バウンダリー c が $n+1$ 次元チェイン c' の境界に書かれるとする：$c = \partial c'$．

$$c' = \sum_{p+q=n+1} \sum_{i_{p,q}} a_{p,q}^{i_{p,q}} c_p^{i_{p,q}} \otimes c_q^{i_{p,q}}$$

とすると，

$$(r \otimes r')c = (r \otimes r')(\partial' c' \pm \partial'' c')$$
$$= (r \otimes r')\bigg(\sum_{p+q=n+1} \sum_{i_{p,q}} a_{p,q}^{i_{p,q}} \partial c_p^{i_{p,q}} \otimes c_q^{i_{p,q}} + \sum_{p+q=n+1} \sum_{i_{p,q}} (-1)^p a_{p,q}^{i_{p,q}} c_p^{i_{p,q}} \otimes \partial c_q^{i_{p,q}} \bigg)$$
$$= \sum_{p+q=n+1} \sum_{i_{p,q}} a_{p,q}^{i_{p,q}} \partial c_p^{i_{p,q}} \otimes r'(c_q^{i_{p,q}}) + \sum_{p+q=n+1} \sum_{i_{p,q}} (-1)^p a_{p,q}^{i_{p,q}} r(c_p^{i_{p,q}}) \otimes \partial c_q^{i_{p,q}}$$
$$\in \bigoplus_{p+q=n} (B_p \otimes Z_q) \oplus \bigoplus_{p+q=n} (Z_p \otimes B_q)$$

したがって，$[(r \otimes r')c] = 0 \in \bigoplus_{p+q=n} H_p(C_*) \otimes H_q(C'_*)$ となって，

$$R : H_n(C_* \otimes C'_*) \longrightarrow \bigoplus_{p+q=n} H_p(C_*) \otimes H_q(C'_*)$$

が定義されるが，$(r \otimes r') \circ (i \otimes i') = \mathrm{id}_{Z_* \otimes Z'_*}$ だから，自然な準同型 $I : \bigoplus_{p+q=n} H_p(C_*) \otimes H_q(C'_*) \longrightarrow H_n(C_* \otimes C'_*)$ に対し，$R \circ I = \mathrm{id}_{\bigoplus_{p+q=n} H_p(C_*) \otimes H_q(C'_*)}$ となる．したがって完全系列は分裂する． ∎

【例 4.4.7】 例 4.4.1 においては，キネットの公式のテンソル積の部分だけが現れる．例 4.4.2 においては，$H_2(\boldsymbol{R}P^2 \times \boldsymbol{R}P^2)$ には，テンソル積 $H_1(\boldsymbol{R}P^2) \otimes H_1(\boldsymbol{R}P^2)$ が現れ，$H_3(\boldsymbol{R}P^2 \times \boldsymbol{R}P^2)$ に，$\mathrm{Tor}(H_1(\boldsymbol{R}P^2), H_1(\boldsymbol{R}P^2))$ が現れる．

【問題 4.4.8】 円周 S^1 と射影平面 $\boldsymbol{R}P^2$ の直積 $S^1 \times \boldsymbol{R}P^2$ のホモロジー群を求めよ．解答例は 164 ページ．

【問題 4.4.9】 互いに素な整数の組 (p, q) $(p > q \geqq 1)$, (p', q') $(p' > q' \geqq 1)$ に対し，問題 3.4.13（99 ページ）であつかったレンズ空間 $L_{p,q}, L_{p',q'}$ を考える．$L_{p,q} \times L_{p',q'}$ のホモロジー群を求めよ．解答例は 164 ページ．

4.4.4　普遍係数定理

体を係数とするホモロジー群を考えたのと同様にアーベル群 G を係数とするホモロジー群 $H_*(C_*; G)$ を考えることができるが，それは，自由加群からなるチェイン複体 C_* についてチェイン複体 $C_* \otimes G$ をつくり，そのホモロジー群を計算することである．

キネットの公式を用いて $H_*(C_*)$ から $H_*(C_*; G) = H_*(C_* \otimes G)$ を求めることができる．

すなわち，チェイン複体 $0 \longleftarrow G \longleftarrow 0$ と

$$C_* : 0 \xleftarrow{\partial_0} C_0 \xleftarrow{\partial_1} C_1 \xleftarrow{\partial_2} \cdots \xleftarrow{\partial_n} C_n \xleftarrow{\partial_{n+1}} 0$$

のテンソル積のホモロジー群を考えればよい．

このときキネットの公式により，次の定理が得られる．

定理 4.4.10（普遍係数定理）

$$0 \longrightarrow H_n(C_*) \otimes G \longrightarrow H_n(C_*;G) \longrightarrow \mathrm{Tor}(H_{n-1}(C_*),G) \longrightarrow 0$$

は分裂する完全系列である．

4.5 コホモロジー群

4.5.1 コチェイン複体

自由加群からなるチェイン複体

$$C_*: 0 \xleftarrow{\partial_0} C_0 \xleftarrow{\partial_1} C_1 \xleftarrow{\partial_2} \cdots \xleftarrow{\partial_n} C_n \xleftarrow{\partial_{n+1}} 0$$

においては，3.5.2 小節（103 ページ）で考察したように，$\partial_0, \ldots, \partial_{n+1}$ を表す行列をとることができる．C_ℓ のランクを k_ℓ とすると，C_ℓ の元は k_ℓ 次元の列ベクトルで表される．∂_ℓ は $k_{\ell-1}$ 行 k_ℓ 列の行列で表され，C_ℓ の k_ℓ 次元の列ベクトルに作用し，$C_{\ell-1}$ の $k_{\ell-1}$ 次元の列ベクトルを与える．さて，この $k_{\ell-1} \times k_\ell$ 行列は，$k_{\ell-1}$ 次元の行ベクトルに右から作用し，k_ℓ 次元の行ベクトルを与える．k_ℓ 次元の整数行ベクトルの空間を C^ℓ とすると，加群と準同型写像の系列

$$C^*: 0 \longrightarrow C^0 \xrightarrow{\delta_0} C^1 \xrightarrow{\delta_1} \cdots \xrightarrow{\delta_{n-1}} C^n \longrightarrow 0$$

が得られる．$\delta_{\ell-1}$ は ∂_ℓ と同じ行列である（$C^{\ell-1}$ の元を列ベクトルで表し，$\delta_{\ell-1}$ を列ベクトルに作用させようとすると $\delta_{\ell-1}$ を表す行列は ∂_ℓ を表す行列の転置行列である）．行ベクトルは，C_ℓ 上の $\mathbf{Z}$ 値線形形式に対応しているので，C_ℓ の**双対加群** $C^\ell = \mathrm{Hom}(C_\ell, \mathbf{Z})$ を考えているということになる．

上の系列について，$\delta_\ell \circ \delta_{\ell-1} = 0$ であり，C^* は C_* の**双対コチェイン複体**と呼ばれる．一般に，C^* の形のアーベル群と準同型写像 δ_ℓ の系列で $\delta_\ell \circ \delta_{\ell-1} = 0$ を満たすものを**コチェイン複体**と呼ぶ．コチェイン複体から $H^\ell(C^*) = \ker \delta_\ell / \mathrm{im}\, \delta_{\ell-1}$ として得られる群を ℓ 次元**コホモロジー群**と呼ぶ．$\ker \delta_\ell$ の元を ℓ 次元**コサイクル**，$\mathrm{im}\, \delta_{\ell-1}$ の元を ℓ 次元**コバウンダリー**と呼ぶ．同じコホモロジー群の元を代表する 2 つのコサイクルは，**コホモロガス**であ

るという．

自由加群からなるチェイン複体 C_* において，∂_ℓ を表す行列が 3.5.2 小節で考察した標準形に書かれているとする．双対コチェイン複体 C^* においては，$\partial_{\ell+1}$ を表す行列が，$\delta_\ell : C^\ell \longrightarrow C^{\ell+1}$ を与えている．$C^\ell = \mathbf{Z}^{p_{\ell+1}} \oplus \mathbf{Z}^{q_{\ell+1}} \oplus \mathbf{Z}^{k_\ell-(p_{\ell+1}+q_{\ell+1})}$，$C^{\ell-1} = \mathbf{Z}^{p_\ell} \oplus \mathbf{Z}^{q_\ell} \oplus \mathbf{Z}^{k_{\ell-1}-(p_\ell+q_\ell)}$ において，$\ker \delta_\ell = \mathbf{0} \oplus \mathbf{0} \oplus \mathbf{Z}^{k_\ell-(p_{\ell+1}+q_{\ell+1})}$ が $\mathrm{im}\, \delta_{\ell-1}$ を含み，

$$H^\ell(C^*) \cong \mathbf{Z}^{k_\ell-(p_{\ell+1}+q_{\ell+1})-(p_\ell+q_\ell)} \oplus \bigoplus_{i=1}^{q_\ell} \mathbf{Z}/m_i^\ell \mathbf{Z}$$

となる．すなわち，$\mathrm{rank}(H^\ell(C^*)) = \mathrm{rank}(H_\ell(C_*))$ であり，アーベル群 A の有限位数の元のなす部分群を $\mathrm{torsion}(A)$ と書くと，$H^\ell(C^*)$ の有限位数の元のなす部分群 $\mathrm{torsion}(H^\ell(C^*))$ は $H_{\ell-1}(C_*)$ の有限位数の元のなす部分群 $\mathrm{torsion}(H_{\ell-1}(C_*))$ に同型である．

命題 4.5.1 有限生成自由加群からなるチェイン複体 C_* の双対コチェイン複体 C^* に対し次が成立する．

$$\mathrm{rank}(H^\ell(C^*)) = \mathrm{rank}(H_\ell(C_*)),$$
$$\mathrm{torsion}(H^\ell(C^*)) \cong \mathrm{torsion}(H_{\ell-1}(C_*))$$

オイラー標数について，$\chi(C_*) = \chi(C^*) = \sum (-1)^\ell \mathrm{rank}(C^\ell)$ となるが，これは $\sum (-1)^\ell \mathrm{rank}(H^\ell(C^*))$ と一致する．

命題 4.5.1 は，普遍係数定理の一部分として定理 4.5.5 のように Ext を用いて定式化される．Ext の定義のために，命題 4.4.3 に対応する次の命題を用意する．

命題 4.5.2 $\mathbf{Z}$ 加群の完全系列 $0 \longrightarrow A \xrightarrow{i} A' \xrightarrow{j} A'' \longrightarrow 0$ に対し，$0 \longrightarrow \mathrm{Hom}(A'', B) \xrightarrow{j^*} \mathrm{Hom}(A', B) \xrightarrow{i^*} \mathrm{Hom}(A, B)$ は完全である．この性質を Hom の**左完全性**と呼ぶ．

証明 $\alpha : A'' \longrightarrow B$ に対し，$j^*\alpha = 0 : A' \longrightarrow B$ ならば，$\alpha = 0$ である．したがって，j^* は単射である．次に，$i^* \circ j^* = 0$ だから，$\ker i^* \supset \mathrm{im}\, j^*$ である．また，$\beta : A' \longrightarrow B$ に対し，$i^*\beta = 0 : A \longrightarrow B$ ならば，$\overline{\beta} : A'' \cong A'/i(A) \longrightarrow B$ が定義されており，$\beta = j^* \overline{\beta}$ である．したがって $\ker i^* \subset \mathrm{im}\, j^*$ であり，$\ker i^* = \mathrm{im}\, j^*$ が示された． ∎

定義 4.5.3（$\mathrm{Ext}(A,B)$） 有限生成アーベル群 A に対し，$0 \longrightarrow \boldsymbol{Z}^m \longrightarrow \boldsymbol{Z}^n \longrightarrow A \longrightarrow 0$ が完全系列となるように $\boldsymbol{Z}^m \longrightarrow \boldsymbol{Z}^n$ をとる．このとき，$0 \longrightarrow \mathrm{Hom}(A,B) \longrightarrow \mathrm{Hom}(\boldsymbol{Z}^n,B) \longrightarrow \mathrm{Hom}(\boldsymbol{Z}^n,B)$ は完全系列である．$\mathrm{Ext}(A,B)$ を

$$0 \longrightarrow \mathrm{Hom}(A,B) \longrightarrow \mathrm{Hom}(\boldsymbol{Z}^n,B) \longrightarrow \mathrm{Hom}(\boldsymbol{Z}^n,B) \longrightarrow \mathrm{Ext}(A,B) \longrightarrow 0$$

が完全となることで定義する．

定義から，$\mathrm{Ext}(A_1 \oplus A_2, B) = \mathrm{Ext}(A_1,B) \oplus \mathrm{Ext}(A_2,B)$, $\mathrm{Ext}(A, B_1 \oplus B_2) = \mathrm{Ext}(A,B_1) \oplus \mathrm{Ext}(A,B_2)$ がわかる．また，$\mathrm{Ext}(\boldsymbol{Z},B) = 0$ である．

【例 4.5.4】 (1) 完全系列 $0 \longrightarrow \boldsymbol{Z} \overset{p}{\longrightarrow} \boldsymbol{Z} \longrightarrow \boldsymbol{Z}/p\boldsymbol{Z} \longrightarrow 0$ に対して，完全系列 $0 \longrightarrow \mathrm{Hom}(\boldsymbol{Z}/p\boldsymbol{Z},\boldsymbol{Z}) \longrightarrow \mathrm{Hom}(\boldsymbol{Z},\boldsymbol{Z}) \overset{p}{\longrightarrow} \mathrm{Hom}(\boldsymbol{Z},\boldsymbol{Z})$ （ここで，$\mathrm{Hom}(\boldsymbol{Z}/p\boldsymbol{Z},\boldsymbol{Z}) = 0$）が得られるが，$0 \longrightarrow 0 \longrightarrow \mathrm{Hom}(\boldsymbol{Z},\boldsymbol{Z}) \overset{p}{\longrightarrow} \mathrm{Hom}(\boldsymbol{Z},\boldsymbol{Z}) \longrightarrow \boldsymbol{Z}/p\boldsymbol{Z} \longrightarrow 0$ が完全系列であるから，$\mathrm{Ext}(\boldsymbol{Z}/p\boldsymbol{Z},\boldsymbol{Z}) \cong \boldsymbol{Z}/p\boldsymbol{Z}$ となる．したがって $\mathrm{Ext}(A,\boldsymbol{Z})$ は A の有限位数の元からなる部分群 $\mathrm{torsion}(A)$ と同型である．

(2) 同じ完全系列 $0 \longrightarrow \boldsymbol{Z} \overset{p}{\longrightarrow} \boldsymbol{Z} \longrightarrow \boldsymbol{Z}/p\boldsymbol{Z} \longrightarrow 0$ に対して，完全系列 $0 \longrightarrow \mathrm{Hom}(\boldsymbol{Z}/p\boldsymbol{Z},\boldsymbol{Z}/q\boldsymbol{Z}) \longrightarrow \mathrm{Hom}(\boldsymbol{Z},\boldsymbol{Z}/q\boldsymbol{Z}) \overset{p}{\longrightarrow} \mathrm{Hom}(\boldsymbol{Z},\boldsymbol{Z}/q\boldsymbol{Z})$ （ここで，$\mathrm{Hom}(\boldsymbol{Z}/p\boldsymbol{Z},\boldsymbol{Z}/q\boldsymbol{Z}) \cong \boldsymbol{Z}/(p,q)\boldsymbol{Z}$）が得られるが，

$$0 \longrightarrow \boldsymbol{Z}/(p,q)\boldsymbol{Z} \longrightarrow \mathrm{Hom}(\boldsymbol{Z},\boldsymbol{Z}/q\boldsymbol{Z}) \overset{p}{\longrightarrow} \mathrm{Hom}(\boldsymbol{Z},\boldsymbol{Z}/q\boldsymbol{Z}) \longrightarrow \boldsymbol{Z}/(p,q)\boldsymbol{Z} \longrightarrow 0$$

が完全系列となるので，$\mathrm{Ext}(\boldsymbol{Z}/p\boldsymbol{Z},\boldsymbol{Z}/q\boldsymbol{Z}) \cong \boldsymbol{Z}/(p,q)\boldsymbol{Z}$ となる．

アーベル群 G に係数を持つコホモロジー群は，整数係数ホモロジー群から次のように計算される．

定理 4.5.5 アーベル群 G に対し，

$$0 \longrightarrow \mathrm{Ext}(H_{n-1}(C_*),G) \longrightarrow H^n(\mathrm{Hom}(C_*,G)) \longrightarrow \mathrm{Hom}(H_n(C_*),G) \longrightarrow 0$$

は分裂する完全系列である．

定理 4.5.5 において，$G = \boldsymbol{Z}$ のときに，例 4.5.4 を用いて計算すれば，命題

4.5.1 と同じ結果を得る. 定理 4.5.5 は, コチェイン複体 $0 \longrightarrow G \longrightarrow 0$ への線形写像全体のなすコチェイン複体のコホモロジー群の計算と考えることができる. これを, 次のようにコチェイン複体への線形写像全体に対するコホモロジー群についての命題に一般化することができる.

C_* をチェイン複体, C'^* をコチェイン複体として, $\mathrm{Hom}(C_p, C'^q)$ を考えると, $\mathrm{Hom}(C_p, C'^q) \ni c : C_p \longrightarrow C'^q$ に対し, $(\delta' c)(a) = c(\partial a)$, $(\delta'' c)(a) = \delta''(c(a))$ により, 2 重複体の構造が得られる. $\delta = \delta' + (-1)^p \delta''$ として,

$$\delta : \bigoplus_{p+q=n} \mathrm{Hom}(C_p, C'^q) \longrightarrow \bigoplus_{p+q=n+1} \mathrm{Hom}(C_p, C'^q)$$

が定まり, $\delta \circ \delta = 0$ である. キネットの公式の証明と同様にして, 次の定理が示される.

定理 4.5.6 C_* を自由加群からなるチェイン複体, C'^* をアーベル群からなるコチェイン複体とするとき,

$$0 \longrightarrow \bigoplus_{p+q=n-1} \mathrm{Ext}(H_p(C_*), H^q(C'^*)) \longrightarrow H^n(\mathrm{Hom}(C_*, C'^*))$$
$$\longrightarrow \bigoplus_{p+q=n} \mathrm{Hom}(H_p(C_*), H^q(C'^*)) \longrightarrow 0$$

は分裂する完全系列である.

この定理で, $C'^* = \mathrm{Hom}(C_*, \mathbf{Z})$ であるときは,

$$\mathrm{Hom}(C_*, C'^*) = \mathrm{Hom}(C_*, \mathrm{Hom}(C'_*, \mathbf{Z})) \cong \mathrm{Hom}(C_* \otimes C'_*, \mathbf{Z})$$

である. したがって, $H^n(\mathrm{Hom}(C_*, C'^*)) \cong H^n((C_* \otimes C'_*)^*)$ である.

定理 4.5.6 の証明 自由加群からなるチェイン複体の短完全系列

$$0 \longrightarrow Z_* \xrightarrow{i} C_* \xrightarrow{\partial} \overline{B}_* \longrightarrow 0$$

を考える. これは分裂している. $\overline{B}_*$ は自由加群だから,

$$0 \longrightarrow \mathrm{Hom}(\overline{B}_*, C'^*) \longrightarrow \mathrm{Hom}(C_*, C'^*) \xrightarrow{i^*} \mathrm{Hom}(Z_*, C'^*) \longrightarrow 0$$

は完全系列である. これにより次のコホモロジー群の長完全系列が得られる.

$$H^{n-1}(\mathrm{Hom}(Z_*, C'^*)) \xrightarrow{\delta} H^n(\mathrm{Hom}(\overline{B}_*, C'^*)) \longrightarrow H^n(\mathrm{Hom}(\overline{C}_*, C'^*))$$
$$\xrightarrow{i^*} H^n(\mathrm{Hom}(Z_*, C'^*)) \xrightarrow{\delta} H^{n+1}(\mathrm{Hom}(\overline{B}_*, C'^*))$$

ここで，$\mathrm{Hom}(Z_*, C'^*)$，$\mathrm{Hom}(\overline{B}_*, C'^*)$ におけるコバウンダリー準同型は，

$$\begin{array}{ccc}
\mathrm{Hom}(Z_p, C'^{q+1}) & & \mathrm{Hom}(\overline{B}_p, C'^{q+1}) \\
\uparrow{\scriptstyle (-1)^p \delta''} & & \uparrow{\scriptstyle (-1)^p \delta''} \\
\mathrm{Hom}(Z_p, C'^q) \xrightarrow{0} \mathrm{Hom}(Z_{p+1}, C'^q) & & \mathrm{Hom}(\overline{B}_p, C'^q) \xrightarrow{0} \mathrm{Hom}(\overline{B}_{p+1}, C'^q)
\end{array}$$

であり，F が自由加群のとき $H_*(\mathrm{Hom}(F, C'^*)) \cong \mathrm{Hom}(F, H^*(C'^*))$ となるから，

$$\bigoplus_{p+q=n-1} \mathrm{Hom}(Z_p, H^q(C'^*)) \xrightarrow{\delta} \bigoplus_{p+q=n} \mathrm{Hom}(\overline{B}_p, H^q(C'^*)) \longrightarrow H^n(\mathrm{Hom}(\overline{C}_*, C'^*))$$
$$\xrightarrow{i^*} \bigoplus_{p+q=n} \mathrm{Hom}(Z_p, H^q(C'^*)) \xrightarrow{\delta} \bigoplus_{p+q=n+1} \mathrm{Hom}(\overline{B}_p, H^q(C'^*))$$

が完全系列となる．δ の定義をみると，$\delta = \mathrm{Hom}(j, \mathrm{id})$ $(j : \overline{B}_{p+1} = B_p \subset Z_p)$ であることがわかる．すなわち，次の完全系列が得られる．

$$\bigoplus_{p+q=n-1} \mathrm{Hom}(Z_p, H^q(C'^*)) \xrightarrow{\delta} \bigoplus_{p+q=n-1} \mathrm{Hom}(B_p, H^q(C'^*)) \longrightarrow H^n(\mathrm{Hom}(\overline{C}_*, C'^*))$$
$$\xrightarrow{i^*} \bigoplus_{p+q=n} \mathrm{Hom}(Z_p, H^q(C'^*)) \xrightarrow{\delta} \bigoplus_{p+q=n} \mathrm{Hom}(B_p, H^q(C'^*))$$

したがって完全系列

$$0 \longrightarrow \mathrm{coker}(\mathrm{Hom}(j, \mathrm{id})) \longrightarrow H^n(\mathrm{Hom}(\overline{C}_*, C'^*)) \longrightarrow \mathrm{ker}(\mathrm{Hom}(j, \mathrm{id})) \longrightarrow 0$$

が得られる．完全系列

$$0 \longrightarrow B_p \longrightarrow Z_p \longrightarrow H_p(C_*) \longrightarrow 0$$

から，$H_q(C'^*) = H'^q$ と書いて $\mathrm{ker}(\mathrm{Hom}(j, \mathrm{id})) \cong \mathrm{Hom}(H_p(C_*), H'^q)$，また Ext の定義により，次は完全系列である．

$$0 \longrightarrow \mathrm{Hom}(H_p, H'^q) \longrightarrow \mathrm{Hom}(Z_p, H'^q) \xrightarrow{\mathrm{Hom}(j, \mathrm{id})} \mathrm{Hom}(B_p, H'^q)$$
$$\longrightarrow \mathrm{Ext}(H_p(C_*), H'^q) \longrightarrow 0$$

したがって，$\mathrm{coker}(\mathrm{Hom}(j,\mathrm{id})) \cong \mathrm{Ext}(H_p, H'^q)$ を得る．次元に注意してまとめて，定理の完全系列を得る．分裂することの証明は省略する． ∎

C_*, C'_* をともに有限生成自由加群からなるチェイン複体とすると，次の同型が存在する．

$$\mathrm{Hom}(C_* \otimes C'_*, \boldsymbol{Z}) \cong \mathrm{Hom}(C_*, \boldsymbol{Z}) \otimes \mathrm{Hom}(C'_*, \boldsymbol{Z})$$

すなわち，$(C_* \otimes C'_*)^* \cong C^* \otimes C'^*$ である．ホモロジー群のキネットの公式の証明と，バウンダリー準同型がコバウンダリー準同型になることを除きまったく同様にして，次の分裂する完全系列が得られる．

定理 4.5.7 C_*, C'_* を有限生成自由加群からなるチェイン複体とするとき，

$$0 \longrightarrow \bigoplus_{p+q=n} H^p(C^*) \otimes H^q(C'^*) \xrightarrow{I} H^n(C^* \otimes C'^*)$$
$$\longrightarrow \bigoplus_{p+q=n+1} \mathrm{Tor}(H^p(C^*), H^q(C'^*)) \longrightarrow 0$$

は分裂する完全系列である．

定理 4.5.7 は，4.5.3 小節でカップ積の定義に用いる．

2 つのチェイン複体 C_*, C'_* の間のチェイン写像 $F : C_* \longrightarrow C'_*$ が与えられると，それらの双対コチェイン複体 $C^* = \mathrm{Hom}(C_*, \boldsymbol{Z}), C'^* = \mathrm{Hom}(C'_*, \boldsymbol{Z})$ の間のコチェイン写像，すなわち，$F^* \circ \delta = \delta \circ F^*$ となる準同型写像 $F^* : C'^* \longrightarrow C^*$ が，$a \in C'^*$ に対し，$F^* a = a \circ F$ と定義することにより，自然に誘導される．このコチェイン写像 F^* は，コホモロジー群の準同型写像 $F^* : H^*(C'^*) \longrightarrow H^*(C^*)$ を定義する．写像の向きが，ホモロジー群の場合と逆になっていることに注意が必要である．

胞体複体 X に付随するチェイン複体 $C_*(X)$ に対して，$\mathrm{Hom}(C_*(X), \boldsymbol{Z}) = C^*(X)$ が胞体複体 X に付随するコチェイン複体として定義される．コチェイン複体 $C^*(X)$ のコホモロジー群を $H^*(X)$ と書く．

胞体複体 X, Y と胞体写像 $F : X \longrightarrow Y$ に対して，チェイン写像 $F_* : C_*(X) \longrightarrow C_*(Y)$ が定義されるとともに，コチェイン写像 $F^* : C^*(Y) \longrightarrow$

$C^*(X)$ が定義される.

ここで,胞体写像 $F: X \longrightarrow Y$, $G: Y \longrightarrow Z$ に対して,胞体写像 $G \circ F: X \longrightarrow Z$ が得られるが,ホモロジー群については $(G \circ F)_* = G_* \circ F_*: H_*(X) \longrightarrow H_*(Z)$ を満たす(共変関手)のに対し,コホモロジー群については $(G \circ F)^* = F^* \circ G^*: H^*(Z) \longrightarrow H^*(X)$ を満たす(反変関手).

4.5.2 コホモロジー理論の公理

コホモロジー理論を公理的に展開することもできる.そのときの公理は,次のものである.

(F) (反変関手)

(位相空間対,連続写像)から(次数付き $\boldsymbol{Z}$ 加群,準同型写像)への反変関手である.

(H) (ホモトピー公理)

$f_0 \simeq f_1: (X, A) \longrightarrow (Y, B)$ ならば,$(f_0)^* = (f_1)^*: H^\ell(Y, B) \longrightarrow H^\ell(X, A)$ が成立する.

(P) (空間対の長完全系列)

対のコホモロジー完全系列があり,連結準同型は自然性を持つ.

$$\xrightarrow{\delta^*} H^\ell(X, A) \xrightarrow{j^*} H^\ell(X) \xrightarrow{i^*} H^\ell(A)$$
$$\xrightarrow{\delta^*} H^{\ell+1}(X, A) \xrightarrow{j^*} H^{\ell+1}(X) \xrightarrow{i^*} H^{\ell+1}(A)$$

(E) (切除公理)$X \subset A \subset B$,A は開集合,B は閉集合とするとき,$\iota: (X \setminus B, A \setminus B) \longrightarrow (X, A)$ は同型写像 $\iota^*: H^\ell(X, A) \longrightarrow H^\ell(X \setminus B, A \setminus B)$ を誘導する.

(D) (次元公理)
$$H^*(1 \text{ 点}) \cong \begin{cases} \boldsymbol{Z} & (* = 0) \\ 0 & (* \neq 0). \end{cases}$$

【問題 4.5.8】 コホモロジー理論の公理 (F) および (P) の内容をそれぞれ説明せよ.解答例は 165 ページ.

4.5.3 カップ積

準同型の向きが変わったことにより,コホモロジー群の上には積構造が定義され,コホモロジー環,あるいはコホモロジー代数と呼ばれる.積はカッ

プ積と呼ばれる．定義は簡単である．

定義 4.5.9（カップ積） X を位相空間とする．$\mathrm{diag}: X \longrightarrow X \times X$ を対角線写像とする．$\mathrm{diag}(x) = (x,x)$ である．$\mathrm{diag}^* : H^*(X \times X) \longrightarrow H^*(X)$ が得られるが，キネットの公式 4.5.7 によれば，$H^*(X) \otimes H^*(X) \longrightarrow H^*(X \times X)$ が存在する．これらの準同型の結合として得られる準同型写像を**カップ積**と呼ぶ．

$$\cup : \bigoplus_{p+q=n} H^p(X) \otimes H^q(X) \longrightarrow H^{p+q}(X)$$

カップ積の 2 つの性質が容易にわかる（問題 4.5.10，問題 4.5.11）．

【問題 4.5.10】 連続写像 $f : X \longrightarrow Y$, $x, y \in H^*(Y)$ に対し，$f^*(x \cup y) = f^*x \cup f^*y$ を示せ．解答例は 165 ページ．

【問題 4.5.11】 X を有限胞体複体とする．$x \in H^p(X), y \in H^q(X)$ に対し，$y \cup x = (-1)^{pq} x \cup y$ を示せ．解答例は 166 ページ．

カップ積を計算するのは自明ではないが，その情報がわかると環構造から多くの結論が得られる．多様体のドラーム・コホモロジー群は，定理 4.5.5 で G を実数 $\boldsymbol{R}$ とした実数係数のコホモロジー群と一致する（[微分形式] 参照）．ドラーム・コホモロジー群の元の間には，微分形式の外積 $\wedge$ が誘導する積が定義される．多様体の実数係数のコホモロジー代数におけるカップ積は，外積と一致する．

【例 4.5.12】 (1) n 次元トーラス $T^n = (S^1)^n$ のコホモロジー群は $H^k(T^n; \boldsymbol{Z}) \cong \boldsymbol{Z}^{\binom{n}{k}}$ となるが，$H^1(T^n; \boldsymbol{Z})$ の生成元を $a_1, \ldots, a_n$ とすると $a_{i_1} \cup \cdots \cup a_{i_k}$ $(i_1 < \cdots < i_k)$ が $H^k(T^n; \boldsymbol{Z}) \cong \boldsymbol{Z}^{\binom{n}{k}}$ の生成元となる．

(2) n 次元複素射影空間 $\boldsymbol{C}P^n$ のコホモロジー群は $H^k(\boldsymbol{C}P^n; \boldsymbol{Z}) \cong$ $\begin{cases} \boldsymbol{Z} & (k = 2m, \ 0 \leqq m \leqq n) \\ 0 & (k = 2m-1, \ 1 \leqq m \leqq n; k > 2n) \end{cases}$ で与えられるが，$H^2(\boldsymbol{C}P^n)$ の生成元 x をとると，$0 \leqq m \leqq n$ に対して，$x^m = \overbrace{x \cup \cdots \cup x}^{m}$ が $H^{2m}(\boldsymbol{C}P^n)$ の生成元となる．

(3) n 次元実射影空間 $\boldsymbol{R}P^n$ の $\boldsymbol{Z}/2\boldsymbol{Z}$ 係数コホモロジー群は
$$H^k(\boldsymbol{R}P^n;\boldsymbol{Z}/2\boldsymbol{Z}) \cong \begin{cases} \boldsymbol{Z}/2\boldsymbol{Z} & (0 \leqq k \leqq n) \\ 0 & (k > n) \end{cases}$$
で与えられるが, $H^1(\boldsymbol{R}P^n;\boldsymbol{Z}/2\boldsymbol{Z})$ の生成元 x をとると, $0 \leqq k \leqq n$ に対して, $x^k = \overbrace{x \cup \cdots \cup x}^{k}$ が $H^k(\boldsymbol{R}P^n;\boldsymbol{Z}/2\boldsymbol{Z})$ の生成元となる.

注意 4.5.13 空間対 (X, A) のコホモロジー群に対して, カップ積を定義するときは, 通常, 空間対 $X \times (X, A)$ と対角写像 $\mathrm{diag}: X \longrightarrow X \times X$ を用いる. すなわち, キネットの公式により $H^*(X) \otimes H^*(X, A) \longrightarrow H^*(X \times (X, A))$ が存在する. $\mathrm{diag}^* : H^*(X \times (X, A)) \longrightarrow H^*(X, A)$ と結合して,
$$\cup : \bigoplus_{p+q=n} H^p(X) \otimes H^q(X, A) \longrightarrow H^{p+q}(X, A)$$
が得られる.

4.6 第 4 章の問題の解答

【問題 4.2.2 の解答】 $D^2 = e^0 \cup e^1 \cup e^2$, $S^1 = e^0 \cup e^1$ と胞体分割すると, その積として,
$$\begin{aligned} D^2 \times S^1 &= (e^0 \times e^0) \cup (e^1 \times e^0 \cup e^0 \times e^1) \\ &\quad \cup (e^2 \times e^0 \cup e^1 \times e^1) \cup (e^2 \times e^1) \\ &= e^0 \cup (e_1^1 \cup e_2^1) \cup (e_1^2 \cup e_2^2) \cup e^3 \end{aligned}$$
という胞体分割が得られる. 2 重複体は次のように書かれる.

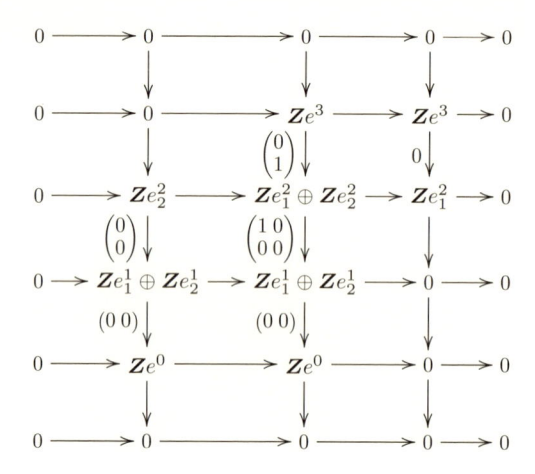

$$
\begin{array}{ccccccccc}
0 & \longrightarrow & 0 & \longrightarrow & 0 & \longrightarrow & 0 & \longrightarrow & 0 \\
& & \downarrow & & \downarrow & & \downarrow & & \\
0 & \longrightarrow & 0 & \longrightarrow & \boldsymbol{Z}e^3 & \longrightarrow & \boldsymbol{Z}e^3 & \longrightarrow & 0 \\
& & \downarrow & & \binom{0}{1}\downarrow & & 0\downarrow & & \\
0 & \longrightarrow & \boldsymbol{Z}e_2^2 & \longrightarrow & \boldsymbol{Z}e_1^2\oplus\boldsymbol{Z}e_2^2 & \longrightarrow & \boldsymbol{Z}e_1^2 & \longrightarrow & 0 \\
& & \binom{0}{0}\downarrow & & \binom{1\ 0}{0\ 0}\downarrow & & \downarrow & & \\
0 & \longrightarrow & \boldsymbol{Z}e_1^1\oplus\boldsymbol{Z}e_2^1 & \longrightarrow & \boldsymbol{Z}e_1^1\oplus\boldsymbol{Z}e_2^1 & \longrightarrow & 0 & \longrightarrow & 0 \\
& & (0\ 0)\downarrow & & (0\ 0)\downarrow & & & & \\
0 & \longrightarrow & \boldsymbol{Z}e^0 & \longrightarrow & \boldsymbol{Z}e^0 & \longrightarrow & 0 & \longrightarrow & 0 \\
& & \downarrow & & \downarrow & & & & \\
0 & \longrightarrow & 0 & \longrightarrow & 0 & \longrightarrow & 0 & \longrightarrow & 0
\end{array}
$$

ホモロジー群の長完全系列は次のようになる.

$$
\begin{aligned}
& & & 0 & \xrightarrow{j_*} & \overset{\boldsymbol{Z}[e^3]}{H_3(D^2\times S^1,\partial D^2\times S^1)} \\
\xrightarrow{\partial_*} & \overset{\boldsymbol{Z}[e_2^2]}{H_2(\partial D^2\times S^1)} & \xrightarrow{i_*} & 0 & \xrightarrow{j_*} & \overset{\boldsymbol{Z}[e_1^2]}{H_2(D^2\times S^1,\partial D^2\times S^1)} \\
\xrightarrow{\partial_*=(1\ 0)} & \overset{\boldsymbol{Z}[e_1^1]\oplus\boldsymbol{Z}[e_2^1]}{H_1(\partial D^2\times S^1)} & \xrightarrow{i_*} & \overset{\boldsymbol{Z}[e_2^1]}{H_1(D^2\times S^1)} & \xrightarrow{j_*} & 0 \\
\xrightarrow{\partial_*=0} & \overset{\boldsymbol{Z}[e^0]}{H_0(\partial D^2\times S^1)} & \xrightarrow{i_*} & \overset{\boldsymbol{Z}[e^0]}{H_0(D^2\times S^1)} & \xrightarrow{j_*} & 0
\end{aligned}
$$

【問題 4.2.3 の解答】 空間対 $(S^3, S^3\setminus X)$ のホモロジー完全系列を書くと次のようになる.

$$
\begin{aligned}
& & & \cdots & \xrightarrow{j_*} & 0 \\
\xrightarrow{\partial_*} & H_3(S^3\setminus X) & \xrightarrow{i_*} & H_3(S^3) & \xrightarrow{j_*} & H_3(S^3, S^3\setminus X) \\
\xrightarrow{\partial_*} & H_2(S^3\setminus X) & \xrightarrow{i_*} & H_2(S^3) & \xrightarrow{j_*} & H_2(S^3, S^3\setminus X) \\
\xrightarrow{\partial_*} & H_1(S^3\setminus X) & \xrightarrow{i_*} & H_1(S^3) & \xrightarrow{j_*} & H_1(S^3, S^3\setminus X) \\
\xrightarrow{\partial_*} & H_0(S^3\setminus X) & \xrightarrow{i_*} & H_0(S^3) & \xrightarrow{j_*} & H_0(S^3, S^3\setminus X)
\end{aligned}
$$

ここで, $H_*(S^3)$, $H_*(D^2\times S^1, \partial D^2\times S^1)\cong H_*(S^3, S^3\setminus X)$ は, わかっている (命題 2.2.1, 54 ページ, 問題 4.2.2) ので, 次の完全系列を得る.

$$\xrightarrow{\partial_*} \quad \cdots \quad \xrightarrow{j_*} \quad 0$$
$$\xrightarrow{\partial_*} \quad H_3(S^3 \setminus X) \quad \xrightarrow{i_*} \quad \mathbf{Z} \quad \xrightarrow{j_*} \quad \mathbf{Z}$$
$$\xrightarrow{\partial_*} \quad H_2(S^3 \setminus X) \quad \xrightarrow{i_*} \quad 0 \quad \xrightarrow{j_*} \quad \mathbf{Z}$$
$$\xrightarrow{\partial_*} \quad H_1(S^3 \setminus X) \quad \xrightarrow{i_*} \quad 0 \quad \xrightarrow{j_*} \quad 0$$
$$\xrightarrow{\partial_*} \quad H_0(S^3 \setminus X) \quad \xrightarrow{i_*} \quad \mathbf{Z} \quad \xrightarrow{j_*} \quad 0$$

準同型写像 $H_3(S^3) \xrightarrow{j_*} H_3(S^3, S^3 \setminus X)$ は，同型写像である．なぜならば，$H_3(S^3)$ の生成元 $[S^3]$ は，$C_3(S^3)$ において，3 胞体の和となるサイクルで代表される．また，$C_3(S^3, S^3 \setminus X) = C_3(S^3)/C_3(S^3 \setminus X)$ の生成元は，X に含まれる 3 胞体の和となるサイクルで代表される．生成元が生成元に写ることにより同型となる．したがって，$H_k(S^3 \setminus X) \cong \mathbf{Z}$ $(k = 0, 1)$, $H_k(S^3 \setminus X) = 0$ $(k \geqq 2)$ となる．

【問題 4.3.1 の解答】 $\partial D^{n-1} \longrightarrow e^0$ を定値写像として $S^{n-1} = e^0 \cup e^{n-1}$ とする．$S^{n-1} = \{\boldsymbol{x} \in \boldsymbol{R}^n \mid \|\boldsymbol{x}\| = 1\} \subset \boldsymbol{R}^n$, $D^n = \{\boldsymbol{x} \in \boldsymbol{R}^n \mid \|\boldsymbol{x}\| \leqq 1\} \subset \boldsymbol{R}^n$, $S^n = \{\boldsymbol{x} \in \boldsymbol{R}^{n+1} \mid \|\boldsymbol{x}\| = 1\} \subset \boldsymbol{R}^{n+1}$ とし，$\iota_{D_1^n}(\boldsymbol{x}) = (\boldsymbol{x}, -\sqrt{1 - \|\boldsymbol{x}\|^2})$, $\iota_{D_2^n}(\boldsymbol{x}) = (\boldsymbol{x}, \sqrt{1 - \|\boldsymbol{x}\|^2})$ により，胞体分割を与える．

マイヤー・ビエトリス完全系列は，

$$\xrightarrow{\Delta_*} H_n(S^{n-1}) \xrightarrow{(i_{1*}, i_{2*})} H_n(S_-^n) \oplus H_n(S_+^n) \xrightarrow{j_{1*} - j_{2*}} H_n(S^n)$$
$$\xrightarrow{\Delta_*} H_{n-1}(S^{n-1}) \xrightarrow{(i_{1*}, i_{2*})} H_{n-1}(S_-^n) \oplus H_{n-1}(S_+^n) \xrightarrow{j_{1*} - j_{2*}} H_{n-1}(S^n)$$
$$\xrightarrow{\Delta_*} \cdots$$
$$\cdots \xrightarrow{j_{1*} - j_{2*}} H_2(S^n)$$
$$\xrightarrow{\Delta_*} H_1(S^{n-1}) \xrightarrow{(i_{1*}, i_{2*})} H_1(S_-^n) \oplus H_1(S_+^n) \xrightarrow{j_{1*} - j_{2*}} H_1(S^n)$$
$$\xrightarrow{\Delta_*} H_0(S^{n-1}) \xrightarrow{(i_{1*}, i_{2*})} H_0(S_-^n) \oplus H_0(S_+^n) \xrightarrow{j_{1*} - j_{2*}} H_0(S^n) \longrightarrow 0$$

$H_\ell(S_\pm^n) \cong \begin{cases} \mathbf{Z} & (\ell = 0) \\ 0 & (\ell \neq 0) \end{cases}$, $H_\ell(S^{n-1}) \cong \begin{cases} \mathbf{Z} & (\ell = 0, n-1) \\ 0 & (\ell \neq 0, n-1) \end{cases}$ により，$H_n(S^n) \cong H_{n-1}(S^{n-1}) \cong \mathbf{Z}$ である．また，$H_0(S^{n-1})$, $H_0(S_-^n)$, $H_0(S_+^n)$ の生成元は e^0 であるから，$H_0(S^n) \cong \mathbf{Z}$ で生成元は e^0 である．

【問題 4.3.3 の解答】 空間対 $(M_\ell, M_\ell \setminus \mathrm{Int}(D_\ell))$ $(\ell = 1, 2)$ のホモロジー完全系列を書くと，

$$\xrightarrow{\partial_*} H_n(M_\ell \setminus \mathrm{Int}(D_\ell)) \xrightarrow{i_*} H_n(M_\ell) \xrightarrow{j_*} H_n(M_\ell, M_\ell \setminus \mathrm{Int}(D_\ell))$$
$$\xrightarrow{\partial_*} H_{n-1}(M_\ell \setminus \mathrm{Int}(D_\ell)) \xrightarrow{i_*} H_{n-1}(M_\ell) \xrightarrow{j_*} \quad \cdots$$
$$\cdots$$
$$\xrightarrow{\partial_*} H_1(M_\ell \setminus \mathrm{Int}(D_\ell)) \xrightarrow{i_*} H_1(M_\ell) \xrightarrow{j_*} H_1(M_\ell, M_\ell \setminus \mathrm{Int}(D_\ell))$$
$$\xrightarrow{\partial_*} H_0(M_\ell \setminus \mathrm{Int}(D_\ell)) \xrightarrow{i_*} H_0(M_\ell) \xrightarrow{j_*} H_0(M_\ell, M_\ell \setminus \mathrm{Int}(D_\ell))$$

となるが，3.7 節（118 ページ）で述べたように，$M_\ell \setminus \mathrm{Int}(D_\ell)$ は，$n-1$ 次元の有限胞体複体とホモトピー同値であるから，$H_n(M_\ell \setminus \mathrm{Int}(D_\ell)) = 0$ である．切除公理により，$H_k(M_\ell, M_\ell \setminus \mathrm{Int}(D_\ell)) \cong H_k(D_\ell, \partial D_\ell) \cong \begin{cases} \mathbf{Z} & (k = n) \\ 0 & (k \neq n) \end{cases}$ である．ここで，$H_n(M_\ell, M_\ell \setminus \mathrm{Int}(D_\ell)) \xrightarrow{\partial_*} H_{n-1}(M_\ell \setminus \mathrm{Int}(D_\ell))$ は，

$$H_n(M_\ell, M_\ell \setminus \mathrm{Int}(D_\ell)) \cong H_n(D_\ell, \partial D_\ell) \xrightarrow{\partial_*} H_{n-1}(\partial D_\ell) \xrightarrow{i_{\ell*}} H_{n-1}(M_\ell \setminus \mathrm{Int}(D_\ell))$$

を結合したものである．

M_ℓ が向き付け可能であれば，$H_n(M_\ell) \xrightarrow{j_*} H_n(M_\ell, M_\ell \setminus \mathrm{Int}(D_\ell))$ は同型であり，$H_{n-1}(\partial D_\ell) \xrightarrow{i_{\ell*}} H_{n-1}(M_\ell \setminus \mathrm{Int}(D_\ell))$ は零写像であり，$H_k(M_\ell \setminus \mathrm{Int}(D_\ell)) \xrightarrow{i_*} H_k(M_\ell)$ $(k = 0, \ldots, n-1)$ も同型となる．M_ℓ が向き付け不可能であれば，$H_{n-1}(\partial D_\ell) \xrightarrow{i_{\ell*}} H_{n-1}(M_\ell \setminus \mathrm{Int}(D_\ell))$ は単射で，

$$H_{n-1}(M_\ell) \cong H_{n-1}(M_\ell \setminus \mathrm{Int}(D_\ell)) / i_{\ell*} H_{n-1}(\partial D_\ell)$$

である．

$M_1 \# M_2 = (M_1 \setminus \mathrm{Int}(D_1)) \cup (M_2 \setminus \mathrm{Int}(D_2))$ についてのマイヤー・ビエトリス完全系列は次のようになる．

$$\xrightarrow{\Delta_*} H_n(S^{n-1}) \xrightarrow{(i_{1*}, i_{2*})} H_n(M_1 \setminus \mathrm{Int}(D_1)) \oplus H_n(M_2 \setminus \mathrm{Int}(D_2))$$
$$\xrightarrow{j_{1*}-j_{2*}} H_n(M_1 \# M_2)$$
$$\xrightarrow{\Delta_*} H_{n-1}(S^{n-1}) \xrightarrow{(i_{1*}, i_{2*})} H_{n-1}(M_1 \setminus \mathrm{Int}(D_1)) \oplus H_{n-1}(M_2 \setminus \mathrm{Int}(D_2))$$
$$\xrightarrow{j_{1*}-j_{2*}} H_{n-1}(M_1 \# M_2)$$
$$\xrightarrow{\Delta_*} H_{n-2}(S^{n-1}) \xrightarrow{(i_{1*}, i_{2*})} H_{n-2}(M_1 \setminus \mathrm{Int}(D_1)) \oplus H_{n-2}(M_2 \setminus \mathrm{Int}(D_2))$$
$$\xrightarrow{j_{1*}-j_{2*}} H_{n-2}(M_1 \# M_2)$$

この完全系列に，$0, \mathbf{Z}$ となることがわかっているところを書き込むと次を得る．

$$0 \xrightarrow{j_{1*}-j_{2*}} H_n(M_1 \# M_2) \xrightarrow{\Delta_*} \mathbf{Z}$$
$$\xrightarrow{(i_{1*}, i_{2*})} H_{n-1}(M_1 \setminus \mathrm{Int}(D_1)) \oplus H_{n-1}(M_2 \setminus \mathrm{Int}(D_2))$$
$$\xrightarrow{j_{1*}-j_{2*}} H_{n-1}(M_1 \# M_2) \xrightarrow{\Delta_*} 0$$

ここで, M_1, M_2 がともに向き付け可能であれば, $(i_{1*}, i_{2*}) = 0$ であり,
$$H_n(M_1 \# M_2) \cong \boldsymbol{Z},$$
$$H_{n-1}(M_1 \# M_2) \cong H_{n-1}(M_1 \setminus \mathrm{Int}(D_1)) \oplus H_{n-1}(M_2 \setminus \mathrm{Int}(D_2))$$
$$\cong H_{n-1}(M_1) \oplus H_{n-1}(M_2)$$
である. M_1 が向き付け可能, M_2 が向き付け不可能とすると, (i_{1*}, i_{2*}) は単射で,
$$H_n(M_1 \# M_2) = 0,$$
$$H_{n-1}(M_1 \# M_2) \cong H_{n-1}(M_1 \setminus \mathrm{Int}(D_1)) \oplus H_{n-1}(M_2 \setminus \mathrm{Int}(D_2))/i_{2*}H_{n-1}(\partial D_2)$$
$$\cong H_{n-1}(M_1) \oplus H_{n-1}(M_2)$$
となる. いずれの場合も
$$H_k(M_1 \# M_2) \cong H_k(M_1 \setminus \mathrm{Int}(D_1)) \oplus H_k(M_2 \setminus \mathrm{Int}(D_2)) \cong H_k(M_1) \oplus H_k(M_2)$$
$$(1 \leqq k \leqq n-2)$$
である. したがって,
$$H_k(M_1 \# M_2) = \begin{cases} \boldsymbol{Z} & (k = n;\ M_1,\ M_2 \text{ がともに向き付け可能}) \\ 0 & (k = n;\ M_1,\ M_2 \text{ の一方だけ向き付け可能}) \\ H_k(M_1) \oplus H_k(M_2) & (1 \leqq k \leqq n-1) \\ \boldsymbol{Z} & (k = 0) \end{cases}$$

3.7 節で述べたように, M_1, M_2 がともに向き付け不可能であるとき, $H_{n-1}(M_i) \cong (\boldsymbol{Z}/2\boldsymbol{Z}) \oplus \boldsymbol{Z}^{\ell_i}$ $(i = 1, 2)$ となる. このときは, 命題 3.7.1 (119 ページ) と上の考察から, $H_{n-1}(M_1 \# M_2) \cong (\boldsymbol{Z}/2\boldsymbol{Z}) \oplus \boldsymbol{Z}^{\ell_1 + \ell_2 + 1}$ であることがわかる.

【問題 4.3.4 の解答】 $X = (D^2 \times S^1)_1 \sqcup (D^2 \times S^1)_2 / \sim$ において, $(D^2 \times S^1)_1$, $(D^2 \times S^1)_2$ の共通部分を $(\partial D^2 \times S^1)_2$ と同一視し, $S^1 \times S^1$ と書く. S^1 の基点を e^0 とし, $H_1(S^1 \times S^1)$ の $S^1 \times \{e^0\}$, $\{e^0\} \times S^1$ に対応する生成元を $[e_1^1]$, $[e_2^1]$ とする. $H_1((D^2 \times S^1)_1)$, $H_1((D^2 \times S^1)_2)$ の生成元を $[S_1^1]$, $[S_2^1]$ とする.

マイヤー・ビエトリス完全系列を書くと,

$$\xrightarrow{\Delta_*} H_2(S^1 \times S^1) \xrightarrow{(i_{1*}, i_{2*})} 0 \xrightarrow{j_{1*} - j_{2*}} H_3(X)$$
$$\xrightarrow{\Delta_*} H_1(S^1 \times S^1) \xrightarrow{(i_{1*}, i_{2*})} H_1((D^2 \times S^1)_1) \oplus H_1((D^2 \times S^1)_2) \xrightarrow{j_{1*} - j_{2*}} H_1(X)$$
$$\xrightarrow{\Delta_*} \boldsymbol{Z} \xrightarrow{(i_{1*}, i_{2*})} \boldsymbol{Z} \oplus \boldsymbol{Z} \xrightarrow{j_{1*} - j_{2*}} \boldsymbol{Z} \longrightarrow 0$$

となるから, まず, $H_k(X) \cong \begin{cases} 0 & (k > 3) \\ \boldsymbol{Z} & (k = 3, 0) \end{cases}$ がわかる.

について，問題 3.6.11（117 ページ）により，$i_{1*}(u[e_1^1] + v[e_2^1]) = (cu+dv)[S_1^1]$，$i_{2*}(u[e_1^1] + v[e_2^1]) = v[S_2^1]$ である．$c = 0$ とすると，$d = \pm 1$ で，$H_2(X) \cong \mathbf{Z}$，$H_1(X) \cong \mathbf{Z}$ となる．$c \neq 0$ とすると，(i_{1*}, i_{2*}) は単射であり，$H_2(X) = 0$，$H_1(X) \cong \mathbf{Z}/c\mathbf{Z}$ となる．

$$(i_{1*}, i_{2*}) : H_1(S^1 \times S^1) = \mathbf{Z}^2 \longrightarrow H_1((D^2 \times S^1)_1) \oplus H_1((D^2 \times S^1)_2) = \mathbf{Z}^2$$

【問題 4.3.5 の解答】 問題 4.3.4 により与えられた多様体を連結和した多様体として，与えられたホモロジー群を持つ 3 次元多様体を構成する．そのホモロジー群は，問題 4.3.3 により与えられる．

有限アーベル群 G は，分類定理により，2 以上の整数 $m_1, \ldots, m_k$ に対し，$(\mathbf{Z}/m_1\mathbf{Z}) \oplus (\mathbf{Z}/m_2\mathbf{Z}) \oplus \cdots \oplus (\mathbf{Z}/m_k\mathbf{Z})$ $(m_1|m_2|\cdots|m_k)$ と同型である．問題 4.3.4 により，$H_k(M^3) = \mathbf{Z}, \mathbf{Z}, \mathbf{Z}, \mathbf{Z}$ $(k = 0, 1, 2, 3)$ となる多様体 $(S^2 \times S^1)$，および，$H_k(M^3) = \mathbf{Z}, \mathbf{Z}/m_i\mathbf{Z}, 0, \mathbf{Z}$ $(k = 0, 1, 2, 3)$ となる多様体が存在するから，これらの（向き付け可能な）多様体を連結和して，求める多様体を得る．

向き付け不可能な 3 次元コンパクト連結多様体でホモロジー群が，$H_3(M) = 0$，$H_2(M) \cong \mathbf{Z}/2\mathbf{Z} \oplus \mathbf{Z}^k$，$H_1(M) \cong \mathbf{Z}^{k+1} \oplus G$，$H_0(M) \cong \mathbf{Z}$（$G$ は有限アーベル群）の形のものは，次のように構成できる．S^1 上の向き付けを持たない S^2 束 M_1 のホモロジー群は，$H_3(M_1) = 0$，$H_2(M_1) \cong \mathbf{Z}/2\mathbf{Z}$，$H_1(M_1) \cong \mathbf{Z}$，$H_0(M_1) \cong \mathbf{Z}$ である．向き付け可能な 3 次元コンパクト連結多様体 M_2 で，$H_3(M_2) = \mathbf{Z}$，$H_2(M_2) \cong \mathbf{Z}^k$，$H_1(M_2) \cong \mathbf{Z}^k \oplus G$，$H_0(M_2) \cong \mathbf{Z}$ であるものをとり，$M = M_1 \# M_2$ とすれば，M は，問題 4.3.3 により，与えられたホモロジー群を持つ．

【問題 4.4.8 の解答】 キネットの公式により次を得る．

$$H_0(S^1 \times \mathbf{R}P^2) \cong \mathbf{Z} \otimes \mathbf{Z} = \mathbf{Z},$$
$$H_1(S^1 \times \mathbf{R}P^2) \cong \mathbf{Z} \otimes \mathbf{Z} \oplus \mathbf{Z} \otimes (\mathbf{Z}/2\mathbf{Z}) = \mathbf{Z} \oplus (\mathbf{Z}/2\mathbf{Z}),$$
$$H_2(S^1 \times \mathbf{R}P^2) \cong \mathbf{Z} \otimes (\mathbf{Z}/2\mathbf{Z}) = (\mathbf{Z}/2\mathbf{Z}),$$
$$H_k(S^1 \times \mathbf{R}P^2) = 0 \quad (k \geqq 3)$$

【問題 4.4.9 の解答】 キネットの公式により次を得る．

$$H_0(L_{p,q} \times L_{p',q'}) \cong \mathbf{Z} \otimes \mathbf{Z} = \mathbf{Z},$$
$$H_1(L_{p,q} \times L_{p',q'}) \cong (\mathbf{Z}/p\mathbf{Z}) \otimes \mathbf{Z} \oplus \mathbf{Z} \otimes (\mathbf{Z}/p'\mathbf{Z}) = (\mathbf{Z}/p\mathbf{Z}) \oplus (\mathbf{Z}/p'\mathbf{Z}),$$
$$H_2(L_{p,q} \times L_{p',q'}) \cong \mathrm{Tor}(\mathbf{Z}/p\mathbf{Z}, \mathbf{Z}/p'\mathbf{Z}) \cong \mathbf{Z}/(p,p')\mathbf{Z},$$
$$H_3(L_{p,q} \times L_{p',q'}) \cong \mathbf{Z} \otimes \mathbf{Z} \oplus \mathbf{Z} \otimes \mathbf{Z} = \mathbf{Z} \oplus \mathbf{Z},$$
$$H_4(L_{p,q} \times L_{p',q'}) \cong \mathbf{Z} \otimes (\mathbf{Z}/p'\mathbf{Z}) \oplus (\mathbf{Z}/p\mathbf{Z}) \otimes \mathbf{Z} = (\mathbf{Z}/p'\mathbf{Z}) \oplus (\mathbf{Z}/p\mathbf{Z}),$$
$$H_6(L_{p,q} \times L_{p',q'}) \cong \mathbf{Z} \otimes \mathbf{Z} = \mathbf{Z},$$
$$H_k(L_{p,q} \times L_{p',q'}) = 0 \quad (k=5, k \geqq 7)$$

【問題 4.5.8 の解答】 (F)（反変関手）．非負整数 ℓ に対し，空間対 (X,A) に $\mathbf{Z}$ 加群 $H^\ell(X,A)$ を与え，連続写像 $f:(X,A) \longrightarrow (Y,B)$ に準同型写像 $f^*:H^\ell(Y,B) \longrightarrow H^\ell(X,A)$ を与える対応で，$(\mathrm{id}_{(X,A)})_* = \mathrm{id}_{H^\ell(X,A)}$，連続写像 $f:(X,A) \longrightarrow (Y,B)$，$g:(Y,B) \longrightarrow (Z,C)$ に対し，$(g \circ f)^* = f^* \circ g^* : H^\ell(Z,C) \longrightarrow H^\ell(X,A)$ が成立する．

(P)（空間対の長完全系列）．$H^\ell(X, \emptyset) = H^\ell(X)$，$H^\ell(A, \emptyset) = H^\ell(A)$ と書き，$i:A \longrightarrow X$ を包含写像，$j:X \longrightarrow (X,A)$ を恒等写像とする．連結準同型 $\delta^*:H^\ell(A) \longrightarrow H^{\ell+1}(X,A)$ が定まり，次の列が完全系列となる．

$$\begin{array}{c}
0 \longrightarrow H^0(X,A) \xrightarrow{j^*} H^0(X) \xrightarrow{i^*} H^0(A) \\
\xrightarrow{\delta^*} H^1(X,A) \xrightarrow{j^*} H^1(X) \xrightarrow{i^*} H^1(A) \\
\xrightarrow{\delta^*} H^2(X,A) \xrightarrow{j^*} H^2(X) \xrightarrow{i^*} H^2(A) \\
\xrightarrow{\delta^*} H^3(X,A) \xrightarrow{j^*} H^3(X) \xrightarrow{i^*} \cdots
\end{array}$$

空間対の間の連続写像 $f:(X,A) \longrightarrow (Y,B)$ は，完全系列の準同型写像を誘導する．

$$\begin{array}{ccccccccc}
\xrightarrow{i^*} & H^{\ell-1}(B) & \xrightarrow{\delta^*} & H^\ell(Y,B) & \xrightarrow{j^*} & H^\ell(Y) & \xrightarrow{i^*} & H^\ell(B) & \xrightarrow{\delta^*} \\
& \downarrow {\scriptstyle (f|A)^*} & & \downarrow {\scriptstyle f^*} & & \downarrow {\scriptstyle f^*} & & \downarrow {\scriptstyle (f|A)^*} & \\
\xrightarrow{i^*} & H^{\ell-1}(A) & \xrightarrow{\delta^*} & H^\ell(X,A) & \xrightarrow{j^*} & H^\ell(X) & \xrightarrow{i^*} & H^\ell(A) & \xrightarrow{\delta^*}
\end{array}$$

【問題 4.5.10 の解答】 各行の合成がカップ積を与える次の図式は可換である．

$$\begin{array}{ccccc}
H^*(Y) \otimes H^*(Y) & \longrightarrow & H^*(Y \times Y) & \xrightarrow{D^*} & H^*(Y) \\
\downarrow {\scriptstyle f^* \otimes f^*} & & \downarrow {\scriptstyle (f \times f)^*} & & \downarrow {\scriptstyle f^*} \\
H^*(X) \otimes H^*(X) & \longrightarrow & H^*(X \times X) & \xrightarrow{D^*} & H^*(X)
\end{array}$$

したがって、$f^*(x \cup y) = f^*(D^*(x \otimes y)) = D^*(f^*x \otimes f^*y) = f^*x \cup f^*y$.

【問題 4.5.11 の解答】 カップ積は、

$$H^*(X) \otimes H^*(X) \longrightarrow H^*(X \times X) \xrightarrow{D^*} H^*(X)$$

の結合で与えられるので、$H^*(X \times X)$ において考える。$c_1 \in H^p(X), c_2 \in H^q(X)$ を代表する p, q 次元コサイクル C_1, C_2 をとる。$X \times X$ の $n = p+q$ 胞体 $e^{p'} \times e^{q'}$ ($p' + q' = n$) に対し、$(C_1 \otimes C_2)(e^{p'} \times e^{q'}) = C_1(e^{p'})C_2(e^{q'})$ であり、これは $p' = p$, $q' = q$ のとき非自明になりうる。X の p 胞体 e_i^p, q 胞体 e_j^q に対し、n 胞体 $e_i^p \times e_j^q$ と $e_j^q \times e_i^p$ は、命題 3.6.4 (114 ページ) の $X \times X$ の成分を入れ替える写像 σ で写りあっており、$C_*(X \times X)$ の生成元として、$\sigma_*(e_i^p \times e_j^q) = (-1)^{pq} e_j^q \times e_i^p$ である。$(C_2 \otimes C_1)(e_j^q \times e_i^p) = C_1(e_i^p)C_2(e_j^q) = (C_1 \otimes C_2)(e_i^p \times e_j^q)$ で、$(C_2 \otimes C_1)(e_j^q \times e_i^p) = (-1)^{pq}(C_2 \otimes C_1)(\sigma_*(e_i^p \times e_j^q)) = (-1)^{pq}(\sigma^*(C_2 \otimes C_1))(e_i^p \times e_j^q)$. ゆえに $(C_1 \otimes C_2)(e_i^p \times e_j^q) = (-1)^{pq}(\sigma^*(C_2 \otimes C_1))(e_i^p \times e_j^q)$, つまり、$C_1 \otimes C_2 = (-1)^{pq}\sigma^*(C_2 \otimes C_1)$ である。$\sigma \circ D = D$ だから $D^*(C_1 \otimes C_2) = (-1)^{pq}D^*(\sigma^*(C_2 \otimes C_1)) = (-1)^{pq}D^*(C_2 \otimes C_1)$, すなわち、$c_1 \cup c_2 = (-1)^{pq}c_2 \cup c_1$ である。

第5章 単体複体とそのホモロジー群

　単体複体は胞体複体の特別な場合として定義することができる．単体複体に付随するチェイン複体における境界準同型は明快に定義され，このことから，単体複体の構造を持つ空間に対しては，そのホモロジー群を独立に定義することができる．単体複体の構造を持つ空間に対しては，ホモロジー理論の公理を満たすホモロジー群の存在が示される．

5.1 単体複体

5.1.1 ユークリッド空間の単体

　ユークリッド空間の k 次元（アフィン）単体を定義しよう．

定義 5.1.1　k 次元以上のユークリッド空間内の，一般の位置にある $k+1$ 個の点 $v_0, \ldots, v_k$ に対し，k 次元（アフィン）**単体** $\langle v_0 \cdots v_k \rangle$ を

$$\langle v_0 \cdots v_k \rangle = \Big\{ \sum_{i=0}^{k} t_i v_i \ \Big| \ t_i \geqq 0 \ (i=0, \ldots, k), \ \sum_{i=0}^{k} t_i = 1 \Big\}$$

で定義する．ただし，$v_0, \ldots, v_k$ が**一般の位置にある**とは，$v_i - v_0$ $(i=1, \ldots, k)$ が1次独立であることである．この条件は，$v_i - v_{i-1}$ $(i=1, \ldots, k)$ が1次独立であることと同値である．

　このとき，$\langle v_0 \cdots v_k \rangle$ は，$\{v_0, \ldots, v_k\}$ の凸包である．ここで，ユークリッド空間の部分集合 A の**凸包**とは，A を含む最小の凸集合のことである．k 次元単体 $\langle v_0 \cdots v_k \rangle$ は，k 次元立方体 $I^k = [0,1]^k$, k 次元円板 $D^k = \{x \in \mathbf{R}^k \mid \|x\| \leqq 1\}$ と同相である．

定義 5.1.2 $0 \leqq \ell < k$ に対し，ユークリッド空間の k 次元単体 $\sigma = \langle v_0 \cdots v_k \rangle$ の ℓ 次元フェイス（面）とは，$\{v_0, \ldots, v_k\}$ の $\ell + 1$ 個の元からなる部分集合 $\{v_{i_0}, \ldots, v_{i_\ell}\}$ の凸包である ℓ 次元単体 $\tau = \langle v_{i_0} \cdots v_{i_\ell} \rangle$ である．τ が σ のフェイスであることを $\tau \prec \sigma$ と書く．フェイスであるか等しいことを $\tau \preceq \sigma$ と書く．

k 単体 $\langle v_0 \cdots v_k \rangle$ の点 $\boldsymbol{x}$ は，$\boldsymbol{x} = \sum_{i=0}^{k} t_i v_i$ ($t_i \geqq 0$ ($i = 0, \ldots, k$), $\sum_{i=0}^{k} t_i = 1$) の形に書かれる．$(t_0, \ldots, t_k)$ を $\boldsymbol{x}$ の**重心座標**と呼ぶ．重心座標が正である点の集合 $\{\sum_{i=0}^{k} t_i v_i \mid t_i > 0\ (i = 0, \ldots, k),\ \sum_{i=0}^{k} t_i = 1\}$ を k 単体 $\langle v_0 \cdots v_k \rangle$ の**内部**と呼ぶ．k 単体の内部は k 次元ユークリッド空間の単体の内点（その点のユークリッド空間における近傍が単体に含まれる点）の集合と一致する．$k = 0$ のとき，0 単体の内部は 0 単体自身である．

5.1.2 ユークリッド空間の有限単体複体

定義 5.1.3 有限次元ユークリッド空間の内部が交わらない単体の有限集合 K が，

- K の単体のフェイスは K の単体である

という条件を満たすとき，K をユークリッド空間の**有限単体複体**と呼ぶ．K に含まれる単体の次元の最大値を K の**次元**と呼ぶ．

S_k ($k = 0, \ldots, n$) をユークリッド空間の n 次元単体複体 K の k 単体の集合とするとき，$K = \bigcup_{k=0}^{n} S_k$ であるが，$K = (S_0, \ldots, S_n)$ と書くこともある．

ユークリッド空間の単体複体 K の単体の和集合にユークリッド空間から誘導された位相を考えたものを単体複体 K の**実現**と呼び，$|K|$ と書く．

有限単体複体 K は単体の有限集合で，$|K|$ はユークリッド空間内の部分集合で位相空間である．有限単体複体 K の実現 $|K|$ はコンパクト集合である（図 5.1 参照）．

【例 5.1.4】 (1) $k > 0$ のとき，ユークリッド空間の k 次元単体 $\sigma = \langle v_0 \cdots v_k \rangle$ だけを元とする集合は，単体複体にならない．k 次元単体 $\langle v_0 \cdots v_k \rangle$ の ℓ 次元フェイスは $\binom{k+1}{\ell+1}$ 個あるが，これら σ および σ のすべてのフェイスを元とする $2^{k+1} - 1$ 個の元を持つ集合が k 次元単体 $\langle v_0 \cdots v_k \rangle$ を含む最小の単体複体である．これを K_σ と書くとその実現 $|K_\sigma| = \sigma$ となる．σ の点

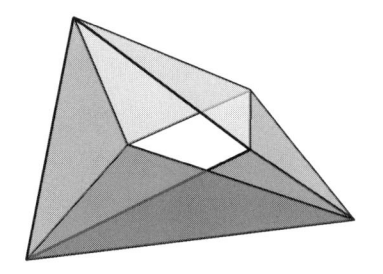

図 5.1 ユークリッド空間の単体複体の実現.

は，K_σ のただ 1 つの単体の内部の点となる．実際 $x = \sum_{i=1}^k t_i v_i$ に対し，$\{v_{i_0}, \ldots, v_{i_\ell}\} = \{v_i \mid t_i > 0\}$ とすると，$\langle v_{i_0} \cdots v_{i_\ell} \rangle$ が x を内部の点とするただ 1 つの単体である．

(2) $k > 0$ のとき，$K_{\partial\sigma} = K_\sigma \setminus \{\sigma\}$ は，$k-1$ 次元単体複体で，その実現 $|K_{\partial\sigma}|$ は，$k-1$ 次元球面と同相になる．

(3) n 次元単体複体 $K = (S_0, \ldots, S_n)$ において，$0 \leqq k \leqq n$ に対し $K^{(k)} = (S_0, \ldots, S_k)$ とすると，$K^{(k)}$ は単体複体となる．$K^{(k)}$ を K の k 次元**骨格**と呼ぶ．

有限単体複体 K の実現 $|K|$ の点 x に対し，x を内部に含む単体 $\langle v_{i_0} \cdots v_{i_k} \rangle$ がただ 1 つ定まり，$x = \sum_{j=0}^k t_{i_j} v_{i_j}$ ($t_{i_j} \in (0,1), j = 0, \ldots, k; \sum_{j=0}^k t_{i_j} = 1$) の形に書かれる．

ユークリッド空間の単体複体 $K = (S_0, \ldots, S_n)$ に対して，S_k の元である k 次元単体は，その頂点の集合すなわち，S_0 の $k+1$ 個の点からなる部分集合で定まっている．したがって，単体複体の単体相互の関係は，単体の頂点の集合の相互関係で定まっている．このことから，頂点の集合だけに着目して抽象的に単体複体を定義することができる．

5.1.3 単体複体

定義 5.1.5 n 次元有限単体複体 K とは，頂点のなす有限集合 $V = S_0$ と $k = 1, \ldots, n$ に対して，V の $k+1$ 個の元からなる集合の部分集合 S_k の組 $K = (S_0, S_1, \ldots, S_n)$ で次の条件を満たすものである (n 次元というときは通常 $S_n \neq \emptyset$ とする)．

- $0 \leqq \ell < k$ に対し，S_k の元 $\sigma = \{v_0, \ldots, v_k\}$ の $\ell + 1$ 個の元からな

る部分集合 $\tau = \{v_{i_0}, \ldots, v_{i_\ell}\}$ は S_ℓ の元である.

S_k の元 σ を k 次元**単体**あるいは k 単体と呼ぶ. σ の空でない真部分集合で定まる ℓ 単体 τ は, σ の ℓ 次元**フェイス**(面)と呼ばれ, K の単体 τ が K の単体 σ のフェイスであることを $\tau \prec \sigma$ と書く. τ がフェイスであるか等しいことを, $\tau \preceq \sigma$ と書く. 上の条件は, K の単体のフェイスは K の単体であるということである.

定義 5.1.5 の有限単体複体 $K = (S_0, \ldots, S_n)$ に対して, 頂点の集合 $V = S_0$ を有限次元ユークリッド空間内にとり, S_k の元をユークリッド空間内に頂点の集合の凸包として与えて, 定義 5.1.3 の単体複体が得られるとき, その実現を単体複体 K の**実現**と呼び, $|K|$ と書く. 有限単体複体の実現はコンパクト集合である.

有限単体複体 K の頂点の集合 V が N 個の元 $v_1, \ldots, v_N$ からなるとする. 頂点の集合を基底ベクトルとする N 次元ユークリッド空間の $N-1$ 次元単体 $\langle v_1 \cdots v_N \rangle$ を考えると, K の単体 $\{v_{i_0}, \ldots, v_{i_k}\}$ を $K_{\langle v_1 \cdots v_N \rangle}$ の単体 $\langle v_{i_0} \cdots v_{i_k} \rangle$ に対応させて, K は $\langle v_1 \cdots v_N \rangle$ の部分集合としてユークリッド空間に実現することができる. このとき, 実現 $|K|$ の点 x に対し, V の部分集合 $\{v_{i_0}, \ldots, v_{i_k}\}$ で $x = \sum_{j=0}^{k} t_{i_j} v_{i_j}$ ($t_{i_j} \in (0,1)$, $\sum_{j=0}^{k} t_{i_j} = 1$) となるものがただ 1 つ定まり, x は, $\langle v_{i_0} \cdots v_{i_k} \rangle$ の内部の点となる.

注意 5.1.6 単体複体 K の実現がユークリッド空間の単体複体 K_1, K_2 の実現 $|K_1|$, $|K_2|$ として与えられたとき, 頂点同士の対応により, 各単体(の閉包)上でアフィン写像となる同相写像 $|K_1| \longrightarrow |K_2|$ が定義される. したがって K の実現 $|K|$ は互いに同相である.

単体複体は, ユークリッド空間の単体複体として実現されることがわかったから, S_k の元 σ を今後は $\sigma = \langle v_0 \cdots v_k \rangle$ と書く.

【例 5.1.7】 (1) $k+1$ 個の点からなる集合 $V = \{v_0, \ldots, v_k\}$ のすべての空でない部分集合全体を考えると, これは k 次元単体複体 K となる. この単体複体に対して, ユークリッド空間内の k 次元単体 $\sigma = \langle v_0 \cdots v_k \rangle$ に対して定義した単体複体 K_σ がとれ, その実現は, $|K| = |K_\sigma| = \sigma$ である.

(2) (1) の K に対し, $K \setminus \{V\}$ は, $k-1$ 次元単体複体で, その実現は $|K \setminus \{V\}| = |K_{\partial \sigma}| \approx S^{k-1}$ となる.

位相空間 X がある単体複体 K の実現 $|K|$ と同相であるとき，K を X の**単体分割**あるいは**三角形分割**と呼ぶ．例えば，k 次元円板 D^k の単体分割は，k 単体 σ に対する K_σ で与えることができ，$k-1$ 次元球面 S^{k-1} の単体分割は $K_{\partial\sigma}$ で与えることができる．

5.2　胞体複体としての単体複体

ユークリッド空間の単体複体あるいは単体複体の実現は胞体複体の構造を持っている．この胞体複体に付随するチェイン複体を考えると次のものになる．

ユークリッド空間内の単体複体 $K = (S_0, S_1, \ldots, S_n)$ $(S_0 = V)$ の k 次元骨格を $K^{(k)}$ と書く．k 次元骨格の実現 $|K^{(k)}|$ について

$$|K| = |K^{(n)}| \supset |K^{(n-1)}| \supset \cdots \supset |K^{(1)}| \supset |K^{(0)}|$$

を考える．$|K^{(k)}|$ は $|K^{(k-1)}|$ に D^k と同相な k 単体 $\sigma \in S_k$ を，その境界にあたる $|K_{\partial\sigma}|$ を包含写像 $K_{\partial\sigma} \longrightarrow K^{(k-1)}$ が定める包含写像 $|K_{\partial\sigma}| \longrightarrow |K^{(k-1)}|$ により貼り付けて得られる．したがって，$|K|$ は胞体複体の構造を持ち，これに付随するチェイン複体が定まる．

チェイン複体の生成元はこの場合の胞体である単体である．したがって，$C_k(K)$ を S_k の元を生成元とする自由加群とすると，

$$C_*(K) : 0 \xleftarrow{\partial} C_0(K) \xleftarrow{\partial} C_1(K) \xleftarrow{\partial} C_2(K) \xleftarrow{\partial} \cdots$$

が得られる．

境界準同型 ∂ は，$|K_{\partial\sigma}| \longrightarrow |K^{(k-1)}|$ が像への同相写像として定義されているので記述しやすい．S_k の元 $\langle v_0 \cdots v_k \rangle$ を一意的に書くために V に線形順序を入れ，$v_0, \ldots, v_k$ はこの順序について単調増大であるものをとる．k 次元単体 $\langle v_0 v_1 \cdots v_k \rangle$ の $k-1$ 次元の面は $\langle v_0 \cdots v_{j-1} v_{j+1} \cdots v_k \rangle$ $(j = 0, \ldots, k)$ の $k+1$ 個存在する．

このとき，境界準同型 ∂ は，次のように書かれる．

$$\partial \langle v_0 v_1 \rangle = \langle v_1 \rangle - \langle v_0 \rangle,$$
$$\partial \langle v_0 v_1 v_2 \rangle = \langle v_1 v_2 \rangle - \langle v_0 v_2 \rangle + \langle v_0 v_1 \rangle,$$

$$\partial \langle v_0 v_1 v_2 v_3 \rangle = \langle v_1 v_2 v_3 \rangle - \langle v_0 v_2 v_3 \rangle + \langle v_0 v_1 v_3 \rangle - \langle v_0 v_1 v_2 \rangle,$$

$$\partial \langle v_0 \cdots v_n \rangle = \sum_{i=0}^{n} (-1)^i \langle v_0 v_1 \cdots v_{i-1} v_{i+1} \cdots v_n \rangle.$$

注意 5.2.1 この境界準同型は，球面のホモロジー群の生成元の定め方，すなわち $\partial_*[D^n, \partial D^n] = [S^{n-1}]$ となる生成元のとり方に一致する．

同相の連続族 $f_t : S^{n-1} \longrightarrow S^{n-1}$ ($f_0 = \mathrm{id}$, $f_1 = f$) があるとき，球面 S^{n-1} に埋めこまれた円板 U^{n-1} について，$(S^{n-1}, S^{n-1} \setminus \mathrm{Int}(U^{n-1}))$ と $(S^{n-1}, S^{n-1} \setminus \mathrm{Int}(f(U^{n-1})))$ について，

$$j_*[S^{n-1}] = [S^{n-1}, S^{n-1} \setminus \mathrm{Int}(U^{n-1})] = i_{U^{n-1}*}([U^{n-1}, \partial U^{n-1}]),$$
$$j_*[S^{n-1}] = [S^{n-1}, S^{n-1} \setminus \mathrm{Int}(f(U^{n-1}))] = i_{f(U^{n-1})*}([f(U^{n-1}), \partial f(U^{n-1})])$$

のように f で写される円板上の生成元をとることができる．したがって，このように写りあう円板（実際にはすべての埋めこまれた円板）上に生成元を定めることができる．

$\partial_*[D^n, \partial D^n] = [S^{n-1}]$ の生成元の定め方は，

$$j_* \partial [D^n, \partial D^n] = i_{D^{n-1}*}[D^{n-1}, \partial D^{n-1}]$$

により定まっているが，球面については，$i_{D^{n-1}} : (D^{n-1}, \partial D^{n-1}) \longrightarrow (S_+^{n-1}, \partial S_+^{n-1})$ は，$\boldsymbol{x} = (x_1, \ldots, x_{n-1}) \longmapsto (\sqrt{1 - \|\boldsymbol{x}\|^2}, x_1, \ldots, x_{n-1})$ により定めるのが普通である．

この定め方は，$v_1 - v_0, v_2 - v_0, \ldots, v_n - v_0$ が，

$$\det \begin{pmatrix} v_1 - v_0 & v_2 - v_0 & \cdots & v_n - v_0 \end{pmatrix} > 0$$

を満たすとき，$\partial \langle v_0 \cdots v_n \rangle = \sum_{i=0}^{n} (-1)^i \langle v_0 v_1 \cdots v_{i-1} v_{i+1} \cdots v_n \rangle$ の決め方と一致している．

こうして単体複体の境界写像は非常に明快に書かれる．

5.3 単体複体に付随するチェイン複体

胞体複体としてのチェイン複体であることを忘れて，単体複体のチェイン複体を S_k の元を生成元とする自由加群において，境界準同型を

$$\partial \langle v_0 \cdots v_k \rangle = \sum_{i=0}^{k} (-1)^i \langle v_0 \cdots v_{i-1} v_{i+1} \cdots v_k \rangle$$

と定めることにすると，それだけでチェイン複体が定まることがわかる．実際 $\langle v_0 \cdots \widehat{v_i} \cdots v_k \rangle$ で v_i をとり除いた $\langle v_0 \cdots v_{i-1} v_{i+1} \cdots v_k \rangle$ を表すことにすると，

$$(\partial \circ \partial)(\langle v_0 \cdots v_k \rangle)$$
$$= \partial(\sum_{i=0}^{k}(-1)^i \langle v_0 \cdots \widehat{v_i} \cdots v_k \rangle)$$
$$= \sum_{i=0}^{k}(-1)^i \sum_{j=0}^{i-1}(-1)^j \langle v_0 \cdots \widehat{v_j} \cdots \widehat{v_i} \cdots v_k \rangle$$
$$\quad + \sum_{i=0}^{k}(-1)^i \sum_{j=i+1}^{k}(-1)^{j-1} \langle v_0 \cdots \widehat{v_i} \cdots \widehat{v_j} \cdots v_k \rangle$$
$$= \sum_{j<i}(-1)^{i+j} \langle v_0 \cdots \widehat{v_j} \cdots \widehat{v_i} \cdots v_k \rangle$$
$$\quad + \sum_{i<j}(-1)^{i+j-1} \langle v_0 \cdots \widehat{v_i} \cdots \widehat{v_j} \cdots v_k \rangle = 0$$

ここで，最後に $j < i$ について，v_i, v_j をとり除いた $\langle v_0 v_1 \cdots \widehat{v_i} \cdots \widehat{v_j} \cdots v_k \rangle$ の係数が前の和では $(-1)^{i+j}$，後の和では $(-1)^{i+j-1}$ であるから，0 となった．

こうして，単体複体からは自然にチェイン複体が定義されている．

境界準同型が容易にわかることはよいが，チェイン複体のホモロジー群の計算はやさしいはずのものもけっこう面倒である．

n 次元単体自体のチェイン複体は，次のようになる．

$$0 \xleftarrow{\partial} Z^{\binom{n+1}{1}} \xleftarrow{\partial} Z^{\binom{n+1}{2}} \xleftarrow{\partial} \cdots \xleftarrow{\partial} Z^{\binom{n+1}{n-1}} \xleftarrow{\partial} Z^{\binom{n+1}{n}} \xleftarrow{\partial} Z^{\binom{n+1}{n+1}} \xleftarrow{\partial} 0$$

このように書かれると，このチェイン複体のホモロジー群が 1 点のホモロジー群と同じであることを示すのも自明ではない．

この場合は n 単体を $\langle v_0 \cdots v_n \rangle$ として，

$$H \langle v_{i_0} \cdots v_{i_k} \rangle = \begin{cases} \langle v_0 v_{i_0} \cdots v_{i_k} \rangle & (i_0 > 0) \\ 0 & (i_0 = 0) \end{cases}$$

とする．$(\partial H + H \partial)\langle v_{i_0} \cdots v_{i_k} \rangle$ は $k > 0, i_0 > 0$ ならば，

$$(\partial H + H \partial)\langle v_{i_0} \cdots v_{i_k} \rangle$$
$$= \partial \langle v_0 v_{i_0} \cdots v_{i_k} \rangle + H \sum_{j=0}^{k}(-1)^j \langle v_{i_0} \cdots v_{i_{j-1}} v_{i_{j+1}} \cdots v_{i_k} \rangle$$

$$= \langle v_{i_0} \cdots v_{i_k} \rangle - \sum_{j=0}^{k} (-1)^j \langle v_0 v_{i_0} \cdots v_{i_{j-1}} v_{i_{j+1}} \cdots v_{i_k} \rangle$$
$$+ \sum_{j=0}^{k} (-1)^j \langle v_0 v_{i_0} \cdots v_{i_{j-1}} v_{i_{j+1}} \cdots v_{i_k} \rangle$$
$$= \langle v_{i_0} \cdots v_{i_k} \rangle$$

$k > 0$, $i_0 = 0$ ならば,
$$(\partial H + H\partial)\langle v_{i_0} \cdots v_{i_k} \rangle = \langle v_{i_0} \cdots v_{i_k} \rangle$$

また,
$$(\partial H + H\partial)\langle v_i \rangle = \begin{cases} \langle v_i \rangle - \langle v_0 \rangle & (i > 0) \\ 0 & (i = 0) \end{cases}$$

である. この結果, $r : C_*(\sigma) \longrightarrow C_*(\sigma)$ を $r(\langle v_i \rangle) = \langle v_0 \rangle$, $r(\langle v_{i_0} \cdots v_{i_k} \rangle) = 0$ で定義すると, r はチェイン写像である. $\mathrm{id} - r = \partial H + H\partial$ となるが, このとき, $\mathrm{id}_* = r_* : H_*(C_*(\sigma)) \longrightarrow H_*(C_*(\sigma))$ となる. $c : C_*(\sigma) \longrightarrow C_*(\langle v_0 \rangle)$, $i : C_*(\langle v_0 \rangle) \longrightarrow C_*(\sigma)$ について, $c \circ i = \mathrm{id}_{C_*(\langle v_0 \rangle)}$ だから, $c_* \circ i_* = \mathrm{id}_{H_*(C_*(\langle v_0 \rangle))}$. $i \circ c = r$ だから, $i_* \circ c_* = r_* = \mathrm{id}_{H_*(C_*(\sigma))}$ となり, $H_*(C_*(\sigma)) = H_*(C_*(\langle v_0 \rangle))$ を得る.

【問題 5.3.1】 X, Y, Z を次で与えられる位相空間とする (X, Y は問題 1.2.20 (9 ページ) のものと同じ, Z は問題 1.2.20 の解答 (31 ページの Z_0 と同じである).

$$X = \{(x,y,z) \in \mathbf{R}^3 \mid ((x^2+y^2)^{1/2} - 2)^2 + z^2 = 1\}$$
$$\cup \{(x,y,z) \in \mathbf{R}^3 \mid z = 0, x^2 + y^2 \leqq 1\},$$
$$Y = \{(x,y,z) \in \mathbf{R}^3 \mid (x+1)^2 + y^2 + z^2 = 1\}$$
$$\cup \{(x,y,z) \in \mathbf{R}^3 \mid y = 0, (x-1)^2 + z^2 = 1\},$$
$$Z = \{(x,y,z) \in \mathbf{R}^3 \mid x^2 + y^2 + z^2 = 1\}$$
$$\cup \{(x,y,z) \in \mathbf{R}^3 \mid x = y = 0, |z| \leqq 1\}$$

(1) X, Y, Z の胞体分割, 単体分割を与えよ.

(2) X, Y, Z の胞体分割に対応するチェイン複体を書き, ホモロジー群を求めよ.

(3) Y, Z の単体分割に対応するチェイン複体を書き, ホモロジー群を求

めよ．解答例は 193 ページ．

【問題 5.3.2】 位相空間 X, Y のジョイン $X * Y$ を商空間 $X * Y = X \times [0,1] \times Y/\sim$ として定義する．ただし，同値関係 $\sim$ は，

$$(x_1, t_1, y_1) \sim (x_2, t_2, y_2) \iff \begin{array}{l} (t_1 = t_2 = 0 \text{ かつ } x_1 = x_2) \\ \text{または} \\ (t_1 = t_2 = 1 \text{ かつ } y_1 = y_2) \end{array}$$

で生成されるものとする．
 (1) $S^k * S^\ell \approx S^{k+\ell+1}$ を示せ．
 (2) $X = \{p\}$（1 点からなる空間）とするとき，$\{p\} * Y$ を Y 上の**錐**と呼ぶ．$\{p\} * Y$ は可縮な（1 点とホモトピー同値な）位相空間であることを示せ．
 (3) $X = S^0 = \{-1, 1\}$ のとき，$S^0 * Y$ を Y の**懸垂**と呼ぶ．Y のホモロジー群により，$S^0 * Y$ のホモロジー群を表せ．解答例は 195 ページ．

2 つの単体 $\sigma^k = \langle v_0 \cdots v_k \rangle$, $\sigma^\ell = \langle w_0 \cdots w_\ell \rangle$ に対して，それらの頂点の和集合が一般の位置にあるとき，それらのジョインを $\sigma^k * \sigma^\ell = \langle v_0 \cdots v_k w_0 \cdots w_\ell \rangle$ で定義する．

2 つの単体複体 K, L に対して，それらの頂点の和集合が一般の位置にあるとき，それらのジョイン $K * L$ を，K の単体，L の単体，K の単体と L の単体のジョインとして得られる単体からなる単体複体とする．

【問題 5.3.3】 (1) 単体複体 K, L のジョイン $K * L$ のチェイン複体の単体について以下が成立することを示せ．

$$\partial(\sigma_0^0 * \sigma_1^0) = \sigma_1^0 - \sigma_0^0,$$
$\ell \geqq 1$ のとき, $\partial(\sigma^0 * \sigma^\ell) = \sigma^\ell - \sigma_0 * (\partial \sigma^\ell),$
$k \geqq 1$ のとき, $\partial(\sigma^k * \sigma^0) = (\partial \sigma^k) * \sigma^0 + (-1)^{k+1} \sigma^k,$
$k, \ell \geqq 1$ のとき, $\partial(\sigma^k * \sigma^\ell) = (\partial \sigma^k) * \sigma^\ell + (-1)^{k+1} \sigma^k * (\partial \sigma^\ell).$

 (2) $K = \langle b \rangle$ とするとき，$\langle b \rangle * L$ のチェイン複体のホモロジー群を求めよ．解答例は 196 ページ．

5.4 単体複体に対するホモロジー理論

単体複体についてのこれまでの議論から，ホモロジー理論の存在について次のように考えることが可能である．目標を単体複体の実現となる位相空間に対して，2.1.2 小節（49 ページ）で与えた 5 つの公理を満たすホモロジー理論が存在することを示すこととする．公理は，(F) 共変関手，(H) ホモトピー公理，(P) 空間対の長完全系列，(E) 切除公理，(D) 次元公理の 5 つである．次の 5.4.1 小節でどのような写像に対しての関手性 (F) を考えるかを定める．公理 (F) は (単体複体, 単体写像) に (チェイン複体, チェイン写像) を対応させると，これが (単体複体, 単体写像) のなす圏から (チェイン複体, チェイン写像) のなす圏への共変関手となることからわかる．5.4.2 小節において，対の長完全系列が単体複体 K とその部分複体 L の対 (K, L) に対して成立することが，対 (K, L) のホモロジー群を $C_*(K)/C_*(L)$ のホモロジー群とすることでわかる．この定義から，単体複体 K が部分単体複体 K_1, K_2 の和になっているとき，$(K_1, K_1 \cap K_2) \subset (K, K_2)$ に対しての同型もしたがうので，切除公理 (E) も満たされる．次元公理 (D) が満たされることは 1 点集合をただ 1 つの頂点を持つ単体複体とみて容易に示される．最後のホモトピー公理 (H) をどのように定式化するかが問題になるが，次のように考えるのが自然である．2 つの単体写像 $f_0, f_1 : K \longrightarrow L$ の実現 $|f_0|, |f_1| : |K| \longrightarrow |L|$ がホモトピックならば $(f_0)_* = (f_1)_* : H_*(K) \longrightarrow H_*(L)$ となる．このことは，単体複体の重心細分の議論ののちに示す．

5.4.1 単体写像

胞体複体の間の写像として胞体写像を考えたのと同様に，単体複体の間の写像としては次の単体写像を考えるとよい．

定義 5.4.1（単体写像） 2 つの単体複体 K_1, K_2 に対して，$f_V : V(K_1) \longrightarrow V(K_2)$ が，K_1 の各単体の頂点の集合 $\{v_0, \ldots, v_k\}$ の像 $f_V(\{v_0, \ldots, v_k\})$ が K_2 の単体の頂点の集合となるという条件を満たすとき，f_V は**単体写像** $f : K_1 \longrightarrow K_2$ を定める．

5.4 単体複体に対するホモロジー理論

単体写像 $f: K_1 \longrightarrow K_2$ は，単体複体 K_1, K_2 の実現 $|K_1|$, $|K_2|$ の間の写像 $|f|: |K_1| \longrightarrow |K_2|$ を導く．実際，各単体 $\langle v_0 \cdots v_k \rangle$ 上の重心座標 $(t_0, \ldots, t_k)$ で $|f|(\sum_{i=0}^{k} t_i v_i) = \sum_{i=0}^{k} t_i f_V(v_i)$ と表示される．K_1 の単体の像は次元が低いか等しい K_2 の単体となる．

単体写像 f はチェイン写像を導く．この場合の f_* の計算も容易である．特に，$i_0 \cdots i_k$ の置換 $j_0 \cdots j_k$ に対して，

$$\langle v_{j_0} \cdots v_{j_k} \rangle = \mathrm{sign} \begin{pmatrix} j_0 \cdots j_k \\ i_0 \cdots i_k \end{pmatrix} \langle v_{i_0} \cdots v_{i_k} \rangle$$

と規約する．これは，互換が $[S^{k-1}]$，あるいは $[D^k, \partial D^k]$ の写像度 -1 の写像に対応していることによる．このとき，

$$f_* \langle v_0 \cdots v_k \rangle = \begin{cases} \langle f_V(v_0) \cdots f_V(v_k) \rangle & (i \neq j \text{ ならば}, f_V(v_i) \neq f_V(v_j) \text{ のとき}) \\ 0 & (\text{ある } i \neq j \text{ に対し}, f_V(v_i) = f_V(v_j) \text{ のとき}) \end{cases}$$

により f_* を定めると，$f_*: C_*(K_1) \longrightarrow C_*(K_2)$ はチェイン写像となる．実際，$i \neq j$ ならば $f_V(v_i) \neq f_V(v_j)$ であれば，

$$\partial \langle f_V(v_0) \cdots f_V(v_k) \rangle$$
$$= \sum_{i=0}^{k} (-1)^i \langle f_V(v_0) \cdots f_V(v_{i-1}) f_V(v_{i+1}) \cdots f_V(v_k) \rangle$$
$$= f_* (\sum_{i=0}^{k} (-1)^i \langle v_0 \cdots v_{i-1} v_{i+1} \cdots v_k \rangle)$$
$$= f_* \partial \langle v_0 \cdots v_k \rangle$$

となる．ある $i \neq j$ に対し $f_V(v_i) = f_V(v_j)$ $(i < j)$ となるとすると，

$$f_*(\partial \langle v_0 \cdots v_k \rangle)$$
$$= f_* (\sum_{\ell=0}^{k} (-1)^\ell \langle v_0 \cdots v_{\ell-1} v_{\ell+1} \cdots v_k \rangle)$$
$$= \sum_{\ell=0}^{k} (-1)^\ell \langle f_V(v_0) \cdots f_V(v_{\ell-1}) f_V(v_{\ell+1}) \cdots f_V(v_k) \rangle$$
$$= (-1)^i \langle f_V(v_0) \cdots f_V(v_{i-1}) f_V(v_{i+1}) \cdots f_V(v_j) \cdots f_V(v_k) \rangle$$
$$\quad + (-1)^j \langle f_V(v_0) \cdots f_V(v_i) \cdots f_V(v_{j-1}) f_V(v_{j+1}) \cdots f_V(v_k) \rangle$$
$$= 0$$

となる．ここで，$\ell \neq i, j$ ならば，f_* の定義により 0 となること，最後の項は，$f_V(v_i)$ を後ろに $j-i-1$ 個移動すれば係数を除いて同じになることを用いた．

このように単体複体の間の単体写像は単体複体のチェイン複体の間のチェイン写像を導くから，単体複体のホモロジー群の間の準同型を導く．

単体写像 $f: K_1 \longrightarrow K_2, g: K_2 \longrightarrow K_3$ の合成 $g \circ f: K_1 \longrightarrow K_3$ は単体写像である．チェイン写像 $f_*: C_*(K_1) \longrightarrow C_*(K_2), g_*: C_*(K_2) \longrightarrow C_*(K_3)$，$(g \circ f)_*: C_*(K_1) \longrightarrow C_*(K_3)$ について，K_1 の各単体 σ に対し，$g_*(f_*(\sigma)) = (g \circ f)_*(\sigma)$ が成立するから，$g_* \circ f_* = (g \circ f)_*: C_*(K_1) \longrightarrow C_*(K_3)$ である．したがって，ホモロジー群の間の準同型 $f_*: H_*(K_1) \longrightarrow H_*(K_2)$，$g_*: H_*(K_2) \longrightarrow H_*(K_3)$, $(g \circ f)_*: H_*(K_1) \longrightarrow H_*(K_3)$ についても $g_* \circ f_* = (g \circ f)_*: H_*(K_1) \longrightarrow H_*(K_3)$ である．

5.4.2 単体複体の対のホモロジー群

単体複体とその間の単体写像だけを対象に考えると，その中だけでホモロジー群が定義され，それがホモロジー群の公理を満たすことを示すことができる．ホモロジー群の公理には，(F) 共変関手，(H) ホモトピー公理，(P) 空間対の長完全系列，(E) 切除公理，(D) 次元公理があるが，これらを確かめるために，単体複体 K とその部分単体複体 L の対のホモロジー群を定義する．

単体複体 K とその部分単体複体 L の対 (K, L) のホモロジー群は単体複体 K, L のチェイン複体 $C_*(K), C_*(L)$ を用いて次のように与えることができる．これは空間対 $(|K|, |L|)$ のホモロジー群に一致する．

まず，部分単体複体 L の単体複体 K への埋め込み i は，単射単体写像で，単射チェイン写像 $i_*: C_*(L) \longrightarrow C_*(K)$ を誘導する．$C_*(L) \subset C_*(K)$ と考える．

ここで，商の $\mathbf{Z}$ 加群 $C_k(K, L) = C_k(K)/C_k(L)$ を考えると，境界準同型 $\partial: C_k(K) \longrightarrow C_{k-1}(K)$ は $\partial(C_k(L)) \subset C_{k-1}(L)$ を満たすから，$\partial: C_k(K, L) = C_k(K)/C_k(L) \longrightarrow C_{k-1}(K)/C_{k-1}(L) = C_{k-1}(K, L)$ を誘導する．系列

$$C_*(K, L): 0 \xleftarrow{\partial} C_0(K, L) \xleftarrow{\partial} C_1(K, L) \xleftarrow{\partial} \cdots$$

はチェイン複体をなす．このチェイン複体のホモロジー群を，単体複体の対 (K, L) の**ホモロジー群**と呼び，$H_*(K, L)$ と書く．

単体複体の対 $(K_1, L_1), (K_2, L_2)$ に対して，単体写像 $f : K_1 \longrightarrow K_2$ の L_1 への制限 $f|L_1$ が L_2 への単体写像になっているとき，**単体複体の対の間の単体写像**という．$f : (K_1, L_1) \longrightarrow (K_2, L_2)$ が単体写像ならば，チェイン写像 $f_* : C_*(K_1, L_1) \longrightarrow C_*(K_2, L_2)$ が誘導される．単体複体の対 (K_i, L_i) ($i = 1$, 2, 3) に対し，単体写像 $f : (K_1, L_1) \longrightarrow (K_2, L_2)$, $g : (K_2, L_2) \longrightarrow (K_3, L_3)$ が誘導するチェイン写像について，$(g \circ f)_* = g_* \circ f_*$ であり，単体複体の対 (K, L) に対し，$\mathrm{id}_{(K,L)*} = \mathrm{id} : C_*(K, L) \longrightarrow C_*(K, L)$ である．

(F) 共変関手であることは，上のチェイン写像がホモロジー群に誘導する写像を考えればわかる．

(P) 単体複体の対のホモロジー完全系列も容易にわかる．

$$0 \longrightarrow C_*(L) \xrightarrow{i_*} C_*(K) \xrightarrow{j_*} C_*(K, L) \longrightarrow 0$$

はチェイン複体とチェイン写像の短完全系列となる．この短完全系列から，空間対のホモロジー完全系列に対応するホモロジー群の長完全系列が導かれる．

(E) 切除公理について考えよう．単体複体 K が，部分単体複体 K_1, K_2 の和集合 $K = K_1 \cup K_2$ であるとする．$K_{12} = K_1 \cap K_2$ は，K_1, K_2, K の部分単体複体である．

このとき，$C_k(K_1, K_{12}) = C_k(K_1)/C_k(K_{12})$ と $C_k(K, K_2) = C_k(K)/C_k(K_2)$ は，K_2 の元ではない K_1 の k 単体で生成される自由加群で，包含写像 $C_k(K_1, K_{12}) \longrightarrow C_k(K, K_2)$ により同型である．したがって，境界準同型 ∂ と包含写像は可換であり，$H_k(K_1, K_{12}) \cong H_k(K, K_2)$ が導かれる．次のチェイン複体とチェイン写像の図式

$$\begin{array}{ccccccccc} 0 & \longrightarrow & C_*(K_{12}) & \xrightarrow{i_*} & C_*(K_1) & \xrightarrow{j_*} & C_*(K_1, K_{12}) & \longrightarrow & 0 \\ & & \downarrow & & \downarrow & & \downarrow & & \\ 0 & \longrightarrow & C_*(K_2) & \xrightarrow{i_*} & C_*(K) & \xrightarrow{j_*} & C_*(K, K_2) & \longrightarrow & 0 \end{array}$$

は可換であるから次の図式は可換となる．

$$\begin{array}{ccc} H_k(K_1, K_{12}) & \xrightarrow{\partial} & H_{k-1}(K_{12}) \\ \downarrow & & \downarrow \\ H_k(K, K_2) & \xrightarrow{\partial} & H_{k-1}(K_2) \end{array}$$

(D) 次元公理は $H_*(\langle v \rangle)$ を計算することであるが，チェイン複体が $0 \longleftarrow \mathbb{Z}\langle v \rangle \longleftarrow 0$ であるから，$H_*(\langle v \rangle) = \begin{cases} \mathbb{Z} & (n = 0) \\ 0 & (n \neq 0) \end{cases}$ となる．

(H) ホモトピー公理にあたる命題の証明は容易ではない．そもそも命題自体が難しく，最も強い形で述べると次のようになる．

命題 5.4.2（ホモトピー不変性） (X, A) の単体分割 (K_1^0, L_1^0), (K_1^1, L_1^1), (Y, B) の単体分割 (K_2^0, L_2^0), (K_2^1, L_2^1) が与えられているとする．すなわち，$(X, A) \approx (|K_1^0|, |L_1^0|) \approx (|K_1^1|, |L_1^1|)$, $(Y, B) \approx (|K_2^0|, |L_2^0|) \approx (|K_2^1|, |L_2^1|)$ とする．このとき同型写像 $h_{1*} : H_*(K_1^0, L_1^0) \longrightarrow H_*(K_1^1, L_1^1)$, $h_{2*} : H_*(K_2^0, L_2^0) \longrightarrow H_*(K_2^1, L_2^1)$ が定まる．さらに単体写像 $f_0 : (K_1^0, L_1^0) \longrightarrow (K_2^0, L_2^0)$, $f_1 : (K_1^1, L_1^1) \longrightarrow (K_2^1, L_2^1)$ の実現 $|f_0|$, $|f_1|$ が $(X, A) \longrightarrow (Y, B)$ の写像とみてホモトピックであるとする．このとき $h_{2*} f_{0*} = f_{1*} h_{1*}$ が成立する．

ホモトピー不変性の命題 5.4.2 の証明の中で重要なプロセスが，単体近似と重心細分である．以下の節でこれらを解説する．また，ホモロジー群に誘導される写像が一致することを示すためには，チェイン・ホモトピーを構成することになる．

5.5 単体近似

5.5.1 スター（星状体）

ユークリッド空間内にある単体複体 K において，単体 σ の**スター**（星状体）$\mathrm{Star}(\sigma)$ を σ と σ をフェイスとする単体の和集合 $\mathrm{Star}(\sigma) = \bigcup_{\sigma \preceq \tau} \tau$ とする．**オープン・スター**（開星状体）$O(\sigma)$ を σ の内部と σ をフェイスとする単体の内部の和集合 $O(\sigma) = \bigcup_{\sigma \preceq \tau} \mathrm{Int}(\tau)$ とする．オープン・スターは開集合となり，$\mathrm{Star}(\sigma)$ は $O(\sigma)$ の閉包となる．

【例題 5.5.1】 $\mathrm{Star}(\langle v_0 \cdots v_k \rangle) = \bigcap_{i=0}^{k} \mathrm{Star}(v_i)$ を示せ．
（これは右辺が空でなければ，左辺の k 単体が存在し，等号が成立するという意味でも正しい．）

【解】 $\text{Star}(\sigma) = \bigcup_{\sigma \prec \tau} \tau$ であるが, v が σ の頂点ならば, $\sigma \prec \tau$ となる τ の頂点でもあるので, $\text{Star}(\sigma) \subset \text{Star}(v)$ である. したがって, $\text{Star}(\langle v_0 \cdots v_k \rangle) \subset \bigcap_{i=0}^{k} \text{Star}(v_i)$ である. ($O(\langle v_0 \cdots v_k \rangle) \subset \bigcap_{i=0}^{k} O(v_i)$ も成立する.)

$\bigcap_{i=0}^{k} O(v_i) \subset O(\langle v_0 \cdots v_k \rangle)$ を示す. 単体複体の各点は, ただ 1 つの単体の内部の点であるので, $\boldsymbol{x} \in \text{Int}(\tau)$ とする. 頂点 v_i に対し, $\boldsymbol{x} \in O(v_i)$ ならば, $O(v_i)$ は単体の内部の和集合だから $\text{Int}(\tau) \subset O(v_i)$ である. したがって v_i は τ の頂点である. $\boldsymbol{x} \in \bigcap_{i=0}^{k} O(v_i)$ ならば, $\langle v_0 \cdots v_k \rangle \preceq \tau$, したがって $\boldsymbol{x} \in O(\langle v_0 \cdots v_k \rangle)$ である. $\bigcap_{i=0}^{k} O(v_i) \subset O(\langle v_0 \cdots v_k \rangle)$ の閉包をとって, $\bigcap_{i=0}^{k} \text{Star}(v_i) \subset \text{Star}(\langle v_0 \cdots v_k \rangle)$ が成立する.

【問題 5.5.2】 $\text{Star}(\sigma)$ の任意の点 p と σ 上の任意の点 q を結ぶ線分 $(1-t)p + tq$ ($t \in [0,1]$) が定義できることを示せ. 解答例は 197 ページ.

【問題 5.5.3】 $g : |K_1| \longrightarrow |K_2|$ が連続写像で, K_1 の任意の頂点 v のスターの像 $g(\text{Star}(v))$ が K_2 のある頂点 $f_V(v)$ のスターに含まれるとする.

(1) f_V は単体写像 f を定義することを示せ.
ヒント：$\text{Star}(v) \subset g^{-1}(\text{Star}(f_V(v)))$ と K_1 の単体 $\langle v_0 \cdots v_k \rangle$ に対して, $\bigcap_{i=0}^{k} \text{Star}(v_i) \neq \emptyset$ であることを使う.

(2) f の実現 $|f|$ と g はホモトピックであることを示せ. 解答例は 197 ページ.

5.5.2 重心細分

有限単体複体 K の頂点のなす有限集合を V, k 単体の集合を S_k とする. K はユークリッド空間に実現されているとする. k 単体 $\sigma = \langle v_0 \cdots v_k \rangle \in S_k$ の重心は $b_\sigma = \frac{1}{k+1} \sum_{i=0}^{k} v_i$ で与えられる点である. k 単体 σ をそのすべての面 τ とともに, 単体複体とみなす. σ の**重心細分** $\sigma' = \mathbf{bsd}(\sigma)$ を次の単体複体として定義する.

- $j = 0, \ldots, n$ に対し, $\sigma' = \mathbf{bsd}(\sigma)$ の j 単体の集合を

$$\{\sigma_{\tau_0 \tau_1 \cdots \tau_j} = \langle b_{\tau_0} b_{\tau_1} \cdots b_{\tau_j} \rangle \mid \tau_0 \prec \tau_1 \prec \cdots \prec \tau_j\}$$

とする. 特に $\mathbf{bsd}(\sigma)$ の頂点の集合は $\{b_\tau \mid \tau \preceq \sigma\}$ である. 図 5.2 参照.

単体複体 K に対し, 単体複体 $K' = \mathbf{bsd}(K)$ が各単体を重心細分したものの和集合として定義される. これを K の**重心細分**と呼ぶ.

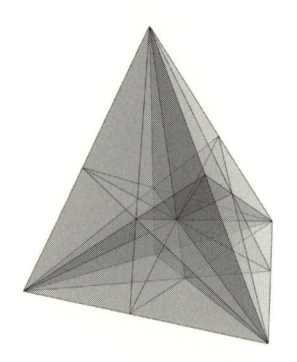

図 5.2 単体の重心細分.

単体 σ の重心細分は，境界 $\partial\sigma$ の重心細分と σ の重心 $\{b_\sigma\}$ のジョインとなっている．
$$\mathbf{bsd}(\sigma) = \mathbf{bsd}(\partial\sigma) * \{b_\sigma\}$$
実際，$\mathbf{bsd}(\sigma)$ の単体 $\sigma_{\tau_0\tau_1\cdots\tau_j}$ について，$\tau_j \neq \sigma$ のものは，$\partial\sigma$ の重心細分の単体であり，$\tau_j = \sigma$ のときは，$\sigma_{\tau_0\tau_1\cdots\tau_{j-1}}$ は $\partial\sigma$ の重心細分の単体で，$\sigma_{\tau_0\tau_1\cdots\tau_{j-1}\sigma} = \sigma_{\tau_0\tau_1\cdots\tau_{j-1}} * \{b_\sigma\}$ である．

注意 5.5.4 単体写像 $f: K_1 \longrightarrow K_2$ が与えられると，それらの重心細分の間の単体写像 $\mathrm{bsd}(f): \mathbf{bsd}(K_1) \longrightarrow \mathbf{bsd}(K_2)$ が自然に定義される．自然な同相写像 $|K_1| \approx |\mathbf{bsd}(K_1)|$, $|K_2| \approx |\mathbf{bsd}(K_2)|$ による同一視のもとで，$|f| = |\mathrm{bsd}(f)|$ である．

重心細分はチェイン複体に次で定義されるチェイン写像 $\mathrm{bsd}: C_k(K) \longrightarrow C_k(\mathbf{bsd}(K))$ を誘導する．
$$\mathrm{bsd}(\sigma) = \sum_{\tau_0 \prec \tau_1 \prec \cdots \prec \tau_k} \mathrm{sign}(\tau_0\tau_1\cdots\tau_k) \sigma_{\tau_0\tau_1\cdots\tau_k}$$
ただし，$|\tau_j| = |\langle v_{i_0}\cdots v_{i_j}\rangle|$ となるように i_j をとって，$\mathrm{sign}(\tau_0\tau_1\cdots\tau_k) = \mathrm{sign}\begin{pmatrix}0 & \cdots & k \\ i_0 & \cdots & i_k\end{pmatrix}$ とする．

【問題 5.5.5】 (0) 1つの単体 σ，その重心細分 $\mathbf{bsd}(\sigma)$ に対するチェイン複体を書き下し，ホモロジー群は1点のホモロジー群と等しいことを示せ．

(1) 単体複体 K に対し，$\mathrm{bsd} \circ \partial = \partial \circ \mathrm{bsd}$ を示せ．

(2) 単体複体 K に対し，bsd は $H_*(K) \longrightarrow H_*(\mathbf{bsd}(K))$ の同型を導くことを示せ．

ヒント：帰納法による．すなわち，単体複体 K に対し，K_0 を K の最大次元の単体 σ をとり除いたものとし，$\mathbf{bsd}_* : H_*(K_0) \longrightarrow H_*(\mathbf{bsd}(K_0))$ が同型であることから，$\mathbf{bsd}_* : H_*(K) \longrightarrow H_*(\mathbf{bsd}(K))$ が同型であることを導く．解答例は 197 ページ．

問題 5.5.5 により同型が示された $\mathbf{bsd}_* : H_*(K) \longrightarrow H_*(\mathbf{bsd}(K))$ の逆写像を与える単体写像 $r : \mathbf{bsd}(K) \longrightarrow K$ が次のように定義される．

- K の頂点の集合 $V(K)$ に全順序 $<$ を入れる．$r : \mathbf{bsd}(K) \longrightarrow K$ を，K の単体 $\sigma = \langle v_0 v_1 \cdots v_k \rangle$ に対応する $\mathbf{bsd}(K)$ の頂点 b_σ に対し，$r(b_\sigma) = \max\{v_0, v_1, \ldots, v_k\}$ で定義する．

$\mathbf{bsd}(K)$ の単体 $\sigma_{\tau_0 \cdots \tau_\ell}$ ($\tau_0 \prec \cdots \prec \tau_\ell$) について，$r(b_{\tau_0}), \ldots, r(b_{\tau_\ell})$ は面 τ_ℓ の頂点となるから，r は単体写像である．K の単体 $\sigma = \langle v_0 v_1 \cdots v_k \rangle$ の頂点が $v_0 < v_1 < \cdots < v_k$ を満たすとき，$\tau_\ell = \langle v_0 \cdots v_\ell \rangle$ ($\ell = 0, \ldots, k$) として，$r(\sigma_{\tau_0 \cdots \tau_k}) = \sigma$ となる．また，$|r| : |\mathbf{bsd}(K)| = |K| \longrightarrow |K|$ について，K の各単体の実現 $|\sigma|$ の点 $\boldsymbol{x}$ に対し，$t|r|(\boldsymbol{x}) + (1-t)\boldsymbol{x}$ が定義されるから，$|r| \simeq \mathrm{id}_{|K|}$ である．

単体写像 r が誘導するチェイン写像 $r_* : C_*(\mathbf{bsd}(K)) \longrightarrow C_*(K)$ について，$r_* \circ \mathbf{bsd}_* = \mathrm{id}_{C_*(K)}$ である．したがって，ホモロジー群において，$r_* \circ \mathbf{bsd}_* = \mathrm{id}_{H_*(K)}$ となる．問題 5.5.5(2) により，$\mathbf{bsd}_*$ は同型写像であるから r_* も同型写像であり，$r_* = (\mathbf{bsd}_*)^{-1}$ である．

注意 5.5.6 単体写像 $f : K_1 \longrightarrow K_2$ に対し，注意 5.5.4 で $\mathbf{bsd}(f) : \mathbf{bsd}(K_1) \longrightarrow \mathbf{bsd}(K_2)$ を定義したが，チェイン複体上では，次のチェイン写像が可換になる．

$$\begin{array}{ccc} C_*(K_1) & \xrightarrow{f_*} & C_*(K_2) \\ \downarrow{\scriptstyle \mathrm{bsd}} & & \downarrow{\scriptstyle \mathrm{bsd}} \\ C_*(\mathbf{bsd}(K_1)) & \xrightarrow{(\mathbf{bsd}(f))_*} & C_*(\mathbf{bsd}(K_2)) \end{array}$$

問題 5.5.5 により，ホモロジー群では，縦のチェイン写像 bsd は同型を誘導する．

5.5.3 単体近似定理

単体複体の実現の間の連続写像 $g : |K_1| \longrightarrow |K_2|$ に対し，g をそのまま単体写像の実現とすることは一般にはできない．なぜなら，連続写像がホモロ

ジー群に誘導する写像は無限にありうるが，有限単体複体 K_1, K_2 の間の単体写像は有限個である．しかし，問題 5.5.3 の状況になれば，連続写像は単体写像とホモトピックになる．g にホモトピックな単体写像を得るためには，K_1 を重心細分していくとよいことを示す．単体複体 K_1 はユークリッド空間に実現されているとする．K_1 の単体の大きさ $\mathrm{mesh}(K_1)$ を次で定義する．

$$\mathrm{mesh}(K_1) = \max\{\mathrm{diam}(\sigma) \mid \sigma \in K\}.$$

【問題 5.5.7】 $|\sigma^k|$ をユークリッド空間内に実現された k 次元単体とする．$\mathrm{mesh}(\mathbf{bsd}(\sigma^k)) \leqq \frac{k}{k+1} \mathrm{mesh}(\mathbf{bsd}(\sigma^k))$ を示せ．解答例は 199 ページ．

次の定理を単体近似定理と呼ぶ．

定理 5.5.8（単体近似定理） 任意の連続写像 $g : |K_1| \longrightarrow |K_2|$ に対し，自然数 N が存在し，単体写像 $f : (\mathbf{bsd})^N(K_1) \longrightarrow K_2$ で $|f| \simeq g$ となるものが存在する．

【問題 5.5.9】 単体近似定理を証明せよ．解答例は 200 ページ．

問題 5.5.9 により，単体複体の（実現の）間の連続写像は，定義域の単体複体を何度か重心細分した単体複体の実現からの単体写像と考えて，単体複体およびそのホモロジー群に誘導する準同型を定義できることになった．

ホモトピー公理 (H) を命題 5.4.2 の形で示すためには，まず次の命題を示す必要がある．

命題 5.5.10 2 つの単体写像 $f_0, f_1 : K_1 \longrightarrow K_2$ の実現がホモトピックである（$|f_0| \simeq |f_1| : |K_1| \longrightarrow |K_2|$）ならば，$f_{0*} = f_{1*} : H_*(K_1) \longrightarrow H_*(K_2)$ である．

命題 5.5.10 は命題 5.4.2 の $(K_1^0, L_1^0) = (K_1^1, L_1^1) = (K_1, \emptyset), (K_2^0, L_2^0) = (K_2^1, L_2^1) = (K_2, \emptyset)$ の場合である．命題 5.5.10 は 5.5.5 小節で示す．

次の小節では，$|f_0|$ と $|f_1|$ の間のホモトピー $G : [0,1] \times |K_1| \longrightarrow |K_2|$ に対し，$[0,1] \times |K_1|$ を単体分割し，G の単体近似が $\{0,1\} \times |K_1|$ では，f_0, f_1

の実現に一致しているものをとり，それを用いてチェイン・ホモトピーをつくる．

5.5.4 線分と単体複体の直積

線分と単体複体の直積 $[0,1] \times K$ において，線分と単体の積 $[0,1] \times \sigma^k$ の単体分割は，$v_i^0 = (0, v_i), v_i^1 = (1, v_i)$ として，次のように与えられる．

K の k 単体 $\langle v_0 \cdots v_k \rangle$ に対して，$k+1$ 個の $k+1$ 単体 $\langle v_0^0 \cdots v_i^0 v_i^1 \cdots v_k^1 \rangle$ $(i = 0, \ldots, k)$, $k+2$ 個の k 単体 $\langle v_0^0 \cdots v_i^0 v_{i+1}^1 \cdots v_k^1 \rangle$ $(i = -1, \ldots, k)$ を考える．これらの全体

$$\{\langle v_0^0 \cdots v_i^0 v_i^1 \cdots v_k^1 \rangle \mid (i = 0, \ldots, k), \langle v_0 \cdots v_k \rangle \in K\}$$
$$\cup \{\langle v_0^0 \cdots v_i^0 v_{i+1}^1 \cdots v_k^1 \rangle \mid (i = -1, \ldots, k), \langle v_0 \cdots v_k \rangle \in K\}$$

は単体複体となる．これを $\mathbf{P}(K)$ と書く．$|\mathbf{P}(K)| = [0,1] \times |K|$ である．図 5.3 の左図参照．

【問題 5.5.11】 (1) $\sigma = \langle v_0 \cdots v_k \rangle$ に対して

$$P\sigma = \sum_{i=0}^{k} (-1)^i \langle v_0^0 \cdots v_i^0 v_i^1 \cdots v_k^1 \rangle$$

とおくとき，

$$\partial P\sigma + P\partial \sigma = \langle v_0^1 \cdots v_k^1 \rangle - \langle v_0^0 \cdots v_k^0 \rangle$$

を示せ．

(2) 単体写像 $F : \mathbf{P}(K_1) \longrightarrow K_2$ が与えられているとき，自然な包含写像 $i_a : K_1 \longrightarrow \{a\} \times K_1 \subset \mathbf{P}(K_1)$ $(a = 0, 1)$ および $f_a = F \circ i_a$ に対し，

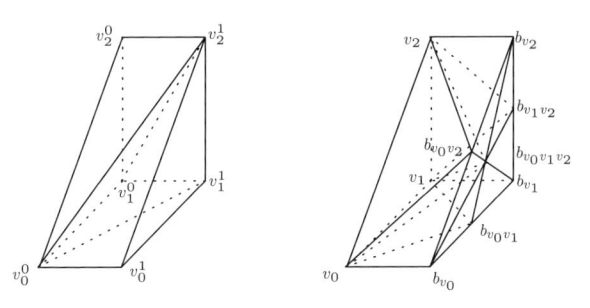

図 5.3 $[0,1] \times \langle v_0 v_1 v_2 \rangle$ の三角形分割 $\mathbf{P}(\langle v_0 v_1 v_2 \rangle)$（左）と $\mathbf{BSD}(\langle v_0 v_1 v_2 \rangle)$（右）．

$f_{0*} = f_{1*} : H_*(K_1) \longrightarrow H_*(K_2)$ である．解答例は 200 ページ．

$[0,1] \times K$ の単体分割で，$K \times \{0\}$ では K の単体分割を与え，$K \times \{1\}$ では K の重心細分を与えるものも構成できる．

$v_i = (0, v_i)$, $b_\sigma = (1, b_\sigma)$ と略記する．$[0,1] \times \sigma$ の単体複体の構造 L_σ を，

$$L_\sigma = \langle b_\sigma \rangle * K_\sigma \cup \bigcup_{i=0}^{k} L_{\partial_i \sigma}$$

とおく．ただし，$\partial_i \langle v_0 \cdots v_k \rangle = \langle v_0 \cdots v_{i-1} v_{i+1} \cdots v_k \rangle$ である．このとき，$\bigcup_{\sigma \in K} L_\sigma$ が求める $[0,1] \times |K|$ の単体分割である．これを $\mathbf{BSD}(K)$ と書く．図 5.3 の右図参照．

【問題 5.5.12】 (1) $\mathrm{bsd} : C_*(K) \longrightarrow C_*(\mathbf{BSD}(K))$ を

$$\mathrm{bsd}\langle v \rangle = \langle b_v \rangle, \dim \sigma \geqq 1 \text{ に対し } \mathrm{bsd}(\sigma) = \langle b_\sigma \rangle * (\mathrm{bsd}(\partial \sigma))$$

で定義する．$\mathrm{BSD} : C_*(K) \longrightarrow C_{*+1}(\mathbf{BSD}(K))$ を

$$\mathrm{BSD}\langle v \rangle = -\langle b_v \rangle * \langle v \rangle, \dim \sigma \geqq 1 \text{ に対し } \mathrm{BSD}(\sigma) = -\langle b_\sigma \rangle * (\mathrm{BSD}(\partial \sigma) + \sigma)$$

で定義する．このとき，

$$\partial \mathrm{BSD}(\sigma) + \mathrm{BSD}\, \partial(\sigma) = \mathrm{bsd}(\sigma) - \sigma$$

を示せ．

(2) 単体写像 $F : \mathbf{BSD}(K_1) \longrightarrow K_2$ が与えられているとき，自然な包含写像 $i_0 : K_1 \longrightarrow \{0\} \times K_1 \subset \mathbf{BSD}(K_1)$, $i_1 : \mathrm{bsd}(K_1) \longrightarrow \{1\} \times \mathrm{bsd}(K_1) \subset \mathbf{BSD}(K_1)$ について，$f_0 = F \circ i_0 : K_1 \longrightarrow K_2$, $f_1 = F \circ i_2 : \mathrm{bsd}(K_1) \longrightarrow K_2$ とおく．このとき，$f_{0*} = f_{1*} \circ \mathrm{bsd}_* : H_*(K_1) \longrightarrow H_*(K_2)$ であることを示せ．解答例は 201 ページ．

5.5.5 単体写像についてのホモトピー公理 1（展開）

単体複体の間の単体写像についてのホモトピー不変性の命題 5.5.10 を示そう．

2 つの単体写像 $f_0, f_1 : K_1 \longrightarrow K_2$ の実現 $|f_0|$ と $|f_1|$ の間のホモトピー $G : [0,1] \times |K_1| \longrightarrow |K_2|$ が与えられているとする．$|K_1|$ はユークリッド空間

に実現されているとし，$|K_2|$ には K_2 の頂点のオープン・スターによる被覆 $\{O(w) \mid w \in K_2^{(0)}\}$ を考える．$[0,1] \times |K_1|$ の被覆 $\{G^{-1}(O(w)) \mid w \in K_2^{(0)}\}$ のルベーグ数を δ とし，$\frac{1}{M} \leqq \frac{\delta}{2}$ として，$[0,1]$ 区間を長さ $\frac{1}{M}$ の M 個の区間に分ける．また $\mathrm{mesh}(\mathbf{bsd}^{N-1}(K_1)) \leqq \frac{\delta}{2}$ となる N をとる．各 $[\frac{k-1}{M}, \frac{k}{M}] \times |K_1|$ $(k=1,\ldots,M)$ に積の単体分割 $P(\mathbf{bsd}^N(K_1))$ をとった $[0,1] \times |K_1|$ の三角形分割を L_0 とする．

さらに，$[0,1] \times |K_1|$ の単体分割として，$\mathbf{BSD}(K_1), \mathbf{BSD}(\mathbf{bsd}(K_1)), \ldots,$ $\mathbf{BSD}(\mathbf{bsd}^{N-1}(K_1))$ を $[0, \frac{1}{N}] \times |K_1|, [\frac{1}{N}, \frac{2}{N}] \times |K_1|, \ldots, [\frac{N-1}{N}, 1] \times |K_1|$ 上にとったものを考える．この単体分割を持つ $[0,1] \times |K_1|$ を 2 つとり，それらの $\{1\} \times |K_1|$ の部分を $|L_0|$ の $\{0,1\} \times |K_1|$ の部分に貼りあわせて得られる $[-1,2] \times |K_1|$ の三角形分割を L とする．連続写像 $G: [0,1] \times |K_1| \longrightarrow |K_2|$ の拡張 $G: [-1,2] \times |K_1| \longrightarrow |K_2|$ が，$[-1,0] \times |K_1|$ 上で，$G(t, \boldsymbol{x}) = |f_0|(\boldsymbol{x})$, $[1, N+1] \times |K_1|$ 上で，$G(t, \boldsymbol{x}) = |f_1|(\boldsymbol{x})$ とすることにより定義される．

このとき，$[-\frac{1}{N}, 1+\frac{1}{N}]$ では $\mathrm{mesh}(L) \leqq \delta$ だから，$[0,1] \times |K_1|$ にある L の頂点 v に対し，K_2 の頂点 w で $O(v) \subset G^{-1}(O(w))$ となるものが存在する．$[-1, \frac{1}{N}] \times |K_1|$ にある L の頂点 v に対しては $|f_0|$ が単体写像の実現であることにより，また，$[\frac{1}{N}, 1] \times |K_1|$ にある L の頂点 v に対しては $|f_1|$ が単体写像の実現であることにより，K_2 の頂点 w で $O(v) \subset G^{-1}(O(w))$ となるものが存在する．

したがって，G の単体近似 $F: L \longrightarrow K_2$ で，$F|\{-1\} \times K_1 = f_0$, $F|\{2\} \times K_1 = f_1$ となるものがとれる．

構成の仕方から，以下の単体写像が得られている．図 5.4 参照．

$$F_{-1} = f_0 : K_1 \longrightarrow K_2,$$

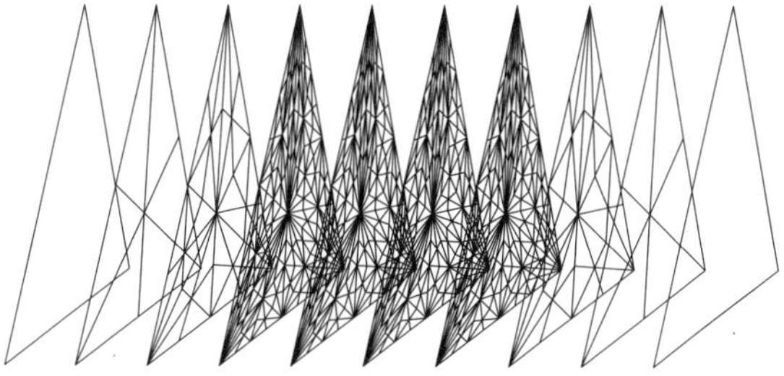

図 **5.4** K_1 の重心細分のための分割とホモトピーのための直積の分割を重ねる．

$$F_{-1+\frac{k}{N}} : \mathbf{bsd}^k(K_1) \longrightarrow K_2 \ (k = 1, \ldots, N),$$
$$F_{\frac{\ell}{M}} : \mathbf{bsd}^N(K_1) \longrightarrow K_2 \ (\ell = 1, \ldots, M),$$
$$F_{2-\frac{k}{N}} : \mathbf{bsd}^k(K_1) \longrightarrow K_2 \ (k = 1, \ldots, N-1),$$
$$F_2 = f_1 : K_1 \longrightarrow K_2$$

これらの単体写像がホモロジー群に誘導する写像について次がわかる. $(F_{-1+\frac{k}{N}})_* : H_*(\mathbf{bsd}^k(K_1)) \longrightarrow H_*(K_2) \ (k = 0, \ldots, N)$ については, 問題 5.5.12(2) により, $(F_{-1+\frac{k}{N}})_* \circ \mathbf{bsd}_* = (F_{-1+\frac{k-1}{N}})_* \ (k = 1, \ldots, N)$ である. したがって, $(F_0)_* \circ \mathbf{bsd}_*^N = (f_0)_*$ である. $(F_{\frac{\ell}{M}})_* : H_*(\mathbf{bsd}^N(K_1)) \longrightarrow H_*(K_2)$ ($\ell = 0, \ldots, M$) については, 問題 5.5.11(2) により, $(F_0)_* = (F_{\frac{1}{M}})_* = \cdots = (F_{\frac{M-1}{M}})_* = (F_1)_*$ である. $(F_{2-\frac{k}{N}})_* : H_*(\mathbf{bsd}^k(K_1)) \longrightarrow H_*(K_2) \ (k = 0, \ldots, N)$ については, 問題 5.5.12(2) により, $(F_{2-\frac{k}{N}})_* \mathbf{bsd}_* = (F_{2-\frac{k-1}{N}})_* \ (k = 1, \ldots, N)$ である. したがって, $(F_1)_* \circ \mathbf{bsd}_*^N = (f_1)_*$ である.

以上により,
$$(f_0)_* = (F_0)_* \circ (\mathbf{bsd}_*)^N = (F_1)_* \circ (\mathbf{bsd}_*)^N = (f_1)_* : H_*(K_1) \longrightarrow H_*(K_2)$$

となる. すなわち, 2つの単体複体 K_1, K_2 の間の2つの単体写像 f_0, f_1 の実現がホモトピックならば, f_0, f_1 は, ホモロジー群に同じ準同型を誘導する.

5.5.6 三角形分割への非依存性（展開）

ホモトピー不変性の命題 5.4.2 は, 同じ空間の2つの三角形分割が, 同じホモロジー群を与えることを述べている. ホモロジー理論を単体複体の枠組みの中で構成するときにはこれは証明を要する命題である.

命題 5.5.13 単体複体の対 $(K^0, L^0), (K^1, L^1)$ が空間対 (X, A) の単体分割であるとする. このとき同型写像 $H_*(K^0, L^0) \longrightarrow H_*(K^1, L^1)$ が存在する.

$L^0 = L^1 = \emptyset$ の場合の証明　位相空間 X が三角形分割 K_1, K_2 を持つとする. このとき同相写像 $h : |K_1| \longrightarrow |K_2|$ が存在する. 単体近似定理により, K_1, K_2 をそれぞれ N_1 回, N_2 回重心細分すれば単体写像 $f : \mathbf{bsd}^{N_1}(K_1) \longrightarrow K_2$, $g : \mathbf{bsd}^{N_2}(K_2) \longrightarrow K_1$ で, $|f| \simeq h, |g| \simeq h^{-1}$ となるものがある.

$g \circ (\mathbf{bsd}^{N_2}(f)) : \mathbf{bsd}^{N_1+N_2}(K_1) \longrightarrow K_1$ について

$$|g \circ (\mathrm{bsd}^{N_2} f)| = |g| \circ |\mathrm{bsd}^{N_2}(f)| = |g| \circ |f| \simeq h^{-1} \circ h = \mathrm{id}_{|K_1|}$$

である．また，$r^{N_1+N_2} : \mathbf{bsd}^{N_1+N_2}(K_1) \longrightarrow K_1$ を考えると，$|r^{N_1+N_2}| = |r|^{N_1+N_2} \simeq \mathrm{id}_{|K_1|}$ であるから，$|g \circ (\mathrm{bsd}^{N_2}(f))| \simeq |r^{N_1+N_2}|$ である．したがって，ホモトピー不変性の命題 5.5.10 により，$(g \circ (\mathrm{bsd}^{N_2}(f)))_* = (r^{N_1+N_2})_* : H_*(\mathbf{bsd}^{N_1+N_2}(K_1)) \longrightarrow H_*(K_1)$ である．$(r^{N_1+N_2})_* = (\mathrm{bsd}_*)^{-(N_1+N_2)}$ だから次を得る．

$$g_* \circ (\mathrm{bsd}^{N_2}(f))_* \circ (\mathrm{bsd}_*)^{N_2} \circ (\mathrm{bsd}_*)^{N_1} = \mathrm{id}_{H_*(K_1)}$$

さらに，注意 5.5.6 により，$(\mathrm{bsd}^{N_2}(f))_* \circ (\mathrm{bsd}_*)^{N_2} = (\mathrm{bsd}_*)^{N_2} f_*$ だから，

$$g_* \circ (\mathrm{bsd}_*)^{N_2} \circ f_* \circ (\mathrm{bsd}_*)^{N_1} = \mathrm{id}_{H_*(K_1)}$$

である．

$$\begin{array}{ccc}
C_*(K_1) & \xleftarrow{g_*} \;\; \xrightarrow{f_*} & C_*(K_2) \\
{\scriptstyle \mathrm{bsd}^{N_1}}\downarrow & & \downarrow{\scriptstyle \mathrm{bsd}^{N_2}} \\
C_*(\mathbf{bsd}^{N_1}(K_1)) & & C_*(\mathbf{bsd}^{N_2}(K_2)) \\
{\scriptstyle \mathrm{bsd}^{N_2}}\downarrow \;\; {\scriptstyle (\mathrm{bsd}^{N_1}(g))_*} & {\scriptstyle (\mathrm{bsd}^{N_2}(f))_*} & \downarrow{\scriptstyle \mathrm{bsd}^{N_1}} \\
C_*(\mathbf{bsd}^{N_1+N_2}(K_1)) & & C_*(\mathbf{bsd}^{N_1+N_2}(K_1))
\end{array}$$

同様に $f \circ (\mathrm{bsd}^{N_1}(g)) : \mathbf{bsd}^{N_1+N_2}(K_2) \longrightarrow K_2$ について議論して次を得る．

$$f_* \circ (\mathrm{bsd}_*)^{N_1} \circ g_* \circ (\mathrm{bsd}_*)^{N_2} = \mathrm{id}_{H_*(K_2)}$$

したがって，$f_* \circ (\mathrm{bsd}_*)^{N_1} : H_*(K_1) \longrightarrow H_*(K_2)$ は，同型写像で，$g_* \circ (\mathrm{bsd}_*)^{N_2}$ がその逆写像である． ■

一般の場合の証明は，演習問題とする．

【問題 5.5.14】 命題 5.5.13 に証明を与えよ．解答例は 201 ページ．

5.5.7 単体写像についてのホモトピー公理 2（展開）

ホモトピー不変性の命題 5.4.2 を証明しよう．

命題 5.4.2 の証明 (X, A) の単体分割 (K_1^0, L_1^0), (K_1^1, L_1^1), (Y, B) の単体

分割 $(K_2^0, L_2^0), (K_2^1, L_2^1)$ に対し，単体写像 $f_0 : (K_1^0, L_1^0) \longrightarrow (K_2^0, L_2^0)$, $f_1 : (K_1^1, L_1^1) \longrightarrow (K_2^1, L_2^1)$ の実現 $|f_0|, |f_1|$ が $(X, A) \longrightarrow (Y, B)$ の写像とみてホモトピックであるとする．

(X, A) と (Y, B) のそれぞれの 2 つの単体分割に対し，適当な $N \geqq 0$ をとれば，$(K_1^{0\prime}, L_1^{0\prime}) = (\mathbf{bsd}^N(K_1^0), \mathbf{bsd}^N(L_1^0)), (K_2^{0\prime}, L_2^{0\prime}) = (\mathbf{bsd}^N(K_2^0), \mathbf{bsd}^N(L_2^0))$ に対し，単体写像 $h_1 : (K_1^{0\prime}, L_1^{0\prime}) \longrightarrow (K_1^1, L_1^1), h_2 : (K_2^{0\prime}, L_2^{0\prime}) \longrightarrow (K_2^1, L_2^1)$ で $(h_1)_* \circ \mathrm{bsd}^N : C_*(K_1^0, L_1^0) \longrightarrow C_*(K_1^1, L_1^1), (h_2)_* \circ \mathrm{bsd}^N : C_*(K_2^0, L_2^0) \longrightarrow C_*(K_2^1, L_2^1)$ がホモロジー群の同型を誘導する．ここで，N は共通にとることができる．与えられた単体写像 f_0，その細分 $\mathrm{bsd}^n(f_0), f_1, h_1, h_2$ の関係は次の図式で表される．r は，K_1^0 の頂点の全順序の f_1 での引き戻しを用いて，K_2^0 の全順序を f_1 が順序を保つ単体写像となるように定めて定義する．

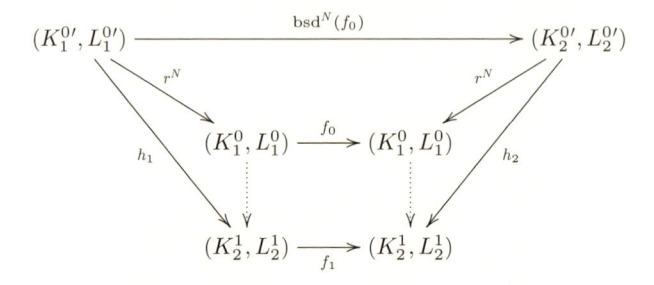

$$\begin{array}{ccc} (K_1^{0\prime}, L_1^{0\prime}) & \xrightarrow{\mathrm{bsd}^N(f_0)} & (K_2^{0\prime}, L_2^{0\prime}) \\ {\scriptstyle h_1} \Big\downarrow {\scriptstyle r^N} & & {\scriptstyle r^N} \Big\downarrow {\scriptstyle h_2} \\ & (K_1^0, L_1^0) \xrightarrow{f_0} (K_2^0, L_2^0) & \\ & \downarrow \qquad\qquad \downarrow & \\ & (K_2^1, L_2^1) \xrightarrow{f_1} (K_2^1, L_2^1) & \end{array}$$

ここに現れる単体写像の実現について，

$$|f_1 \circ h_1| \simeq |f_1| \circ |r^N| \simeq |f_0| \circ |r^N| = |r^N \circ \mathrm{bsd}^N(f_0)| \simeq |h_2 \circ \mathrm{bsd}^N(f_0)|$$

である．したがって，5.5.5 小節により，

$$(f_1)_* \circ (h_1)_* = (h_2)_* \circ (\mathrm{bsd}^N(f_0))_* : H_*(K_1^{0\prime}, L_1^{0\prime}) \longrightarrow H_*(K_2^1, L_2^1)$$

となる．5.5.6 小節により，$(h_1)_*, (h_2)_*$ はホモロジー群の同型を誘導する．

$$\begin{aligned} (f_1)_* &= (h_2)_* \circ (\mathrm{bsd}^N(f_0))_* \circ (h_1)_*^{-1} \\ &= (h_2)_* \circ (\mathrm{bsd}^N)_* \circ (r^N)_* \circ (\mathrm{bsd}^N(f_0))_* (\mathrm{bsd}^N)_* \circ (r^N)_* \circ (h_1)_*^{-1} \\ &= (h_2)_* \circ (\mathrm{bsd}^N)_* \circ (f_0)_* \circ (r^N)_* \circ (h_1)_*^{-1} \end{aligned}$$

これが命題 5.4.2 である． ∎

5.6 単体複体の直積

単体複体の積は胞体複体としては記述しやすいが，単体複体として記述するには，単体の積を標準的に単体分割する必要がある．

5.6.1 単体の直積

i 次元単体 $\langle v_0 v_1 \cdots v_i \rangle$ と j 次元単体 $\langle w_0 w_1 \cdots w_j \rangle$ の直積において，$u_\ell^k = (v_k, w_\ell) \in \langle v_0 v_1 \cdots v_i \rangle \times \langle w_0 w_1 \cdots w_j \rangle$ とおくと，直積の m 次元単体を $\langle u_{\ell_0}^{k_0} u_{\ell_1}^{k_1} \cdots u_{\ell_m}^{k_m} \rangle$ の形で定めることができる．ここで $0 \leq k_0 \leq \cdots \leq k_m \leq i$, $0 \leq \ell_0 \leq \cdots \leq \ell_m \leq j$, $k_{a-1} \ell_{a-1} \neq k_a \ell_a$ $(a = 1, \ldots, m)$ である．この形の単体を集めたものが，直積 $\langle v_0 v_1 \cdots v_i \rangle \times \langle w_0 w_1 \cdots w_j \rangle$ の単体分割を与えている．

頂点の集合に順序が入っており，単体は常に頂点の順序を保つように書き表されているような単体複体を**順序単体複体**と呼ぶ．X, Y を順序単体複体とすると，$X \times Y$ は上に述べたように単体に分割される．この単体複体を $(X \times Y)'$ と書くことにする．胞体複体のチェイン複体から単体複体のチェイン複体へのチェイン写像 $EZ : C_*(X \times Y) \longrightarrow C_*((X \times Y)')$ が定まる．これを**アイレンバーグ・ジルバー写像**と呼ぶ．

アイレンバーグ・ジルバー写像 EZ は，ホモロジー群の同型を誘導するが，実際に，**アレクサンダー・ホイットニー写像** $AW : C_*((X \times Y)') \longrightarrow C_*(X \times Y)$ というチェイン逆写像が定義されている．

$$AW(\langle u_{\ell_0}^{k_0} u_{\ell_1}^{k_1} \cdots u_{\ell_m}^{k_m} \rangle) = \sum_{a=0}^{m} \langle v_{k_0} \cdots v_{k_a} \rangle \otimes \langle w_{\ell_a} \cdots w_{\ell_m} \rangle$$

ここでは，$k_0 < k_1 < \cdots < k_a, \ell_a < \ell_{a+1} < \cdots < \ell_m$ の単体の積だけを加えあわせている．

$AW \circ EZ = \mathrm{id}_{C_*(X \times Y)}$ であり，$\{k_0, \ldots, k_m\} = \{0, \ldots, i\}, \{\ell_0, \ldots, \ell_m\} = \{0, \ldots, j\}, m = i + j$ のときには，

$$(EZ \circ AW)(\langle u_{\ell_0}^{k_0} u_{\ell_1}^{k_1} \cdots u_{\ell_m}^{k_m} \rangle)$$
$$= EZ(\sum_{a=0}^{m} \langle v_{k_0} \cdots v_{k_a} \rangle \otimes \langle w_{\ell_a} \cdots w_{\ell_m} \rangle)$$

$$= EZ(\langle v_0 \cdots v_i \rangle \otimes \langle w_0 \cdots w_j \rangle)$$
$$= \sum_{0 \leq k_0 \leq \cdots \leq k_m \leq i, 0 \leq \ell_0 \leq \cdots \leq \ell_m \leq j} \pm \langle u_{\ell_0}^{k_0} u_{\ell_1}^{k_1} \cdots u_{\ell_m}^{k_m} \rangle$$

である.

順序単体の直積 $\sigma_1^i \times \sigma_2^j = \langle v_0 v_1 \cdots v_i \rangle \times \langle w_0 w_1 \cdots w_j \rangle$ において,$\sigma_1^i \times \sigma_2^j$ の三角形分割 $(\sigma_1^i \times \sigma_2^j)'$ の $i+j$ 次元単体 $\sigma_{12}^{i+j} = \langle u_0^0 u_0^1 \cdots u_0^1 u_i^1 \cdots u_i^j \rangle$ を考え,写像 $f^{ij} : \sigma_1^i \times \sigma_2^j \longrightarrow \sigma_1^i \times \sigma_2^j$ で $f^{ij}(\sigma_{12}^{i+j}) = \sigma_1^i \times \sigma_2^j, f^{ij}(\sigma_1^i \times \sigma_2^j \setminus \sigma_{12}^{i+j}) = \partial(\sigma_1^i \times \sigma_2^j)$ となるものを,次元の低い面から順に $(\sigma_1^i \times \sigma_2^j)'$ から $\sigma_1^i \times \sigma_2^j$ への胞体写像として構成することができる.これが,チェイン写像 AW を与える.

f^{ij} は $\mathrm{id}_{\sigma_1^i \times \sigma_2^j}$ とホモトピックである.このホモトピーが,$EZ \circ AW$ と $\mathrm{id}_{(\sigma_1^i \times \sigma_2^j)'}$ の間のチェイン・ホモトピーを与える.

注意 5.6.1 標準 i 次元単体 $\Delta^i = \{(x_1, \ldots, x_i) \mid 1 \geq x_1 \geq \cdots \geq x_i \geq 0\}$ と標準 j 次元単体 $\Delta^j = \{(y_1, \ldots, y_j) \mid 1 \geq y_1 \geq \cdots \geq y_j \geq 0\}$ の直積は,$\Delta^i \times \Delta^j = \{(x_1, \ldots, x_i, y_1, \ldots, y_j) \mid 1 \geq x_1 \geq \cdots \geq x_i \geq 0, 1 \geq y_1 \geq \cdots \geq y_j \geq 0\}$ であるが,これは $(z_1, \ldots, z_{i+j})$ を $(x_1, \ldots, x_i, y_1, \ldots, y_j)$ の $(x_1, \ldots, x_i), (y_1, \ldots, y_j)$ の順序を保った並べ替えとして,

$$\sum \mathrm{sign} \begin{pmatrix} x_1 \cdots x_i y_1 \cdots y_j \\ z_1 \cdots\cdots\cdots z_{i+j} \end{pmatrix} \{(x_1, \ldots, x_i, y_1, \ldots, y_j) \mid 1 \geq z_1 \geq \cdots \geq z_{i+j} \geq 0\}$$

と書かれる.これがアイレンバーグ・ジルバー写像 EZ を与える.

5.6.2 カップ積の表示

順序単体複体 K に対し,コホモロジー群上のカップ積は,よい表示を持つ.すなわち,i 次元コサイクル c_1,j 次元コサイクル c_2 について,$i+j$ 次元コサイクル $c_1 \cup c_2$ の順序単体 $\langle v_0 v_1 \ldots v_{i+j} \rangle$ 上の値を次で定める.

$$(c_1 \cup c_2)(\langle v_0 v_1 \ldots v_{i+j} \rangle) = c_1(\langle v_0 v_1 \ldots v_i \rangle) c_2(\langle v_i v_{i+1} \ldots v_{i+j} \rangle)$$

このコサイクルが,定義 4.5.9(158 ページ)で与えたコホモロジー群のカップ積を与えることが次のようにしてわかる.

カップ積 $\cup : H^i(K) \times H^j(K) \longrightarrow H^{i+j}(K)$ は,キネットの公式に現れる準同型 $H^i(K) \times H^j(K) \longrightarrow H^{i+j}(K \times K)$ と $\mathrm{diag} : |K| \longrightarrow |K| \times |K|$ の誘

導する準同型の結合として定義した．前小節で定義した順序単体複体の積の三角形分割について，$K \longrightarrow (K \times K)'$ は単体写像である．$C_*(K \times K)$ と $C_*((K \times K)')$ の間のチェイン・ホモトピーを考えると，K の $i+j$ 次元単体 $\sigma = \langle v_0 \cdots v_{i+j} \rangle$ に対し，$AW(\mathrm{diag}(\sigma))$ 上の $c_1 \otimes c_2$ の値を与えるものが，$i+j$ 次元コサイクル $c_1 \cup c_2$ である．したがって次のように計算される．

$$\begin{aligned}
&(c_1 \otimes c_2)(AW(\mathrm{diag}(\langle v_0 \cdots v_{i+j}\rangle)))\\
&= (c_1 \otimes c_2)(AW(\langle u_0^0 \cdots u_{i+j}^{i+j}\rangle))\\
&= (c_1 \otimes c_2)(\sum_{a=0}^{m}\langle v_0 \cdots v_a\rangle \otimes \langle v_a \cdots v_{i+j}\rangle)\\
&= c_1(\langle v_0 \cdots v_i\rangle)c_2(\langle v_i \cdots v_{i+j}\rangle)
\end{aligned}$$

5.7 第5章の問題の解答

【問題 5.3.1 の解答】 (1) X の単体分割は，例えば，図 5.5 の長方形 3 個，台形 6 個，三角形 1 個からなる図形の長方形，台形を 2 つの三角形に分割したもので与えられる．これは，9 個の頂点，27 個の辺，19 個の三角形からなる．X の胞体分割は，例えば，$e^0 \cup (e_1^1 \cup e_2^1) \cup (e_1^2 \cup e_2^2)$ のように与えられる．

Y の単体分割は，例えば，図 5.6 の 4 面体の表面と三角形の辺からなる図形のように与えられる．すなわち，面は $\triangle ABC$, $\triangle ACD$, $\triangle ADB$, $\triangle BCD$, 辺は AB, AC, AD, BC, BD, CD, DE, EF, FD, 頂点は，A, B, C, D, E, F である．Y の胞体分割は，例えば，$e^0 \cup e^1 \cup e^2$ のように与えられる．

Z の単体分割は，例えば，図 5.7 の 6 個の三角形と 2 つの頂点を結ぶ辺からなる図形のように与えられる．すなわち，面は $\triangle ACD$, $\triangle ADE$, $\triangle AEC$, $\triangle BCD$,

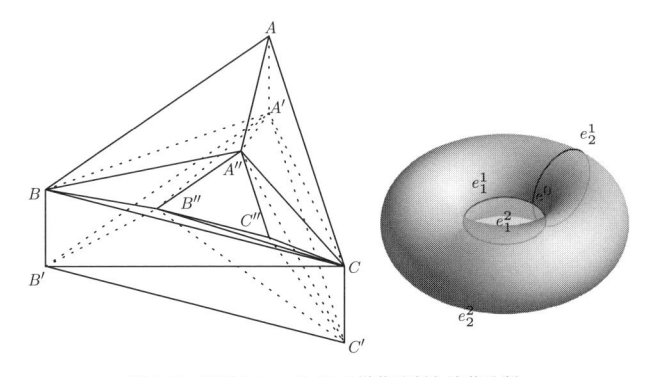

図 5.5　問題 5.3.1 の X の単体分割と胞体分割．

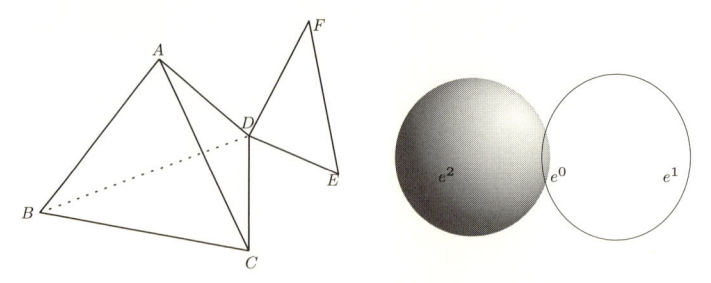

図 5.6　問題 5.3.1 の Y の単体分割と胞体分割.

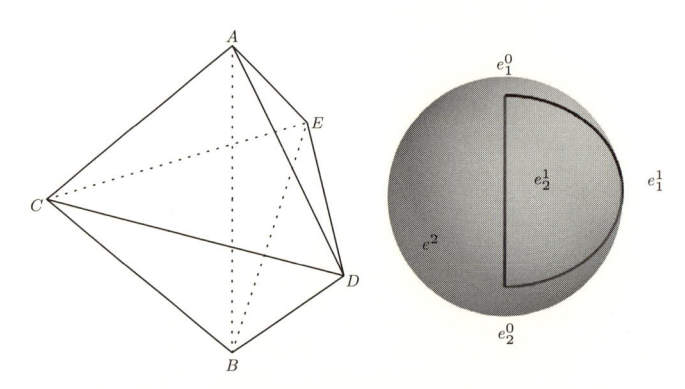

図 5.7　問題 5.3.1 の Z の単体分割と胞体分割.

$\triangle BDE$, $\triangle BEC$, 辺は AB, AC, AD, AE, BC, BD, BE, CD, DE, EC, 頂点は A, B, C, D, E である．Z の胞体分割は，例えば，$(e_1^0 \cup e_2^0) \cup (e_1^1 \cup e_2^1) \cup e^2$ のように与えられる．

(2)　胞体複体 X, Y, Z のチェイン複体とホモロジー群はそれぞれ以下の通りである．

$$C_*(X): 0 \longleftarrow \mathbf{Z}e^0 \xleftarrow{\binom{0}{0}} \mathbf{Z}e_1^1 \oplus \mathbf{Z}e_2^1 \xleftarrow{\binom{1\ 0}{0\ 0}} \mathbf{Z}e_1^2 \oplus \mathbf{Z}e_2^2 \longleftarrow 0,$$

$$C_*(Y): 0 \longleftarrow \mathbf{Z}e^0 \xleftarrow{0} \mathbf{Z}e^1 \xleftarrow{0} \mathbf{Z}e^2 \longleftarrow 0,$$

$$C_*(Z): 0 \longleftarrow \mathbf{Z}e_1^0 \oplus \mathbf{Z}e_2^0 \xleftarrow{\binom{1\ \ 1}{-1\ -1}} \mathbf{Z}e_1^1 \oplus \mathbf{Z}e_2^1 \xleftarrow{(0\ 0)} \mathbf{Z}e^2 \longleftarrow 0,$$

$$H_*(X) \cong H_*(Y) \cong H_*(Z) \cong \begin{cases} \mathbf{Z} & (* = 0,\ 1,\ 2) \\ 0 & (* \geqq 3) \end{cases}$$

(3) 胞体複体のチェイン複体は以下のようになる．ホモロジー群は (2) のもの．

$$S_*(Y): 0 \longleftarrow \mathbf{Z}^6 \xleftarrow{\begin{pmatrix} -1 & -1 & -1 & 0 & 0 & 0 & 0 & 0 & 0 \\ 1 & 0 & 0 & -1 & -1 & 0 & 0 & 0 & 0 \\ 0 & 1 & 0 & 1 & 0 & -1 & -1 & 0 & 0 \\ 0 & 0 & 1 & 0 & 1 & 1 & 0 & -1 & 0 \\ 0 & 0 & 0 & 0 & 0 & 0 & 1 & 1 & -1 \\ 0 & 0 & 0 & 0 & 0 & 0 & 0 & 0 & 1 \end{pmatrix}} \mathbf{Z}^9 \xleftarrow{\begin{pmatrix} 1 & 0 & -1 & 0 \\ -1 & 1 & 0 & 0 \\ 0 & -1 & 1 & 0 \\ 1 & 0 & 0 & 1 \\ 0 & -1 & 0 & -1 \\ 0 & 0 & -1 & 1 \\ 0 & 0 & 0 & 0 \\ 0 & 0 & 0 & 0 \\ 0 & 0 & 0 & 0 \end{pmatrix}} \mathbf{Z}^4 \longleftarrow 0,$$

$S_*(Z):$

$$0 \longleftarrow \mathbf{Z}^5 \xleftarrow{\begin{pmatrix} -1 & -1 & -1 & -1 & 0 & 0 & 0 & 0 & 0 & 0 \\ 1 & 0 & 0 & 0 & -1 & -1 & -1 & 0 & 0 & 0 \\ 0 & 1 & 0 & 0 & 1 & 0 & 0 & -1 & -1 & 0 \\ 0 & 0 & 1 & 0 & 0 & 1 & 0 & 1 & 0 & -1 \\ 0 & 0 & 0 & 1 & 0 & 0 & 1 & 0 & 1 & -1 \end{pmatrix}} \mathbf{Z}^{10} \xleftarrow{\begin{pmatrix} 0 & 0 & 0 & 0 & 0 & 0 \\ 1 & 0 & -1 & 0 & 0 & 0 \\ -1 & 1 & 0 & 0 & 0 & 0 \\ 0 & -1 & 1 & 0 & 0 & 0 \\ 1 & 0 & 0 & 1 & 0 & 0 \\ 0 & -1 & 0 & -1 & 0 & 0 \\ 0 & 0 & -1 & 1 & 0 & 0 \\ 1 & 0 & 0 & 0 & 1 & 0 \\ 0 & 0 & 0 & 0 & 0 & 1 \end{pmatrix}} \mathbf{Z}^6 \longleftarrow 0$$

【問題 5.3.2 の解答】 (1) $f: S^k \times [0,1] \times S^\ell \longrightarrow S^{k+\ell+1}$ を $f(\boldsymbol{x}_1, t, \boldsymbol{x}_2) = \cos(\frac{\pi}{2}t)\boldsymbol{x}_1 + \sin(\frac{\pi}{2}t)\boldsymbol{x}_2$ で定める．ただし，

$$S^k \times [0,1] \times S^\ell = \{(\boldsymbol{x}_1, t, \boldsymbol{x}_2) \in \boldsymbol{R}^{k+1} \times [0,1] \times \boldsymbol{R}^{\ell+1} \mid \|\boldsymbol{x}_1\|^2 = 1, \|\boldsymbol{x}_2\|^2 = 1\},$$
$$S^{k+\ell+1} = \{(\boldsymbol{x}_1, \boldsymbol{x}_2) \in \boldsymbol{R}^{k+1} \oplus \boldsymbol{R}^{\ell+1} \mid \|\boldsymbol{x}_1\|^2 + \|\boldsymbol{x}_2\|^2 = 1\}$$

とする．f は連続な全単射 $\underline{f}: S^k * S^\ell \longrightarrow S^{k+\ell+1}$ を誘導するが，$S^k * S^\ell$ はコンパクトだから，$\underline{f}$ は同相写像である．

(2) $s \in [0,1]$ に対し，$F_s: \{p\} \times [0,1] \times X \longrightarrow \{p\} \times [0,1] \times X$ を $F_s(p,t,x) = (p,st,x)$ で定義すると，これはホモトピー $f_s: \{p\} * X \longrightarrow \{p\} * X$ を誘導する．$f_1 = \mathrm{id}_{\{p\}*X}$, $p_0 = [(p,0,x)] \in \{p\} * X$ とすると $f_s(p_0) = p_0$, $f_1(\{p\} * X) = p_0$ だから，$\{p\} * X$ は可縮である．

(3) $S^0 * Y$ の部分空間 $S^0 \times \{1\} \times Y/\sim$ を Y と同一視する．$S^0 * Y = \{-1\} * Y \cup \{+1\} * Y$, $\{-1\} * Y \cap \{+1\} * Y = Y$ についてマイヤー・ビエトリス完全系列が存在する．実際，$\varepsilon \in (0,1)$ に対し，Y の近傍 $U = S^0 \times (1-\varepsilon, 1] \times Y/\sim$ は $(-\varepsilon, \varepsilon) \times Y$ と同相で，Y を変形レトラクトに持つので，$S^0 * Y = (\{-1\} * Y \cup U) \cup (\{+1\} * Y \cup U)$, $(\{-1\} * Y \cup U) \cap (\{+1\} * Y \cup U) = U$ についてのマイヤー・ビエトリス完全系列から得られる．この完全系列は，

$$\xrightarrow{\Delta_*} H_n(Y) \xrightarrow{(i_{1*}, i_{2*})} H_n(\{-1\}*Y) \oplus H_n(\{+1\}*Y) \xrightarrow{j_{1*} - j_{2*}} H_n(S^0 * Y)$$
$$\xrightarrow{\Delta_*} H_{n-1}(Y) \xrightarrow{(i_{1*}, i_{2*})} H_{n-1}(\{-1\}*Y) \oplus H_{n-1}(\{+1\}*Y) \xrightarrow{j_{1*} - j_{2*}} H_{n-1}(S^0 * Y)$$

と書かれる．(2) により，$\{-1\} * Y, \{+1\} * Y$ は可縮であるから，

$$H_n(\{-1\}*Y) \oplus H_n(\{+1\}*Y) \cong \begin{cases} 0 & (n > 0) \\ \boldsymbol{Z} \oplus \boldsymbol{Z} & (n = 0) \end{cases}$$

である．したがって，$\Delta_*: H_n(S^0 * Y) \longrightarrow H_{n-1}(Y)$ は $n > 1$ で同型である．

$$0 \longrightarrow H_1(S^0 * Y) \xrightarrow{\Delta_*} H_0(Y) \xrightarrow{(i_{1*}, i_{2*})} \mathbf{Z} \oplus \mathbf{Z} \xrightarrow{j_{1*} - j_{2*}} H_0(S^0 * Y) \longrightarrow 0$$

において，$H_0(Y)$ の生成元 $\langle y \rangle$ $(y \in Y)$ は，$(i_{1*}, i_{2*})\langle y \rangle = (1, 1) \in \mathbf{Z} \oplus \mathbf{Z}$ を満たすから，$\epsilon: H_0(Y) \longrightarrow \mathbf{Z}$ を $\epsilon\langle y \rangle = 1$ で定義すると，$H_1(S^0 * Y) \cong \ker(i_{1*}, i_{2*}) = \ker \epsilon$ となる ($H_0(Y) \cong \mathbf{Z}^{b_0}$ ならば，$H_0(S^0 * Y) \cong \mathbf{Z}^{b_0 - 1}$ となる)．また，$H_1(S^0 * Y) \cong \mathbf{Z}$ である．

【問題 5.3.3 の解答】 (1) $\sigma_0^0 = \langle v \rangle$, $\sigma_1^0 = \langle w \rangle$ として，$\sigma_0^0 * \sigma_1^0 = \langle vw \rangle$ である．

$$\partial(\sigma_0^0 * \sigma_1^0) = \partial\langle vw \rangle = \partial\langle w \rangle - \partial\langle v \rangle = \sigma_1^0 - \sigma_0^0$$

以後，$\sigma^k = \langle v_0 \cdots v_k \rangle$, $\sigma^\ell = \langle w_0 \cdots w_\ell \rangle$ とする．

$$\partial(\sigma^0 * \sigma^\ell) = \partial\langle v_0 w_0 \cdots w_\ell \rangle = \langle w_0 \cdots w_\ell \rangle - \sum_{i=0}^{\ell}(-1)^i \langle v_0 w_0 \cdots \widehat{w_i} \cdots w_\ell \rangle$$
$$= \sigma^\ell - \sigma_0 * (\partial \sigma^\ell) ,$$

$$\partial(\sigma^k * \sigma^0) = \partial\langle v_0 \cdots v_k w_0 \rangle = \sum_{i=0}^{k}(-1)^i \langle v_0 \cdots \widehat{v_i} \cdots v_k w_0 \rangle + (-1)^{k+1}\langle v_0 \cdots v_k \rangle$$
$$= (\partial \sigma^k) * \sigma^0 + (-1)^{k+1} \sigma^k ,$$

$$\partial(\sigma^k * \sigma^\ell) = \partial\langle v_0 \cdots v_k w_0 \cdots w_\ell \rangle$$
$$= \sum_{i=0}^{k}(-1)^i \langle v_0 \cdots \widehat{v_i} \cdots v_k w_0 \cdots w_\ell \rangle + (-1)^{k+1} \sum_{i=0}^{\ell}(-1)^i \langle v_0 \cdots v_k w_0 \cdots \widehat{w_i} \cdots w_\ell \rangle$$
$$= (\partial \sigma^k) * \sigma^\ell + (-1)^{k+1} \sigma^k * (\partial \sigma^\ell) .$$

(2) $\langle b \rangle * L$ は可縮であるから，ホモロジー群は 1 点のホモロジー群と同型であるが，それを単体複体のチェイン複体の上で確かめる問題である．$C_*(\langle b \rangle * L)$ の生成元 $\langle b \rangle$, σ, $\langle b \rangle * \sigma$ に対し，

$$H(\langle b \rangle) = 0 , \quad H(\sigma) = \langle b \rangle * \sigma , \quad H(\langle b \rangle * \sigma) = 0$$

とする．そうすると

$$(\partial H + H \partial)(\langle b \rangle) = 0 ,$$
$$(\partial H + H \partial)(\sigma) = \partial(\langle b \rangle * \sigma) + H(\partial \sigma)$$
$$= \begin{cases} \sigma - \langle b \rangle & (\dim \sigma = 0) \\ \sigma - \langle b \rangle * (\partial \sigma) + H(\partial \sigma) = \sigma & (\dim \sigma > 0) \end{cases},$$
$$(\partial H + H \partial)(\langle b \rangle * \sigma) = H(\sigma - \langle b \rangle * (\partial \sigma)) = H(\sigma) = \langle b \rangle * \sigma$$

である．この結果，$r : C_*(\langle b \rangle * L) \longrightarrow C_*(\langle b \rangle * L)$ を，$r(\langle b \rangle) = \langle b \rangle, r(\sigma^0) = \langle b \rangle$, $i > 0$ のとき $r(\sigma^i) = 0, r(\langle b \rangle * \sigma) = 0$ で定義すると，r はチェイン写像である．$\mathrm{id} - r = \partial H + H \partial$ となるが，このとき $\mathrm{id}_* = r_* : H_*(C_*(\langle b \rangle * L)) \longrightarrow H_*(C_*(\langle b \rangle * L))$ となる．$c : C_*(\langle b \rangle * L) \longrightarrow C_*(\langle b \rangle), i : C_*(\langle b \rangle) \longrightarrow C_*(\langle b \rangle * L)$ について，$c \circ i = \mathrm{id}_{C_*(\langle b \rangle)}$ だから $c_* \circ i_* = \mathrm{id}_{H_*(C_*(\langle b \rangle))}$．$i \circ c = r$ だから $i_* \circ c_* = r_* = \mathrm{id}_{H_*(C_*(\langle b \rangle * L))}$ となり，$H_*(C_*(\langle b \rangle * L)) = H_*(C_*(\langle b \rangle))$ を得る．

【問題 5.5.2 の解答】 $p \in \mathrm{Star}(\sigma)$ ならば，$\sigma \preceq \tau$ となる τ が存在して，$p \in \tau$ である．$q \in \sigma \subset \tau$ だから，p, q はともに τ の点である．したがって，τ のアフィン座標を用いて，$(1-t)p + tq \in \tau$ $(t \in [0,1])$ が定義される．$p \in \tau$ かつ $\sigma \preceq \tau$ となる τ が複数あれば，それらの共通部分もこの性質を持つ．どの単体の座標を用いても $(1-t)p + tq$ は同一の点を表すから，この表示は矛盾なく定義される．さらに，$(1-t)p + tq$ は，p, q, t について連続である．

【問題 5.5.3 の解答】 (1) $g(\mathrm{Star}(v)) \subset \mathrm{Star}(f_V(v))$ だから $\mathrm{Star}(v) \subset g^{-1}(\mathrm{Star}(f_V(v)))$ である．K_1 の単体 $\langle v_0 \cdots v_k \rangle$ に対して，

$$\mathrm{Star}\langle v_0 \cdots v_k \rangle = \bigcap_{i=0}^{k} \mathrm{Star}(v_i) \subset \bigcap_{i=0}^{k} g^{-1}(\mathrm{Star}(f_V(v_i))) = g^{-1}(\bigcap_{i=0}^{k} \mathrm{Star}(f_V(v_i)))$$

である．したがって，$\bigcap_{i=0}^{k} \mathrm{Star}(f_V(v_i))$ は空ではない．例題 5.5.1 により，$\{f_V(v_i)\}$ は K_2 の単体の頂点である．したがって，f_V は単体写像である．

(2) $p \in |K_1|$ が $\sigma = \langle v_0 \cdots v_k \rangle$ の元で $p = \sum_{i=0}^{k} t_i v_i$ $(t_i \in [0,1], \sum_{i=0}^{k} t_i = 1)$ と書かれ，$\{f_V(v_i)\}$ が張る単体を σ' とするとき，$f(p) = \sum_{i=0}^{k} t_i f_V(v_i) \in \sigma'$, $g(p) \in \mathrm{Star}\,\sigma'$ である．したがって，f と g の間のホモトピーを問題 5.5.2 により，$p \longmapsto (1-t)f(p) + tg(p)$ $(t \in [0,1])$ と定義すればよい．

【問題 5.5.5 の解答】 (0) n 次元単体 $\sigma = \langle v_0 \cdots v_n \rangle$ のチェイン複体とそのホモロジー群が 1 点のホモロジー群と等しいことは 173 ページに述べた．

182 ページに述べたように，$\mathbf{bsd}(\sigma) = \mathbf{bsd}(\partial \sigma) * \langle b_\sigma \rangle$ である．したがって，問題 5.3.3(2) のようにチェイン複体は書かれ，そのホモロジー群は 1 点のホモロジー群と等しい．

(1) K の k 単体 σ に対し，

$$\partial \mathrm{bsd}(\sigma) = \sum_{\tau_0 \prec \tau_1 \prec \cdots \prec \tau_k} \mathrm{sign}(\tau_0 \tau_1 \cdots \tau_k) \partial \sigma_{\tau_0 \tau_1 \cdots \tau_k}$$

$$= \sum_{\tau_0 \prec \tau_1 \prec \cdots \prec \tau_k} \mathrm{sign}(\tau_0 \tau_1 \cdots \tau_k) \sum_{j=0}^{k} (-1)^j \sigma_{\tau_0 \cdots \widehat{\tau_j} \cdots \tau_k}$$

$$= \sum_{\tau_0 \prec \tau_1 \prec \cdots \prec \tau_k} \text{sign}(\tau_0 \tau_1 \cdots \tau_k) \sum_{j=0}^{k-1} (-1)^j \sigma_{\tau_0 \cdots \widehat{\tau_j} \cdots \tau_k}$$
$$+ \sum_{\tau_0 \prec \tau_1 \prec \cdots \prec \tau_k} \text{sign}(\tau_0 \tau_1 \cdots \tau_k)(-1)^k \sigma_{\tau_0 \cdots \tau_{k-1}}$$

最後の 2 つの和の前者については, $\sigma_{\tau_0 \cdots \widehat{\tau_j} \cdots \tau_k}$ の項を与える単体の増加列は $\tau_0 \prec \cdots \prec \tau_{j-1} \prec \tau_j \prec \tau_{j+1} \prec \cdots \prec \tau_k$ と $\tau_0 \prec \cdots \prec \tau_{j-1} \prec \tau'_j \prec \tau_{j+1} \prec \cdots \prec \tau_k$ の 2 つあり, $|\tau_\ell| = |\langle v_{i_0} \cdots v_{i_{\ell-1}} v_{i_\ell}\rangle|$ ($\ell = 0, \ldots, k$) のとき, $|\tau'_j| = |\langle v_{i_0} \cdots v_{i_{j-1}} v_{i_{j+1}}\rangle|$ である. したがって,

$$\text{sign}(\tau_0 \tau_1 \cdots \tau_k) = \text{sign} \begin{pmatrix} 0 & \cdots\cdots\cdots\cdots & k \\ i_0 \cdots i_{j-1} i_j i_{j+1} \cdots i_k \end{pmatrix} = -\text{sign} \begin{pmatrix} 0 & \cdots\cdots\cdots\cdots & k \\ i_0 \cdots i_{j-1} i_{j+1} i_j \cdots i_k \end{pmatrix}$$
$$= -\text{sign}(\tau_0 \cdots \tau_{j-1} \tau'_j \tau_{j+1} \cdots \tau_k)$$

となり, 和はゼロとなる.

$\partial_j \sigma = \langle v_0 \cdots \widehat{v_j} \cdots v_k \rangle$ とおくと, $\partial \sigma = \sum_{j=0}^{k}(-1)^j \partial_j \sigma$ である.

$$\text{bsd}(\partial \sigma) = \text{bsd}\left(\sum_{j=0}^{k}(-1)^j \partial_j \sigma\right)$$
$$= \text{bsd}\left(\sum_{j=0}^{k}(-1)^j \sum_{\tau_0 \prec \tau_1 \prec \cdots \prec \tau_{k-2} \prec \partial_j \sigma} \text{sign}(\tau_0 \tau_1 \cdots \tau_{k-2}(\partial_j \sigma)) \sigma_{\tau_0 \tau_1 \cdots \tau_{k-2}(\partial_j \sigma)}\right)$$

$\tau_{k-1} = \partial_j \sigma$ とするとき, $i_k = j$ である.

$$\text{sign}(\tau_0 \tau_1 \cdots \tau_{k-2} \tau_{k-1} \tau_k) = \text{sign}\begin{pmatrix} 0 \cdots j \cdots (k-1) \, k \\ i_0 \cdots\cdots\cdots\cdots i_{k-1} \, j \end{pmatrix} = \text{sign}\begin{pmatrix} 0 \cdots \widehat{j} \cdots k \\ i_0 \cdots\cdots\cdots i_{k-1} \end{pmatrix}(-1)^{k-j}$$
$$= \text{sign}(\tau_0 \tau_1 \cdots \tau_{k-2}(\partial_j \sigma))(-1)^{k-j}$$

だから, 前述の 2 つの和の後者の項は, $\text{bsd}(\partial \sigma)$ の項と一致する.

(2) (2-1) K の単体の次元および個数についての帰納法を用いる. すなわち, K の次元を ℓ, K の ℓ 単体の個数を k_ℓ として, $\ell-1$ 次元以下の単体複体, ℓ 次元単体複体で ℓ 単体の個数が k_ℓ よりも少ないならば, bsd は同型を誘導することを仮定する.

(2-2) K_0 を K の最大次元の単体 σ をとり除いたものとする. $|K_0|$ は $|K|$ から $|\sigma|$ の内部をとり除いたものである.

(2-3) 次のチェイン複体の短完全系列を考える.

$$
\begin{CD}
@. \vdots @. \vdots @. \vdots \\
@. @VV{\partial}V @VV{\partial}V @VV{\partial}V \\
0 @>>> C_2(K_0 \cap \sigma) @>(i_{K_0}, i_\sigma)>> C_2(K_0) \oplus C_2(\sigma) @>j_{K_0} - j_\sigma>> C_2(K) @>>> 0 \\
@. @VV{\partial}V @VV{\partial}V @VV{\partial}V \\
0 @>>> C_1(K_0 \cap \sigma) @>(i_{K_0}, i_\sigma)>> C_1(K_0) \oplus C_1(\sigma) @>j_{K_0} - j_\sigma>> C_1(K) @>>> 0 \\
@. @VV{\partial}V @VV{\partial}V @VV{\partial}V \\
0 @>>> C_0(K_0 \cap \sigma) @>(i_{K_0}, i_\sigma)>> C_0(K_0) \oplus C_0(\sigma) @>j_{K_0} - j_\sigma>> C_0(K) @>>> 0 \\
@. @VV{\partial}V @VV{\partial}V @VV{\partial}V \\
@. 0 @. 0 @. 0
\end{CD}
$$

(1) により，bsd はチェイン写像であるから，この短完全系列とこれに **bsd** を施したものから得られるマイヤー・ビエトリスの完全系列の間に bsd_* が誘導される．$\mathbf{bsd}(K) = K'$, $\mathbf{bsd}(K_0) = K_0'$, $\mathbf{bsd}(\sigma) = \sigma'$ と書くと次のようになる．

$$
\begin{CD}
H_j(K_0 \cap \sigma) @>((i_{K_0})_*, (i_\sigma)_*)>> H_j(K_0) \oplus H_j(\sigma) @>(j_{K_0})_* - (j_\sigma)_*>> H_j(K) \\
@VV{\mathrm{bsd}_*}V @VV{\mathrm{bsd}_*}V @VV{\mathrm{bsd}_*}V \\
H_j(K_0' \cap \sigma') @>((i_{K_0'})_*, (i_{\sigma'})_*)>> H_j(K_0') \oplus H_j(\sigma') @>(j_{K_0'})_* - (j_{\sigma'})_*>> H_j(K')
\end{CD}
$$

$$
\begin{CD}
@>\Delta_*>> H_{j-1}(K_0 \cap \sigma) @>((i_{K_0})_*, (i_\sigma)_*)>> H_{j-1}(K_0) \oplus H_{j-1}(\sigma) \\
@. @VV{\mathrm{bsd}_*}V @VV{\mathrm{bsd}_*}V \\
@>\Delta_*>> H_{j-1}(K_0' \cap \sigma') @>((i_{K_0'})_*, (i_{\sigma'})_*)>> H_{j-1}(K_0') \oplus H_{j-1}(\sigma')
\end{CD}
$$

(2-4)　帰納法の仮定により，$\mathrm{bsd}_* : H_*(K_0 \cap \sigma) \longrightarrow H_*(K_0' \cap \sigma')$, $\mathrm{bsd}_* : H_*(K_0) \longrightarrow H_*(K_0')$ は同型であり，(0) により $\mathrm{bsd}_* : H_*(\sigma) \longrightarrow H_*(\sigma')$ も同型である．したがって，ファイブ・レンマにより，$\mathrm{bsd}_* : H_*(K) \longrightarrow H_*(K')$ は同型である．

【問題 5.5.7 の解答】 ユークリッド空間内の k 次元単体 σ の頂点を $v_0, \ldots, v_k$ とする．$\mathrm{mesh}(\sigma) = \max\{\|v_i - v_j\| \mid 0 \leqq i < j \leqq k\}$ である．また，ユークリッド空間の任意の点 $\boldsymbol{x}$ に対し，次が成立する．

$$\|b_\sigma - \boldsymbol{x}\| = \|\sum_{i=0}^{k} \frac{1}{k+1}(v_i - \boldsymbol{x})\| < \sum_{i=0}^{k} \frac{1}{k+1} \|v_i - \boldsymbol{x}\| \leqq \max\{\|v_i - \boldsymbol{x}\| \mid 0 \leqq i \leqq k\}$$

mesh($\mathbf{bsd}(\sigma)$) を与える (σ) の辺を $b_\tau b_{\tau'}$ $(\tau \prec \tau')$ とする. $x = b_{\tau'}$ と考えると, τ のある頂点への距離のほうが長いので, b_τ は $b_{\tau'}$ の頂点でなければならない. $b_\tau = v_0, b_{\tau'} = \langle v_0 \cdots v_\ell \rangle$ とすると,

$$\|b_\tau b_{\tau'}\| = \|v_0 - \frac{1}{\ell+1}\sum_{i=0}^{\ell} v_i\| = \|\frac{1}{\ell+1}\sum_{i=0}^{\ell}(v_0 - v_i)\|$$

$$\leq \frac{1}{\ell+1}\sum_{i=0}^{\ell}\|v_0 - v_i\| \leq \frac{\ell}{\ell+1}\max\{\|v_0 - v_i\| \mid 1 \leq i \leq \ell\}$$

$$\leq \frac{k}{k+1}\max\{\|v_i - v_j\| \mid 1 \leq i < j \leq k\} = \frac{k}{k+1}\mathrm{mesh}(\sigma)$$

【問題 5.5.9 の解答】 $|K_1|$ をユークリッド空間内における実現とする. $|K_2|$ には K_2 の頂点のオープン・スターによる被覆 $\{O(w) \mid w \in K_2^{(0)}\}$ を考える. $|K_1|$ の被覆 $\{g^{-1}(O(w)) \mid w \in K_2^{(0)}\}$ のルベーグ数を δ とする. K_1 が n 次元とするとき, mesh($\mathbf{bsd}^N(K_1)$) = $\left(\frac{n}{n+1}\right)^N$ mesh(K_1) であるから, mesh($\mathbf{bsd}^N(K_1)$) $\leq \frac{\delta}{2}$ となる N をとれば, K_1 の任意の頂点 v に対し, K_2 の頂点 w で, $O(v) \subset g^{-1}(O(w))$ とするものが存在する. このとき $\mathrm{Star}(v) \subset g^{-1}(\mathrm{Star}(w))$ であり, $f_V(v) = w$ とすると, 問題 5.5.3 により, f_V は単体写像 $f : K_1 \longrightarrow K_2$ を定義し, f の実現 $|f|$ は g とホモトピックである.

【問題 5.5.11 の解答】 (1)

$$\partial P\sigma + P\partial\sigma = \partial\sum_{i=0}^{k}(-1)^i\langle v_0^0 \cdots v_i^0 v_i^1 \cdots v_k^1\rangle + P\sum_{j=0}^{k}(-1)^j\langle v_0 \cdots \widehat{v_j} \cdots v_k\rangle$$

$$= \sum_{i=0}^{k}(-1)^i\sum_{j=0}^{i}(-1)^j\langle v_0^0 \cdots \widehat{v_j^0} \cdots v_i^0 v_i^1 \cdots v_k^1\rangle$$

$$+ \sum_{i=0}^{k}(-1)^i\sum_{j=i}^{k}(-1)^{j+1}\langle v_0^0 \cdots v_i^0 v_i^1 \cdots \widehat{v_j^1} \cdots v_k^1\rangle$$

$$+ \sum_{j=0}^{k}(-1)^j\sum_{i=0}^{j-1}(-1)^i\langle v_0^0 \cdots v_i^0 v_i^1 \cdots \widehat{v_j^1} \cdots v_k^1\rangle$$

$$+ \sum_{j=0}^{k}(-1)^j\sum_{i=j+1}^{k}(-1)^{i-1}\langle v_0^0 \cdots \widehat{v_j^0} \cdots v_i^0 v_i^1 \cdots v_k^1\rangle$$

$$= \sum_{i=0}^{k}(-1)^i(-1)^i\langle v_0^0 \cdots v_{i-1}^0 v_i^1 \cdots v_k^1\rangle$$

$$+ \sum_{i=0}^{k} (-1)^i (-1)^{i+1} \langle v_0^0 \cdots v_i^0 v_{i+1}^1 \cdots v_k^1 \rangle$$
$$= 0$$

(2) $F_* \circ P : C_*(K_1) \longrightarrow C_{*+1}(K_2)$ を考えると，$\partial(F_* \circ P)(\sigma) - (F_* \circ P)(\partial \sigma) = (f_1)_*(\sigma) - (f_0)_*(\sigma)$ となる．つまり，$F_* \circ P$ は $(f_0)_*$ と $(f_1)_*$ の間のチェイン・ホモトピーである．したがって，$f_{0*} = f_{1*} : H_*(K_1) \longrightarrow H_*(K_2)$ である．

【問題 5.5.12 の解答】 (1) $\partial \mathrm{BSD}(\langle v \rangle) + \mathrm{BSD}\,\partial(\langle v \rangle) = \partial(-\langle b_v \rangle * \langle v \rangle) = -\partial \langle b_v v \rangle = \langle b_v \rangle - \langle v \rangle$ である．$\partial \mathrm{BSD}(\sigma) + \mathrm{BSD}\,\partial(\sigma) = \mathrm{bsd}(\sigma) - \sigma$ が $k-1$ 単体に対しては成立していれば，k 単体 σ の境界 $\partial \sigma$ について $\partial \mathrm{BSD}(\partial \sigma) + \mathrm{BSD}\,\partial(\partial \sigma) = \mathrm{bsd}(\partial \sigma) - (\partial \sigma)$, すなわち，$\partial \mathrm{BSD}(\partial \sigma) = \mathrm{bsd}(\partial \sigma) - (\partial \sigma)$ が成立している．このとき，

$$\begin{aligned}\partial \mathrm{BSD}(\sigma) + \mathrm{BSD}\,\partial \sigma &= \partial(-\langle b_\sigma \rangle * (\mathrm{BSD}(\partial \sigma) + \sigma)) + \mathrm{BSD}\,\partial \sigma \\ &= -(\mathrm{BSD}(\partial \sigma) + \sigma) + \langle b_\sigma \rangle * \partial(\mathrm{BSD}(\partial \sigma) + \sigma) + \mathrm{BSD}\,\partial \sigma \\ &= -\sigma + \langle b_\sigma \rangle * (\mathrm{bsd}(\partial \sigma) - (\partial \sigma) + \partial \sigma) = \mathrm{bsd}(\sigma) - \sigma\end{aligned}$$

(2) $F_* \circ \mathrm{BSD} : C_*(K_1) \longrightarrow C_{*+1}(K_2)$ を考えると，$\partial(F_* \circ \mathrm{BSD})(\sigma) - (F_* \circ P)(\partial \sigma) = (f_1)_* \,\mathrm{bsd}(\sigma) - (f_0)_*(\sigma)$ となる．すなわち，$F_* \circ \mathrm{BSD}$ は $(f_1)_* \,\mathrm{bsd}$ と $(f_0)_*$ の間のチェイン・ホモトピーである．したがって，$f_{0*} = f_{1*} \circ \mathrm{bsd}_* : H_*(K_1) \longrightarrow H_*(K_2)$ である．

【問題 5.5.14 の解答】 単体複体の対 $(K^0, L^0), (K^1, L^1)$ が空間対 (X, A) の単体分割であるとすると，同相写像 $h : (|K^0|, |L^0|) \longrightarrow (|K^1|, |L^1|)$ が存在する．K_0 を有限回重心細分して，単体写像 $f : \mathbf{bsd}^{N_1}(K^0) \longrightarrow K^1$ が得られるが，$|L^0|$ の（開近傍の）被覆 $\{h^{-1}(O(w)) \mid w \in (L^1)^{(0)}\}$ に対し，任意の $v \in (\mathbf{bsd}^{N_1}(L^0))^{(0)}$ のオープン・スター $O(v)$ は $h^{-1}(O(w))$ の 1 つに含まれるように N_1 をとることができる．したがって，単体写像 f は，$f(\mathbf{bsd}^{N_1}(L^0)) \subset L^1$ を満たすようにとれる．このとき，$|f||L^0|$ は $h||L^0|$ と $|L^0|$ から $|L^1|$ への写像としてホモトピックである．つまり空間対の写像として，$|f| \simeq h : (|K^0|, |L^0|) \longrightarrow (|K^1|, |L^1|)$ である．

$L^0 = L^1 = \emptyset$ の場合と同様に，チェイン写像 $f_* \circ \mathrm{bsd}^{N_1} : C_*(K^0) \longrightarrow C_*(K^1)$, $(f|\mathbf{bsd}^{N_1}(L^0))_* \circ \mathrm{bsd}^{N_1} : C_*(L^0) \longrightarrow C_*(L^1)$ が定義され，その商の間のチェイン写像 $f_* \circ \mathrm{bsd}^{N_1} : C_*(K_0, L_0) \longrightarrow C_*(K_1, L_1)$ が定まる．

同様に単体写像 $g : \mathbf{bsd}^{N_2}(K^1) \longrightarrow K^0$ で，$|g| \simeq h^{-1} : (|K^0|, |L^0|) \longrightarrow (|K^1|, |L^1|)$ となるものが得られ，$g_* \circ \mathrm{bsd}^{N_2} : C_*(K^1, L^1) \longrightarrow C_*(K^0, L^0)$ が定

義される．

$L^0 = L^1 = \emptyset$ の場合と同様に，$f_* \circ \mathrm{bsd}^{N_1} : C_*(K^0, L^0) \longrightarrow C_*(K^1, L^1)$ と $g_* \circ \mathrm{bsd}^{N_2} : C_*(K^1, L^1) \longrightarrow C_*(K^0, L^0)$ はホモロジー群において逆写像となり，同型 $H_*(K^0, L^0) \cong H_*(K^1, L^1)$ がわかる．

第6章 特異単体複体

この章では位相空間のホモロジー群の公理を満たすホモロジー理論の存在を示す．そのために標準単体から与えられた位相空間への連続写像全体を考え，さらにそれを基底とする自由加群を考える．これはこの位相空間上のすべての単体複体の構造を考えるというアイデアに基づいている．

6.1 特異単体複体

X を位相空間とする．まず標準単体 Δ^k を

$$\Delta^k = \{(x_1,\ldots,x_k) \in \mathbf{R}^k \mid 1 \geqq x_1 \geqq \cdots \geqq x_k \geqq 0\}$$

により定義する（図 6.1）．

定義 6.1.1 連続写像 $\sigma : \Delta^k \longrightarrow X$ を X の k 次元**特異単体**あるいは**特異 k 単体**と呼ぶ．X の特異 k 単体を基底とする自由加群を $S_k(X)$ と書く．$S_k(X)$ の元は特異単体の有限和 $c = \sum a_i \sigma_i \ (a_i \in \mathbf{Z}, \sigma_i : \Delta^k \longrightarrow X)$ であり，k 次元**特異チェイン**あるいは**特異 k チェイン**と呼ばれる．

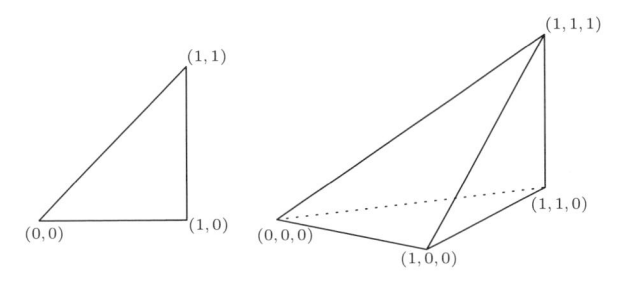

図 6.1 2 次元標準単体 Δ^2（左）と 3 次元標準単体 Δ^3（右）．

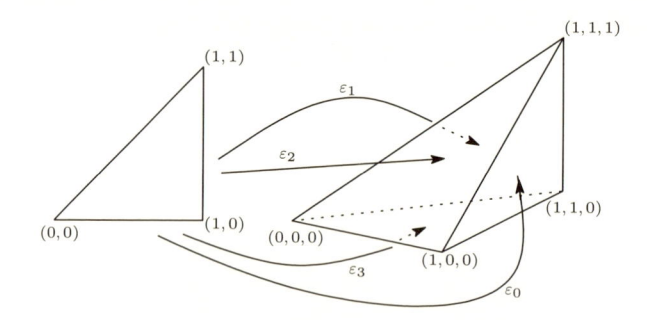

図 6.2 $\varepsilon_0, \varepsilon_1, \varepsilon_2, \varepsilon_3 : \Delta^2 \longrightarrow \Delta^3$.

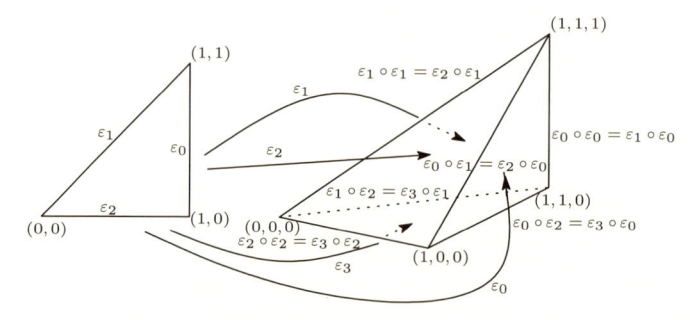

図 6.3 $\varepsilon_i \circ \varepsilon_j = \varepsilon_{j+1} \circ \varepsilon_i \ (0 \leqq i \leqq j \leqq 2)$.

X が単体複体ならば，k 単体が像であるような写像はもちろん特異 k 単体である．感覚的には，X の特異単体全体を考えることは，X に対して考えられるすべての単体分割を同時に考えることである．特異 k 単体を Δ^k の $k-1$ 次元フェイスに制限したものは，特異 $k-1$ 単体と考えられる．これを定式化して境界準同型 $S_k(X) \longrightarrow S_{k-1}(X)$ を定義するために，次の写像を用意する．

$i = 0, \ldots, k$ に対して，アフィン写像 $\varepsilon_i : \Delta^{k-1} \longrightarrow \Delta^k$ を次で定義する．図 6.2 参照．

$$\varepsilon_0(x_1, \ldots, x_{k-1}) = (1, x_1, \ldots, x_{k-1}),$$
$$\varepsilon_i(x_1, \ldots, x_{k-1}) = (x_1, \ldots, x_i, x_i, \ldots, x_{k-1}) \quad (0 < i < k),$$
$$\varepsilon_k(x_1, \ldots, x_{k-1}) = (x_1, \ldots, x_{k-1}, 0)$$

ε_i は，$v_i = \sum_{j=1}^{i} e_j$ について，$\varepsilon_i(v_\ell) = \begin{cases} v_\ell & (\ell < i) \\ v_{\ell+1} & (\ell \geqq i) \end{cases}$ を満たしている．

ε_i を用いて，特異 k 単体 $\sigma : \Delta^k \longrightarrow M$ の境界 $\partial \sigma$ を $\partial \sigma = \sum_{i=0}^{k}(-1)^i \sigma \circ \varepsilon_i$ により定義する．生成元に対する境界の定義により**境界準同型** $\partial : S_k(X) \longrightarrow S_{k-1}(X)$ が定義される．

【問題 6.1.2】 $0 \leqq i \leqq j \leqq k-1$ のとき，$\varepsilon_i \circ \varepsilon_j = \varepsilon_{j+1} \circ \varepsilon_i$ を示し，$S_{k-2}(X) \xleftarrow{\partial} S_{k-1}(X) \xleftarrow{\partial} S_k(X)$ について $\partial \circ \partial = 0$ を示せ．図 6.3 参照．解答例は 217 ページ．

問題 6.1.2 により，次のチェイン複体が得られる．

$$S_*(X) : 0 \longleftarrow S_0(X) \xleftarrow{\partial} S_1(X) \xleftarrow{\partial} S_2(X) \xleftarrow{\partial} \cdots$$

定義 6.1.3 位相空間 X に対し，$S_*(X)$ を X の**特異単体複体**と呼ぶ．特異単体複体 $S_*(X)$ のホモロジー群を**特異ホモロジー群**と呼び，$H_*(X)$ で表す．

空間対 (X, A) に対しては，特異単体複体 $S_*(A)$, $S_*(X)$ が構成されるが，$S_*(A)$ は，$S_*(X)$ の部分チェイン複体である．$S_k(X, A) = S_k(X)/S_k(A)$ とおくと，$S_k(X, A)$ はチェイン複体となる．

定義 6.1.4 チェイン複体 $S_k(X, A)$ のホモロジー群を空間対 (X, A) の**特異ホモロジー群**と呼び，$H_*(X, A)$ と書く．

この節では，空間対 (X, A) に特異ホモロジー群 $H_*(X, A)$ を対応させる対応が，2.1.2 小節（49 ページ）で述べたホモロジー理論の公理を満たすことを示す．

空間対のチェイン複体の定義とチェイン写像の短完全系列 $0 \longrightarrow S_k(A) \xrightarrow{i_*} S_k(X) \xrightarrow{j_*} S_k(X, A) \longrightarrow 0$ から，空間対のホモロジー群の完全系列（公理 (P)，50 ページ）が得られる．空間対のホモロジー群の長完全系列への対応の関手性は次の小節の議論からしたがう．

位相空間 X に 2 つの部分空間 X', X'' を指定したもの (X, X', X'') を空間の 3 つ組と呼ぶ．

【問題 6.1.5】（空間の 3 つ組の長完全系列）　$X \supset X' \supset X''$ を満たす X の部分空間 X', X'' に対し，$i : (X', X'') \longrightarrow (X, X'')$, $j : (X, X'') \longrightarrow (X, X')$ とし，$\partial_* : (X, X') \longrightarrow X'$ と $j_* : X' \longrightarrow (X', X'')$ の結合を改めて ∂_* とする．

次の長完全系列が存在することを示せ.

$$\xrightarrow{\partial_*} H_n(X', X'') \xrightarrow{i_*} H_n(X, X'') \xrightarrow{j_*} H_n(X, X') \xrightarrow{\cdots} \xrightarrow{j_*} H_{n+1}(X, X')$$
$$\xrightarrow{\partial_*} H_{n-1}(X', X'') \xrightarrow{i_*} \cdots$$

解答例は 217 ページ.

6.1.1　特異ホモロジー群の関手性と次元公理

連続写像 $f: X \longrightarrow Y$ に対し, $f_*: S_*(X) \longrightarrow S_*(Y)$ を $S_k(X)$ の生成元 $\sigma: \Delta^k \longrightarrow X$ に対し, $S_k(Y)$ の生成元 $f_*(\sigma) = f \circ \sigma$ を対応させることで定義する. このとき

$$\partial(f_*\sigma) = \partial(f \circ \sigma) = \sum_{i=0}^{k}(-1)^i(f \circ \sigma) \circ \varepsilon_i = \sum_{i=0}^{k}(-1)^i f \circ (\sigma \circ \varepsilon_i)$$
$$= f_*(\sum_{i=0}^{k}(-1)^i \sigma \circ \varepsilon_i) = f_*(\partial \sigma)$$

だから, f_* はチェイン写像である. チェイン写像 $f_*: S_*(X) \longrightarrow S_*(Y)$ はホモロジー群の準同型 $f_*: H_*(X) \longrightarrow H_*(Y)$ を誘導する.

空間対の間の連続写像 $f: (X, A) \longrightarrow (Y, B)$ は, チェイン写像 $f_*: S_*(X, A) \longrightarrow S_*(Y, B)$ を導き, ホモロジー群の準同型 $f_*: H_*(X, A) \longrightarrow H_*(Y, B)$ を誘導する.

連続写像 $\sigma: \Delta^k \longrightarrow X, f: X \longrightarrow Y, g: Y \longrightarrow Z$ に対して, $(g \circ f) \circ \sigma = g \circ (f \circ \sigma)$ だから, チェイン写像 $f_*: S_*(X) \longrightarrow S_*(Y), g_*: S_*(Y) \longrightarrow S_*(Z)$, $(g \circ f)_*: S_*(X) \longrightarrow S_*(Z)$ について $(g \circ f)_* = g_* \circ f_*$ である. したがって, ホモロジー群の準同型 $f_*: H_*(X) \longrightarrow H_*(Y), g_*: H_*(Y) \longrightarrow H_*(Z)$ $(g \circ f)_*: H_*(X) \longrightarrow H_*(Z)$ について, $(g \circ f)_* = g_* \circ f_*$ である.

この議論は, 空間対 $(X, A), (Y, B), (Z, C)$ の間の写像についてもまったく同様に成立する.

以上で, 特異ホモロジー群の関手性がわかった.

特異ホモロジー群が次元公理を満たすことは次の問題で示す.

【問題 6.1.6】　1 点からなる空間 $\{p\}$ について, $H_k(\{p\}) \cong \begin{cases} \mathbb{Z} & (k = 0) \\ 0 & (k \neq 0) \end{cases}$
を示せ. 解答例は 219 ページ.

6.1.2 特異ホモロジー群の性質

0次元の特異ホモロジー群 $H_0(X)$ の次元は，X の弧状連結成分の個数を表す．すなわち次の命題が成立する．

命題 6.1.7 X が弧状連結であることと 0 次元特異ホモロジー群 $H_0(X)$ について $H_0(X) \cong \mathbb{Z}$ は同値である．

証明 $S_0(X)$ は，集合 X を基底とする自由加群と同一視できる．$S_1(X)$ は，特異 1 単体 $\sigma : [0,1] \longrightarrow X$ の集合を基底とする自由加群である．$\partial \sigma = \sigma(1) - \sigma(0)$ であるから，x_0, x_1 が，X の同じ弧状連結成分の元であることと，$H_0(X)$ の同じ基底を代表することは同値である．このことから命題がしたがう．　■

命題 6.1.7 は，ホモロジー理論の公理から導かれるものではなく，特異ホモロジー理論において成立するもので，特異ホモロジー理論が空間の位相の研究に適していることを示すものである．

特異ホモロジー理論の利点としては，空間を部分空間の増大列の和集合として表した場合に，空間のホモロジー群が部分空間のホモロジー群の順極限として計算できることが挙げられる．

定義 6.1.8 ハウスドルフ空間 X が部分空間 X_i ($i = 1, 2, \ldots$) の増大列 $X_1 \subset X_2 \subset \cdots$ の和集合 $X = \bigcup_{i=1}^{\infty} X_i$ であるとする．X が $\{X_i\}$ に関して**弱位相**を持つとは，$Z \subset X$ が開集合あるいは閉集合であることと任意の i に対し，$Z \cap X_i$ が X_i の開集合あるいは閉集合であることが同値であることである．

$X_1 \subset X_2 \subset \cdots$ が X の開集合の増大列で，$X = \bigcup_{i=1}^{\infty} X_i$ ならば，X は $\{X_i\}$ に関して弱位相を持つ．一般に，X の部分空間 $\{X_i\}$ で $X = \bigcup_{i=1}^{\infty} X_i$ となるものに対し，$\{X_i\}$ に関する弱位相が定義されるが，これは一般にはもとの X の位相とは異なる．次が成り立つ．

【問題 6.1.9】 定義 6.1.8 の X のコンパクト部分集合 K に対し，$K \subset X_j$ となる j が存在することを示せ．解答例は 220 ページ．

定義 6.1.10（順極限）　アーベル群と準同型の無限列 $A_1 \xrightarrow{f_1} A_2 \xrightarrow{f_2} A_3 \xrightarrow{f_3} \cdots$ に対し，直和 $\bigoplus_{i=1}^{\infty} A_i$ における同値関係 $\sim$ を，$x_i \in A_i, x_{i+1} \in A_{i+1}$ に対し，$f_i(x_i) = x_{i+1}$ ならば $x_i \sim x_{i+1}$ という関係により生成されるものとする．このとき，$(\bigoplus_{i=1}^{\infty} A_i)/\sim$ を無限列 $A_1 \xrightarrow{f_1} A_2 \xrightarrow{f_2} A_3 \xrightarrow{f_3} \cdots$ の**順極限**と呼び，$\varinjlim A_i$ と書く．

命題 6.1.11　定義 6.1.8 のハウスドルフ空間 $X = \bigcup_{i=1}^{\infty} X_i$ の特異ホモロジー群は，X_i の特異ホモロジー群の順極限である．$H_*(X) \cong \varinjlim H_*(X_i)$ である．

証明　X の特異単体複体 $S_*(X)$ の基底 $\sigma : \Delta^n \longrightarrow X$ の像 $\sigma(\Delta) \subset X$ はコンパクトであるから，問題 6.1.9 により，ある i に対し，$\sigma \in S_n(X_i)$ である．すなわち，$S_*(X) \cong \varinjlim S_*(X_i)$ である．

$\varinjlim S_*(X_i)$ のサイクル c は，有限個の特異単体の和だから，ある i に対し，c は $S_*(X_i)$ のサイクルである．また，c がバウンダリーであれば，$c = \partial a$ となるチェインがあるが，a は $j \geq i$ となる $S_*(X_j)$ のチェインであり，$H_*(S_j)$ の元として $[c] = 0$ となる．したがって，$H_*(X) = H_*(\varinjlim S_*(X_i)) = \varinjlim H_*(X_i)$ である．　∎

注意 6.1.12　命題 6.1.11 の証明と同様にして，ホモトピー群についても，$\pi_*(X, b) = \pi_*(\varinjlim X_i, b) = \varinjlim \pi_*(X_i, b)$ が成立する．ただし，基点 b は X_1 上にあるとする．

注意 6.1.13　CW 複体とは，有限胞体複体 X_i の増大列 $X_1 \subset X_2 \subset \cdots$ の和集合 $X = \bigcup_{i=1}^{\infty} X_i$ に $\{X_i\}$ に関する弱位相を与えたものである．CW 複体の C は，閉包有限 (closure finite)，すなわち，1 つの胞体の閉包が有限胞体複体となっていることを意味し，W は，弱位相 (weak topology)，すなわち，有限胞体複体の増大列の和集合として弱位相を持つことを意味している．無限個の胞体に分割される空間についてはあつかってこなかったが，無限個の胞体に分割される空間としては CW 複体と同相になる空間を考えることが多い．それは，上に述べた命題 6.1.11 により，CW 複体の特異ホモロジー群は有限胞体複体のホモロジー群の順極限として計算できるからである．CW 複体はホモトピー理論的にもよい性質を持つが，ホモロジー理論を用いた位相空間の研究の対象として，計算が実行できる対象となっている．

【例 6.1.14】 (1) 基底を順に付け加えることで得られるユークリッド空間の増大列 $R^0 \subset R \subset R^2 \subset \cdots$ の順極限として，R^∞ を定義する：$R^\infty = \varinjlim R^n$. R^∞ の元は，有限個の成分だけ 0 ではないベクトル $(x_1, x_2, \ldots)$ である．R^∞ には $\{R^n\}_{n \in \mathbf{Z}_{\geqq 0}}$ に関する弱位相を考える．

(2) $S^n \subset R^{n+1}$ について，$S^0 \subset S^1 \subset S^2 \subset \cdots$ の順極限として，**無限次元球面** $S^\infty = \varinjlim S^n$ を定義する．注意 6.1.12 と例題 1.3.13（20 ページ）により，すべてのホモトピー群 $\pi_*(S^\infty, b_{S^\infty}) = \pi_*(\varinjlim S^n, b_{S^\infty})$ が自明である．S^n には，問題 3.5.2(1)（102 ページ）で与えた有限胞体分割 $S^n = (e_1^0 \cup e_2^0) \cup (e_1^1 \cup e_2^1) \cup \cdots \cup (e_1^n \cup e_2^n)$ が存在するが，S^∞ は，この分割の和集合により，CW 複体となる．

$$H_*(S^\infty) \cong \varinjlim H_*(S^n) \cong \begin{cases} \mathbf{Z} & (* = 0) \\ 0 & (* > 0) \end{cases}$$

(3) 包含写像の列 $S^0 \subset S^1 \subset S^2 \subset \cdots$ の $\mathbf{Z}/2\mathbf{Z}$ の作用による商空間をとると，包含写像の列 $RP^0 \subset RP^1 \subset RP^2 \subset \cdots$ が得られ，その順極限として，**無限次元実射影空間** $RP^\infty = \varinjlim RP^n$ が得られる．問題 3.5.2(2)（102 ページ）により，RP^{n-1} には，有限胞体分割 $RP^n = e^0 \cup e^1 \cup \cdots \cup e^n$ が存在する．RP^∞ は，この分割の和集合により，CW 複体となる．

$$H_*(RP^\infty) \cong \varinjlim H_*(RP^n) \cong \begin{cases} \mathbf{Z} & (* = 0) \\ \mathbf{Z}/2\mathbf{Z} & (* = 2k-1;\ k \in \mathbf{Z}_{>0}) \\ 0 & (* = 2k;\ k \in \mathbf{Z}_{>0}) \end{cases}$$

(4) 複素ベクトル空間の単位球面と包含写像の列 $S^1 \subset S^3 \subset S^5 \subset \cdots$ の $U(1) = \{z \in \mathbf{C} \,|\, |z| = 1\}$ の対角作用による商空間をとると，包含写像の列 $CP^0 \subset CP^1 \subset CP^2 \subset \cdots$ が得られ，その順極限として，**無限次元複素射影空間** $CP^\infty = \varinjlim CP^n$ が得られる．

$$H_*(CP^\infty) \cong \varinjlim H_*(CP^n) \cong \begin{cases} \mathbf{Z} & (* = 2k;\ k \in \mathbf{Z}_{\geqq 0}) \\ 0 & (* = 2k-1;\ k \in \mathbf{Z}_{\geqq 0}) \end{cases}$$

6.1.3 特異ホモロジー群のホモトピー不変性

単体複体 K の実現 $|K|$ において，k 単体 $\langle v_0 \cdots v_k \rangle$ はアフィン写像 $\Delta^k \longrightarrow |K|$ で，Δ^k の頂点 $\sum_{j=1}^i e_j$ を $|K|$ の点 v_i に写すものを表していると

考える．そうすると k 単体は，特異 k 単体と考えられ，$\langle v_0 \cdots v_k \rangle \in S_k(|K|)$ となる．特異単体複体におけるさまざまな構成は，単体複体の実現からの写像を考えて行われる．

$[0,1] \times \Delta^k$ の単体分割 $K_{[0,1] \times \Delta^k}$ について，

$$P\Delta^k = \sum_{i=0}^{k} (-1)^i \langle v_0^0 \cdots v_i^0 v_i^1 \cdots v_k^1 \rangle \in S_{k+1}([0,1] \times \Delta^k)$$

である．$\Delta^k \in S_k(\Delta^k)$ は，恒等写像 id_{Δ^k} のことである．恒等写像 id_{Δ^k} に対し，

$$\partial \, \mathrm{id}_{\Delta^k} = \sum_{i=0}^{k} \varepsilon_i \in S_{k-1}(\Delta^k)$$

となる．簡単な計算で，

$$(\partial P + P\partial) \, \mathrm{id}_{\Delta^k} = i_1 - i_0$$

であることがわかる．ここで，$i_1 = \langle v_0^1 \cdots v_k^1 \rangle$, $i_0 = \langle v_0^0 \cdots v_k^0 \rangle$ は $\{1\} \times \Delta$, $\{0\} \times \Delta$ への包含写像である．

この単体複体の構成を用いて，次の命題が示される．

命題 6.1.15（特異ホモロジー理論のホモトピー不変性） ホモトピックな連続写像 $f_0 \simeq f_1 : X \longrightarrow Y$ は，特異ホモロジー群の間に同じ準同型写像を誘導する．

$$f_{0*} = f_{1*} : H_*(X) \longrightarrow H_*(Y)$$

証明 ホモトピックな連続写像 $f_0 \simeq f_1 : X \longrightarrow Y$ に対し，$F : [0,1] \times X \longrightarrow Y$ を f_0 と f_1 の間のホモトピーとする．$\sigma : \Delta^k \longrightarrow X$ に対し，$f_{0*}\sigma = f_0 \circ \sigma$, $f_{1*}\sigma = f_1 \circ \sigma \in S_k(Y)$ が定まっている．

$$P_F(\sigma) = F_*(\mathrm{id}_{[0,1]} \times \sigma)_* P \, \mathrm{id}_{\Delta^k}$$

とおく．

$$P_F(\sigma \circ \varepsilon_i) = F_*(\mathrm{id}_{[0,1]} \times (\sigma \circ \varepsilon_i))_* P \, \mathrm{id}_{\Delta^{k-1}} = F_*(\mathrm{id}_{[0,1]} \times \sigma)_* P \varepsilon_i$$

に注意すると，

$$\begin{aligned}
\partial P_F(\sigma) + P_F(\partial \sigma) &= \partial F_*(\mathrm{id}_{[0,1]} \times \sigma)_* P\,\mathrm{id}_{\Delta^k} + P_F(\sum_{i=0}^{k}(-1)^i \sigma \circ \varepsilon_i) \\
&= F_*(\mathrm{id}_{[0,1]} \times \sigma)_*(\partial P\,\mathrm{id}_{\Delta^k}) + \sum_{i=0}^{k}(-1)^i F_*(\mathrm{id}_{[0,1]} \times \sigma)_* P \varepsilon_i \\
&= F_*(\mathrm{id}_{[0,1]} \times \sigma)_*((\partial P + P\partial)\,\mathrm{id}_{\Delta^k}) \\
&= F_*(\mathrm{id}_{[0,1]} \times \sigma)_*(i_1 - i_0) \\
&= f_1 \circ \sigma - f_0 \circ \sigma \\
&= f_{1*}\sigma - f_{0*}\sigma
\end{aligned}$$

したがって，$f_{0*}, f_{1*} : S_*(X) \longrightarrow S_*(Y)$ はチェイン・ホモトピックであり，$f_{0*} = f_{1*} : H_*(X) \longrightarrow H_*(Y)$ となる． ∎

6.1.4 特異ホモロジー群の切除公理

$X = X_1 \cup X_2$, X_1, X_2 は開集合とする．$X_{12} = X_1 \cap X_2$ として，チェイン写像 $i_* : S_*(X_1, X_{12}) \longrightarrow S_*(X, X_2)$ が存在する．

命題 6.1.16（特異ホモロジー群の切除公理） チェイン写像 $i_* : S_*(X_1, X_{12}) \longrightarrow S_*(X, X_2)$ は，ホモロジー群の同型 $i_* : H_*(X_1, X_{12}) \longrightarrow H_*(X, X_2)$ を誘導する．さらに，この同型は空間対のホモロジー完全系列の連結準同型と可換になる．

注意 6.1.17 単体複体の場合は，$i_* : C_*(K_1, K_{12}) \longrightarrow C_*(K, K_2)$ が同型写像であり，i_* がホモロジー群の同型を誘導することはほとんど自明であったが，$\sigma : \Delta^k \longrightarrow X$ で，X_1, X_2 のどちらにも含まれないものがあるので，証明のためには，$r \circ i_* = \mathrm{id}_{S_*(X_1, X_{12})}$, $i_* \circ r$ と $\mathrm{id}_{S_*(X_1, X_{12})}$ がチェイン・ホモトピックとなるようなチェイン写像 $r : S_*(X, X_2) \longrightarrow S_*(X_1, X_{12})$ を工夫してつくる必要がある．

命題 6.1.16 の証明 チェイン写像 r の定義のために問題 5.5.12（186 ページ）の bsd, BSD を用いる．ただし，$b_\sigma \in \sigma$ と考え，$\mathrm{bsd}(\mathrm{id}_{\Delta^k}) \in S_k(\Delta)$，また，$\mathrm{BSD}(\mathrm{id}_{\Delta^k}) \in S_{k+1}(\Delta)$ と考える．

$\sigma : \Delta^k \longrightarrow X$ に対し，σ の重心細分を $\mathrm{bsd}(\sigma) = \sigma_* \mathrm{bsd}(\mathrm{id}_{\Delta^k})$ で定義する．

Δ^k の開被覆 $\{\sigma^{-1}(X_1), \sigma^{-1}(X_2)\}$ のルベーグ数を考えると，十分大きな m をとると $\mathrm{bsd}^m(\sigma)$ の各特異単体の像が X_1 または X_2 に含まれることがわか

る．このような m のうち最小のものを m_σ とおく．

$A\sigma = \mathrm{BSD}(\sigma) + \mathrm{BSD}(\mathrm{bsd}(\sigma)) + \cdots + \mathrm{BSD}(\mathrm{bsd}^{m_\sigma - 1}(\sigma))$ を考える．

$\partial A\sigma + A\partial\sigma + \sigma$ に現れる特異単体は，X_1 または X_2 に像を持つ．実際，特異単体 τ が X_1 または X_2 に像を持つならば，$\mathrm{BSD}(\tau)$ に現れる特異単体は，X_1 または X_2 に像を持つ．$\tau \prec \sigma$ に対して，$m_\tau \leqq m_\sigma$ だから，

$$\partial A\sigma + A\partial\sigma + \sigma = \mathrm{bsd}^{m_\sigma}(\sigma)$$
$$+ \sum_{i=0}^{k} (-1)^i (\mathrm{BSD}(\mathrm{bsd}^{m_{\partial_i \sigma}}(\partial_i \sigma)) + \cdots + \mathrm{BSD}(\mathrm{bsd}^{m_\sigma - 1}(\partial_i \sigma)))$$

であるが，ここに現れる特異単体は，X_1 または X_2 に像を持つ．

そこで，$r\sigma = \partial A\sigma + A\partial\sigma + \sigma \pmod{S_k(X_{12})}$ と定義する．このとき，

$$\partial(r\sigma) - r(\partial\sigma) = \partial(\partial A\sigma + A\partial\sigma + \sigma) - (\partial A(\partial\sigma) + A\partial(\partial\sigma) + \partial\sigma) = 0$$

であるから，r はチェイン写像である．σ の像が X_1 に含まれれば，$m_\sigma = 0$ だから，A の定義により，$r \circ i_* = \mathrm{id}_{S_*(X_1, X_{12})}$ である．また，$i_* \circ r(\sigma) - \sigma = \partial A\sigma + A\partial\sigma$ だから，$i_* \circ r$ と $\mathrm{id}_{S_*(X_1, X_{12})}$ はチェイン・ホモトピックである．

以上で，$i_* : H_*(X_1, X_{12}) \longrightarrow H_*(X, X_2)$ が同型写像となることが示された．

この同型が対のホモロジー完全系列の連結準同型と可換になることは容易にわかる．実際，単体複体の場合と同様に次のチェイン複体とチェイン写像の図式

$$\begin{array}{ccccccccc} 0 & \longrightarrow & S_*(X_{12}) & \xrightarrow{i_*} & S_*(X_1) & \xrightarrow{j_*} & S_*(X_1, X_{12}) & \longrightarrow & 0 \\ & & \downarrow & & \downarrow & & \downarrow & & \\ 0 & \longrightarrow & S_*(X_2) & \xrightarrow{i_*} & S_*(X) & \xrightarrow{j_*} & S_*(X, X_2) & \longrightarrow & 0 \end{array}$$

は可換であるから次の図式は可換となる．

$$\begin{array}{ccc} H_k(X_1, X_{12}) & \xrightarrow{\partial_*} & H_{k-1}(X_{12}) \\ \downarrow & & \downarrow \\ H_k(X, X_2) & \xrightarrow{\partial_*} & H_{k-1}(X_2) \end{array}$$

∎

【問題 6.1.18】 $X = X_1 \cup X_2, X_1, X_2$ は開集合とする．$X_{12} = X_1 \cap X_2$ として，包含写像

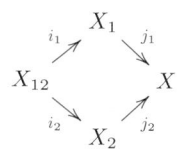

$$\begin{array}{ccc} & X_1 & \\ {}^{i_1}\nearrow & & \searrow^{j_1} \\ X_{12} & & X \\ {}_{i_2}\searrow & & \nearrow_{j_2} \\ & X_2 & \end{array}$$

は，特異単体複体の間の準同型

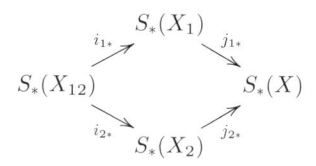

$$\begin{array}{ccc} & S_*(X_1) & \\ {}^{i_{1*}}\nearrow & & \searrow^{j_{1*}} \\ S_*(X_{12}) & & S_*(X) \\ {}_{i_{2*}}\searrow & & \nearrow_{j_{2*}} \\ & S_*(X_2) & \end{array}$$

を誘導する．これを用いて，マイヤー・ビエトリス完全系列（140 ページ）を導け．解答例は 220 ページ．

6.2 ジョルダン・ブラウアーの定理と領域不変性（展開）

ジョルダンの閉曲線定理 1.2.21（10 ページ）は，2 次元球面に位相的に埋め込まれた円周 Γ は，2 次元球面を 2 つの開集合 U_0, U_1 に分け，それらの閉包 $\overline{U}_0, \overline{U}_1$ は，$\overline{U}_0 \setminus U_0 = \overline{U}_1 \setminus U_1 = \Gamma$ を満たすことを述べている．さらにシェーンフリースは，$\overline{U}_0, \overline{U}_1$ は 2 次元円板 D^2 に同相であることを示した．このとき $\overline{U}_0 \setminus U_0 = \overline{U}_1 \setminus U_1 = C$ であり，U_0, U_1 のホモロジー群は 1 点からなる空間のホモロジー群と一致する．1 点からなる空間 $\{p\}$ とホモロジー群が一致する空間を**アサイクリック**な空間という．

n 次元球面に位相的に埋め込まれた $n-1$ 次元球面について考えると次の定理が成り立つ．

定理 6.2.1（ジョルダン・ブラウアーの定理） S を n 次元球面 S^n に位相的に埋め込まれた $n-1$ 次元球面とすると，$S^n \setminus S$ の連結成分は 2 個で，それらを U_0, U_1 とすると U_0, U_1 はアサイクリックである．さらに，$S = \overline{U}_i \setminus U_i$ ($i = 0, 1$) である．

注意 6.2.2 $n=2$ のときは，上に述べたように $\overline{U}_i$ は 2 次元円板 D^2 と同相になる．$n \geqq 3$ においては，$\overline{U}_i$ は n 次元円板 D^n と同相とは限らない．アレクサンダーの角付き球面のような例がある．U_i の基本群が（アーベル化は 0 であるが）非自明な群となることもある．

定理 6.2.1 の証明のために，まず次を示す．

補題 6.2.3 D を n 次元球面 S^n に位相的に埋め込まれた k 次元円板 ($k=0,\ldots,n-1$) とする．$S^n \setminus D$ はアサイクリックである．

証明 $f: D^k \longrightarrow S^n$ を像への同相写像とする．補題を k についての帰納法で示す．$k=0$ のとき，$S^n \setminus f(D^0)$ は $\boldsymbol{R}^n$ と同相であるから，アサイクリックである．$k-1$ 次元円板 D^{k-1} について補題が正しいとする．

D^k は $I^k = [0,1]^k$ と同相であるから，$f: I^k \longrightarrow S^n$ とし，$D = f(I^k)$，$D_1 = f([0,\frac{1}{2}] \times I^{k-1})$，$D_2 = f([\frac{1}{2},1] \times I^{k-1})$ とする．$D_{12} = D_1 \cap D_2 = f(\{\frac{1}{2}\} \times I^{k-1})$ について，帰納法の仮定から $S^n \setminus D_{12}$ はアサイクリックである．

$(S^n \setminus D_1) \cup (S^n \setminus D_2) = S^n \setminus D_{12}$，$(S^n \setminus D_1) \cap (S^n \setminus D_2) = S^n \setminus D$ であるから，

$$\begin{array}{ccc} & S^n \setminus D_1 & \\ & {\scriptstyle i_1 \nearrow \quad \searrow j_1} & \\ S^n \setminus D & & S^n \setminus D_{12} \\ & {\scriptstyle i_2 \searrow \quad \nearrow j_2} & \\ & S^n \setminus D_2 & \end{array}$$

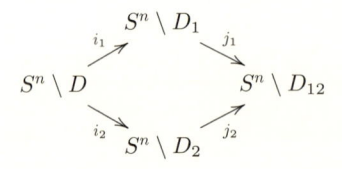

として，以下のマイヤー・ビエトリスの完全系列（140 ページ）が得られる．

$$\begin{aligned}
&\xrightarrow{\Delta_*} H_2(S^n \setminus D) \xrightarrow{(i_{1*},i_{2*})} H_2(S^n \setminus D_1) \oplus H_2(S^n \setminus D_2) \xrightarrow{j_{1*}-j_{2*}} H_2(S^n \setminus D_{12}) \\
&\xrightarrow{\Delta_*} H_1(S^n \setminus D) \xrightarrow{(i_{1*},i_{2*})} H_1(S^n \setminus D_1) \oplus H_1(S^n \setminus D_2) \xrightarrow{j_{1*}-j_{2*}} H_1(S^n \setminus D_{12}) \\
&\xrightarrow{\Delta_*} H_0(S^n \setminus D) \xrightarrow{(i_{1*},i_{2*})} H_0(S^n \setminus D_1) \oplus H_0(S^n \setminus D_2) \xrightarrow{j_{1*}-j_{2*}} H_0(S^n \setminus D_{12}) \\
&\longrightarrow \quad 0
\end{aligned}$$

ここで帰納法の仮定から，$H_m(S^n \setminus D_{12}) \cong H_m(\{p\})$ だから

$$H_m(S^n \setminus D) \cong H_m(S^n \setminus D_1) \oplus H_m(S^n \setminus D_2) \ (m \geqq 1)$$

$$H_0(S^n \setminus D) \cong \ker\left(H_0(S^n \setminus D_1) \oplus H_0(S^n \setminus D_2) \xrightarrow{j_{1*} - j_{2*}} H_0(S^n \setminus D_{12})\right)$$

である．

$S^n \setminus D$ がアサイクリックではないとすると，$S^n \setminus D$ の特異ホモロジー群において非自明な元を表す m 次元特異サイクル c が存在する．$m \geq 1$ とする．このとき，$i_{1*}[c], i_{2*}[c]$ の一方は非自明な元である．$D^{(1)}$ を D_1 または D_2 として，$[c^{(1)}] \in H_*(S^n \setminus D^{(1)})$ が非自明であるとする．$c^{(1)}$ は（写像の値域を除いて）$c = c^{(0)}$ と同じ特異サイクルである．

次に，$D^{(1)}$ に対して，I^k の第 1 成分を 2 等分して $D^{(1)} = D_1^{(1)} \cup D_2^{(1)}$ に対し同様の考察を行い，非自明な元 $[c^{(2)}] \in H_*(S^n \setminus D^{(2)})$ を得る．同様にして，$D = D^{(0)} \supset D^{(1)} \supset D^{(2)} \supset D^{(3)} \supset \cdots$ と非自明な元 $[c^{(m)}] \in H_*(S^n \setminus D^{(m)})$ ($m \geq 0$) を得る．ここで，$\bigcap_{m \geq 0} D^{(m)}$ は I^{k-1} すなわち D^{k-1} に同相である．したがって，帰納法の仮定により，$S^n \setminus \bigcap_{m \geq 0} D^{(m)}$ はアサイクリックである．よって，サイクル c はバウンダリーとなっており，$c = \partial b$ と書く $S^n \setminus \bigcap_{m \geq 0} D^{(m)}$ の特異チェイン b が存在する．b に現れる特異単体は有限個でその像の和集合 $\mathrm{supp}(b)$ は，$S^n \setminus \bigcap_{m \geq 0} D^{(m)}$ のコンパクト集合である．したがって $\bigcap_{m \geq 0} D^{(m)}$ を含む開集合 U で，$U \cap \mathrm{supp}(b) = \emptyset$ となるものがある．ある m に対し，$D^{(m)} \subset U$ となるが，それは b が $S^n \setminus D^{(m)}$ の特異チェインであることを意味しており，c が $H_*(S^n \setminus D^{(m)})$ の自明な元であったことになり，これは $D^{(m)}$ のとり方に矛盾する．

$m = 0$ の場合，$H_0(S^n \setminus D)$ が $\mathbf{Z}$ と同型ではないとすると，$x_0, x_1 \in S^n \setminus D$ で，$\langle x_0 \rangle, \langle x_1 \rangle$ がホモロガスではない．マイヤー・ビエトリスの完全系列において，$H_0(S^n \setminus D_1), H_0(S^n \setminus D_2)$ の一方において $\langle x_0 \rangle, \langle x_1 \rangle$ はホモロガスではない．これにより，$D^{(m)}$ を選ぶと，上と同様に，$S^n \setminus \bigcap_{m \geq 0} D^{(m)}$ においてはホモロガスであり，同様の矛盾を得る．∎

例題 4.3.2（141 ページ）でみたように $S^n = S^k \times D^{n-k} \cup D^{k+1} \times S^{n-k-1}$ のような分割が存在するので，標準的に埋め込まれた $S^k \subset S^n$ に対し，$H_*(S^n \setminus S^k) \cong H_*(S^{n-k-1})$ が成立するが，これは一般に位相的に埋め込まれた k 次元球面 S に対し成立する．

定理 6.2.4（アレクサンダーの定理） n 次元球面 S^n に位相的に埋め込まれた k 次元球面 S に対し，$H_*(S^n \setminus S) \cong H_*(S^{n-k-1})$ が成立する．

【問題 6.2.5】 定理 6.2.4 を k についての帰納法で証明せよ．解答例は 221 ページ．

定理 6.2.1 の証明 定理 6.2.4 により，$S^n \setminus S$ は，S^0 と同型な特異ホモロジー群を持ち，2 つのアサイクリックな弧状連結成分 U_0, U_1 を持つ．あとは $S = \overline{U}_0 \setminus U_0 = \overline{U}_1 \setminus U_1$ を示せばよい．S はコンパクトだから閉集合であり，$S^n \setminus S = U_0 \cup U_1$ は開集合である．球面は局所弧状連結であるから，U_0，U_1 はそれぞれ開集合である．したがって

$$\overline{U}_0 \subset S^n \setminus U_1 = U_0 \cup S$$

である．さらに

$$\overline{U}_0 \setminus U_0 \subset S^n \setminus U_0 = U_1 \cup S$$

だから，$\overline{U}_0 \setminus U_0 \subset S$ である．

$S \subset \overline{U}_0 \setminus U_0$ を示すために，$x \in S$ の任意の近傍 W に対し，$W \cap U_0 \neq \emptyset$ を示す．これを示せば，$S \subset \overline{U}_0$ であり，$S \cap U_0 = \emptyset$ だから，$S \subset \overline{U}_0 \setminus U_0$ が示される．

$f: S^{n-1} \longrightarrow S \subset S^n$ を位相的な埋め込みとする．$f^{-1}(x)$ を内部に含む $f^{-1}(W)$ 内の $n-1$ 次元閉円板 D^{n-1} をとる．$D' = S^{n-1} \setminus \mathrm{Int}(D^{n-1})$ は，D^{n-1} と同相であるから，補題 6.2.3 により，$S^n \setminus f(D')$ はアサイクリックであり，特に弧状連結である．したがって任意の $x_0 \in U_0, x_1 \in U_1$ に対し，連続写像 $c: [0,1] \longrightarrow S^n \setminus f(D')$ で $c(0) = x_0, c(1) = x_1$ となるものが存在する．$c([0,1]) \cap S \neq \emptyset$ であるが，$c([0,1]) \cap f(D') = \emptyset$ だから $c([0,1]) \cap f(D^{n-1}) \neq \emptyset$，$c([0,1]) \cap W \neq \emptyset$ である．このとき，$c^{-1}(W)$ は $t_0 = \min(c^{-1}(S))$ を含む開集合であり，ある正実数 ε に対し，$c(t_0 - \varepsilon) \in W$ となる．$c([0, t_0)) \subset U_0$ だから，$W \cap U_0 \neq \emptyset$ である． ∎

n 次元ユークリッド空間 $\mathbf{R}^n$ は開集合として S^n に埋め込まれるから，定理 6.2.1 から次の命題がしたがう．

命題 6.2.6 S を n 次元ユークリッド空間 $\mathbf{R}^n$ に位相的に埋め込まれた $n-1$ 次元球面とすると，$\mathbf{R}^n \setminus S$ の連結成分は 2 個あり，一方は有界で，他方は非有界である．それらを U_0, U_1 とすると U_0 はアサイクリックであり，U_1 は

S^{n-1} と同じホモロジー群を持つ．さらに，$S = \overline{U}_i \setminus U_i$ $(i = 0, 1)$ である．

次の命題を**領域不変性**の定理という．

命題 6.2.7（領域不変性）　R^n の開集合 U と R^n の部分集合 B が同相であるならば，B は R^n の開集合である．

命題 6.2.7 では，部分集合 B には誘導位相を考えているが，部分集合への開集合からの同相写像が次元の制限により，局所的に全射となることを述べている．
この命題により同相な位相多様体の次元は等しいことがわかる．

【問題 6.2.8】　命題 6.2.7 を示せ．解答例は 221 ページ．

6.3　第 6 章の問題の解答

【問題 6.1.2 の解答】　$0 \leqq i \leqq k$, $0 \leqq j \leqq k-1$ について $\varepsilon_i \circ \varepsilon_j$ を考える．$\varepsilon_i \circ \varepsilon_j : \Delta^{k-2} \longrightarrow \Delta^k$ はアフィン写像で，$v_\ell = \sum_{m=1}^{\ell} e_m$ について，

$$i \leqq j \text{ のとき}, (\varepsilon_i \circ \varepsilon_j)(v_\ell) = \begin{cases} v_\ell & (\ell < i) \\ v_{\ell+1} & (i \leqq \ell < j) \\ v_{\ell+2} & (j \leqq \ell) \end{cases},$$

$$i > j \text{ のとき}, (\varepsilon_i \circ \varepsilon_j)(v_\ell) = \begin{cases} v_\ell & (\ell < j) \\ v_{\ell+1} & (j \leqq \ell < i+1) \\ v_{\ell+2} & (i+1 \leqq \ell) \end{cases}$$

である．したがって，$i \leqq j$ のとき，$\varepsilon_i \circ \varepsilon_j = \varepsilon_{j+1} \circ \varepsilon_i$ となる．これを用いて

$$\begin{aligned}\partial\partial\sigma &= \sum_{j=0}^{k-1}\sum_{i=0}^{k}(-1)^{i+j}\sigma \circ \varepsilon_i \circ \varepsilon_j \\ &= \sum_{0 \leqq j < i \leqq k}(-1)^{i+j}\sigma \circ \varepsilon_i \circ \varepsilon_j + \sum_{0 \leqq i \leqq j \leqq k-1}(-1)^{i+j}\sigma \circ \varepsilon_i \circ \varepsilon_j \\ &= \sum_{0 \leqq j < i \leqq k}(-1)^{i+j}\sigma \circ \varepsilon_i \circ \varepsilon_j + \sum_{0 \leqq i \leqq j \leqq k-1}(-1)^{i+j}\sigma \circ \varepsilon_{j+1} \circ \varepsilon_i = 0\end{aligned}$$

【問題 6.1.5 の解答】　3 つ組 $X \supset X' \supset X''$ に対し，次のチェイン写像の短完全

系列がある．
$$0 \longrightarrow S_*(X', X'') \longrightarrow S_*(X, X'') \longrightarrow S_*(X, X') \longrightarrow 0$$
これが誘導するホモロジー群の長完全系列が求めるものである．

この長完全系列はホモロジー群の公理だけからも次のように導かれる．

$j_* \circ i_* = 0$ は，下の左の可換図式が誘導する H_n の可換図式において $H_n(X', X') = 0$ であることからしたがう．

$$\begin{array}{ccc} (X', X'') & \xrightarrow{j} & (X', X') \\ \downarrow i & & \downarrow i \\ (X, X'') & \xrightarrow{j} & (X, X') \end{array} \qquad \begin{array}{ccccc} H_n(X) & = & H_n(X) & & \\ \downarrow j_* & & \downarrow j_* & & \\ H_n(X', X'') & \xrightarrow{i_*} & H_n(X, X'') & \xrightarrow{j_*} & H_n(X, X') \\ \parallel & & \downarrow \partial_* & & \downarrow \partial_* \\ H_n(X', X'') & \xrightarrow{\partial_*} & H_{n-1}(X'') & \xrightarrow{i_*} & H_{n-1}(X') \end{array}$$

上の右の可換図式において，右の2つの列は，空間対 (X, X''), (X, X') の完全系列である．また下の行は空間対 (X', X'') の完全系列である．$x \in H_n(X, X'')$ が，$j_* x = 0$ を満たすとすると，$i_* \partial_* x = \partial_* j_* x = 0$ だから，$\partial_* y = \partial_* x$ となる $y \in H_n(X', X'')$ が存在する．$x - i_* y \in H_n(X, X'')$ について，空間対 (X', X''), (X, X'') の完全系列の間のチェイン準同型を考えれば $\partial_*(x - i_* y) = \partial_* x - \partial_* i_* y = 0$ である．そこで，$x - i_* y = j_* z$ となる $z \in X_n(X)$ が存在する．$j_* z = 0 \in H_n(X, X')$ であるから，$w \in H_n(X')$ で $i_* w = z$ となるものが存在する．w を $H_n(X') \longrightarrow H_n(X) \longrightarrow H_n(X, X'')$ で写したものと $H_n(X') \longrightarrow H_n(X', X'') \longrightarrow H_n(X, X'')$ で写したものは同じであるから，$j_* w \in H_n(X', X'')$ について，$i_*(j_* w + y) = j_* z + i_* y = x$ となる．

$\partial_* \circ j_* = 0$ は，可換図式

$$\begin{array}{ccccc} H_n(X, X'') & \xrightarrow{j_*} & H_n(X, X') & \xrightarrow{\partial_*} & H_{n-1}(X', X'') \\ \downarrow \partial_* & & \downarrow \partial_* & & \parallel \\ H_{n-1}(X'') & \xrightarrow{j_*} & H_{n-1}(X') & \xrightarrow{j_*} & H_{n-1}(X', X'') \end{array}$$

において，下の行が完全であることからわかる．ただし，左の可換性は，空間対の写像 $(X, X'') \longrightarrow (X, X')$ が，対の完全系列の間のチェイン写像を誘導することからしたがう．

$x \in H_n(X, X')$ が $\partial_* x = 0$ を満たすとする. $\partial_* x \in H_{n-1}(X')$ について, $j_* \partial_* x = 0$ だから, $j_* y = \partial_* x$ となる $y \in H_{n-1}(X'')$ が存在する. $i_* y = i_* \partial_* x = 0 \in H_{n-1}(X)$ だから, $z \in H_n(X, X'')$ で $\partial z = y$ となるものが存在する. $x - j_* y \in H_n(X, X')$ について, $\partial(x - j_* y) = 0$ だから, $w \in H_n(X)$ で, $j_* w = x - j_* y$ となるものがある. $w' = j_* w \in H_n(X, X'')$ について, $j_*(w' + y) = j_* w + j_* y = x$ となる.

$i_* \circ \partial_* = 0$ は, 可換図式

$$\begin{CD}
H_{n+1}(X, X') @>{\partial_*}>> H_n(X') @>{i_*}>> H_n(X) \\
@| @VV{j_*}V @VV{j_*}V \\
H_{n+1}(X, X') @>{\partial_*}>> H_n(X', X'') @>{i_*}>> H_n(X, X'') \\
@. @VV{\partial_*}V @VV{\partial_*}V \\
@. H_{n-1}(X'') @= H_{n-1}(X'')
\end{CD}$$

において, 上の行が完全であることからわかる. ただし, 右の可換性は, 空間対の写像 $(X', X'') \longrightarrow (X, X'')$ が, 対の完全系列の間のチェイン写像を誘導することからしたがう.

$x \in H_n(X', X'')$ が $i_* x = 0$ を満たすとする. $\partial_* x = \partial_* i_* x = 0$ だから, $j_* y = x$ となる $y \in H_n(X')$ が存在する. $j_* i_* y = i_* j_* y = i_* x = 0$ だから, $z \in H_n(X'')$ で $i_* z = i_* y$ となるものが存在する. $z' = i_* z \in H_n(X')$ について, $i_*(y - z') = i_* y - i_* z = 0$ だから, $\partial_* w = y - z'$ となる $w \in H_{n+1}(X, X')$ が存在する. $\partial_* w = j_* \partial_* w = j_*(y - z') = j_* y = x$ となる.

【問題 6.1.6 の解答】 1 点からなる空間 $\{p\}$ について, $S_k(\{p\}) \cong \mathbf{Z}$ で, 生成元は定値写像 $c_p^k \colon \Delta^k \longrightarrow \{p\}$ である.

$$S_*(\{p\}) : 0 \longleftarrow \mathbf{Z} c_p^0 \xleftarrow{\partial} \mathbf{Z} c_p^1 \xleftarrow{\partial} \mathbf{Z} c_p^2 \xleftarrow{\partial} \cdots$$

$\partial \colon S_k(\{p\}) \longrightarrow S_{k-1}(\{p\})$ は,

$$\partial c_p^k = \sum_{i=0}^{k} (-1)^i c_p^k \circ \varepsilon_i = \sum_{i=0}^{k} (-1)^i c_p^{k-1} = \begin{cases} 0 & (k \text{ が奇数または } k = 0) \\ c_p^{k-1} & (k \text{ が 2 以上の偶数}) \end{cases}$$

と計算され, $\partial \colon S_k(\{p\}) \longrightarrow S_{k-1}(\{p\})$ は, k が奇数または $k = 0$ のとき零写像, k が 2 以上の偶数のとき同型写像である. したがって, $H_k(\{p\}) \cong \begin{cases} \mathbf{Z} & (k = 0) \\ 0 & (k \neq 0) \end{cases}$

となる.

【問題 6.1.9 の解答】 任意の i に対し, $K \setminus X_i \neq \emptyset$ とする. このとき, 無限個の i に対し, $K \cap (X_i \setminus X_{i-1}) \neq \emptyset$ である. このような i を $i_1, i_2, \ldots$ とし, $x_{i_j} \in K \cap (X_{i_j} \setminus X_{i_j-1})$ をとり, $A = \{x_{i_j} \mid j = 1, 2, \ldots\}$ とおく. X はハウスドルフ空間だから, X_i もハウスドルフ空間で, $A \cap X_i = \{x_{i_j} \mid i_j \leqq i\}$ は有限集合だから X_i の閉集合である. X は $\{X_i\}$ について弱位相を持つから, A は X の閉集合である. $A \subset K$ で K は X のコンパクト部分集合だから, A は X のコンパクト部分集合である. 同様の理由で $A_i = \{x_{i_j} \mid j \geqq i\}$ も A のコンパクト部分集合で, A の閉集合である. $\{A \setminus A_i\}$ は A の開被覆であるが, 有限部分被覆は持たない. これは, A がコンパクトであることに矛盾する.

【問題 6.1.18 の解答】 次のチェイン複体の完全系列を考える.

$$0 \longrightarrow S_*(X_{12}) \xrightarrow{(i_{1*}, i_{2*})} S_*(X_1) \oplus S_*(X_2) \xrightarrow{j_{1*} - j_{2*}} S_*(X)$$

$j_{1*} - j_{2*}$ は全射ではないが, $\sigma : \Delta^k \longrightarrow X$ に対し, 命題 6.1.16 の証明の A を用いて, $R\sigma = \sigma + \partial A\sigma + A\partial\sigma$ を考えれば, ここに現れる特異単体は X_1 または X_2 に像を持つ. ここでは, $R : S_k(X) \longrightarrow S_k(X)$ と考える. 命題 6.1.16 の証明の r はチェイン写像であったが, まったく同様に R はチェイン写像である. $I : R(S_*(X)) \longrightarrow S_*(X)$ を包含準同型として, $R \circ I = \mathrm{id}_{R(S_*(X))}$, $I \circ R - \mathrm{id} = \partial A + A\partial$ だから, $H_*(R(S_*(X))) \cong H_*(S_*(X)) = H_*(X)$ である.

容易にわかるように $r(S_*(X)) = j_{1*}(S_*(X_1)) + j_{2*}(S_*(X_2))$ である. したがって, チェイン写像の短完全系列

$$0 \longrightarrow S_*(X_{12}) \xrightarrow{(i_{1*}, i_{2*})} S_*(X_1) \oplus S_*(X_2) \xrightarrow{j_{1*} - j_{2*}} R(S_*(X)) \longrightarrow 0$$

から, マイヤー・ビエトリスの完全系列を得る.

注意 マイヤー・ビエトリス完全系列と切除公理は同値な命題である. 実際, 切除公理からマイヤー・ビエトリス完全系列を導くことができる. 完全系列の間の次の準同型を考える.

$$\begin{array}{ccccccc}
H_k(X_{12}) & \xrightarrow{i_{1*}} & H_k(X_1) & \xrightarrow{j^1_{12*}} & H_k(X_1, X_{12}) & \xrightarrow{\partial_*} & H_{k-1}(X_{12}) \\
\downarrow i_{2*} & & \downarrow j_{1*} & \cong & \downarrow j_{1*} & & \downarrow i_{1*} \\
H_k(X_2) & \xrightarrow{j_{2*}} & H_k(X) & \xrightarrow{j^0_{2*}} & H_k(X, X_2) & \xrightarrow{\partial_*} & H_{k-1}(X_2)
\end{array}$$

マイヤー・ビエトリス完全系列に現れる Δ_* は，$c \in H_k(X)$ に対し，$\partial_*(j_{1*})^{-1}j_{2*}^0 c \in H_{k-1}(X_{12})$ を対応させるものである．これにより，マイヤー・ビエトリス完全系列が導かれる．

【問題 6.2.5 の解答】 $f: S^k \longrightarrow S^n$ を像への同相写像とする．2.2 節（53 ページ）と同様に $S^k = S_+^k \cup S_-^k$ と分割し，$S_+^k \cap S_-^k \cong S^{k-1}$ に注意する．$U_- = S^n \setminus f(S_-^k)$，$U_+ = S^n \setminus f(S_+^k)$ とおくと，補題 6.2.3 から U_-, U_+ はアサイクリックである．ここで，$U_- \cap U_+ = S^n \setminus S$, $U_- \cup U_+ = S^n \setminus S'$ で，$S' = f(S_+^k \cap S_-^k)$ は $k-1$ 次元球面の位相的な埋め込みである．

k についての帰納法で定理を示す．

$k = 0$ のとき，S は 2 点からなる集合で，$S^n \setminus S$ は $S^{n-1} \times \mathbf{R}$ と同相であり定理の主張は正しい．$0 < k < n$ に対し，$k-1$ 次元球面の埋め込み S' に対して正しいとする：$H_*(S^n \setminus S') \cong H_*(S^{n-k})$．$S^n \setminus S = U_- \cup U_+$ についてのマイヤー・ビエトリス完全系列は，

$$H_m(U_-) \oplus H_m(U_+) \xrightarrow{(j_-)_* - (j_+)_*} H_m(S^n \setminus S')$$
$$\xrightarrow{\Delta_*} H_{m-1}(S^n \setminus S) \xrightarrow{((i_-)_*, (i_+)_*)} H_{m-1}(U_-) \oplus H_{m-1}(U_+)$$

のようになるが，直和となる中央の列は，$H_0(U_-) \oplus H_0(U_+) \cong \mathbf{Z} \oplus \mathbf{Z}$, $H_m(U_-) \oplus H_m(U_+) = 0$ $(m > 0)$ となる．したがって $H_m(S^n \setminus S') \cong H_m(S^{n-k})$ $(m \geqq 0)$ ならば，$H_{m-1}(S^n \setminus S) \cong H_m(S^{n-k})$ $(m > 1)$ であり，$k \leqq n-2$ ならば $H_{n-k-1}(S^n \setminus S) \cong \mathbf{Z}$, $H_0(S^n \setminus S) \cong \mathbf{Z}$, $H_m(S^n \setminus S) = 0$ $(m \neq 0, n-k-1)$ を得る．また，$k = n-1$ ならば，$H_0(S^n \setminus S) \cong \mathbf{Z} \oplus \mathbf{Z}$, $H_m(S^n \setminus S) = 0$ $(m \neq 0)$ を得る．

【問題 6.2.8 の解答】 $f: U \longrightarrow B$ を同相写像とする．B の任意の点 x に対し，$\mathbf{R}^n$ の開集合 W で，$x \in W \subset f(U)$ を満たすものの存在をいう．

B の点 x に対し，$f^{-1}(x)$ の ε 近傍 V で閉包 $\overline{V}$ が U に含まれるものをとる．$X = f(\partial \overline{V}) \subset \mathbf{R}^n$ は $\partial \overline{V} \approx S^{n-1}$ の位相的埋め込みである．したがって，X の補集合の連結成分は，有界でアサイクリックなもの U_0, 非有界で S^{n-1} と同じホモロジーを持つもの U_1 からなる．$f(\overline{V})$ は n 次元円板の位相的な埋め込みである．$\mathbf{R}^n \setminus f(\overline{V})$ は，非有界な連結開集合であり，$\mathbf{R}^n \setminus f(\overline{V}) \subset U_1$ となる．したがって $U_0 \cap X = \overline{U_0} = f(\overline{V}) = f(V) \cup X$, すなわち $U_0 = f(V)$ を得る．$x = f(f^{-1}(x)) \subset f(V) = U_0 \subset f(U)$ となり，$f(U)$ が開集合であることが示された．

第7章 空間の位相の研究へ

この章では，これまでの章で導入したホモトピー群，ホモロジー群などを用いて空間の位相を研究するための基本的な事項を述べる．興味を持たれたものについては参考文献を参照されるとよい．

7.1 ファンカンペンの定理の証明

この節では，1.4.3 小節に述べたファンカンペンの定理 1.4.7（26 ページ），すなわち，次を示す．

定理 7.1.1 位相空間 X が開集合 U_1, U_2 で被覆され，$U_{12} = U_1 \cap U_2$ は弧状連結で，$b \in U_{12}$ とする．このとき，次の群の系列は完全系列である．

$$1 \longrightarrow \mathcal{N} \longrightarrow \pi_1(U_1, b) * \pi_1(U_2, b) \longrightarrow \pi_1(X, b) \longrightarrow 1$$

ここで，$\pi_1(U_1, b) * \pi_1(U_2, b)$ は群の自由積であり，包含写像 $i_1 : U_{12} \longrightarrow U_1$, $i_2 : U_{12} \longrightarrow U_2$ が誘導する準同型 $(i_1)_* : \pi_1(U_{12}, b) \longrightarrow \pi_1(U_1, b)$, $(i_2)_* : \pi_1(U_{12}, b) \longrightarrow \pi_1(U_2, b)$ について，$\mathcal{N}$ は，$\pi_1(U_1, b) * \pi_1(U_2, b)$ の部分集合 $\{(i_{1*}\alpha)(i_{2*}\alpha)^{-1} \mid \alpha \in \pi_1(U_{12}, b)\}$ を含む最小の正規部分群である．

証明 (1) $\pi_1(U_1, b) * \pi_1(U_2, b) \longrightarrow \pi_1(X, b)$ の全射性．
$f : ([0,1], \{0,1\}) \longrightarrow (U_1 \cup U_2, b)$ に対し，区間 $[0,1]$ の開被覆 $\{f^{-1}(U_1), f^{-1}(U_2)\}$ に対するルベーグ数 δ_f を考える．自然数 $N \geq \frac{1}{\delta_f}$ に対し，$[0,1]$ 区間を N 等分すると，$[\frac{m-1}{N}, \frac{m}{N}]$ $(m = 1, \ldots, N)$ の像は U_1 または U_2 に含まれる．$f(\frac{m}{N})$ が，それぞれ，$U_1 \setminus U_{12}, U_2 \setminus U_{12}, U_{12}$ の点のとき，b と $f(\frac{m}{N})$ とを結ぶ曲線 γ_m を U_1, U_2, U_{12} 内にとる $(\gamma_m(0) = b, \gamma_m(1) = f(\frac{m}{N}))$．

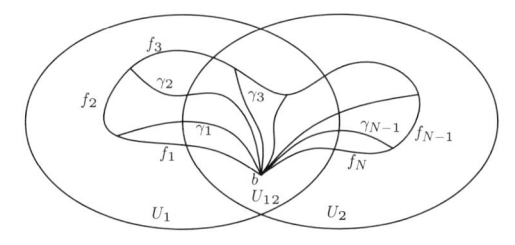

図 7.1 ファン・カンペンの定理： $\pi_1(U_1, b) * \pi_1(U_2, b) \longrightarrow \pi_1(X, b)$ の全射性.

$f|\left[\frac{m-1}{N}, \frac{m}{N}\right] = f_m$ とおいて，

$$f \simeq f_1 \natural \overline{\gamma_1} \natural \gamma_1 \natural f_2 \natural \overline{\gamma_2} \natural \gamma_2 \natural f_3 \natural \overline{\gamma_3} \natural \cdots \natural \gamma_{N-1} \natural f_N$$

とすると $\gamma_{m-1} \natural f_m \natural \overline{\gamma_m}$ は U_1 または U_2 のループである．図 7.1 参照．これにより自由積からの全射があることがわかる．

(2) $\pi_1(U_1, b) * \pi_1(U_2, b) \longrightarrow \pi_1(X, b)$ の核.

$\pi_1(U_1, b)$ の元と $\pi_1(U_2, b)$ の元の自由積を代表する写像 $f: ([0,1], \{0,1\}) \longrightarrow (U_1 \cup U_2, b)$ が b への定値写像にホモトピックとすると，写像 $F: [0,1]^2 \longrightarrow U_1 \cup U_2$ で，$F(1,t) = f(t), F(0,t) = b, F(s,0) = F(s,1) = b$ を満たすものが存在する．$F^{-1}(U_1), F^{-1}(U_2)$ についてのルベーグ数 δ_F を考えると，自然数 $N \geqq \frac{1}{\sqrt{2}\delta_F}$ に対し，正方形 $[0,1]^2$ を N^2 等分すると，$\left[\frac{m-1}{N}, \frac{m}{N}\right] \times \left[\frac{n-1}{N}, \frac{n}{N}\right]$ ($m, n = 1, \ldots, N$) の像は U_1 または U_2 に含まれる．$F\left(\frac{m}{N}, \frac{n}{N}\right)$ が，それぞれ，$U_1 \setminus U_{12}, U_2 \setminus U_{12}, U_{12}$ の点のとき，$F\left(\frac{m}{N}, \frac{n}{N}\right)$ と b を結ぶ曲線 γ_{mn} を U_1, U_2, U_{12} 内にとる．この γ_{mn} を使って，F をホモトピーで変形して，$G\left(\frac{m}{N}, \frac{n}{N}\right) = b$ となる写像 $G: [0,1]^2 \longrightarrow U_1 \cup U_2$ をつくる．$G(1,t) = f_{N1} \natural \cdots \natural f_{NN}$ の f_{Nn} は，$\pi_1(U_1, b)$ または $\pi_1(U_2, b)$ の元を表すが，この書き方は，もとの f を $\pi_1(U_1, b)$ または $\pi_1(U_2, b)$ の関係式で書き換えたものである（$[f]$ と自由積の中で同じ元である）．

小正方形は U_1, U_2 のいずれかに写されるから，隣りあう小正方形の共通部分となる辺は，小正方形がともに U_1 または U_2 に写されれば，U_1 または U_2 に写され，一方が U_1, 他方が U_2 に写されるときには，U_{12} に写される．このとき，この辺に対応する $\alpha \in \pi_1(U_{12}, b)$ をとると，U_1 に写る正方形の側では，この元を $\pi_1(U_1, b)$ の元とみた $i_{1*}\alpha$ と書き，U_2 に写る正方形の側では，$\pi_1(U_2, b)$ の元とみた $i_{2*}\alpha$ と書いているはずである．

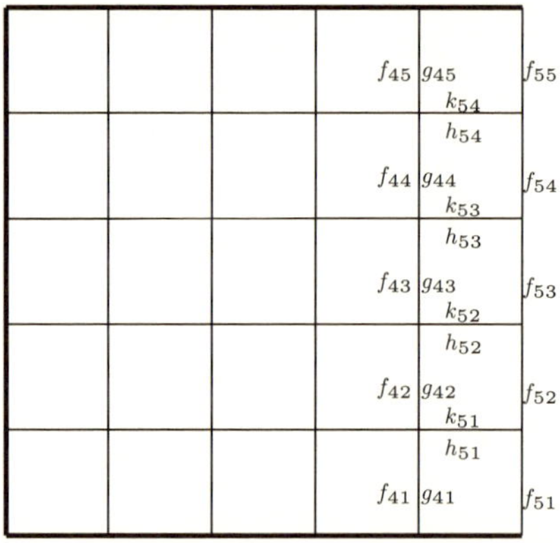

図 7.2　ファンカンペンの定理：　$\pi_1(U_1,b) * \pi_1(U_2,b) \longrightarrow \pi_1(X,b)$ の ker.

図 7.2 のように，辺からの写像に，それぞれの小正方形の側から名前が付けられているとする．f_{mn}, g_{mn}, h_{mn}, k_{mn} は，それぞれ小正方形の写る先の $\pi_1(U_1,b)$ または $\pi_1(U_2,b)$ の元を代表している．

小正方形によるホモトピーによって，$f_{mn} \simeq \overline{k_{m(n-1)}} \natural g_{(m-1)n} \natural h_{mn}$ であるが，これは小正方形が写される U_1, U_2 の基本群 $\pi_1(U_1,b)$, $\pi_1(U_2,b)$ の関係式である．一方，$h_{mn} \natural \overline{k_{mn}}$, $\overline{f_{mn}} \natural g_{mn}$ は，その辺の両側が，ともに U_1 または U_2 に写されていれば，$\pi_1(U_1,b)$, $\pi_1(U_2,b)$ における関係式であるが，その辺の一方が U_1, 他方が U_2 に写されるときには，その辺の表す $\alpha \in \pi_1(U_{12},b)$ を使って $(i_{1*}\alpha)(i_{2*}\alpha)^{-1}$ の形に書かれている．

次のように変形すると，$f_{N1} \natural f_{N2} \natural \cdots \natural f_{NN}$ は $g_{(N-1)1} \natural g_{(N-1)2} \natural \cdots \natural g_{(N-1)N}$ に $\mathcal{N}$ の元を掛けたものであることがわかる．

$$
\begin{aligned}
&f_{N1} \natural f_{N2} \natural \cdots \natural f_{NN} \\
&\simeq (g_{(N-1)1} \natural h_{N1}) \natural (\overline{k_{N1}} \natural g_{(N-1)2} \natural h_{N2}) \natural \cdots \natural (\overline{k_{N(N-1)}} \natural g_{(N-1)N}) \\
&= g_{(N-1)1} \natural (h_{N1} \natural \overline{k_{N1}}) \natural g_{(N-1)2} \natural (h_{N2} \natural \overline{k_{N2}}) \natural \cdots \natural (h_{N(N-1)} \natural \overline{k_{N(N-1)}}) \natural g_{(N-1)N} \\
&\simeq g_{(N-1)1} \natural g_{(N-1)2} \natural \cdots \natural g_{(N-1)N} \\
&\qquad \natural \overline{g_{(N-1)2} \natural \cdots \natural g_{(N-1)N}} \natural (h_{N1} \natural \overline{k_{N1}}) \natural g_{(N-1)2} \natural \cdots \natural g_{(N-1)N} \\
&\qquad \natural \overline{g_{(N-1)3} \natural \cdots \natural g_{(N-1)N}} \natural \cdots \\
&\qquad \natural \overline{g_{(N-1)N}} \natural (h_{N(N-1)} \natural \overline{k_{N(N-1)}}) \natural g_{(N-1)N}
\end{aligned}
$$

さらに次のように変形すると，$g_{(N-1)1} \natural g_{(N-1)2} \natural \cdots \natural g_{(N-1)N}$ は $f_{(N-1)1} \natural f_{(N-1)2} \natural \cdots \natural f_{(N-1)N}$ に $\mathcal{N}$ の元を掛けたものであることがわかる．

$$g_{(N-1)1} \natural g_{(N-1)2} \natural \cdots \natural g_{(N-1)N}$$
$$\simeq f_{(N-1)1} \natural f_{(N-1)2} \natural \cdots \natural f_{(N-1)N}$$
$$\natural \overline{f_{(N-1)2}} \natural \cdots \natural \overline{f_{(N-1)N}} (\overline{f_{(N-1)1}} \natural g_{(N-1)1}) \natural (f_{(N-1)2} \natural \cdots \natural f_{(N-1)N})$$
$$\natural \overline{f_{(N-1)3}} \natural \cdots \natural \overline{f_{(N-1)N}} (\overline{f_{(N-1)2}} \natural g_{(N-1)2}) \natural (f_{(N-1)3} \natural \cdots \natural f_{(N-1)N})$$
$$\natural \cdots \natural (\overline{f_{(N-1)N}} \natural g_{(N-1)N})$$

これを続けると，$g_{11} \natural g_{12} \natural \cdots \natural g_{1N}$ は b への定値写像で単位元を表すから，もとの元は $\mathcal{N}$ の元であったことになる． ∎

7.2 有限胞体複体の基本群

連結な n 次元有限胞体複体 X は，頂点がただ 1 つであるような n 次元有限胞体複体とホモトピー型が等しい．連結な n 次元有限胞体複体 X の基本群は，その 2 次元骨格の基本群と同型である．頂点がただ 1 つであるような n 次元有限胞体複体の場合は，ファンカンペンの定理から，1 次元胞体を生成元とし，2 次元胞体の境界の語を関係式とする基本群の表示が得られる．

【例題 7.2.1】 連結な n 次元有限胞体複体 X の部分複体 Y が可縮であるとする．X において Y を 1 点に縮めた空間 X/Y は X とホモトピー同値な有限胞体複体となることを示せ．

ヒント：補題 3.6.9（117 ページ）を用いる．

【解】 $p : X \longrightarrow X/Y$ を射影とする．

X は部分胞体 Y に Y に属さない胞体を低い次元のものから順に貼りあわせて得られる．したがって，X/Y は 1 点 Y/Y に Y に属さない胞体を低い次元のものから順に貼りあわせて得られる．実際，$X = X^{(n)} \supset X^{(n-1)} \supset \cdots \supset X^{(1)} \supset X^{(0)}$，$X^{(\ell)} = X^{(\ell-1)} \cup_{\varphi^\ell} (D_1^\ell \sqcup \cdots \sqcup D_{k_\ell}^\ell)$ ($\ell = 1, \ldots, n$) とし，Y の胞体は，$e_1^\ell, \ldots, e_{k_{Y_j}}^\ell$ ($\ell = 0, \ldots, n$) からなるものとすると，X/Y の胞体は，$p \circ \varphi_j^\ell : \partial D_j^\ell \longrightarrow X^{(\ell-1)}/Y^{(\ell-1)}$ により貼りあわされる．したがって X/Y は有限胞体複体である．

ホモトピー同値であることを示すために，$p : X \longrightarrow X/Y$ のホモトピー逆写像を構成する．Y は可縮であるから，ホモトピー $h_t : Y \longrightarrow Y$ で $h_0 = \mathrm{id}_Y$，$h_1 = c_{y_0}$（c_{y_0} は y_0 への定値写像）となるものが存在する．

X は部分胞体複体 Y に Y に属さない胞体を低い次元のものから順に貼りあわせて得られるので，補題 3.6.9 (117 ページ) により，ホモトピー $h_t : Y \longrightarrow Y$ に対し，$\widehat{h}_0 = \mathrm{id}_X$ となるホモトピー $\widehat{h}_t : X \longrightarrow X$ で，$\widehat{h}_t|Y = h_t$ となるものが存在する．$\widehat{h}_t : X \longrightarrow X$ は $\widehat{h}_0 = \mathrm{id}_X$, $\widehat{h}_t(Y) \subset Y$, $\widehat{h}_1(Y) = y_0$ を満たす．

$f : X/Y \longrightarrow X$ を $f(p(x)) = \widehat{h}_1(x)$ で定義すると，これは $p : X \longrightarrow X/Y$ のホモトピー逆写像となる．実際，$f \circ p = \widehat{h}_1 \simeq \widehat{h}_0 = \mathrm{id}_X$ である．一方，$\widehat{h}_t(Y) \subset Y$ だから，$\widehat{h}_t$ はホモトピー $\overline{h}_t : X/Y \longrightarrow X/Y$ を誘導し，$p \circ f = \overline{h}_1 \simeq \overline{h}_0 = \mathrm{id}_{X/Y}$ となる．

【問題 7.2.2】 (1) 連結な 1 次元胞体複体 $X^{(1)}$ の，頂点の個数を k_0, 辺の個数を k_1 とする．このとき $k_1 \geqq k_0 - 1$ で，$k_0 - 1$ 個の 1 胞体 $e_1^1, \ldots, e_{k_0-1}^1$ を $T = X^{(0)} \cup (e_1^1 \cup \cdots \cup e_{k_0-1}^1)$ が可縮な部分複体であるように選ぶことができることを示せ．

(2) 連結な 1 次元胞体複体 $X^{(1)}$ の基本群は，$1 - \chi(X^{(1)})$ 個の生成元を持つ自由群であることを示せ．解答例は 277 ページ．

問題 7.2.2(1) でとった $X^{(0)}$ を含む可縮な 1 次元部分複体 T を $X^{(1)}$ の**極大樹木**と呼ぶ．連結な n 次元胞体複体 X に対し，1 次元骨格 $X^{(1)}$ 内の極大樹木 T をとり，X/T を考える．例題 7.2.1 により，X/T は X とホモトピー同値で，ただ 1 つの頂点を持つ有限胞体複体である．以後，ただ 1 つの頂点 e^0 を持つ n 次元有限胞体複体 X を考える（頂点がただ 1 つであるような有限胞体複体は連結である）．

【問題 7.2.3】 ただ 1 つの頂点 e^0 を持つ n 次元有限胞体複体 X の 2 次元骨格を $X^{(2)}$ とすると，包含写像 $i : X^{(2)} \longrightarrow X$ は同型 $\pi_1(X^{(2)}, e^0) \longrightarrow \pi_1(X, e^0)$ を誘導することを示せ．解答例は 278 ページ．

注意 7.2.4 問題 7.2.3 の解答と同様の議論で，$k+1$ 次元骨格 $X^{(k)}$ の包含写像 $i : X^{(k)} \longrightarrow X$ $(k = 1, 2, \ldots)$ は，$\ell \leqq k$ において，同型 $\pi_\ell(X^{(\ell)}, e^0) \longrightarrow \pi_\ell(X, e^0)$ を誘導する．

【問題 7.2.5】 ただ 1 つの頂点 e^0 を持つ 2 次元有限胞体複体 $X^{(2)}$ が次の形であるとする．

$$X^{(2)} = e^0 \cup (e_1^1 \cup \cdots \cup e_{k_1}^1) \cup (e_1^2 \cup \cdots \cup e_{k_2}^2)$$

ここで，e_j^2 の接着写像は $\varphi_j^2: \partial D_j^2 \longrightarrow X^{(1)}$ で与えられているとする．このとき，
$$\pi_1(X^{(2)}, e^0) \cong \langle g_1, \ldots, g_{k_1} \mid r_1, \ldots, r_{k_2} \rangle$$
であることを示せ．ここで，g_i ($i = 1, \ldots, k_1$) は，$([0,1], \{0,1\}) \xrightarrow{\approx} (D_i^1, \partial D_i^1) \xrightarrow{i_i^1} (X^{(1)}, e^0)$ で表される $\pi_1(X^{(1)}, e^0)$ の生成元であり，r_j ($j = 1, \ldots, k_2$) は，$\varphi_j^2: \partial D_j^2 \longrightarrow X^{(1)}$ を $\partial D_j^2 \equiv S^1$ の基点 b_{S^1} を e^0 に写すようにホモトピーで変形して与えられる $\pi_1(X^{(1)}, e^0) \cong *^{k_1} \mathbf{Z}$ の元である．解答例は 278 ページ．

7.3 ファイバー空間のホモトピー完全系列

空間の位相は空間の間の連続写像を用いて調べるが，その写像のなかでファイバー空間と呼ばれるものは特に重要である．ファイバー空間の位相を調べるために，ホモトピー群を空間対に対しても定義する．

7.3.1 空間対のホモトピー群

位相空間 X の部分空間 A, A' を指定するとき，(X, A, A') を空間の 3 つ組と呼ぶことにする．空間の 3 つ組 (X, A, A'), (Y, B, B') の間の連続写像 $f: (X, A, A') \longrightarrow (Y, B, B')$ とは，$f(A) \subset B$, $f(A') \subset B'$ を満たす連続写像 $f: X \longrightarrow Y$ のこととする．空間対の場合の拡張として，連続写像の空間 $\mathrm{Map}((X, A, A'), (Y, B, B'))$ におけるホモトピックという同値関係 $f_0 \simeq f_1$ が，連続写像 $F: ([0,1] \times X, [0,1] \times A, [0,1] \times A') \longrightarrow (Y, B, B')$ で $F(0, x) = f_0$, $F(1, x) = f_1$ となるものが存在することで定義される．ホモトピー類の集合を $[(X, A, A'), (Y, B, B')]$ と書く：
$$[(X, A, A'), (Y, B, B')] = \mathrm{Map}((X, A, A'), (Y, B, B'))/\simeq$$

n 次元立方体 I^n の部分空間 $I^{n-1} \times \{0\}$ を I^{n-1} と書き，$J^{n-1} = \overline{\partial I^n \setminus I^{n-1}}$ ($\partial I^n \setminus I^{n-1}$ の閉包) とする．このとき，$J^0 = \{1\}$ である．

基点 b を持つ空間対 (X, A), すなわち，基点 $b \in A$ がとられている空間対 (X, A) を考える．$n \geqq 2$ に対し，(X, A, b) のホモトピー群 $\pi_n(X, A, b)$ を次で定義する．

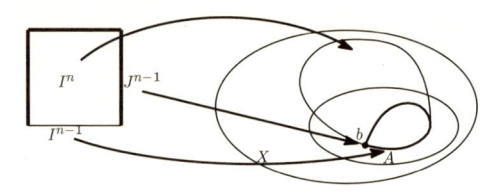

図 7.3 $\pi_n(X, A, b)$ の元を代表する写像.

$$\pi_n(X, A, b) = [(I^n, \partial I^n, J^{n-1}), (X, A, \{b\})]$$

図 7.3 参照.

注意 7.3.1 (1)　15 ページで $\mathrm{Map}((I^n, \partial I^n), (X, b_X))$ 上に定義した演算 ♮ は，$n \geqq 2$ のとき $\mathrm{Map}((I^n, J^{n-1}), (X, b_X))$ 上でも定義される．したがって，$\mathrm{Map}((I^n, \partial I^n, J^{n-1}), (X, A, \{b\}))$ 上で定義される.

(2)　問題 1.3.2 (15 ページ) と同様に，$n \geqq 2$ のとき ♮ は $\pi_n(X, A, b)$ 上の群演算を定義する．ここで単位元は b への定値写像 c_b のホモトピー類である.

(3)　問題 1.3.6 (16 ページ) と同様に，$n \geqq 3$ のとき，$\pi_n(X, A, b)$ はアーベル群となる.

(4)　例題 1.3.3 (15 ページ)，例題 1.3.4 (16 ページ) と同様に，π_n は，基点を持つ空間対と連続写像のなす圏から，群と準同型のなす圏への，ホモトピー不変な共変関手となる.

空間対のホモトピー群 $\pi_n(X, A, b)$ に対し，$\pi_n(X, \{b\}, b)$ は，$\pi_n(X, b)$ に一致する．包含写像 $i : (A, b) \longrightarrow (X, b)$，3 つ組の写像 $j : (X, \{b\}, b) \longrightarrow (X, A, b)$ は，ホモトピー群の準同型 $i_* : \pi_n(A, b) \longrightarrow \pi_n(X, b)$，$j_* : \pi_n(X, \{b\}, b) \longrightarrow \pi_n(X, A, b)$ を誘導する．また，写像 $f : (I^n, \partial I^n, J^{n-1}) \longrightarrow (X, A, \{b\})$ に対し，$\partial f = f|I^{n-1}$ とおくと，$\partial f : (I^{n-1}, \partial I^{n-1}) \longrightarrow (A, b)$ であり，この対応は，$\partial(f_1 ♮ f_2) = (\partial f_1) ♮ (\partial f_2)$ を満たすから，準同型写像 $\partial_* : \pi_n(X, A, \{b\}) \longrightarrow \pi_{n-1}(A, b)$ を誘導する．このとき，次の命題が成立する.

命題 7.3.2（空間対のホモトピー完全系列）　基点を持つ空間対 (X, A, b) に対し，次の系列は完全系列となる.

$$\begin{aligned}&&&\cdots &&\xrightarrow{j_*}& \pi_{n+1}(X,A,b)\\ &\xrightarrow{\partial_*}& \pi_n(A,b) &\xrightarrow{i_*}& \pi_n(X,b) &\xrightarrow{j_*}& \pi_n(X,A,b)\\ &\xrightarrow{\partial_*}& \pi_{n-1}(A,b) &\xrightarrow{i_*}& \cdots &&\\ &&\cdots &\xrightarrow{i_*}& \pi_2(X,b) &\xrightarrow{j_*}& \pi_2(X,A,b)\\ &\xrightarrow{\partial_*}& \pi_1(A,b) &\xrightarrow{i_*}& \pi_1(X,b) &\xrightarrow{j_*}& \pi_1(X,A,b)\\ &\xrightarrow{\partial_*}& \pi_0(A,b) &\xrightarrow{i_*}& \pi_0(X,b) &&\end{aligned}$$

命題 7.3.2 で,$\pi_0(A,b)$,$\pi_0(X,b)$ は,A,X の弧状連結成分のなす集合であり,b を含む弧状連結成分を基点とする.$\pi_1(X,A,b)$ は b を基点とする曲線 $f:([0,1],\{0,1\},\{1\}) \longrightarrow (X,A,\{b\})$ ($f(1)=b$) のホモトピー類のなす集合で,b を基点とする閉曲線のホモトピー類を基点とする.基点付きの集合の間の写像の ker とは,基点の逆像の集合のことであり,写像の系列が完全であることが定義される.

【問題 7.3.3】 命題 7.3.2 を示せ.解答例は 279 ページ.

この完全系列を,$n \geqq 1$ に対し,n 次元円板 D^n,その境界の S^{n-1},S^{n-1} 上の基点 b に対して適用すると,

$$\begin{aligned}&&\cdots &\xrightarrow{i_*}& \pi_m(D^n,b) &\xrightarrow{j_*}& \pi_m(D^n,S^{n-1},b)\\ &\xrightarrow{\partial_*}& \pi_{m-1}(S^{n-1},b) &\xrightarrow{i_*}& \pi_m(D^n,b) &\xrightarrow{j_*}& \cdots \end{aligned}$$

を得る.ここで,D^n は可縮だから,$\pi_m(D^n,b)$ は自明な群である.したがって,次の命題が得られる.

命題 7.3.4 $\pi_m(D^n,S^{n-1},b) \cong \pi_{m-1}(S^{n-1},b)$ $(m \geqq 1)$.

7.3.2 ファイバー空間

定義 7.3.5 2 つの位相空間 E,B と連続写像 $p:E \longrightarrow B$ は,次の性質を持つときに,**ファイバー空間**であるという.図 7.4 参照.

- k 次元立方体 I^k ($k \in \mathbf{Z}_{\geqq 0}$) に対し,連続写像 $H_0:\{0\} \times I^k \longrightarrow E$,$h:[0,1] \times I^k \longrightarrow B$ で,$p \circ H_0 = h|\{0\} \times I^k$ を満たすものが与えられたとき,$p \circ H = h$ を満たす連続写像 $H:[0,1] \times I^k \longrightarrow E$ が存在する.

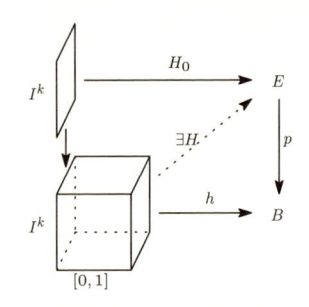

図 7.4 被覆ホモトピー性質.

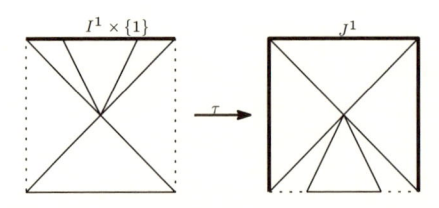

図 7.5 問題 7.3.6 の $n=2$ の場合の同相写像 τ の例. 中心を固定し, 対応する三角形上でアフィン写像となるように定義する.

H を h のリフトと呼ぶ. 上の性質を, 立方体に対する**被覆ホモトピー性質**と呼ぶ.

位相空間 E, B は, それぞれファイバー空間の**全空間**, **底空間**と呼ばれ, 連続写像 $p: E \longrightarrow B$ は, **射影**と呼ばれる. 底空間が弧状連結ならば, 射影は全射となる. 底空間 B の点 b の逆像 $F_b = p^{-1}(b)$ を b 上の**ファイバー**と呼ぶ. しばしば, ファイバー空間 $p: E \longrightarrow B$ というような言い方をする.

ファイバー空間のホモトピー完全系列を説明するために, 底空間 B の基点 b 上のファイバー F_b の基点 $e \in F_b$ をとる.

次のような同相写像 $\tau: I^n \longrightarrow I^n$ が存在する.

【問題 7.3.6】 同相写像 $\tau: I^n \longrightarrow I^n$ で, $\tau(I^{n-1} \times \{1\}) = J^{n-1}$, $\tau(\overline{\partial I^n \setminus I^{n-1} \times \{1\}}) = I^{n-1}$ を満たすものを構成せよ. 図 7.5 参照. 解答例は 280 ページ.

問題 7.3.6 の同相写像 τ により, J^{n-1} を $I^{n-1} \times \{1\}$ とみなし, 被覆ホモトピー性質を $H_1: I^{n-1} \times \{1\} \longrightarrow E$, $p \circ H_1 = h | I^{n-1} \times \{1\}$ を満たすものに適

用すれば，次がわかる．

$f : (I^n, \partial I^n) \longrightarrow (B, b)$ に対し，$\widetilde{f}(J^{n-1}) = \{e\}$ とすると，$p(\widetilde{f}(J^{n-1})) = \{b\} = \{f(J^{n-1})\}$ だから，$\widetilde{f} : I^n \longrightarrow E$ で，$p \circ \widetilde{f} = f$ となるものが存在する．このとき，$p(\widetilde{f}(\partial I^n)) = f(\partial I^n) = \{b\}$ だから，$\widetilde{f} : (I^n, \partial I^n, J^{n-1}) \longrightarrow (E, F_b, e)$ である．

$$\begin{array}{ccc} J^{n-1} & \xrightarrow{\widetilde{f}=c_e} & E \\ \downarrow & \nearrow_{\widetilde{f}} & \downarrow p \\ (I^n, \partial I^n) & \xrightarrow{f} & (B, b) \end{array}$$

この構成を使って，次が示される．

命題 7.3.7　ファイバー空間 $p : E \longrightarrow B$ に対し，$e \in F_b = p^{-1}(b)$ とする．射影 $p : (E, F_b, e) \longrightarrow (B, \{b\}, b)$ は，同型写像 $p_* : \pi_n(E, F_b, e) \longrightarrow \pi_n(B, b)$ を誘導する．

【問題 7.3.8】　命題 7.3.7 を示せ．解答例は 280 ページ．

空間対のホモトピー完全系列（命題 7.3.2）と命題 7.3.7 から，ファイバー空間のホモトピー完全系列を得る．

包含写像 $i : (F_b, e) \longrightarrow (E, e)$，射影 $p : (E, e) \longrightarrow (B, b)$ は基点付き空間の間の写像となり，ホモトピー群の間の準同型 $i_* : \pi_k(F_b, e) \longrightarrow \pi_k(E, e)$，$p_* : \pi_k(E, e) \longrightarrow \pi_k(B, b)$ を誘導する．さらに準同型 $\partial_* : \pi_{k+1}(B, b) \longrightarrow \pi_k(F_b, e)$ を命題 7.3.7 の証明の s_*，問題 7.3.3 の ∂_* を用いて，$\partial_* \circ s_*$ で定義する．

定理 7.3.9（ファイバー空間のホモトピー完全系列）　$p : E \longrightarrow B$ をファイバー空間とする．ホモトピー群についての次の系列は完全系列である．

$$\begin{array}{c} \cdots \longrightarrow \pi_{k+1}(B, b) \\ \xrightarrow{\Delta_*} \pi_k(F, e) \xrightarrow{i_*} \pi_k(E, e) \xrightarrow{p_*} \pi_k(B, b) \\ \xrightarrow{\Delta_*} \pi_{k-1}(F, e) \longrightarrow \cdots \\ \cdots \longrightarrow \pi_2(B, b) \\ \xrightarrow{\Delta_*} \pi_1(F, e) \xrightarrow{i_*} \pi_1(E, e) \xrightarrow{p_*} \pi_1(B, b) \\ \xrightarrow{\Delta_*} \pi_0(F, e) \end{array}$$

証明 命題 7.3.2 を基点を持つ空間対 (E, F_b, e) に適用し，命題 7.3.7 の同型 $\pi_n(E, F_b, e) \cong \pi_n(B, b)$ を使って書き換えて，定理 7.3.9 を得る． ∎

【問題 7.3.10】 底空間 B が弧状連結のとき，2 点 $b_0, b_1 \in B$ 上のファイバーの連結成分の間の全単射が存在して，対応する連結成分のホモトピー群は同型になることを示せ．解答例は 281 ページ．

ファイバー空間 $p : E \longrightarrow B$ に対し，B への写像のリフトの存在は，重要な問題である．すなわち，写像 $g : Z \longrightarrow B$ が与えられたときに，写像 $\tilde{g} : Z \longrightarrow E$ で $p \circ \tilde{g} = g$ となるものを g のリフトと呼び，これの存在を問うものである．$g = \mathrm{id}_B : B \longrightarrow B$ のときには，$p \circ \tilde{g} = \mathrm{id}_B$ となるものの存在を問うことになる．この $p \circ \tilde{g} = \mathrm{id}_B$ を満たす $\tilde{g}$ は**切断**と呼ばれる．

ファイバー空間 $p : E \longrightarrow B$，連続写像 $g : Z \longrightarrow B$ が与えられたとき，p の g による**引き戻し**と呼ばれるファイバー空間 $g^*p : g^*E \longrightarrow Z$ が存在し，g のリフト $\tilde{g}$ の存在は，$g^*p : g^*E \longrightarrow Z$ の切断の存在と同値となる．

一般に写像 $p : E \longrightarrow B$, $g : Z \longrightarrow B$ が与えられたとき，それらの**ファイバー積** $g^*E = p^*Z$ を次のように定義する．

$$g^*E = p^*Z = \{(z, e) \in Z \times E \mid g(z) = p(e)\}$$

これは，$p : E \longrightarrow B$, $g : Z \longrightarrow B$ に対して，対称に定義されている空間である．$g^*p : g^*E \longrightarrow Z$ が $g^*p(z, e) = z$ で定義され，$p^*g : p^*Z \longrightarrow E$ が $p^*g(z, e) = e$ で定義される．

$$\begin{array}{ccc} g^*E = p^*Z & \xrightarrow{p^*g} & E \\ {\scriptstyle g^*p} \downarrow & & \downarrow {\scriptstyle p} \\ Z & \xrightarrow{g} & B \end{array}$$

【問題 7.3.11】 (1) ファイバー空間 $p : E \longrightarrow B$, 連続写像 $h : Y \longrightarrow Z$, $g : Z \longrightarrow B$ に対し，$(g \circ h)^*E$ と $h^*(g^*E)$ は，同相であり，その同相のもとで，$(g \circ h)^*p = h^*(g^*p)$ となることを示せ．

(2) ファイバー空間 $p : E \longrightarrow B$, 連続写像 $g : Z \longrightarrow B$ が与えられたとき，$g^*p : g^*E \longrightarrow Z$ はファイバー空間となることを示せ．

(3) ファイバー空間 $p : E \longrightarrow B$ と連続写像 $h : Z \longrightarrow B$ に対し，h のリ

フト $H: Z \longrightarrow E$ の存在は，ファイバー空間 $h^*p: h^*E \longrightarrow Z$ の切断の存在と同値となることを示せ．解答例は 282 ページ．

問題 7.3.11 により，ファイバー空間と連続写像のファイバー積は，連続写像の定義域を底空間とするファイバー空間になり，**引き戻し**と呼ばれる．

7.3.3 道の空間とループ空間

空間のホモトピー的性質を研究するためにもとの空間とホモトピー同値な空間を使うことが多い．そういうものの 1 つとして区間 $[0,1]$ からの写像の空間を使うことがある．

閉区間 $I = [0,1]$, 位相空間 X に対して，$\mathrm{Map}(I,X)$ を X^I と書く．X^I にはコンパクト開位相，すなわち I のコンパクト集合 K, X の開集合 U に対し，$N(K,U) = \{f \in X^I \mid f(K) \subset U\}$ とおき，コンパクト集合 K, 開集合 U をすべてとった族 $\{N(K,U)\}_{K,U}$ を開基とする位相を考える．

【問題 7.3.12】 写像の列 $X \xrightarrow{i} X^I \xrightarrow{\mathrm{ev}_t} X$ を考える．ここで，$i: X \longrightarrow X^I$ は $x \mapsto c_x$ (x への定値写像) で与えられ，$t \in [0,1]$ に対し，$\mathrm{ev}_t(f) = f(t)$ である．$i(X)$ は X^I の変形レトラクトであることを示せ．解答例は 282 ページ．

X, Y は弧状連結な位相空間とする．写像 $f: X \longrightarrow Y$ の性質を調べる場合，Y への写像の f に対するホモトピーを許容したリフトの存在を考えることがしばしばおこる．すなわち，$h: Z \longrightarrow Y$ に対し，$H: Z \longrightarrow X$ で $f \circ H \simeq h$ となるものがあるかどうかを問うものである．

問題 7.3.12 のホモトピー同値写像 $\mathrm{ev}_0: Y^I \longrightarrow Y$ は，立方体からの写像に対する被覆ホモトピー性質が自然に成立しているから，ファイバー空間である．$\mathrm{ev}_0: Y^I \longrightarrow Y$ の写像 $f: X \longrightarrow Y$ による引き戻し $f^*\mathrm{ev}_0$ を考える．これはファイバー空間

$$f^*\mathrm{ev}_0: f^*Y^I = (\mathrm{ev}_0)^*X = \{(x,a) \in X \times Y^I \mid f(x) = a(0)\} \longrightarrow X$$

として $(f^*\mathrm{ev}_0)(x,a) = x$ で与えられる．$\mathrm{ev}_0: Y^I \longrightarrow Y$ のホモトピー逆写像は定値写像による切断で与えられているから，$f^*\mathrm{ev}_0$ も自然にホモトピー同値である．

【問題 7.3.13】 X, Y が弧状連結な位相空間であるとき，写像 $p: f^*Y^I = (\mathrm{ev}_0)^*X = \{(x,a) \in X \times Y^I \mid f(x) = a(0)\} \longrightarrow Y$ を $p(x,a) = a(1)$ で定義

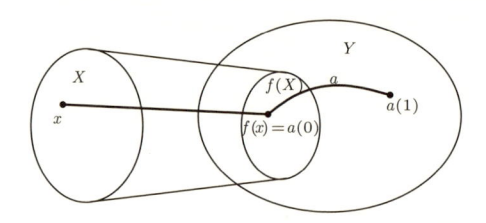

図 7.6 問題 7.3.13.

すると，p はファイバー空間となることを示せ．図 7.6 参照．解答例は 283 ページ．

問題 7.3.13 により，写像 $X \longrightarrow Y$ についてホモトピーを許容したリフトの存在問題は，ファイバー空間のリフトの存在問題に置き換えることができる．

基点付きの弧状連結空間 (X, b) に対し，$PX = \{a \in X^I \mid a(0) = b\}$ を考える．PX は基点 b から出発する曲線の空間であり，**道の空間**と呼ばれる．出発点 b に値をとる定値写像 c_b へのホモトピーを考えれば，PX は可縮であることがわかる．$\mathrm{ev}_1 : PX \longrightarrow X$ はファイバー空間であり，ファイバー $\Omega X = \mathrm{ev}_1^{-1}(b)$ は，**ループ空間**と呼ばれる．

ファイバー空間のホモトピー完全系列は，$n \geq 1$ で $0 \longrightarrow \pi_n(X, b) \longrightarrow \pi_{n-1}(\Omega X, c_b) \longrightarrow 0$ となる．すなわち $\pi_n(X, b) \cong \pi_{n-1}(\Omega X, c_b)$ となる．

7.3.4　ファイバー束の定義

コンパクトで連結な多様体 M, N に対して沈めこみ $f : M \longrightarrow N$ が存在したとする．このとき，ある多様体 F が存在し，N の任意の点 y に対し，y の近傍 U と微分同相写像 $H : f^{-1}(U) \longrightarrow U \times F$ で，射影 $\mathrm{pr}_U : U \times F \longrightarrow U$ に対し，$\mathrm{pr}_U \circ H = f$ を満たすものが存在する．［多様体入門・8.6 節］参照．このような写像はきわめて重要である．

定義 7.3.14（ファイバー束）　ハウスドルフ空間の間の連続写像 $p : E \longrightarrow B$ に対し，ある位相空間 F が存在して，B の任意の点 x に対し，x の近傍 U と同相写像 $H_U : p^{-1}(U) \longrightarrow U \times F$ で，射影 $\mathrm{pr}_U : U \times F \longrightarrow U$ に対し，$\mathrm{pr}_U \circ H_U = p|p^{-1}(U)$ を満たすものが存在するとき，$p : E \longrightarrow B$ は**ファイバー束**と呼ばれる．p を**射影**，F を**ファイバー**，H_U を**局所自明化**と呼ぶ．直積 $B \times F$ について，B への射影 $p_B : B \times F \longrightarrow B$ は，自明なファイバー

束と呼ばれる．F をファイバーとする 2 つのファイバー束 $p_0 : E_0 \longrightarrow B_0$, $p_1 : E_1 \longrightarrow B_1$ が同型であるとは，同相写像 $\widetilde{h} : E_0 \longrightarrow E_1, h : B_0 \longrightarrow B_1$ で，$h \circ p_0 = p_1 \circ \widetilde{h}$ を満たすものが存在することである．

この定義は，B の開被覆 $\{U_i\}$ および同相写像 $H_i : p^{-1}(U_i) \longrightarrow U_i \times F$ で，$\mathrm{pr}_{U_i} \circ H_i = p$ を満たすものが存在するといってもよい．ファイバー束の局所自明化を与えるこのような開被覆の元 U_i, U_j に対し，

$$H_i \circ (H_j^{-1}|(U_i \cap U_j) \times F) : (U_i \cap U_j) \times F \longrightarrow (U_i \cap U_j) \times F$$

は，$x \in U_i \cap U_j$ に連続に依存する同相写像 $g_{ij}(x) : F \longrightarrow F$ を用いて $(x, y) \longmapsto (x, (g_{ij}(x))(y))$ の形に書かれる．F の同相写像のなす群を $\mathrm{Homeo}(F)$ として，$g_{ij} : U_i \cap U_j \longrightarrow \mathrm{Homeo}(F)$ は，$x \in U_i \cap U_j \cap U_k$ に対し，$g_{ik}(x) = g_{ij}(x) \circ g_{jk}(x)$ を満たす．$\{g_{ij}\}$ は，群 $\mathrm{Homeo}(F)$ に値を持つ B の開被覆 $\{U_i\}$ 上の 1 コサイクルと呼ばれる．

$U_i \times F$ の同相写像で，pr_{U_i} と可換なものは，連続写像 $f_i : U_i \longrightarrow \mathrm{Homeo}(F)$ により，$(x, y) \longmapsto (x, f_i(y))$ の形に書かれる．したがって，各 U_i に連続写像 $f_i : U_i \longrightarrow \mathrm{Homeo}(F)$ が対応しているとき，1 コサイクル $\{g_{ij}\}$ と $\{f_i \circ g_{ij} \circ f_j^{-1}\}$ は，同じファイバー束を与えている．2 つの 1 コサイクルは，**コホモロガス**であるという．群 $\mathrm{Homeo}(F)$ に値を持つ B の開被覆 $\{U_i\}$ 上の 1 コサイクル $\{g_{ij}\}$ が与えられたとき，B 上のファイバー束 E が次のように定義される．

$$E = (\bigsqcup_i U_i \times F) / \sim$$

ここで同値関係 $\sim$ は，$(x_i, y_i) \in U_i \times F, (x_j, y_j) \in U_j \times F$ に対し，次で定義される．

$$(x_i, y_i) \sim (x_j, y_j) \iff (x_i = x_j = x \in U_i \cap U_j \text{ かつ } y_i = (g_{ij}(x))(y_j))$$

【例 7.3.15】 $S^{2n+1} = \{z = (z_1, \ldots, z_{n+1}) \in C^{n+1} \mid |z_1|^2 + \cdots + |z_{n+1}|^2 = 1\}$ とし，$CP^n = (C^{n+1} \setminus \{\mathbf{0}\})/\sim$ とする．ここで，$z_1 = \lambda z_2$ が絶対値 1 の複素数 λ に対して成立するとき $z_1 \sim z_2$ であるとする．CP^n は n 次元複素射影空間である．$p : S^{2n+1} \longrightarrow CP^n$ は S^1 をファイバーとするファイバー束である．実際，$U_i = \{[z] \in CP^n \mid z_i \neq 0\}$ とおくと，$H_{U_i} : p^{-1}(U_i) \longrightarrow C^n \times S^1$

が

$$H_{U_i}(z) = \left(\left(\frac{z_1}{z_i}, \ldots, \frac{z_{i-1}}{z_i}, \frac{z_{i+1}}{z_i}, \ldots, \frac{z_{n+1}}{z_i}\right), \frac{z_i}{|z_i|}\right)$$

で与えられる．これを**ホップ・ファイブレーション**と呼ぶ．特に $n=1$ のときには，$p: S^3 \longrightarrow S^2$ を与えている．

【問題 7.3.16】　ファイバー束はファイバー空間であることを示せ．解答例は 283 ページ．

【問題 7.3.17】　(1)　射影 $p: \mathbf{R} \longrightarrow \mathbf{R}/\mathbf{Z} \approx S^1$ は，$\mathbf{Z}$ をファイバーとするファイバー束であること，$k \geq 2$ に対し，$\pi_k(S^1, b_{S^1}) = 0$ となることを示せ．

(2)　例 7.3.15 のホップ・ファイブレーション $p: S^3 \longrightarrow S^2$ を用いて，$\pi_2(S^2, b_{S^2}) \cong \mathbf{Z}$, $\pi_3(S^2, b_{S^2}) \cong \pi_3(S^3, b_{S^3})$ を示せ．後で $\pi_3(S^3) \cong \mathbf{Z}$ を示すが，このことから $\pi_3(S^2) \cong \mathbf{Z}$ がしたがう．解答例は 284 ページ．

【問題 7.3.18】　(1)　F をファイバーとするファイバー束 $p: E \longrightarrow B$ と連続写像 $g: Z \longrightarrow B$ に対し，引き戻し $g^*p: g^*E \longrightarrow Z$ は，F をファイバーとするファイバー束となることを示せ．

(2)　F_1, F_2 をファイバーとするファイバー束 $p_1: E_1 \longrightarrow B, p_2: E_2 \longrightarrow B$ が与えられたとき，$p_1 \circ (p_1{}^*p_2) = p_2 \circ (p_2{}^*p_1): p_1{}^*E_2 = p_2{}^*E_1 \longrightarrow B$ は，$F_1 \times F_2$ をファイバーとするファイバー束となることを示せ．解答例は 284 ページ．

7.4　被覆空間

被覆空間は，ファイバーが離散位相を持つファイバー束で全空間が弧状連結なものである．局所的には，全空間と底空間は同相であり，全空間は底空間の座標近傍のコピーが大域的には入れ替わりうるという構造を持っている．被覆空間は通常 $\widehat{X} \longrightarrow X$ のように書かれる．

7.4.1　被覆空間の定義

定義 7.4.1　F をファイバーとするファイバー束 $p: \widehat{X} \longrightarrow X$ は，$\widehat{X}$ が弧状連結であり，F が離散位相を持つ位相空間であるとき，**被覆空間**であると呼ばれる．$\widehat{X}$ を X の被覆空間，p を**被覆写像**と呼ぶことも多い．F が n 個

の点からなるとき，p は n 重被覆空間と呼ばれる．

X が局所弧状連結とすると，$\widehat{X}$ はファイバー F が離散位相を持つファイバー束であるから，任意の $x \in X$ に対し x の弧状連結な近傍 U と同相写像 $H: f^{-1}(U) \longrightarrow U \times F$ が存在する．したがって，$p^{-1}(U)$ の弧状連結成分は $H^{-1}(U \times \{z\})$ $(z \in F)$ の形をしている．

【例 7.4.2】 (1) n 次元コンパクト連結多様体 M, N に対し，C^∞ 級写像 $f: M \longrightarrow N$ の接写像のランクがいたるところ n であるとする．f は被覆空間である．[多様体入門・8.6 節] 参照．

(2) 対蹠点を同一視する写像 $p: S^n \longrightarrow \boldsymbol{R}P^n$ は 2 重被覆空間である．[多様体入門・3.2 節] 参照．

(3) 向き付けを持たない連結多様体 M に対し，2 重被覆空間 $\widehat{M} \longrightarrow M$ で $\widehat{M}$ が向き付けを持つものが存在する．[多様体入門・3.2 節] 参照．

(4) 群の準同型 $\boldsymbol{R}^n \longrightarrow \boldsymbol{R}^n/\boldsymbol{Z}^n$ は被覆空間である．

【問題 7.4.3】 弧状連結な基点付きの空間 (Y, b) に対し，連続写像 $\widetilde{f}_0, \widetilde{f}_1: Y \longrightarrow \widehat{X}$ が，$\widetilde{f}_0(b) = \widetilde{f}_1(b)$, $p \circ \widetilde{f}_0 = p \circ \widetilde{f}_1$ を満たすならば，$\widetilde{f}_0 = \widetilde{f}_1$ であることを示せ．これを被覆空間についての**リフトの一意性**と呼ぶ．解答例は 285 ページ．

被覆空間 $p: \widehat{X} \longrightarrow X$ に対するファイバー空間としてのホモトピー完全系列（定理 7.3.9）において，$n \geq 1$ に対し $\pi_n(F, \widehat{b}) = 0$ であるから，次の命題が成立する．

命題 7.4.4 被覆空間 $p: \widehat{X} \longrightarrow X$ に対し，$p(\widehat{b}) = b$ とする．$n \geq 2$ に対し，$p_*: \pi_n(\widehat{X}, \widehat{b}) \longrightarrow \pi_n(X, b)$ は同型写像である．

ホモトピー完全系列の基本群の部分は，

$$\boldsymbol{1} \longrightarrow \pi_1(\widehat{X}, \widehat{b}) \longrightarrow \pi_1(X, b) \longrightarrow \pi_0(F, \widehat{b}) \longrightarrow \pi_0(\widehat{X}, \widehat{b}) = [\widehat{b}] \quad (1 \text{ 点})$$

となる．すなわち，$\pi_1(\widehat{X}, \widehat{b})$ は単射 $p_*: \pi_1(\widehat{X}, \widehat{b}) \longrightarrow \pi_1(X, b)$ により，$\pi_1(X, b)$ の部分群とみなせる．ここで，$\pi_0(F, \widehat{b}) = (F, \widehat{b})$ である．すなわち，離散位相を持つ空間 F に基点 $\widehat{b}$ が定まっている．この集合は，次のように基本群

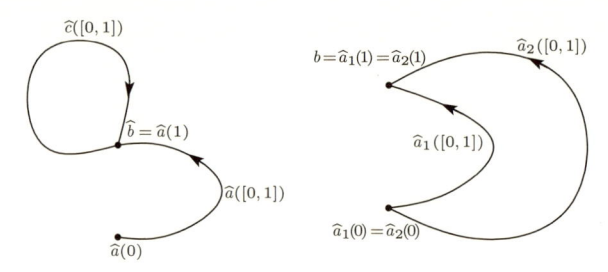

図 7.7　$\pi_0(F,\widehat{b}) = (F,\widehat{b})$ は基本群 $\pi_1(X,b)$ の $p_*(\pi_1(\widehat{X},\widehat{b}))$ 剰余類の集合と同一視される.

$\pi_1(X,b)$ の $p_*(\pi_1(\widehat{X},\widehat{b}))$ 剰余類の集合と同一視される.

$\pi_1(X,b)$ の元 α を代表する閉曲線 $a:([0,1],\{0,1\}) \longrightarrow (X,b)$ に対し, 被覆ホモトピー性質とリフトの一意性により, 曲線 $\widehat{a}:[0,1] \longrightarrow \widehat{X}$ で $\widehat{a}(1) = \widehat{b}$ となるものが一意的に存在する. $\widehat{a}(0) \in F$ であるが, $\alpha \in p_*(\pi_1(\widehat{X},\widehat{b}))$ ならば, $\widehat{a}(0) = \widehat{b}$ である. $\pi_1(\widehat{X},\widehat{b})$ の元 $\widehat{\gamma}$ が, $\widehat{c}:([0,1],\{0,1\}) \longrightarrow (\widehat{X},\widehat{b})$ で代表されているとき, $\widehat{a}\natural\widehat{c}:[0,1] \longrightarrow \widehat{X}$ は, $(\widehat{a}\natural\widehat{c})(0) = \widehat{a}(0)$ を満たす. すなわち, α と $\alpha p_*(\gamma)$ は同じ F の元を定める. 図 7.7 左図参照. また, $\pi_1(X,b)$ の元 α_1, α_2 を代表する閉曲線 a_1, a_2 の $\widehat{a}_1(1) = \widehat{a}_2(1) = \widehat{b}$ となるリフト $\widehat{a}_1, \widehat{a}_2$ が, $\widehat{a}_1(0) = \widehat{a}_2(0) \in F$ を満たせば, 閉曲線 $\overline{\widehat{a}_1}\natural\widehat{a}_2:([0,1],\{0,1\}) \longrightarrow (\widehat{X},\widehat{b})$ は, $\pi_1(\widehat{X},\widehat{b})$ の元 $[\overline{\widehat{a}_1}\natural\widehat{a}_2]$ を定め, $\alpha_1^{-1}\alpha_2 = p_*([\overline{\widehat{a}_1}\natural\widehat{a}_2]) \in p_*(\pi_1(\widehat{X},\widehat{b}))$ となる. 図 7.7 右図参照. したがって, $\widehat{a}(0)$ は, 剰余類 $\alpha p_*(\pi_1(\widehat{X},\widehat{b}))$ と同一視され, F は剰余類の集合 $\pi_1(X,b)/p_*(\pi_1(\widehat{X},\widehat{b}))$ と同一視される. 特に, $p_*(\pi_1(\widehat{X},\widehat{b})) \subset \pi_1(X,b)$ が正規部分群のときは, $\pi_1(X,b)/p_*(\pi_1(\widehat{X},\widehat{b}))$ は群である. さらに, $\pi_1(\widehat{X},\widehat{b}) \cong \{\mathbf{1}\}$ のとき, $\pi_1(B,b) \longrightarrow \pi_0(F,\widehat{b})$ は全単射で, F は $\widehat{b}$ を単位元とする群となる.

【例 7.4.5】　(1)　写像 $p: \boldsymbol{R} \longrightarrow S^1$ を $p(\theta) = (\cos 2\pi\theta, \sin 2\pi\theta)$ で定義すると, これは被覆空間であり, $b = (1,0)$ に対し $p^{-1}(b) = \boldsymbol{Z}$ が, 基本群 $\pi_1(S^1,b)$ である.

(2)　正整数 m に対し, $p_m: S^1 \longrightarrow S^1$ を $p_m(\cos 2\pi\theta, \sin 2\pi\theta) = (\cos 2m\pi\theta, \sin 2m\pi\theta)$ とすると, p_m は m 重被覆空間であり, 部分群 $m\boldsymbol{Z} \subset \boldsymbol{Z}$ が対応する.

(3)　図 7.8 左図は, $\pi_1(S^1 \vee S^1)$ の正規部分群に対応する $S^1 \vee S^1$ の 3 重被覆である. 準同型 $\langle \alpha, \beta \rangle = \boldsymbol{Z} * \boldsymbol{Z} \longrightarrow \boldsymbol{Z}/3\boldsymbol{Z}$ は, $\alpha \longmapsto 1 \in \boldsymbol{Z}/3\boldsymbol{Z}$,

7.4 被覆空間 | 239

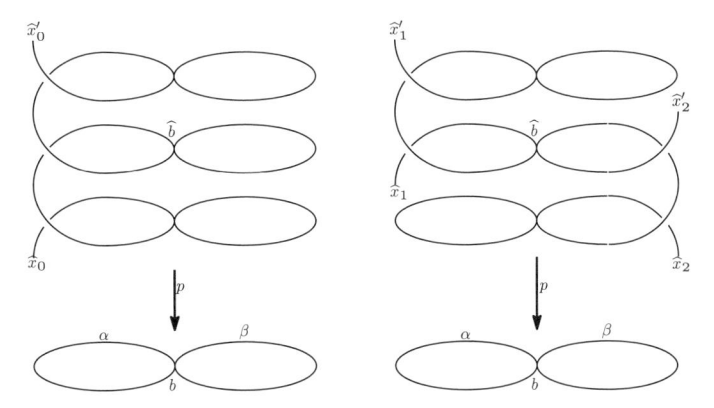

図 7.8 左：例 7.4.5(3) の $\pi_1(S^1 \vee S^1)$ の正規部分群に対応する $S^1 \vee S^1$ の 3 重巡回被覆. $\widehat{x}_0, \widehat{x}'_0$ は同一視されている．右：例 7.4.5(4) の $\pi_1(S^1 \vee S^1)$ の正規ではない部分群に対応する $S^1 \vee S^1$ の 3 重被覆．$\widehat{x}_1$ と $\widehat{x}'_1$, $\widehat{x}_2$ と $\widehat{x}'_2$ はそれぞれ同一視されている．

$\beta \longmapsto 0 \in \mathbf{Z}/3\mathbf{Z}$ で定義される．対応する部分群は，4 つの元で生成される自由群 $\langle \alpha^3, \beta, \alpha\beta\alpha^{-1}, \alpha^2\beta\alpha^{-2} \rangle$ である．

(4) 図 7.8 右図は，$S^1 \vee S^1$ の 3 重被覆であるが，対応する $\pi_1(S^1 \vee S^1)$ の部分群は，4 つの元で生成される自由群 $\langle \alpha^2, \alpha\beta\alpha^{-1}, \beta^2, \beta\alpha\beta^{-1} \rangle$ となる．

7.4.2 群の固有不連続作用

群 G の位相空間 X への**作用**とは，G から X の同相写像のなす群 $\mathrm{Homeo}(X)$ への準同型写像 a のことである．これが単射準同型写像のとき，作用は**効果的**であるという．

群 G の位相空間 X への作用は，$(g, x) \in G \times X$ に対し $g \cdot x = a(g)(x) \in G$ とおくと，写像 $\cdot : G \times X \longrightarrow X$ で，$(g_1 g_2) \cdot x = g_1 \cdot (g_2 \cdot x)$, $\mathbf{1} \cdot x = x$ を満たすものと書かれる．

群 G の X への作用が**自由**であるとは，$g \cdot x = x$ となる点 x が存在すれば，$g = \mathbf{1}$（単位元）となることである．

以後，局所コンパクト空間 X への群の作用を考える．群 G の局所コンパクト空間 X への作用が**固有不連続**とは，X の任意のコンパクト部分集合 K に対し，$\{g \in G \mid K \cap g \cdot K \neq \emptyset\}$ が有限集合となることをいう．ここで $g \cdot K = \{g \cdot x \mid x \in K\}$ である．

位相空間 X の点 x に対し，$G \cdot x = \{g \cdot x \mid g \in G\} \, (\subset X)$ を x の**軌道**と呼

ぶ. 群 G が位相空間 X に自由かつ固有不連続に作用するときの軌道の空間 $X/G = \{G \cdot x \mid x \in X\}$ を考える. X/G は G の元で写りあう点を同一視した商空間であり, X/G には商位相, すなわち射影 $p: X \longrightarrow X/G$ が連続となる最強の位相を考える.

命題 7.4.6 群 G が弧状連結局所コンパクトハウスドルフ空間 X に自由かつ固有不連続に作用するとき, $p: X \longrightarrow X/G$ は, 被覆空間となる.

証明 $x \in X$ に対し, x の開近傍 U で閉包 $\overline{U}$ がコンパクトなものをとる. $\overline{U} \cap g \cdot \overline{U} \neq \emptyset$ となる g は有限個だから, それらを $1 = g_1, g_2, \ldots, g_k$ とする. X はハウスドルフ空間としたから, $x = g_1 \cdot x, \ldots, g_k \cdot x$ を分離する開近傍 $U_1, \ldots, U_k$ をとり, $V = \bigcap_{i=1}^{k} g_i^{-1}(U_i \cap U)$ とおくと, $g \cdot V \cap V \neq \emptyset$ ならば, $g = 1$ である. 実際, このとき, $g \cdot V \cap V \subset g \cdot U \cap U$ だから, $g \in \{g_1, \ldots, g_k\}$ であるが, $g_i \cdot V \cap V \subset U_i \cap U_1$ だから, $g = 1$ となる.

この V について, $p^{-1}(p(V)) \approx \bigcup_{g \in G} g \cdot V$ であり, 同相写像 $H_V : p^{-1}(p(V)) \longrightarrow V \times G$ が $y \in g \cdot V$ に対し $H_V(y) = (g^{-1}(y), g)$ として定義される. ∎

命題 7.4.6 の状況で, G の部分群 H に対し, $X \longrightarrow X/H, X/H \longrightarrow X/G$ は被覆空間となる. G が上の定義のように X に左から作用しているときには, $p^H : X/H \longrightarrow X/G$ のファイバーは剰余類の空間 $H \backslash G = \{Hg \mid g \in G\}$ となる.

7.4.3 普遍被覆空間

連結多様体のような連結かつ局所単連結な空間 X に対して, 被覆空間 $\widetilde{X}$ で単連結なものが存在する. 単連結な被覆空間 $\widetilde{X}$ は, X の**普遍被覆空間**と呼ばれる. 普遍と呼ばれる理由は, $X, \widetilde{X}$ の基点 $b, \widetilde{b}$ を $p(\widetilde{b}) = b$ となるようにとるとき, 任意の被覆空間 $p': X' \longrightarrow X$ と $p'(b') = b$ となる点 b' に対し, 連続写像 $f: \widetilde{X} \longrightarrow X'$ で, $f(\widetilde{b}) = b', p' = p \circ f$ となるものがただ 1 つ存在するからである. この f も被覆空間となる.

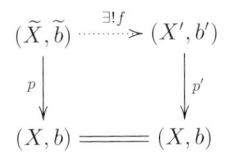

$$\begin{CD} (\widetilde{X}, \widetilde{b}) @>{\exists! f}>> (X', b') \\ @VpVV @VV{p'}V \\ (X, b) @= (X, b) \end{CD}$$

実際，f の一意性は，問題 7.4.3 からわかる．f の存在については，$\widetilde{x} \in \widetilde{X}$ に対し，弧状連結性から，曲線（連続写像）$\widetilde{\gamma}: [0,1] \longrightarrow \widetilde{X}$ で，$\widetilde{\gamma}(0) = \widetilde{b}$, $\widetilde{\gamma}(1) = \widetilde{x}$ となるものが存在する．$\gamma = p \circ \widetilde{\gamma}$ に対し，被覆ホモトピー性質から曲線 $\gamma': [0,1] \longrightarrow X'$ で，$\gamma'(0) = b'$, $p' \circ \gamma' = \gamma$ となるものが一意的に存在する．そこで，$f(x) = \gamma'(1)$ とすると，$f(\widetilde{b}) = b'$, $p' = p \circ f$ を満たす．

このとき $f(x)$ は，$\widetilde{\gamma}$ のとり方によらない．実際，$\widetilde{\gamma}_0, \widetilde{\gamma}_1 : [0,1] \longrightarrow \widetilde{X}$ を，$\widetilde{b}, \widetilde{x}$ を結ぶ 2 つの曲線とすると，$\widetilde{X}$ は単連結だから，$\widetilde{\gamma}_0 \simeq \widetilde{\gamma}_1 \text{ rel.} \{0,1\}$ である．したがって，$\gamma_0 = p \circ \widetilde{\gamma}_0, \gamma_1 = p \circ \widetilde{\gamma}_1$ に対し，$\gamma_0 \simeq \gamma_1 \text{ rel.} \{0,1\}$ となる．被覆ホモトピー性質と問題 7.4.3 から，$\gamma'_0, \gamma'_1 : [0,1] \longrightarrow X'$ で，$\gamma'_0(0) = b' = \gamma'_1(0)$, $p' \circ \gamma'_0 = \gamma_0, p' \circ \gamma'_1 = \gamma_1$ を満たすものについて，$\gamma'_0 \simeq \gamma'_1 \text{ rel.} \{0,1\}$ であり，$f(x)$ は，$\widetilde{\gamma}$ のとり方によらない．

【例 7.4.7】 例 7.4.2(2) の $n \geqq 2$ のときの $S^n \longrightarrow \boldsymbol{R}P^n$ および例 7.4.2(4) の $\boldsymbol{R}^n \longrightarrow \boldsymbol{R}^n/\boldsymbol{Z}^n$ は普遍被覆空間である．

【問題 7.4.8】 X を弧状連結かつ局所単連結な空間とする．X に基点 $b \in X$ を指定する．$PX = \{f : [0,1] \longrightarrow X \mid f(0) = b\}$ とする．PX の元 $f_0, f_1 : [0,1] \longrightarrow X$ について，同値関係 $f_0 \simeq f_1 \text{ rel.} \{0,1\}$ を考える．$\widetilde{X} = PX/(\simeq \text{rel.} \{0,1\})$ とおき，$p : \widetilde{X} \longrightarrow X$ を $\text{ev}_1(f) = f(1)$ で定義される $\text{ev}_1 : PX \longrightarrow X$ が誘導する写像とする．$\widetilde{X}$ の位相を，同値類 $[f]$ の基本近傍系が，$f(1)$ の単連結な近傍 U に対し，$N([f], U) = \{[f \natural g] \mid g \text{ は}, f(1) \text{ を始点とする } U \text{ 内の曲線}\}$ で与えられるものとする．このとき，$p : \widetilde{X} \longrightarrow X$ は X の普遍被覆空間であることを示せ．解答例は 285 ページ．

X の普遍被覆空間 $\widetilde{X}$ が存在するとき，$\widetilde{X}$ には $\pi_1(X, b)$ の作用が存在し，X は作用で写りあう点を同一視した空間 $X = \widetilde{X}/\pi_1(X, b)$ と同相である．X の任意の被覆空間 $p' : X' \longrightarrow X$ は，単射 $\pi_1(X', b') \longrightarrow \pi_1(X, b)$ を誘導し，$X' = \widetilde{X}/\pi_1(X', b')$ と表示される．この X の被覆空間と $\pi_1(X, b)$ の部分群の

対応をガロアの対応と呼ぶ.

【例 7.4.9】 問題 1.2.20（9 ページ）の X, Y の基本群は $\mathbf{Z}$ と同型である. X の普遍被覆空間 $\widetilde{X}$ は

$$\{(x,y,z) \in \mathbf{R}^3 \mid x^2 + y^2 = 1\} \cup \{(x,y,z) \in \mathbf{R}^3 \mid x^2 + y^2 \leqq 1,\ z \in \mathbf{Z}\}$$

と同相であり，Y の普遍被覆空間 $\widetilde{Y}$ は,

$$\{(0,0)\} \times \mathbf{R} \cup \{(x,y,z) \in \mathbf{R}^3 \mid (x+1)^2 + y^2 + (z-3n)^2 = 1,\ n \in \mathbf{Z}\}$$

と同相である.問題 1.2.20 により，X と Y はホモトピー同値で，$\pi_2(X, b_X) \cong \pi_2(Y, b_Y)$ である.命題 7.4.4 により，$\pi_2(X, b_X) \cong \pi_2(\widetilde{X}, b_{\widetilde{X}})$, $\pi_2(Y, b_Y) \cong \pi_2(\widetilde{Y}, b_{\widetilde{Y}})$ であるが，これらの群は無限個の $\mathbf{Z}$ の直和となる.図 7.9 参照.

【例 7.4.10】 ハワイアン・イヤリングと呼ばれる次の空間 X に対しては，普遍被覆空間は存在しない.

$$X = \bigcup_{n \in \mathbf{Z}_{>0}} \left\{ (x,y) \in \mathbf{R}^2 \mid \left(x - \frac{1}{n}\right)^2 + y^2 = \frac{1}{n^2} \right\}.$$

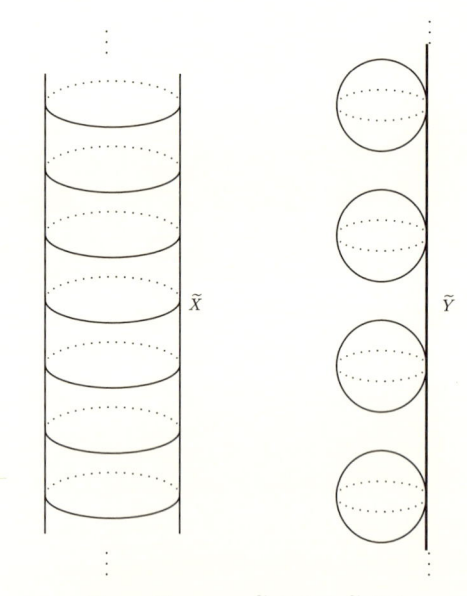

図 7.9 例 7.4.9 の $\widetilde{X}$（左）と $\widetilde{Y}$（右）.

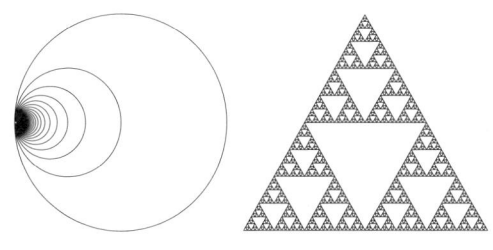

図 7.10 ハワイアン・イヤリング（左）とシェルピンスキ・ガスケット（右）．

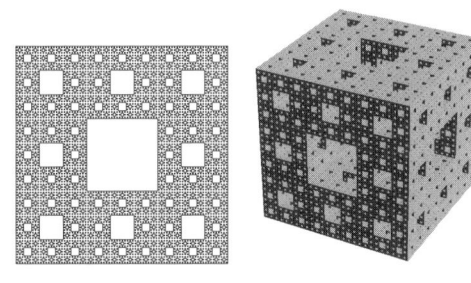

図 7.11 シェルピンスキ・カーペット（左）とメンガー曲線（右）．

他にもシェルピンスキ・ガスケット，シェルピンスキ・カーペット，メンガー曲線と呼ばれる図形は，いろいろな面白い性質を持つが，普遍被覆空間は存在しない．図 7.10，図 7.11 参照．

【問題 7.4.11】 $p:(\widehat{X},\widehat{b}) \longrightarrow (X,b)$ を基点付きの被覆空間とする．基点付きの弧状連結な空間 (Y,b_Y) からの連続写像 $f:(Y,b_Y) \longrightarrow (X,b)$ に対して，連続写像 $\widetilde{f}:(Y,b_Y) \longrightarrow (\widehat{X},\widehat{b})$ で，$p \circ \widetilde{f} = f$ となるものが存在するための必要十分条件は，$f_*\pi_1(Y,b_Y) \subset p_*(\pi_1(\widehat{X},\widehat{b}))$ となることを示せ．解答例は 286 ページ．

7.4.4 ボルスク・ウラムの定理

$p:S^n \longrightarrow \mathbb{R}P^n$ は 2 重被覆空間である．問題 3.5.2（102 ページ）に与えたように，$\mathbb{R}P^n$ の胞体分割 $e^0 \cup e^1 \cup \cdots \cup e^n$ で，$0 \leqq k \leqq n$ を満たす k に対し，$p^{-1}(e^0 \cup \cdots \cup e^k)$ が k 次元の球面であるものがある．これを用いて次の定理を証明することができる．

定理 7.4.12 $n \geqq 1$ に対し，次が成立する．連続写像 $f:S^n \longrightarrow S^n$ が

$f(-\boldsymbol{x}) = -f(\boldsymbol{x})$ を満たすならば，$\deg(f) \neq 0$.

証明 $f(-\boldsymbol{x}) = -f(\boldsymbol{x})$ を満たす連続写像 $f: S^n \longrightarrow S^n$ に対し，$g: \boldsymbol{R}P^n \longrightarrow \boldsymbol{R}P^n$ で次の図式が可換となるものが存在する．

$$\begin{array}{ccc} S^n & \xrightarrow{f} & S^n \\ {\scriptstyle p}\downarrow & & \downarrow{\scriptstyle p} \\ \boldsymbol{R}P^n & \xrightarrow{g} & \boldsymbol{R}P^n \end{array}$$

g を胞体近似したものを $g_1: \boldsymbol{R}P^n \longrightarrow \boldsymbol{R}P^n$ とすると，$g \simeq g_1$, $g_1(\boldsymbol{R}P^{n-1}) \subset \boldsymbol{R}P^{n-1}$ である．g と g_1 の間のホモトピー $g_t: \boldsymbol{R}P^n \longrightarrow \boldsymbol{R}P^n$ ($g_0 = g$) を $f_0 = f$ として持ち上げると，ホモトピー $f_t: S^n \longrightarrow S^n$ が得られ，$f_1(S^{n-1}) = S^{n-1}$ である．ここで，$f_1(-\boldsymbol{x}) = -f_1(\boldsymbol{x})$ である．実際，$U = \{(t, \boldsymbol{x}) \in [0,1] \times S^n \mid f_t(-\boldsymbol{x}) = -f_t(\boldsymbol{x})\}$, $V = \{(t, \boldsymbol{x}) \in [0,1] \times S^n \mid f_t(-\boldsymbol{x}) = f_t(\boldsymbol{x})\}$ とおくと $p(f_t(\boldsymbol{x})) = g_t(p(\boldsymbol{x})) = g_t(p(-\boldsymbol{x})) = p(f_t(-\boldsymbol{x}))$ だから，U, V は，$U \cup V = [0,1] \times S^n$, $U \cap V = [0,1] \times S^n$ を満たす閉集合で，$\{0\} \times S^n \subset U$ だから，$U = [0,1] \times S^n$ となる．

空間対 (S^n, S^{n-1}) のホモロジー完全系列を $\boldsymbol{Z}/2\boldsymbol{Z}$ 係数で考えると，次が得られる．

$$0 \xrightarrow{i_*} H_n(S^n; \boldsymbol{Z}/2\boldsymbol{Z}) \xrightarrow{j_*} H_n(S^n, S^{n-1}; \boldsymbol{Z}/2\boldsymbol{Z}) \xrightarrow{\partial_*} H_{n-1}(S^{n-1}; \boldsymbol{Z}/2\boldsymbol{Z}) \xrightarrow{i_*} 0$$

これは，

$$0 \xrightarrow{i_*} (\boldsymbol{Z}/2\boldsymbol{Z})[S^n] \xrightarrow{j_*} (\boldsymbol{Z}/2\boldsymbol{Z})[e_1^n, S^{n-1}] \oplus (\boldsymbol{Z}/2\boldsymbol{Z})[e_2^n, S^{n-1}] \xrightarrow{\partial_*} (\boldsymbol{Z}/2\boldsymbol{Z})[S^{n-1}] \xrightarrow{i_*} 0$$

という形をしている．ここで，$j_*[S^n] = [e_1^n, S^{n-1}] + [e_2^n, S^{n-1}]$ である．また，$\sigma: \boldsymbol{x} \longmapsto -\boldsymbol{x}$ を対蹠点写像とすると，σ_* は $[S^n]$, $[S^{n-1}]$ を保ち，$[e_1^n, S^{n-1}]$ と $[e_2^n, S^{n-1}]$ を入れ替える．

f_1 の $\boldsymbol{Z}/2\boldsymbol{Z}$ 係数ホモロジー群への作用を考える．$n = 1$ のとき，$f_{1*}([S^0]) = [S^0]$ である．$n \geqq 1$ に対し，$f: S^{n-1} \longrightarrow S^{n-1}$ に対して定理が正しいと仮定して，$f: S^n \longrightarrow S^n$ に対して定理を示す．帰納法の仮定から $(f_1)_*([S^{n-1}]) =$

$[S^{n-1}]$ である．$\partial_*(f_1)_*([e_1^n, S^{n-1}]) = (f_1)_*\partial_*([e_1^n, S^{n-1}])(f_1)_*([S^{n-1}]) = [S^{n-1}]$ だから，$(f_1)_*([e_1^n, S^{n-1}]) = [e_1^n, S^{n-1}]$ または $(f_1)_*([e_1^n, S^{n-1}]) = [e_2^n, S^{n-1}]$ である．このとき，$(f_1)_*\sigma_* = \sigma_*(f_1)_*$ だから，$(f_1)_*([e_1^n, S^{n-1}]) = [e_1^n, S^{n-1}]$ の場合は $(f_1)_*([e_2^n, S^{n-1}]) = [e_2^n, S^{n-1}]$，$(f_1)_*([e_1^n, S^{n-1}]) = [e_2^n, S^{n-1}]$ の場合は $(f_1)_*([e_2^n, S^{n-1}]) = [e_1^n, S^{n-1}]$ である．いずれの場合も $(f_1)_*(j_*([S^n])) = (f_1)_*([e_1^n, S^{n-1}] + [e_2^n, S^{n-1}]) = [e_1^n, S^{n-1}] + [e_2^n, S^{n-1}] = j_*([S^n])$ で，$(f_1)_*([S^n]) = [S^n]$ となる．したがって，$\deg(f) \neq 0$ である． ∎

【問題 7.4.13】 (1) 連続写像 $g : D^n \longrightarrow S^{n-1}$ で，$\boldsymbol{x} \in \partial D^{n-1}$ に対し，$g(-\boldsymbol{x}) = -g(\boldsymbol{x})$ を満たすものは存在しないことを示せ．

(2) 連続写像 $h : S^n \longrightarrow S^{n-1}$ で，$h(-\boldsymbol{x}) = -h(\boldsymbol{x})$ を満たすものは存在しないことを示せ．解答例は，287 ページ．

注意 7.4.14 この問題の (1) はブラウアーの不動点定理 2.2.6（61 ページ）の拡張となっている．また，(1), (2) は同値であり，次の定理 7.4.15 とも同値である．

定理 7.4.15（ボルスク・ウラムの定理） 連続写像 $f : S^n \longrightarrow \boldsymbol{R}^n$ に対し，$f(-\boldsymbol{x}) = f(\boldsymbol{x})$ となる点 $\boldsymbol{x} \in S^n$ が存在する．

証明 $f(-\boldsymbol{x}) = f(\boldsymbol{x})$ となる点が存在しなければ，$h : \boldsymbol{x} \longmapsto \dfrac{f(-\boldsymbol{x}) - f(\boldsymbol{x})}{\|f(-\boldsymbol{x}) - f(\boldsymbol{x})\|}$ は，$h(-\boldsymbol{x}) = -h(\boldsymbol{x})$ を満たす連続写像 $h : S^n \longrightarrow S^{n-1}$ である．これは問題 7.4.13 (1) に矛盾する． ∎

7.5　有限胞体複体の対のホモトピー群（展開）

X を有限胞体複体とする．X_1, X_2 を X の部分複体とし，$X = X_1 \cup X_2$ であるとする．基点 $b \in X_{12}^{(0)} \subset X_{12} = X_1 \cap X_2$ がとられているとする．包含写像 $i : (X_1, X_{12}) \longrightarrow (X, X_2)$ はホモトピー群の準同型 $i_* : \pi_n(X_1, X_{12}, b) \longrightarrow \pi_n(X, X_2, b)$ を誘導する．このホモトピー群についての切除準同型が一般には同型にならないことにより，ホモトピー群の計算がきわめて難しくなっている．しかし，次のように同型になる場合もある．

定理 7.5.1　X_1 は X_{12} に m_1 次元以上の胞体を貼りあわせたもの，X_2 は X_{12} に m_2 次元以上の胞体を貼りあわせたものとする．このとき，$i_* : \pi_n(X_1, X_{12}, b) \longrightarrow \pi_n(X, X_2, b)$ は，$n < m_1 + m_2 - 2$ で同型，$n = m_1 + m_2 - 2$ で全射である．

定理 7.5.1 を，証明において最も重要な $X_1 = X_{12} \cup (e_1^{m_1} \cup \cdots \cup e_{k_{m_1}}^{m_1})$ かつ $X_2 = X_{12} \cup (e_1^{m_2} \cup \cdots \cup e_{k_{m_2}}^{m_2})$ となっている場合に考えよう．ここで，$e_i^{m_1} = \iota_i^{m_1}(\mathrm{Int}(D^{m_1}))$ $(i = 1, \ldots, k_{m_1})$, $e_j^{m_2} = \iota_j^{m_2}(\mathrm{Int}(D^{m_2}))$ $(j = 1, \ldots, k_{m_2})$ とする．$\varepsilon < 1$ に対し，$D_\varepsilon^{m_2}$ を半径 ε の閉円板とし，$e_i^{m_1}(\varepsilon) = \iota_i^{m_1}(D_\varepsilon^{m_1})$, $e_j^{m_2}(\varepsilon) = \iota_j^{m_2}(D_\varepsilon^{m_2})$ とおく．

命題 7.5.2　$X_1 = X_{12} \cup (e_1^{m_1} \cup \cdots \cup e_{k_{m_1}}^{m_1})$, $X_2 = X_{12} \cup (e_1^{m_2} \cup \cdots \cup e_{k_{m_2}}^{m_2})$, $n \leqq m_1 + m_2 - 2$ のとき，$i_* : \pi_n(X_1, X_{12}, b) \longrightarrow \pi_n(X, X_2, b)$ は全射である．

証明　$f_0 : (I^n, \partial I^n, J^{n-1}) \longrightarrow (X, X_2, b)$ が $f_1 : (I^n, \partial I^n, J^{n-1}) \longrightarrow (X_1, X_{12}, b)$ にホモトピックであることを示す．

胞体近似定理により，I^n の胞体分割 $(e_1^0 \cup e_2^0 \cup e^1)^n$ に対して f_0 は胞体写像であるとしてよい．f_0 の像が胞体 $e_i^{m_2}$ の内部に交わらないようにするホモトピーが構成できればよい．$f_0^{-1}(\bigsqcup_{i=1}^{k_{m_1}} e_i^{m_1}(\frac{1}{2}))$, $f_0^{-1}(\bigsqcup_{i=1}^{k_{m_2}} e_j^{m_2}(\frac{1}{2}))$ は，I^n の互いに交わらない閉集合である．図 7.12 参照．f_0 をホモトピーで変形して，この閉集合の近傍で微分可能となるようにできる．このとき $f_0(f_0^{-1}(e_i^{m_1}(\frac{1}{2}))) \subset e_i^{m_1}$, $f_0(f_0^{-1}(e_j^{m_2}(\frac{1}{2}))) \subset e_j^{m_2}$ となるとしてよい．$M_1^{n-m_1} = f_0^{-1}(\bigsqcup_{i=1}^{k_{m_1}} \iota_i^{m_1}(0))$, $M_2^{n-m_2} = f_0^{-1}(\bigsqcup_{j=1}^{k_{m_2}} \iota_j^{m_2}(0))$ を考えると，$M_1^{n-m_1}, M_2^{n-m_2}$ は，それぞれ I^n の $n - m_1$ 次元，$n - m_2$ 次元の部分多様体となる．ここで，$f_0(J^{n-1}) = \{b\}$, $f_0(I^{n-1} \times \{0\}) \subset X_2$ だから，$M_1^{n-m_1} \cap \partial I^n = \emptyset$, $M_2^{n-m_2} \cap \partial I^n \subset I^{n-1} \times \{0\}$ である．さらに，$n - m_1 + n - m_2 \leqq n - 2$ だから，射影 $\mathrm{pr}_{I^{n-1}} : I^n \longrightarrow I^{n-1} = I^{n-1} \times \{0\}$ に対し，$\mathrm{pr}_{I^{n-1}}(M_1^{n-m_1})$ と $\mathrm{pr}_{I^{n-1}}(M_2^{n-m_2})$ は，必要なら，$\mathrm{pr}_{I^{n-1}}$ の方向をわずかに変更すれば，$\mathrm{Int}(I^{n-1})$ の交わらない閉集合となる．図 7.13 参照．

$$\mathrm{pr}_{I^{n-1}}(M_1^{n-m_1}) \cap \mathrm{pr}_{I^{n-1}}(M_2^{n-m_2}) = \emptyset$$

7.5 有限胞体複体の対のホモトピー群（展開）

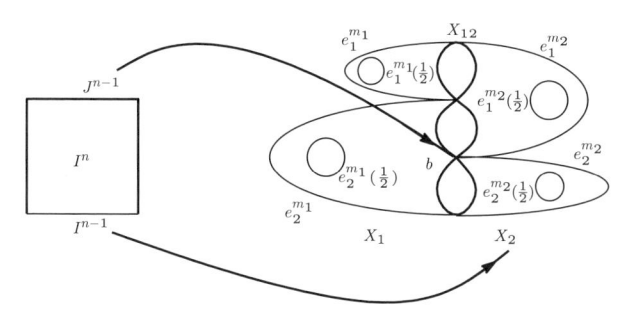

図 7.12 命題 7.5.2. $(I^n, \partial I^n, J^{n-1})$ からの写像を m_1 次元胞体，m_2 次元胞体の内部の球体上では微分可能写像になるように変形する．

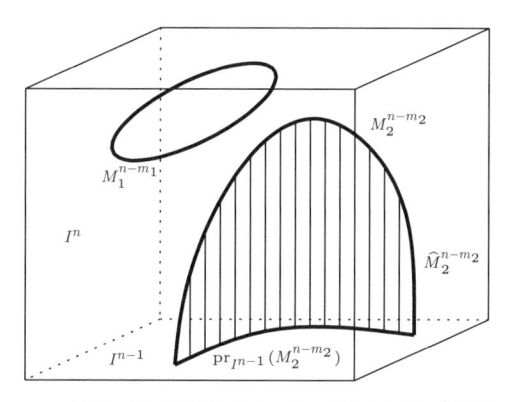

図 7.13 命題 7.5.2. 射影の方向を必要ならわずかに変更すれば，$\widehat{M}_2^{n-m_2}$ は $M_1^{n-m_1}$ と交わらない．

（実際，$a : M_1^{n-m_1} \times M_2^{n-m_2} \longrightarrow \mathbf{R}P^{n-1}$ を $a(\boldsymbol{x}, \boldsymbol{y}) = [\pm \dfrac{\boldsymbol{x} - \boldsymbol{y}}{\|\boldsymbol{x} - \boldsymbol{y}\|}]$ で定義すると，a は，$n - m_1 + n - m_2$ 次元多様体から $n - 1$ 次元多様体への C^∞ 級写像であり，サードの定理 [多様体入門・定理 5.4.1] から，臨界値の集合である a の像は測度 0 である．したがって，a の像にならない方向の射影をとればよい．）特に，$\mathrm{pr}_{I^{n-1}}$ について，$\widehat{M}_2^{n-m_2} = \{t\,\mathrm{pr}_{I^{n-1}}(\boldsymbol{x}) + (1-t)\boldsymbol{x} \mid \boldsymbol{x} \in M_2^{n-m_2}\}$ は，$M_1^{n-m_1}$ と交わらない．図 7.13 参照．I^n を $\widehat{M}_2^{n-m_2}$ の小近傍の外部を固定して，$I^n \setminus \widehat{M}_2^{n-m_2}$ 内へ移動するホモトピー h_t を考える．

$$h_0 = \mathrm{id}_{I^n}, \quad h_1(I^n) \subset I^n \setminus \widehat{M}_2^{n-m_2}$$

ここで，$f_0 \circ h_t$ を考えると，ある正実数 ε，$N_{1,\varepsilon} = \bigsqcup_{i=1}^{k_{m_1}} e_i^{m_1}(\varepsilon)$，$N_{2,\varepsilon} = \bigsqcup_{i=1}^{k_{m_2}} e_i^{m_2}(\varepsilon)$ に対し，

$$f_0(h_t(I^{n-1} \times \{0\})) \subset X \setminus N_{1,\varepsilon}$$

であり，

$$f_0(h_1(I^{n-1} \times \{0\})) \subset X \setminus (N_{1,\varepsilon} \cup N_{2,\varepsilon}), \quad f_0(h_1(I^n)) \subset X \setminus N_{2,\varepsilon}$$

である．

(X_1, X_{12}) は $(X_1, X_1 \setminus N_{1,\varepsilon})$ の変形レトラクトであり，(X_2, X_{12}) は $(X_2, X_2 \setminus N_{2,\varepsilon})$ の変形レトラクトである．これらを与えるホモトピーを貼りあわせた X のホモトピーを h'_t とすると $h'_0 = \mathrm{id}_X$, $h'_1(X \setminus (N_{1,\varepsilon} \cup N_{2,\varepsilon})) \subset X_{12}$ となる．

$\{h'_t \circ f_0\}_{t \in [0,1]}$, $\{h'_1 \circ f_0 \circ h_t\}_{t \in [0,1]}$ をつないだホモトピー f_t を考えると，$f_0 \simeq f_1 : (I^n, \partial I^n, J^{n-1}) \longrightarrow (X, X_2, b)$ で，$f_1 : (I^n, \partial I^n, J^{n-1}) \longrightarrow (X_1, X_{12}, b)$ となる． ■

【問題 7.5.3】 $X_1 = X_{12} \cup (e_1^{m_1} \cup \cdots \cup e_{k_{m_1}}^{m_1})$, $X_2 = X_{12} \cup (e_1^{m_2} \cup \cdots \cup e_{k_{m_2}}^{m_2})$, $n < m_1 + m_2 - 2$ のとき，$i_* : \pi_n(X_1, X_{12}, b) \longrightarrow \pi_n(X, X_2, b)$ が単射であることを示せ．解答例は 287 ページ．

【問題 7.5.4】 定理 7.5.1 を示せ．解答例は 288 ページ．

7.6 フレビッツの定理（展開）

弧状連結な基点付き位相空間 (X, b) と正整数 n に対し，$\pi_n(X, b) = [(I^n, \partial I^n), (X, b)]/\simeq$ であった（14 ページ）．写像 $f : (I^n, \partial I^n) \longrightarrow (X, b)$ は，$f_* : H_n(I^n, \partial I^n) \longrightarrow H_n(X, b)$ を誘導するので，$H_n(I^n, \partial I^n) \cong \mathbf{Z}$ の生成元 $[I^n, \partial I^n]$ の像 $f_*([I^n, \partial I^n]) \in H_n(X, b)$ が定まる．X が弧状連結だから $j_* : H_n(X) \longrightarrow H_n(X, b)$ は同型であり，$f_1 \simeq f_2$ ならば，$j_*^{-1}(f_1)_*([I^n, \partial I^n]) = j_*^{-1}(f_2)_*([I^n, \partial I^n])$ である．したがって，写像 $h : \pi_n(X, b) \longrightarrow H_n(X)$ が定まる．ホモトピー群の演算を与える ♮ については，$I_1^n = [0, \frac{1}{2}] \times I^{n-1}$, $I_2^n = [\frac{1}{2}, 1] \times I^{n-1}$ として，

$$H_n(I^n, \partial I^n) \longrightarrow H_n(I^n, \partial I^n \cup \{\tfrac{1}{2}\} \times I^{n-1})$$
$$\cong H_n(I_1^n, \partial I_1^n) \oplus H_n(I_2^n, \partial I_2^n) \cong H_n(I^n, \partial I^n) \oplus H_n(I^n, \partial I^n)$$

は，$[I^n, \partial I^n]$ を $([I^n, \partial I^n], [I^n, \partial I^n])$ に写すから，

$$(f_1 ♮ f_2)_*([I^n, \partial I^n]) = (f_1)_*([I^n, \partial I^n]) + (f_2)_*([I^n, \partial I^n])$$

となる．また逆元を与える $f \mapsto \overline{f}$ については，$\overline{f}_*([I^n, \partial I^n]) = f_*(-[I^n, \partial I^n]) = -f_*([I^n, \partial I^n])$ となり，h は準同型となる．これをフレビッツの準同型と呼ぶ．$n = 1$ のとき，$\pi_1(X, b)$ は一般には可換ではないが，$H_1(X)$ はアーベル群なので，$h : \pi_1(X, b) \longrightarrow H_1(X)$ は，$\pi_1(X, b)$ のアーベル化 $\pi_1(X, b)/[\pi_1(X, b), \pi_1(X, b)]$ からの準同型と考える．

次の定理が成り立つ．

定理 7.6.1（フレビッツの定理） (X, b) を弧状連結な基点付き位相空間とするとき，$h : \pi_1(X, b)/[\pi_1(X, b), \pi_1(X, b)] \longrightarrow H_1(X)$ は同型である．$n > 1$ に対し，(X, b) を $n - 1$ 連結な位相空間とするとき，$h : \pi_n(X, b) \longrightarrow H_n(X)$ は同型である．

本書では有限胞体複体に対し，フレビッツの定理 7.6.1 の証明を与える．

7.6.1 基本群と 1 次元ホモロジー群

X を弧状連結な有限胞体複体とする．このとき，$h : \pi_1(X, b)/[\pi_1(X, b), \pi_1(X, b)] \longrightarrow H_1(X)$ が同型であることを示す．

1 次元についてのフレビッツの定理の証明　問題 7.2.2 により，$X^{(1)}$ 内の極大樹木 T をとり，有限胞体複体 X/T を考えると，例題 7.2.1 により，$X/T \simeq X$ であり，$X/T, X$ の基本群は同型である．X/T は，頂点が 1 点からなるから，$X^{(0)} = \{b\}$ として基本群のアーベル化とホモロジー群の同型を示せばよい．

X の 2 次元骨格 $X^{(2)}$ をとると，問題 7.2.3 により，$\pi_1(X^{(2)}, b) \cong \pi_1(X, b)$，$H_1(X^{(2)}) \cong H_1(X)$ であるから，X は 2 次元連結胞体複体である $X = X^{(2)}$ としてよい．

問題 7.2.5 により $\pi_1(X, b)$ は計算される．2 次元連結胞体複体の 1 次元ホモロジー群の計算（3.4.2 小節，90 ページ）を考えると，$H_1(X) \cong \pi_1(X, b)/[\pi_1(X, b), \pi_1(X, b)]$ である． ∎

【**問題 7.6.2**】　特異ホモロジー理論を用いて，弧状連結な位相空間 X に対し，$h : \pi_1(X, b)/[\pi_1(X, b), \pi_1(X, b)] \longrightarrow H_1(X)$ が同型であることを示せ．解答

例は，288 ページ．

7.6.2　$n-1$ 連結有限胞体複体

$n \geqq 2$ のとき，$n-1$ 連結な有限胞体複体について，フレビッツの準同型 $h : \pi_n(X, b) \longrightarrow H_n(X)$ を考える．

【問題 7.6.3】　$n \geqq 2$ のとき，n 次元球面 S^n について，$h : \pi_n(S^n, b_{S^n}) \longrightarrow H_n(S^n)$ は同型であることを示せ．解答例は 290 ページ．

【問題 7.6.4】　k 個の n 次元球面の基点を同一視して得られる空間 $\bigvee^k S^n$ について，$\pi_n(\bigvee^k S^n, b) \cong \mathbf{Z}^k$ であることを示せ．
ヒント：k 個の n 次元球面の直積 $\prod^k S^n$ のホモトピー群を考える．解答例は 290 ページ．

2 次元以上のフレビッツの定理の証明　X を 0 次元胞体がただ 1 つで b であるような $n-1$ 連結な有限胞体複体とすると，X の $n-1$ 次元骨格 $X^{(n-1)}$ に対し，$i : X^{(n-1)} \longrightarrow X$ は c_b とホモトピックである．

実際，$-1 \leqq j < n-1$ に対し，$X^{(j)} \longrightarrow X$ が c_b とホモトピックであるとするとき，このホモトピーの胞体近似 $F^{(j)} : [0,1] \times X^{(j)} \longrightarrow X^{(j+1)}$ ($F^{(j)}(0, x) = x$, $F^{(j)}(1, x) = b$) をとる．$X^{(j+1)}$ の $j+1$ 次元胞体 e_i^{j+1} に対し，ホモトピーの拡張補題 3.6.9（117 ページ）を用いることにより，$G^{(j+1)} : [0,1] \times X^{(j+1)} \longrightarrow X$ で $G^{(j+1)}(\{1\} \times X^{(j)}) = \{b\}$ となるものが得られる．$j+1$ 次元胞体 e_i^{j+1} に対し，$G^{(j+1)}(\{1\} \times \partial e_i^{j+1}) = b$ で，X は $n-1$ 連結であるから，$G^{(j+1)}(1, \bullet)$ は，c_b にホモトピックである．これを繰り返して，$i : X^{(n-1)} \longrightarrow X$ は c_b とホモトピックである．

$i : X^{(n-1)} \longrightarrow X$ は c_b とホモトピックだから $i_* = (c_b)_* : H_m(X^{(n-1)}) \longrightarrow H_m(X)$ は，$1 \leqq m \leqq n-1$ で零写像である．$i_* : H_m(X^{(n-1)}) \longrightarrow H_m(X)$ は，$m < n-1$ で同型，$m = n-1$ で全射だから，$1 \leqq m \leqq n-1$ で $H_m(X) = 0$ である．

n 次元の部分について，胞体近似定理により，$i_* : \pi_n(X^{(n)}, b) \longrightarrow \pi_n(X, b)$ は全射，$i_* : \pi_n(X^{(n+1)}, b) \longrightarrow \pi_n(X, b)$ は同型である．$i_* : H_n(X^{(n+1)}) \longrightarrow H_n(X)$ も同型だから，$h : \pi_n(X^{(n+1)}, b) \longrightarrow H_n(X^{(n+1)})$ が同型であることを示せばよい．以後，$X = X^{(n+1)}$ であるとする．

$i : X^{(n-1)} \longrightarrow X^{(n+1)}$ と c_b とのホモトピーの胞体近似 $F : [0,1] \times X^{(n-1)} \longrightarrow X^{(n)}$ $(F(0,x) = x, F(1,x) = b)$ をとる．$X^{(n)}/X^{(n-1)}$ の n 胞体は，$X^{(n)}$ の n 次元胞体と 1 対 1 に対応しているので，それらを e_i^n で表す．$f : X^{(n)}/X^{(n-1)} \longrightarrow X^{(n)}$ を e_i^n 上で e_i^n の包含写像 $\iota_i^n : D_i^n \longrightarrow X^{(n)}$ と F を用いて，$f(\boldsymbol{x}) = \begin{cases} \iota_i^n(2\boldsymbol{x}) & (\|\boldsymbol{x}\| \leqq \frac{1}{2}) \\ F(2\|\boldsymbol{x}\| - 1, \iota_i^n(\frac{\boldsymbol{x}}{\|\boldsymbol{x}\|})) & (\|\boldsymbol{x}\| \geqq \frac{1}{2}) \end{cases}$ により定義する．この写像は，全射 $f_* : \pi_n(X^{(n)}/X^{(n-1)}, b) \longrightarrow \pi_n(X^{(n+1)}, b)$ を誘導する．$X^{(n)}/X^{(n-1)} = \bigvee^k S^n$ であるから，$\pi_n(X^{(n)}/X^{(n-1)}, b) \cong \boldsymbol{Z}^k$ である．$\ker f_*$ は自由加群で，その基底を $\boldsymbol{a}_1, \ldots, \boldsymbol{a}_\ell$ とする．$\psi_j^{n+1} : (S^n, b) \longrightarrow \bigvee^k(S^n, b)$ で $(\psi_j^{n+1})_*[S^n, b] = \boldsymbol{a}_j$ となるものをとり，$Y = (\bigvee^k S^n) \cup_{\sqcup \psi_j^{n+1}} (\bigsqcup D_j^{n+1})$ とおく．構成の仕方から，f の拡張 $f : Y \longrightarrow X^{(n+1)}$ が定まる．この拡張について $f_* : \pi_n(Y, b) \longrightarrow \pi_n(X^{(n+1)}, b)$ は全射である．

$X^{(n+1)}$ の $n+1$ 胞体 e_i^{n+1} の貼りあわせ写像 $\varphi_i^{n+1} : \partial D_i^{n+1} \longrightarrow X^{(n+1)}$ が誘導する写像，$\varphi_i'^{n+1} : \partial D_i^{n+1} \longrightarrow X^{(n+1)}/X^{(n)}$ は，$\ker f_*$ の元だから，$\boldsymbol{a}_1, \ldots, \boldsymbol{a}_\ell$ の 1 次結合で書かれ，Y で定値写像にホモトピックである．したがって，$g : X^{(n+1)} \longrightarrow Y$ が定義される．$f_* : \pi_n(Y, b) \longrightarrow \pi_n(X^{(n+1)}, b)$, $g_* : \pi_n(X^{(n+1)}, b) \longrightarrow \pi_n(Y, b)$ について，$(g \circ f)|(X^{(n)}/X^{(n-1)}) \simeq \mathrm{id}_{X^{(n)}/X^{(n-1)}}$ だから，$\pi_n(Y, b)$ の生成元をそれ自身に写し，$g_* \circ f_* = \mathrm{id}_{\pi_n(Y,b)}$ である．したがって，$f_* : \pi_n(Y, b) \longrightarrow \pi_n(X^{(n+1)}, b)$ は単射である．

こうして，$\pi_n(Y, b) \cong \pi_n(X^{(n+1)}, b)$ であることがわかった．さらに，$\pi_n(Y, b) \cong \boldsymbol{Z}^k/(\boldsymbol{Z}\boldsymbol{a}_1 \oplus \cdots \oplus \boldsymbol{Z}\boldsymbol{a}_\ell)$ であることもわかった．

有限胞体複体 Y のチェイン複体は，$C_0(Y) = \boldsymbol{Z}\langle b \rangle, C_n(Y) \cong \boldsymbol{Z}^k, C_{n+1}(Y) \cong \boldsymbol{Z}^\ell$ で，他の次元のチェイン群は 0 であり，$\partial_* : C_{n+1}(Y) \longrightarrow C_n(Y)$ は，生成元 e_j^{n+1} を $\boldsymbol{a}_j \in \boldsymbol{Z}^k$ に写す．したがって，$H_n(Y) \cong \boldsymbol{Z}^k/(\boldsymbol{Z}\boldsymbol{a}_1 \oplus \cdots \oplus \boldsymbol{Z}\boldsymbol{a}_\ell) \cong \pi_n(Y, b)$ である．

有限胞体複体 $X^{(n+1)}$ のチェイン複体 $C_*(X^{(n+1)}) : 0 \longleftarrow C_0(X) \xleftarrow{\partial_*} \cdots \xleftarrow{\partial_*} C_{n-1}(X) \xleftarrow{\partial_*} C_n(X) \xleftarrow{\partial_*} C_{n+1}(X) \longleftarrow 0$ において，$F(\{1\} \times X^{(n-1)}) = \{b\}$ とするホモトピー $F : [0,1] \times X^{(n-1)} \longrightarrow X^{(n)}$ は，胞体写像としてよく，また，ホモトピーの拡張補題 3.6.9 により，ホモトピー $F : [0,1] \times X^{(n+1)} \longrightarrow X^{(n+1)}$ に拡張される．このホモトピーはチェイン・ホモトピー $H : C_j(X) \longrightarrow C_{j+1}(X)$ $(j = 0, \ldots, n-1)$ で，$\mathrm{id}_* = H\partial_* + \partial_* H$

となるものを与える.

$$\begin{array}{ccccccccc}
C_{n-2}(X) & \xleftarrow{\partial_*} & C_{n-1}(X) & \xleftarrow{\partial_*} & C_n(X) & \xleftarrow{\partial_*} & C_{n+1}(X) & \longleftarrow & 0 \\
\downarrow \mathrm{id} & {}^{H}\swarrow & \downarrow \mathrm{id} & {}^{H}\swarrow & \downarrow \mathrm{id} & & \downarrow \mathrm{id} & & \\
C_{n-2}(X) & \xleftarrow{\partial_*} & C_{n-1}(X) & \xleftarrow{\partial_*} & C_n(X) & \xleftarrow{\partial_*} & C_{n+1}(X) & \longleftarrow & 0
\end{array}$$

このことから，次のチェイン写像がホモロジー群の同型を導くことがわかる．

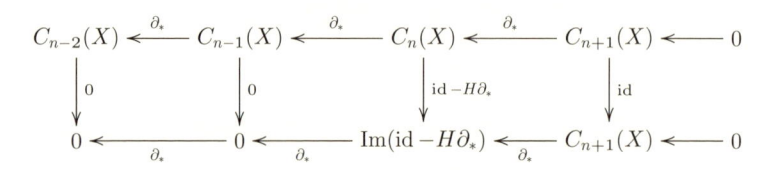

$$\begin{array}{ccccccccc}
C_{n-2}(X) & \xleftarrow{\partial_*} & C_{n-1}(X) & \xleftarrow{\partial_*} & C_n(X) & \xleftarrow{\partial_*} & C_{n+1}(X) & \longleftarrow & 0 \\
\downarrow 0 & & \downarrow 0 & & \downarrow \mathrm{id}-H\partial_* & & \downarrow \mathrm{id} & & \\
0 & \xleftarrow{\partial_*} & 0 & \xleftarrow{\partial_*} & \mathrm{Im}(\mathrm{id}-H\partial_*) & \xleftarrow{\partial_*} & C_{n+1}(X) & \longleftarrow & 0
\end{array}$$

ここで，$\partial_* \circ (\mathrm{id}-H\partial_*) = \partial_* - \partial H \partial_* = \partial_* - (\mathrm{id}-H\partial)\partial_* = \partial_* - \partial_* = 0$ であり，$(\mathrm{id}-H\partial_*) \circ \partial_* = \partial_*$ であるから可換図式となっている．ここで f の構成の仕方から，$f_*(e_j^n) = (\mathrm{id}-H\partial_*)e_j^n$ である．したがって，f_* は，$\mathrm{Im}(\mathrm{id}-H\partial_*)$ への全射である．ゆえに，$f_* : H_n(Y) \longrightarrow H_n(X^{(n+1)})$ は全射である．

一方，$g_* f_* : H_n(Y) \longrightarrow H_n(Y)$ は恒等写像を誘導するから，f_* は単射である．したがって，$f_* : H_n(Y) \longrightarrow H_n(X)$ は同型写像である．

Y については，$\pi_n(Y,b) \cong H_n(Y)$ であり，$\pi_n(Y,b) \cong \pi_n(X,b)$，$H_n(Y) \cong H_n(X)$ であるから，$\pi_n(X,b) \cong H_n(X)$ である． ∎

7.7 有限胞体複体のホモトピー型（展開）

有限胞体複体のホモトピー型については，連続写像がホモトピー群に誘導する準同型からわかることが多い．

命題 7.7.1 有限胞体複体の対 (X,A) において，A の頂点の 1 つを基点 b とする．$k = 0, \ldots, \dim(X)$ に対し，包含写像 $i : A \longrightarrow X$ が同型写像 $\pi_k(A,b) \longrightarrow \pi_k(X,b)$ を誘導するならば，A は X の変形レトラクトである．

証明 $F_t : X \longrightarrow X$ ($t \in [0,1]$) で，$F_0 = \mathrm{id}_X$，$F_t|A = \mathrm{id}_A$，$F_1(X) \subset A$ となるものを構成する．そのために $F_0^{(0)} = \mathrm{id}_X$ とし，$k = 0, \ldots, \dim(X)$

に対し，次を満たす写像 $F_t^{(k)} : X \longrightarrow X$ ($t \in [0,1]$) を構成すればよい．$F_0^{(k)}$ は $F_0^{(k)}(X^{(k-1)}) \subset A$ を満たす胞体写像であり，$F_t^{(k)}|A = \mathrm{id}_A$ であり，かつ，$F_1^{(k)}$ は $F_1^{(k)}(X^{(k)}) \subset A$ を満たす胞体写像である．$X \setminus A$ の k 次元胞体 e_j^k は，$\iota_j^k : D_j^k \longrightarrow X$, $\iota_j^k(\mathrm{Int}(D_j^k)) = e_j^k$ により与えられているとする．$F_0^{(k)}$ が与えられているとき，$F_0^{(k)}(\partial e_j^k) \subset A^{(k-1)}$ である．$k = 0$ のときは $\pi_0(A,b) \cong \pi_0(X,b)$ であり，また，$k > 0$ のときは $\pi_k(X,A,b) = 0$ であるから，ホモトピー $H_j^k : [0,1] \times D^k \longrightarrow X$ で，$H_j^k(0,\boldsymbol{x}) = F_0^{(k)}(\iota_j^k(\boldsymbol{x}))$, $H_j^k(\{1\} \times \mathrm{Int}(D_j^k)) \subset A$ となるものが存在する．このとき，胞体近似を構成したときの議論と同様に，$\boldsymbol{x} \in \partial D_j^k$ に対し，$H_j^k(t,\boldsymbol{x}) = F_0^{(k)}(\iota_j^k(\boldsymbol{x}))$ としてよい．これらにより，$F^{(k)} : [0,1] \times (X^{(k)} \cup A) \longrightarrow X$ で $F^{(k)}(\{1\} \times (X^{(k)} \cup A)) \subset A$ となるものが定義されるが，$F^{(k)}|\{0\} \times (X^{(k)} \cup A)$ を固定したホモトピーにより胞体近似して，$F^{(k)}$ は胞体写像であるとしてよい．この $F^{(k)}$ を，ホモトピーの拡張補題 3.6.9（117 ページ）により，ホモトピー $F^{(k)} : [0,1] \times X \longrightarrow X$ に拡張することができる．$F^{(k)}|\{t\} \times X$ を $F_t^{(k)}$ とおき，$k < \dim(X)$ ならば $F_0^{(k+1)} = F_1^{(k)}$ とおき，この構成を続ける．こうして得られる $F_1^{(n)}$ を F_1 とおけばよい． ∎

定理 7.7.2（ホワイトヘッドの定理） 　連結な基点付き有限胞体複体の間の写像 $f : (X,b_X) \longrightarrow (Y,b_Y)$ が誘導する準同型 $\pi_k(X,b_X) \longrightarrow \pi_k(Y,b_Y)$ が，任意の k に対し同型写像ならば，f はホモトピー同値写像である．

証明 　f は胞体写像としてよい．$[0,1] \times X$ を胞体複体の直積として胞体複体とみなし，$f : \{1\} \times X \longrightarrow Y$ と考えて，Y に $[0,1] \times X$ を貼りあわせた空間 M_f を考える．
$$M_f = Y \cup_f ([0,1] \times X)$$
M_f は，写像柱と呼ばれる．Y は，M_f の変形レトラクトである．実際，$p_Y^s : M_f \longrightarrow Y$ を，Y 上では恒等写像，$[0,1] \times X$ 上では $(t,x) \longmapsto (s+(1-s)t,x)$ として定義すれば，$p_Y^0 = \mathrm{id}_{M_f}$, $p_Y^1(M_f) = Y$ である．

一方，仮定から $(\{0\} \times X, (0,b_X))$ は，$(M_f, (0,b_X))$ の変形レトラクトとなる．実際，写像 $(\{0\} \times X, (0,b_X)) \xrightarrow{i} (M_f, (0,b_X)) \xrightarrow{p_Y^1} (Y,b_Y)$ の合成は，仮定により同型写像 $\pi_k(\{0\} \times X, (0,b_X)) \longrightarrow \pi_k(Y,b_Y)$ ($k \geqq 0$) を誘導

し, $\pi_k(M_f, (0, b_X)) \longrightarrow \pi_k(Y, b_Y)$ は, 変形レトラクトによる同型写像だから, $(\{0\} \times X, (0, b_X)) \xrightarrow{i} (M_f, \{0\} \times b_X)$ は, ホモトピー群の同型写像を誘導する. したがって, 命題 7.7.1 により, $(\{0\} \times X, (0, b_X))$ は, $(M_f, (0, b_X))$ の変形レトラクトである.

$f : X \longrightarrow Y$ はホモトピー同値写像 $\{0\} \times X \xrightarrow{i} M_f \xrightarrow{p_Y^1} Y$ の合成となり, ホモトピー同値写像である. ∎

7.8 ファイバー束の自明性（展開）

この節からファイバー束の位相について考察する. ファイバー束の理論はホモトピーと相性がよい.

命題 7.8.1 B をコンパクト・ハウスドルフ空間とする. 底空間が直積 $[0, 1] \times B$ であるようなファイバー束 $p : E \longrightarrow [0, 1] \times B$ を考える. $\iota_0 : B \longrightarrow [0, 1] \times B$ を $\{0\} \times B$ への包含写像, $\mathrm{pr}_B : [0, 1] \times B \longrightarrow B$ を射影とする. ファイバー束 $p : E \longrightarrow [0, 1] \times B$ は, $(\iota_0 \circ \mathrm{pr}_B)^* p$ と同型である.

【問題 7.8.2】 命題 7.8.1 の仮定のもとで, B の任意の点 x に対し, x の近傍 V でファイバー束の制限 $E|([0, 1] \times V)$ が自明なファイバー束となるものが存在することを示せ. ただし, ファイバー束の制限とは, 包含写像による引き戻しのことである. 解答例は 290 ページ.

命題 7.8.1 の証明 問題 7.8.2 により, ファイバー束の局所自明化を与える $\{[0, 1] \times V_i\}_i$ の形の開被覆をとることができる. 局所自明化を $H_i' : p^{-1}([0, 1] \times V_i) \longrightarrow ([0, 1] \times V_i) \times F$ とする. 開被覆の元 $[0, 1] \times V_i, [0, 1] \times V_j$ に対し,

$H_i' \circ (H_j'^{-1}|[0, 1] \times (V_i \cap V_j) \times F) : [0, 1] \times (V_i \cap V_j) \times F \longrightarrow [0, 1] \times (V_i \cap V_j) \times F$

は, $(t, x) \in [0, 1] \times (V_i \cap V_j)$ に連続に依存する同相写像 $g_{ij}(t, x) : F \longrightarrow F$ を用いて $(t, x, y) \longmapsto (t, x, g_{ij}(t, x))$ と表される. すなわち, ファイバー束 $p : E \longrightarrow [0, 1] \times B$ は 1 コサイクル $\{g_{ij}(t, x)\}$ で表される. 一方, ファイバー

7.8 ファイバー束の自明性（展開） | 255

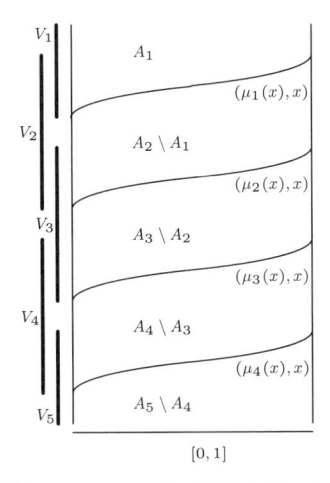

図 7.14 μ_i のグラフと領域 A_i. $[0,1] \times V_i$ 上の自明化を用いて，A_{i-1} 上の自明化を A_i 上の自明化に拡張する．

束 $(\iota_0 \circ \mathrm{pr}_B)^* p$ は，1 コサイクル $\{g_{ij}(0, \bullet)\}$ で表される．命題 7.8.1 は，この 2 つの 1 コサイクルがコホモロガスであることを主張している．

B はコンパクト・ハウスドルフ空間としたから，B の開被覆 $\{V_i\}$ から有限部分被覆 $\{V_1, \ldots, V_k\}$ をとることができる．有限被覆 $\{V_1, \ldots, V_k\}$ に従属した 1 の分割 $\nu_i : B \longrightarrow [0,1]$ ($i = 1, \ldots, k$) をとる．$\mu_i = \sum_{j=1}^i \nu_j$ とすると，$0 \leqq \mu_1 \leqq \cdots \leqq \mu_{k-1} \leqq \mu_k = 1$ であり，$\{x \in B \mid \mu_{i-1}(x) < \mu_i(x)\} \subset \mathrm{Supp}(\nu_i) \subset V_i$ である．

$A_i = \{(t, x) \in [0,1] \times B \mid 0 \leqq t \leqq \mu_i(x)\}$ とおく．$A_0 = \{0\} \times B$, $A_k = [0,1] \times B$ である．帰納法で命題を示す．A_0 上では，$E|A_0$ と $(\iota_0 \circ \mathrm{pr}_B)^* p|A_0$ は同じもので同型である．$E|A_{i-1}$ と $(\iota_0 \circ \mathrm{pr}_B)^* p|A_{i-1}$ の同型が得られていると仮定する．すなわち，$\{[0,1] \times V_i\}$ 上の 1 コサイクル $\{g_{ij}\}$ で，$t \in [0, \mu_{i-1}(x)]$ に対し，$g_{ij}(t, x) = g_{ij}(0, x)$ となるものがとられているとする．$E|A_i$ と $E|A_{i-1}$, あるいは $(\iota_0 \circ \mathrm{pr}_B)^* p|A_{i-1}$ と $(\iota_0 \circ \mathrm{pr}_B)^* p|A_i$ の違いは，$[0,1] \times V_i$ 上で底空間が拡大していることである．図 7.14 参照．そこで，$f_i(t, x) = \mathrm{id}_F$ とおき，

$$f_j(t, x) = \begin{cases} (g_{ij}(0, x))^{-1} g_{ij}(t, x) & (x \in V_i \cap V_j,\ t \in [0, \mu_i(x)]) \\ (g_{ij}(0, x))^{-1} g_{ij}(\mu_i(x), x) & (x \in V_i \cap V_j,\ t \in [\mu_i(x), 1]) \\ \mathrm{id}_F & (x \notin V_i \cap V_j,\ t \in [0, 1]) \end{cases}$$

とおく. f_j は $A_{i-1} \cap [0,1] \times V_j$ 上では id_F であり, $[0,1] \times V_j \setminus A_i$ 上では, $(g_{ij}(0,x))^{-1} g_{ij}(\mu_i(x), x) = (g_{ij}(\mu_{i-1}, x))^{-1} g_{ij}(\mu_i(x), x)$ である. また, $[0,1] \times ((V_i \setminus \mathrm{Supp}(\nu_i)) \cap V_j)$ 上では id_F である. したがって, f_j は $\mathrm{Homeo}(F)$ への連続写像である.

1 コサイクル $\{g_{j\ell}\}$ とコバウンダリーとなる 1 コサイクル $\{f_j g_{j\ell} f_\ell^{-1}\}$ を考えると, $x \in V_i \cap V_j \cap V_\ell, t \leqq \mu_i(x)$ のとき,

$$\begin{aligned} & f_j(t,x) g_{j\ell}(t,x) (f_\ell(t,x))^{-1} \\ &= (g_{ij}(0,x))^{-1} g_{ij}(t,x) g_{j\ell}(t,x) ((g_{i\ell}(0,x))^{-1} g_{i\ell}(t,x))^{-1} \\ &= (g_{ij}(0,x))^{-1} g_{ij}(t,x) g_{j\ell}(t,x) (g_{i\ell}(t,x))^{-1} g_{i\ell}(0,x) \\ &= (g_{ij}(0,x))^{-1} g_{i\ell}(0,x) = g_{j\ell}(0,x) \end{aligned}$$

したがって, $E|A_i$ と $(\iota_0 \circ \mathrm{pr}_B)^* p | A_i$ の同型が得られる. 帰納法により, E と $(\iota_0 \circ \mathrm{pr}_B)^* p$ の同型が得られる. ∎

【問題 7.8.3】 可縮なコンパクト・ハウスドルフ空間 B 上のファイバー束 $P : E \longrightarrow B$ は自明であることを示せ. 解答例は 291 ページ.

1 つのファイバー束 $p : E \longrightarrow B$ に対し, 2 つの写像 $f_0 : X \longrightarrow B$, $f_1 : X \longrightarrow B$ があったとする. 引き戻しとして, X 上のファイバー束 $f_0^* p$, $f_1^* p$ が定義される. f_0, f_1 がホモトピックならば, 命題 7.8.1 により, $f_0^* p$ と $f_1^* p$ は同型となる.

7.9 ファイバー束の切断 (展開)

F をファイバーとするファイバー束 $p : E \longrightarrow B$ に対し, 連続写像 $s : B \longrightarrow E$ で $p \circ s = \mathrm{id}_B$ を満たすものを**切断**と呼ぶ. 2 つの切断 s_0, $s_1 : B \longrightarrow E$ が**ホモトピック**とは, 連続写像 $H : [0,1] \times B \longrightarrow E$ で, $H_t(b) = H(t,b)$ とするとき, H_t が切断であり, $s_0 = H_0, s_1 = H_1$ となることをいう.

7.9.1 自明なファイバー束の切断

F をファイバーとするファイバー束 $p : E \longrightarrow B$ が自明ならば, ファイバー束 p は $\mathrm{pr}_1 : B \times F \longrightarrow B$ と同型である. 任意の写像 $u : B \longrightarrow F$ に対し,

7.9 ファイバー束の切断（展開） | 257

$(\mathrm{id}, u) : x \longmapsto (x, u(x))$ は切断であり，任意の切断はこのようにグラフの形に書かれる．切断の空間は $\mathrm{Map}(B, F)$ と同一視され，切断のホモトピー類の集合は，ホモトピー集合 $[B, F]$ と同一視される．切断のホモトピー類をどのように分類するかを考えよう．

$k \in \mathbf{Z}_{>0}$ に対し，B が $k-1$ 次元有限胞体複体，F が $k-1$ 連結ならば，$[B, F]$ は，1 点からなり，任意の 2 つの切断は，ホモトピックである．

B が一般の有限胞体複体のとき，F が $k-1$ 連結 $(k \in \mathbf{Z}_{>0})$ で，F に基点 b_F がとられているとする．任意の写像 $u : B \longrightarrow F$ の $k-1$ 次元骨格への制限は，定値写像 c_{b_F} にホモトピックであり，ホモトピーの拡張補題 3.6.9（117 ページ）により，写像 $u : B \longrightarrow F$ は，写像 $v : B \longrightarrow F$ で，$v|B^{(k-1)} = c_{b_F}$ となるものにホモトピックである．B の k 次元胞体 e_j^k に対し，$v \circ \iota_j^k : (D_j^k, \partial D_j^k) \longrightarrow (F, b_F)$ は，$\pi_k(F, b_F)$ の元を定める．$\pi_k(F, b_F)$ $(k \geq 2)$ はアーベル群であるが，$k = 1$ のときは $\pi_1(F, b_F)$ がアーベル群と仮定すると，v は $\pi_k(F, b_F)$ に値を持つ k 次元コチェイン c を与える．

コチェイン c は，コサイクルである．すなわち，B の $k+1$ 次元胞体 e_ℓ^{k+1} の貼りあわせ写像 $\varphi_\ell^{k+1} : S_\ell^k \longrightarrow B^{(k)}$ に対して，$v \circ \varphi_\ell^{k+1} : S_\ell^k \longrightarrow F$ は，$[v \circ \iota_j^k] \in \pi_k(F, b_F)$ の形の元の和であるが，もともと $v \circ \varphi_\ell^{k+1}$ が D_ℓ^{k+1} に拡張しているから $(\delta c)(e_\ell^{k+1}) = c(\partial e_\ell^{k+1}) = 0$ となる．

もとの写像 u に対し，コサイクル c は，$k-1$ 次元骨格上で，u と v をつなぐホモトピー $h : [0,1] \times B \longrightarrow F$ に依存している．依存の様子は次のように理解される．h, h' を u と v をつなぐ 2 つのホモトピーとして，$H(t, x) = \begin{cases} h(1-2t, x) & (t \in [0, \frac{1}{2}]) \\ h'(2t-1, x) & (t \in [\frac{1}{2}, 1]) \end{cases}$ を考え，$v_0 = H|\{0\} \times B, v_1 = H|\{1\} \times B^{(k)}$ により与えられるコチェインの差をみればよい．$H : [0,1] \times B \longrightarrow F$ の $k-1$ 次元骨格への制限を考えると，$H|[0,1] \times B^{(k-2)} \simeq c_{b_F}|[0,1] \times B^{(k-2)}$ となることがわかるから，ホモトピーの拡張補題 3.6.9 により，$H(\{0,1\} \times B^{(k-1)}) = \{b_F\}$ であるとともに $H([0,1] \times B^{(k-2)}) = \{b_F\}$ とする．このとき，B の各 $k-1$ 次元胞体 e_m^{k-1} に対し，$[0,1] \times B$ の k 次元胞体 $(0,1) \times e_m^{k-1}$ が対応し，$H \circ (\mathrm{id}_{[0,1]} \times \iota_m^{k-1}) : ([0,1] \times D_m^{k-1}, \partial([0,1] \times D_m^{k-1})) \longrightarrow (F, b_F)$ は，$\pi_k(F, b_F)$ に値を持つ $k-1$ 次元コチェイン $c'_{0,1}$ を与える．v_0, v_1 により定まる k 次元コチェインを c_0, c_1 とするとき，$c_1(e_j^k) = c_0(e_j^k) + c'_{0,1}(\partial e_j^k)$ が成立する．すなわち，$c_1 = c_0 + \delta c'_{0,1}$ である．このことは，u がコホモロジー類

$[c] \in H^k(B; \pi_k(F, b_F))$ を定めることを示している．また，コチェイン c_0, c_1 の定義から，$v_1|B^{(k)}, v_2|B^{(k)}$ が，$B^{(k-1)}$ を b_F に写す写像のなかで，ホモトピックであることと，$c'_{0,1} = 0$ であることは同値である．

2つの写像 $u_0, u_1 : B \longrightarrow F$ に対し，$B^{(k-1)}$ を b_F に写す u_0, u_1 とホモトピックな写像をそれぞれ v_0, v_1 とし，v_0, v_1 が定めるコチェインをそれぞれ c_0, c_1 とする．$[c_0] = [c_1] \in H^k(B; \pi_k(F, b_F))$ と仮定すると，$c_1 = c_0 + \delta c'$ を満たす $k-1$ 次元コチェイン c' が存在する．$u_0|B^{(k-1)}$ と $v_0|B^{(k-1)}$ の間のホモトピーを，$B^{(k-1)}$ の各 $k-1$ 次元胞体 e_m^{k-1} について，$(0,1) \times e_m^{k-1}$ 上で $c'(e_m^{k-1}) \in \pi_k(F, b_F)$ の分だけ修正すれば，その修正されたホモトピーは $B^{(k)}$ 上のホモトピーに拡張する．

以上の考察は，次のように考えられる．F が有限胞体複体のときは，$u : B \longrightarrow F$ について，それが誘導する準同型 $u_* : H_k(B) \longrightarrow H_k(F)$ と，フレビッツの定理 7.6.1 の同型 $\pi_k(F, b_F) \cong H_k(F)$ により，$u_* \in \mathrm{Hom}(H_k(B), \pi_k(F, b_F))$ と考えられる．上で得たコチェイン c は，コホモロジー群の普遍係数定理 4.5.5 (153ページ) により u_* に写される $H^k(B; \pi_k(F, b_F))$ の元を表している．今の場合，写像の k 次元骨格上のホモトピー類の情報は，ホモロジー群の準同型の情報に $\mathrm{Ext}(H_{k-1}(B), \pi_k(F, b_F))$ に関係する情報を付け加えたものになっている．

定値写像 c_{b_F} は，コホモロジー類 $0 \in H^k(B; \pi_k(F, b_F))$ に対応する．一般の切断の k 次元骨格上のホモトピー類と $H^k(B; \pi_k(F, b_F))$ の元との間に全単射があることがわかる．

以上により，次の命題が成り立つ．

命題 7.9.1 有限胞体複体 B 上の $k-1$ 連結空間 F をファイバーとする自明なファイバー束の切断の k 次元骨格 $B^{(k)}$ 上のホモトピー類の集合と $H^k(B; \pi_k(F, b_F))$ の間に全単射が存在する．ただし，$k = 1$ のときは $\pi_1(F, b_F)$ がアーベル群であると仮定する．

7.9.2 一般のファイバー束の切断

有限胞体複体 B 上の F をファイバーとするファイバー束 $p : E \longrightarrow B$ が自明とは限らない場合について考える．まず，ファイバー束 $p : E \longrightarrow B$ に

対し, B の点 x 上のファイバー F_x の弧状連結成分を考えると, E が弧状連結ならば F の弧状連結成分の空間 $\pi_0(F)$ をファイバーとする被覆空間が得られる. この被覆空間が切断を持つことは, この被覆空間が $\mathrm{id}_B : B \longrightarrow B$ と同型であることである. E が弧状連結で切断を持てば, この切断はこの被覆空間の切断を誘導するから, F は弧状連結でなければならない. 以後, F は弧状連結とする. この状況で B の 1 次元骨格 $B^{(1)}$ 上には切断が存在するが, 一般には 2 次元骨格上には切断が存在するとは限らない.

F を $k-1$ 連結 ($k \geqq 1$) とする. 問題 7.8.3 により, B の各胞体 e_j^ℓ に対応する写像 $\iota_j^\ell : D_j^\ell \longrightarrow B$ に対し, 引き戻し $(\iota_j^\ell)^* p$ は自明なファイバー束である. したがって, 自明なファイバー束に対する前小節の考察を一般化することができそうである.

底空間の点 $x \in B$ 上のファイバー F_x に, x に連続に依存する基点 b_x をとることができることと, ファイバー束の切断が存在することは同値である. 特にファイバー F を弧状連結としたから, $B^{(1)}$ 上には切断が存在しており, 問題 7.3.10 の解答のように考えると, ホモトピー群 $\pi_{k+1}(F_x, b_x)$ には, $\pi_1(B, x)$ が作用する. このような $\pi_1(B, x)$ が作用する加群を用いたコホモロジー理論も展開でき, トポロジーの教科書では, **局所係数コホモロジー理論**と呼ばれるが, ここでは, $\pi_1(B, x)$ が自明であるか, 自明でなくても, $\pi_1(B, x)$ が $\pi_{k+1}(F_x, b_x)$ に自明に作用すると仮定する. また, $\pi_{k+1}(F_x, b_x)$ には $\pi_1(F_x, b_x)$ も作用するが, この作用も自明であるとする.

切断の存在 まず, 切断の存在について考える. F が $k-1$ 連結ならば, k 次元骨格 $B^{(k)}$ 上には切断 $s_k : B^{(k)} \longrightarrow E$ が存在する. 実際, $B^{(0)}$ 上では, 各 e_j^0 に対し, $s(e_j^0) \in F_{e_j^0}$ を定めればよい. $\ell < k$ に対し, $B^{(\ell)}$ 上の切断, すなわち $s_\ell : B^{(\ell)} \longrightarrow E$ で, $p \circ s_\ell = \mathrm{id}_{B^{(\ell)}}$ を満たすものが存在すると仮定する. B の $\ell+1$ 次元胞体 $e_j^{\ell+1}$ に対応する写像 $\iota_j^{\ell+1} : D_j^{\ell+1} \longrightarrow B$ に対し, 引き戻し $(\iota_j^{\ell+1})^* p$ は自明なファイバー束 $D^{\ell+1} \times F$ と同型である. この同型のもとで

$$\mathrm{pr}_F \circ s_\ell \circ \varphi_j^{\ell+1} : \partial D_j^{\ell+1} \longrightarrow F$$

が得られる. これは, $\ell = 1$ ならば $\pi_1(F, b_F)$ の共役類の元, $\ell > 1$ ならば $\pi_\ell(F, b_F)$ の元を定義するが, $\ell \leqq k-1$ のとき $\pi_\ell(F, b_F) = 0$ であるから, $\mathrm{pr}_F \circ s_\ell \circ \varphi_j^{\ell+1}$ は $D_j^{\ell+1} \longrightarrow F$ に拡張する. この写像のグラフとして $(\iota_j^{\ell+1})^* p$

上の切断が定義され，これらを合わせて $s_{\ell+1} : B^{(\ell+1)} \longrightarrow E$ が定義される．これを続けて，$B^{(k)}$ 上の切断，すなわち，連続写像 $s_k : B^{(k)} \longrightarrow E$ で $p \circ s_k = \mathrm{id}_{B^{(k)}}$ を満たすものが構成される．

$B^{(k)}$ 上の切断を $B^{(k+1)}$ 上に拡張できるかどうかを考える．B の $k+1$ 次元胞体 e_ℓ^{k+1} に対し，$\iota_\ell^{k+1} : D_\ell^{k+1} \longrightarrow B$ による引き戻し $(\iota_\ell^{k+1})^* p$ は自明なファイバー束 $D_\ell^{k+1} \times F$ と同型である．この同型のもとで $\mathrm{pr}_F \circ s_k \circ \varphi_\ell^{k+1} : \partial D_\ell^{k+1} \longrightarrow F$ が得られる．これは，$k = 1$ ならば $\pi_1(F, b_F)$ の共役類の元，$k > 1$ ならば $\pi_k(F, b_F)$ の元と考えられる．$\pi_1(F, b_F)$ の共役類の元が定まる場合は本書ではあつかわないので，この場合は $\pi_1(F, b_F)$ がアーベル群であると仮定する．さらに，$\pi_1(B, x)$ は $\pi_k(F_x, b_x)$ に自明に作用すると仮定する．このとき各 $k+1$ 次元胞体 e_ℓ^{k+1} に対して，球面 S_ℓ^k からの写像 $\mathrm{pr}_F \circ s_k \circ \varphi_\ell^{k+1}$ は，ホモトピー群の基点のとり方によらず，$\pi_k(F, b_F)$ の元を定める．したがって，$\pi_k(F, b_F)$ に値を持つ $k+1$ 次元コチェイン c が定まる．

この $k+1$ 次元コチェイン c はコサイクルである．すなわち，B の $k+2$ 次元胞体 e_m^{k+2} に対して，$c(\partial e_m^{k+2})$ の値は，∂e_m^{k+2} に現れる $k+2$ 次元胞体 e_ℓ^{k+1} の貼りあわせ写像 φ_ℓ^{k+1} から定まる $\pi_k(F, b_F)$ の元の和であるから，$\partial \partial e_m^{k+2}$ に現れる k 次元胞体についての和となり，$\partial \partial e_m^{k+2} = 0$ だから，$c(\partial e_m^{k+2}) = 0$，すなわち $\delta c = 0$ である．一方，s_k のとり方は，一意ではない．$B^{(k)}$ 上の 2 つの切断 s_k^0, s_k^1 が与えられたとき，$B^{(k-1)}$ 上では，s_k^0, s_k^1 はホモトピックである．s_k^0, s_k^1 をホモトピーで動かし，$B^{(k-1)}$ 上で一致させたとき，B の k 次元胞体上での s_k^0 と s_k^1 のずれは，$\pi_k(F, b_F)$ に値を持つ k 次元コチェインを与える．

$B^{(k+1)}$ 上の切断 s_{k+1} が存在すれば，$s_{k+1}|B^{(k)}$ の定めるコサイクル c は 0 であり，$[c] = 0 \in H^{k+1}(B; \pi_k(F, b_F))$ である．逆に，$[c] = 0 \in H^{k+1}(B, \pi_k(F, b_F))$ ならば，$c + \delta c' = 0 \in \pi_k(F, b_F)$ となる k 次元コチェイン c' があるが，s_k を $\pi_k(F, b_F)$ に値を持つ k 次元コチェイン c' だけずれるようにとり直せば，修正した s_k の定めるコサイクルは 0 であり，修正した s_k は，$s_{k+1} : B^{(k+1)} \longrightarrow E$ に拡張する．

以上のように定められたコホモロジー類 $[c] \in H^{k+1}(B, \pi_k(F, b_F))$ を，$k-1$ 連結なファイバーを持つファイバー束の $B^{(k+1)}$ 上の**切断の存在の障害類**という．

以上の議論をまとめると次の命題が成り立つ.

命題 7.9.2 有限胞体複体 B 上の $k-1$ 連結な空間 F をファイバーとするファイバー束 $p: E \longrightarrow B$ について, $k=1$ のときは $\pi_1(F_x, b_x)$ はアーベル群とし, $\pi_k(F_x, b_x)$ への, $\pi_1(B, x), \pi_1(F_x, b_x)$ の作用は自明であるとする. ファイバー束により, $H^{k+1}(B, \pi_k(F, b_F))$ の元 $[c]$ が定義され, B の $k+1$ 次元骨格 $B^{(k+1)}$ 上に p の切断が存在することと $[c] = 0$ が同値となる.

切断の分類 有限胞体複体 B 上の $k-1$ 連結な空間 F をファイバーとするファイバー束 $p: E \longrightarrow B$ の 2 つの切断 s^0, s^1 が与えられているとする. s^0, s^1 の間のホモトピーを構成する問題は, $[0,1] \times B$ 上のファイバー束 $p': [0,1] \times E \longrightarrow [0,1] \times B$ の $\{0,1\} \times B$ 上の切断を拡張する問題と考えられる. $[0,1] \times B$ の胞体分割の次元の低い骨格上に切断を拡張して, $[0,1] \times B$ の k 次元骨格上には切断 $s'_k : ([0,1] \times B)^{(k)} \longrightarrow [0,1] \times E$ が存在する. すなわち, $B^{(k-1)}$ 上では, s^0, s^1 はホモトピックである.

このホモトピーが $B^{(k)}$ 上に拡張するかどうかは次のように考える. B の k 次元胞体 e_j^k に対し, $\mathrm{id}_{[0,1]} \times \iota_j^k : [0,1] \times D_j^k \longrightarrow [0,1] \times B$ による引き戻し $(\mathrm{id}_{[0,1]} \times \iota_j^k)^* p'$ は自明なファイバー束 $[0,1] \times D_j^k \times F$ と同型である. この同型を用いて

$$\mathrm{pr}_F \circ s'_k \circ (\mathrm{id}_{[0,1]} \times \iota_j^k)|\partial([0,1] \times D_j^k) : \partial([0,1] \times D_j^k) \longrightarrow F$$

が得られるが, これは $\pi_k(F, b_F)$ に値を持つ k 次元コチェイン c を定める.

この k 次元コチェイン c はコサイクルである. 実際, B の $k+1$ 次元胞体 e_ℓ^{k+1} に対し, 切断の存在についての議論から, $\partial((0,1) \times e_\ell^{k+1})$ に対応する $k+1$ 次元チェイン上での $\pi_k(F, b_F)$ の値の和は 0 である. 一方, $\partial((0,1) \times e_\ell^{k+1}) = \{0,1\} \times e_\ell^{k+1} + (0,1) \times \partial e_\ell^{k+1}$ であるが, $\{0,1\} \times e_\ell^{k+1}$ に対しては, $s_0 \circ \varphi_\ell^{k+1}, s_1 \circ \varphi_\ell^{k+1}$ は, $\iota_\ell^{k+1}(D_\ell^{k+1})$ に拡張しているので, 0 となっている. したがって, $(0,1) \times \partial e_\ell^{k+1}$ に対する値である $c(\partial e_\ell^{k+1})$ は 0 となる. すなわち $\delta c = 0$ である.

さて, c がコバウンダリーである, すなわち, $c = \delta c'$ となる $k-1$ 次元コチェインが存在したとする. コチェインを定義した s'_k は, $s^0|B^{(k-1)}$ と $s^1|B^{(k-1)}$ の間のホモトピーと $s^0|B^{(k)}, s^1|B^{(k)}$ により定められている. $s^0|B^{(k-1)}$ と

$s^1|B^{(k-1)}$ の間のホモトピーを $k-1$ 次元胞体 e_m^{k-1} に対し，$(0,1) \times e_m^{k-1}$ 上で $c'(e_m^{k-1})$ だけ修正すれば，修正した後のホモトピーについては，コチェインは 0 となる．

したがって，$B^{(k)}$ 上の切断のホモトピー類は，$H^k(B, \pi_k(F, b_F))$ の元と 1 対 1 に対応する．こうして定められたコホモロジー類 $[c] \in H^k(B, \pi_k(F, b_F))$ を，$k-1$ 連結なファイバーを持つファイバー束の $B^{(k)}$ 上の **2 つの切断の間のホモトピーの障害類**という．

以上により次の命題が成り立つ．

命題 7.9.3 有限胞体複体 B 上の $k-1$ 連結な空間 F をファイバーとするファイバー束 $p: E \longrightarrow B$ に切断が存在するとする．ファイバー束 $p: E \longrightarrow B$ の 2 つの切断に対し，$H^k(B, \pi_k(F, b_F))$ の元 $[c]$ が定義され，2 つの切断が k 次元骨格 $B^{(k)}$ 上ホモトピックであることと $[c] = 0$ が同値となる．

7.10 ベクトル束と球面束（展開）

n 次元多様体 M^n の接束 $TM^n \longrightarrow M^n$ は，$x \in M^n$ 上のファイバーが，接ベクトル空間 $T_x M^n$ であるようなファイバー束である．ファイバー束を局所自明化する開被覆 $\{U_i\}$ 上の 1 コサイクル $h_{ij}: U_i \cap U_j \longrightarrow \mathrm{Homeo}(\boldsymbol{R}^n)$ が得られる．$T_x(M)$ がベクトル空間として $\boldsymbol{R}^n$ に同型になるような各 U_i 上の局所自明化をとることができるが，この局所自明化に対し，h_{ij} は一般線形群 $GL(n; \boldsymbol{R})$ に値を持つ．また，多様体 M^n がユークリッド空間 $\boldsymbol{R}^{n+q}$ に埋め込まれているとき，$\boldsymbol{R}^q$ をファイバーとする法束 $\nu M^n \longrightarrow M^n$ が定義される．これは，法束を局所自明化する M^n の開被覆 $\{U_i\}$ をとることにより，$GL(q, \boldsymbol{R})$ に値を持つ 1 コサイクル $\{h_{ij}\}$ で記述できる．

7.10.1 ベクトル束

一般に，各ファイバーが m 次元実ベクトル空間であるようなファイバー束 $E \longrightarrow B$ は，ファイバー束の局所自明化を与える B の開被覆 $\{U_i\}$ 上の一般線形群 $GL(m; \boldsymbol{R})$ に値を持つ 1 コサイクル $h_{ij}: U_i \cap U_j \longrightarrow GL(m; \boldsymbol{R})$ で記述される．このようなファイバー束をランク（階数）m の**ベクトル束**と呼ぶ．

ベクトル束 $p: E \longrightarrow B$ には，**零切断** $s_0: B \longrightarrow E$ が，$s_0(x) = 0 \in p^{-1}(x)$ により定義される．$s_0(B)$ は E の変形レトラクトとなるので，E と B はホモトピー同値である．現実にはベクトル束の理論は非常に豊かなものである．B 上の2つのベクトル束を区別する最初の有効な方法は，第1章のアイデアと同様に零切断の補空間を考えるというものである．

$E \setminus s_0(B)$ は，$\boldsymbol{R}^m \setminus \{\boldsymbol{0}\}$ をファイバーとするファイバー束であるが，$\boldsymbol{R}^m \setminus \{\boldsymbol{0}\}$ は $m-1$ 次元球面 S^{m-1} を変形レトラクトに持つ．$\boldsymbol{R}^m \setminus \{\boldsymbol{0}\}$ を $\boldsymbol{R}_{>0}$ のスカラー倍の作用で同一視すると S^{m-1} と同相であるが，$GL(m; \boldsymbol{R})$ の $\boldsymbol{R}^m \setminus \{\boldsymbol{0}\}$ への作用は $\boldsymbol{R}_{>0}$ のスカラー倍の作用と可換であるから，$GL(m; \boldsymbol{R})$ は $S^{m-1} \approx (\boldsymbol{R}^m \setminus \{\boldsymbol{0}\})/\boldsymbol{R}_{>0}$ に作用する．したがって，$GL(m; \boldsymbol{R})$ に値を持つ1コサイクルは，$\mathrm{Homeo}(S^{m-1})$ に値を持っており，球面をファイバーとするファイバー束を定義していると考えられる．

7.10.2 球面束

一般に，ファイバー束 $p: E \longrightarrow F$ のファイバーが球面であるとき，p は**球面束**と呼ばれ，球面の次元が $m-1$ ならば $\mathrm{Homeo}(S^{m-1})$ に値を持つ1コサイクルで記述される．

さて，単位球面 S^{m-1} に自然に作用する群は，直交群 $O(m)$ である．($\boldsymbol{R}^m$ をファイバーとする) ランク m のベクトル束 $E \longrightarrow B$ に対して，S^{m-1} をファイバーとする球面束が定義されることを述べたが，ベクトル束 $E \longrightarrow B$ の局所自明化を与える B の開被覆が，それに従属する1の分割を持てば，[多様体入門・7.7節] の議論と同様に，各局所自明化においてファイバーの $\boldsymbol{R}^m$ に正値2次形式を与え，それらの和を考えることでベクトル束のファイバーに正値2次形式が定義される．ベクトル束の局所自明化を各ファイバーで $\boldsymbol{R}^m$ のユークリッドの計量が定める正値2次形式となるようにとれば，1コサイクルは，直交群 $O(m)$ に値を持つものとなる．

すなわち，$GL(m; \boldsymbol{R})$ に値を持つ1コサイクルに対し，それとコホモロガスな1コサイクルで，$O(m)$ に値を持つものが存在する．このことは，直交群 $O(m)$ が，$GL(m; \boldsymbol{R})$ の変形レトラクトであることを用いても示される．このとき，長さ1以下の元の全体は**単位円板束**，長さ1の元の全体は**単位球面束**と呼ばれる，それぞれ，円板，球面をファイバーとするファイバー束となる．

7.10.3 球面束の切断

ベクトル束に対しては，零切断が存在しているが，0 にならない切断が存在するかどうかは，興味深い問題である．0 にならない切断は，各ファイバーのベクトル空間においてその切断のベクトルの方向を対応させることにより球面束への切断を与える．また，球面束への切断は，球面束をベクトル束の部分空間とみて，ベクトル束の 0 にならない切断を与える．

有限胞体複体 B 上の $m-1$ 次元球面束 $p: E \longrightarrow B$ に対しては，$m-1$ 次元球面は $m-2$ 連結であるから，$B^{(m-1)}$ 上には，切断 $s_{m-1}: B^{(m-1)} \longrightarrow E|B^{(m-1)}$ が存在する．$x \in B$ 上のファイバー F_x ($b_x \in F_x$) に対し，$\pi_{m-1}(F_x, b_x) \cong \mathbf{Z}$ であるが，ここで，球面束が向き付け可能であるとする．すなわち，球面束を定義する $O(m)$ 値 1 コサイクル $\{g_{ij}\}$ が，実際には $SO(m)$ に値をとるとする．このとき，$\pi_1(B,x)$ の $\pi_{m-1}(F_x, b_x)$ への作用は自明となり，同型 $\pi_{m-1}(S^{m-1}, b_{S^{m-1}}) \cong \mathbf{Z}$ で向き付けを与えると命題 7.9.2 により，$H^m(B, \pi_{m-1}(S^{m-1}, b_{S^{m-1}})) = H^m(B, \mathbf{Z})$ の元として，$B^{(m)}$ 上に，切断が存在するかどうかを判定するコホモロジー類 $[c] \in H^m(B, \mathbf{Z})$ が定まる．これを向き付けられた球面束の**オイラー類**と呼ぶ．ベクトル束 $p: E \longrightarrow B$ に付随する球面束のオイラー類をベクトル束のオイラー類と呼び，e_E と書く．有限胞体複体 B の次元が m で，向き付けられた $m-1$ 次元球面束 $E \longrightarrow B$ のオイラー類が 0 ならば，球面束の切断が存在する．向き付けられたコンパクト n 次元多様体 M^n の接束 $T(M^n)$ のオイラー類 $e_{T(M^n)} \in H^n(M^n; \mathbf{Z})$ を e_M と書く．$e_M = 0$ であることと，$T(M^n)$ の 0 にならない切断，すなわち，M^n 上の 0 にならないベクトル場の存在は同値である．

注意 7.10.1 球面束が向き付け可能でない場合も，$H^n(M^n; \mathbf{Z}/2\mathbf{Z})$ に値を持つオイラー類が定義され，切断の存在についての情報の一部は得られる．

命題 7.10.2 コンパクト n 次元向き付け可能多様体 M^n に対し $e_{M^n}([M^n]) = \chi(M^n)$ が成立する．

証明 M^n の向き付けを固定する．向きを反対にすると，オイラー類と基本類がそれぞれ -1 倍になり，等式は向きの選び方によらない．M^n 上のモー

ス関数 f をとる．f の臨界点 z の指数が j のとき，z の周りの向き付けられた座標近傍 U_z においては，

$$f(x_1,\ldots,x_n) = f(z) - \frac{1}{2}x_1{}^2 - \cdots - \frac{1}{2}x_j{}^2 + \frac{1}{2}x_{j+1}{}^2 + \cdots + \frac{1}{2}x_n{}^2$$

と書かれる．この U_z では，ユークリッド計量となるリーマン計量を M^n にとる．このとき f の勾配ベクトル場 $\mathrm{grad}(f)$ は，U_z 上で

$$-x_1\frac{\partial}{\partial x_1} - \cdots - x_j\frac{\partial}{\partial x_j} + x_{j+1}\frac{\partial}{\partial x_{j+1}} + \cdots + x_n\frac{\partial}{\partial x_n}$$

となる．

モース関数 f が定義する M^n のハンドル分解は，M^n の胞体分割

$$X = (e_1^0 \cup \cdots \cup e_{k_0}^0) \cup \cdots \cup (e_1^n \cup \cdots \cup e_{k_n}^n)$$

を定義し，オイラー数 $\chi(X) = \sum_{j=0}^n (-1)^j k_j$ が定まる．

正実数 ε を，各臨界点 z の ε 近傍 $N_\varepsilon(z)$ が座標近傍 U_z に含まれるようにとる．$W^n = M^n \setminus \bigcup_{\text{臨界点 } z} N_\varepsilon(z)$ を，胞体分割し，M^n は W_n に，各臨界点 z に対応する n 次元胞体 $N_\varepsilon(z)$ を貼りあわせてできていると考える．単位球面束 $p: S_{T(M)} \longrightarrow M$ について，$h: p^{-1}(N_\varepsilon(z)) \stackrel{\approx}{\longrightarrow} N_\varepsilon(z) \times S^{n-1}$ という自明化をとる．

$T(M)$ のオイラー類は，$S_{T(M)}$ の切断の存在の障害類で，$H^n(M^n; \pi_{n-1}(S^{n-1}))$ $= H^n(M^n; \mathbb{Z})$ に値を持つ．W^n 上の切断 $s: W^n \longrightarrow S_{T(M^n)}$ を $s(x) = \frac{\mathrm{grad}(f)}{\|\mathrm{grad}(f)\|}$ で定める．指数 j の臨界点 z に対し，

$$\mathrm{pr}_{\partial D^n}(s|\partial N_\varepsilon(z))(x_1,\ldots,x_n) = \frac{1}{\varepsilon}(-x_1,\ldots,-x_j, x_{j+1},\ldots,x_n)$$

である．したがって，オイラー類 e_M を表す n 次元コサイクル c_e で指数 j の臨界点 z に対し $c_e(N_\varepsilon(z)) = (-1)^j$ であり，W^n 上の n 次元胞体上で 0 であるものが存在する．したがって，

$$e_M([M^n]) = \sum_{j=0}^n \sum_{\text{指数 } j \text{ の臨界点 } z} (-1)^j = \sum_{j=0}^n (-1)^j k_j = \chi(X) = \chi(M^n)$$

となる． ∎

注意 7.10.3 M^n 上のベクトル場と切断 $s: M^n \longrightarrow T(M^n)$ は同じものである．

ベクトル場 X が有限個の零点しか持たないとすると, 各零点 z の指数 $\mathrm{ind}_z(X)$ が次のように定まる. z の ε 近傍 $N_\varepsilon(z)$ を $N_\varepsilon(z)$ に含まれる X の零点は z だけであるようにとり, $N_\varepsilon(z)$ 上の $T(M^n)$ の自明化 $h_z : p^{-1}(N_\varepsilon(z)) \longrightarrow N_\varepsilon(z) \times \boldsymbol{R}^n$ とする.

$$\mathrm{ind}_z(X) = \deg(\frac{X}{\|X\|} : \partial N_\varepsilon(z) \longrightarrow S^{n-1})$$

このとき, $e([M^n]) = \sum_{\text{零点 } z} \mathrm{ind}_z(X)$ であることがわかる. これを**ポアンカレ・ホップの定理**と呼ぶ.

7.10.4 トム類

ベクトル束 $E \longrightarrow B$ に対し, $(E, E - s_0(B))$ という空間対を考える. E に計量を入れ, E に付随する単位円板束 $D_E \longrightarrow B$ と, そのファイバー方向の境界の単位球面束 $S_E \longrightarrow B$ を考えると, 包含写像 $(D_E, S_E) \longrightarrow (E, E \setminus s_0(B))$ は, 空間対のホモロジー群の同型を誘導する.

空間対 (D_E, S_E) を考えると, B の各点 x 上には, $p^{-1}(x) = (D_x^n, S_x^{n-1})$ という n 次元円板がある. B 上の曲線 $\gamma : [0,1] \longrightarrow B$ に対し, $\gamma^* p : (p^* D_E, p^* S_E) \longrightarrow [0,1]$ が誘導されるが, これは命題 7.8.1 により, 直積 $[0,1] \times (D_{\gamma(0)}^n, S_{\gamma(0)}^{n-1})$ と同型である. すなわち, x が移動すると, 円板 (D_x^n, S_x^{n-1}) がお互いに同相であるように動く. $\gamma(0) = \gamma(1) = x$ のとき, 直積構造から同型写像 $H_n(D_{\gamma(0)}^n, S_{\gamma(0)}^{n-1}) \longrightarrow H_n(D_{\gamma(1)}^n, S_{\gamma(1)}^{n-1})$ が得られる. $H_n(D_{\gamma(1)}^n, S_{\gamma(1)}^{n-1}) = H_n(D_{\gamma(0)}^n, S_{\gamma(0)}^{n-1}) \cong \boldsymbol{Z}$ だから, この同型写像は, $\mathrm{id}_{\boldsymbol{Z}}$ または $-\mathrm{id}_{\boldsymbol{Z}}$ である.

ベクトル束が向き付け可能のとき, この同型写像は $\mathrm{id}_{\boldsymbol{Z}}$ となる (向き付け可能でないときには, $\boldsymbol{Z}/2\boldsymbol{Z}$ 係数の同型を用いて議論できる). $H_n(D_x^n, S_x^{n-1})$ の生成元 $[D_x^n, S_x^{n-1}]$ を定めることが, ベクトル束の向き付けを定めることである. 向き付けを持つベクトル束において, ホモロジー類 $[D_x^n, S_x^{n-1}]$ は, x に依存しない意味を持つと考えられる. 実際には, その双対であるコホモロジー類を考えるほうが都合がよい. この場合は, $H^n(D_x^n, S_x^{n-1})$ の生成元 $[D_x^n, S_x^{n-1}]^*$ を指定する.

命題 7.10.4 B を有限胞体複体とする. 向き付けられたランク n のベクトル束 $p : E \longrightarrow B$ に付随する円板束 $p : D_E \longrightarrow B$ とそのファイバー方向の境界の球面束 $p : S_E \longrightarrow B$ に対し, n 次元コホモロジー類 $u \in H^n(D_E, S_E)$ で,

ファイバーの包含写像 $i_x : (D_x^n, S_x^{n-1}) \longrightarrow (D_E, S_E)$ に対し, $i_x^* u = [D_x^n, S_x^{n-1}]^*$ を満たすものが, ただ 1 つ存在する.

証明 B が 0 次元ならば命題は成立している. 胞体の個数に関する帰納法で示す. B の k 次元骨格 $B^{(k)}$ は $k-1$ 次元骨格 $B^{(k-1)}$ に k 次元胞体 e^k をいくつか貼りあわせて得られる. $p_{k-1} : (D_E|B^{(k-1)}, S_E|B^{(k-1)}) \longrightarrow B^{(k-1)}$ に対しては, $u_{k-1} \in H^n(D_E|B^{(k-1)}, S_E|B^{(k-1)})$ が存在すると仮定する. $e^k = \iota^k(\text{Int}(D^k))$, $\iota^k|\partial D^k = \varphi^k : \partial D^k \longrightarrow B^{(k-1)}$ とするとき, D^k 上の D^n 束 $\iota^{k*}p : \iota^{k*}D_E \longrightarrow D^k$ の D^k の境界 ∂D^k への制限 $\varphi^{k*}p : \varphi^{k*}(D_E|B^{(k-1)}) \longrightarrow \partial D^k$ に対し, $u_{\partial D^k} \in H^n(\partial D^k \times (D^n, \partial D^n))$ が存在する.

$i : \partial D^k \times (D^n, \partial D^n) \longrightarrow D^k \times (D^n, \partial D^n)$ として, マイヤー・ビエトリス完全系列は次のように書かれる.

$$H^n((D_E|(B^{(k-1)} \cup e^k), S_E|(B^{(k-1)} \cup e^k))$$
$$\xrightarrow{(\iota^{k*}, j^*)} H^n(D^k \times (D^n, \partial D^n)) \oplus H^n(D_E|B^{(k-1)}, S_E|B^{(k-1)})$$
$$\xrightarrow{i^* - \varphi^{k*}} H^n(\partial D^k \times (D^n, \partial D^n))$$

これにより, $\varphi^{k*}u_{k-1} = i^*u_{D^k}$ となる生成元 $u_{D^k} \in H^n(D^k \times (D^n, \partial D^n))$ がとれれば, u は, $B^{(k-1)} \cup e^k$ 上で存在する. この議論を繰り返せば, u が $B^{(k)}$ 上で存在することがわかる.

u_{D^k} の存在について,

$$H^n(\partial D^k \times (D^n, \partial D^n)) \cong \begin{cases} \mathbf{Z}[D_-^n, \partial D_-^n]^* \oplus \mathbf{Z}[D_+^n, \partial D_+^n]^* & (k = 1) \\ \mathbf{Z}[D^n, \partial D^n]^* & (k \neq n+1) \\ \mathbf{Z}[\partial D^{n+1}]^* \oplus \mathbf{Z}[D^n, \partial D^n]^* & (k = n+1) \end{cases}$$

である. ここで, $k = 1$ のときは, $\partial D^1 \times (D^n, \partial D^n) = (D_-^n, \partial D_-^n) \sqcup (D_+^n, \partial D_+^n)$ と書いた. 制限写像 $i^* : H^n(D^k \times (D^n, \partial D^n)) \longrightarrow H^n(\partial D^k \times (D^n, \partial D^n))$ について, $\text{Im}(i^*) = \begin{cases} \mathbf{Z}([D_-^n, \partial D_-^n]^* + [D_+^n, \partial D_+^n]^*) & (k = 1) \\ \mathbf{Z}[D^n, \partial D^n]^* & (k \neq n+1) \\ \mathbf{Z}[D^n, \partial D^n]^* & (k = n+1) \end{cases}$ である.

$k = 1$ のときは, ベクトル束が向き付けられているという仮定から, $u_{\partial D^1} = [D_-^n, \partial D_-^n]^* + [D_+^n, \partial D_+^n]^* \in \text{Im}(i^*)$ であり, $u_{D^1} \in H^n(D^1 \times (D^n, \partial D^n))$ が定まる. $k \neq n+1$ ならば, $i_x^*u = [D_x^n, \partial D_x^n]^*$ という条件から, $\varphi^{k*}u_{k-1} = [D^n, \partial D^n]^*$

であり，$\varphi^{k*}u_{k-1} = i^*u_{D^n}$ となる u_{D^n} が定まる．$k = n+1$ のとき，$B^{(n)}$ 上で $u_n \in H^n(D_E|B^{(n)}, S_E|B^{(n)})$ が定まっている．$B^{(n)}$ の n 次元胞体上での u_n の値は 0 である（$k = n$ のとき，一意的に拡張した結果そうなっている）．したがって，再び $i_x^*u = [D_x^n, \partial D_x^n]^*$ という条件から，$\varphi^{n*}u_n = [D^n, \partial D^n]^*$ であり，$\varphi^{n*}u_n = i^*u_{D^n}$ となる u_{D^n} が定まる．

以上で u の存在が示されたが，u の構成は向き付けの存在のもとで一意的である． ∎

このコホモロジー類 $u_E \in H^n(D_E, S_E)$ をベクトル束 E の**トム類**と呼ぶ．

7.10.5 トム同型

円板束 $H^*(D_E)$ のコホモロジー群は，$p^* : H^*(B) \longrightarrow H^*(D_E)$ により，$H^*(B)$ と同型であり，それだけを考えても面白くないが，円板束 D_E と球面束 S_E の空間対 (D_E, S_E) を考えると，$B \times (D^n, \partial D^n)$ とホモロジー群は同型になる．実際，注意 4.5.13（159 ページ）により，カップ積 $\cup : H^*(D_E) \times H^*(D_E, S_E) \longrightarrow H^*(D_E, S_E)$ を考えることができ，$\alpha \in H^*(B)$ に $p^*\alpha \cup u_E \in H^*(D_E, S_E)$ を対応させる写像を $\cup u_E$ と書くと，$\cup u_E : H^*(B) \longrightarrow H^*(D_E, S_E)$ が同型写像となる．

定理 7.10.5（トム同型定理） $\cup u_E : H^*(B) \longrightarrow H^*(D_E, S_E)$ は同型写像である．

証明 まず，$D^k \times (D^n, \partial D^n), \partial D^k \times (D^n, \partial D^n)$ について，$u_{E|D^k}, u_{E|\partial D^k}$ は，ともに $[D^n, \partial D^n]^*$ であり，これらに対して定理は成り立っている．

実際，$D^k \times (D^n, \partial D^n)$ について diag $: D^k \times (D^n, \partial D^n) \longrightarrow (D^k \times D^n) \times (D^k \times (D^n, \partial D^n))$ によるコホモロジーの引き戻しは，恒等写像と同一視されるから，$\cup : H^*(D^k \times D^n) \times H^*(D^k \times (D^n, \partial D^n)) \longrightarrow H^*(D^k \times (D^n, \partial D^n))$ は，$1 \cup [D^n, \partial D^n] = [D^n, \partial D^n]$ と記述される．$\partial D^k \times (D^n, \partial D^n)$ について

$$\text{diag} : \partial D^k \times (D^n, \partial D^n) \longrightarrow (\partial D^k \times D^n) \times (\partial D^k \times (D^n, \partial D^n))$$

によるコホモロジーの引き戻しは，次のようになる．

$$\mathrm{diag}^*(1 \otimes (1 \otimes [D^n, \partial D^n]^*)) = 1 \otimes [D^n, \partial D^n]^*,$$
$$\mathrm{diag}^*(1 \otimes ([\partial D^k]^* \otimes [D^n, \partial D^n]^*)) = [\partial D^k]^* \otimes [D^n, \partial D^n]^*,$$
$$\mathrm{diag}^*([\partial D^k]^* \otimes (1 \otimes [D^n, \partial D^n]^*)) = [\partial D^k]^* \otimes [D^n, \partial D^n]^*,$$
$$\mathrm{diag}^*([\partial D^k]^* \otimes ([\partial D^k]^* \otimes [D^n, \partial D^n]^*)) = 0$$

したがって,

$$\cup : H^*(\partial D^k \times D^n) \times H^*(\partial D^k \times (D^n, \partial D^n)) \longrightarrow H^*(\partial D^k \times (D^n, \partial D^n))$$

について, $[\partial D^k] \cup [D^n, \partial D^n]$ が, $H^{k-1+n}(\partial D^k \times (D^n, \partial D^n))$ の生成元である.

命題 7.10.4 の証明と同様に,

$$\cup u_{k-1} : H^*(B^{(k-1)}) \longrightarrow H^*(D_E|B^{(k-1)}, S_E|B^{(k-1)})$$

が同型写像であるとすると, k 次元胞体 e^k を $B^{(k-1)}$ に貼りあわせたとき,

$$\cup u_{E|(B^{(k-1)} \cup e^k)} : H^*(B^{(k-1)} \cup e^k) \longrightarrow H^*(D_E|(B^{(k-1)} \cup e^k), S_E|(B^{(k-1)} \cup e^k))$$

が同型写像であることがわかる. この議論を繰り返せば, $\cup u_k : H^*(B^{(k)}) \longrightarrow H^*(D_E|B^{(k)}, S_E|B^{(k)})$ が同型写像であることがわかり, 定理が示される.
∎

命題 7.10.6 B を有限胞体複体とする. ランク n の向き付けられたベクトル束 $E \longrightarrow B$ に計量を入れて, 単位円板束 D_E とそのファイバー方向の境界の単位球面束 S_E を考える. そのトム類を $u_E \in H^n(D_E, S_E)$ とする. 零切断 $s_0 : B \longrightarrow D_E$ を $s_0 : B \longrightarrow (D_E, S_E)$ と考えると, $s_0^* u_E$ は E のオイラー類 e_E と一致する.

証明 B の $n-1$ 次元骨格 $B^{(n-1)}$ からは, $n-1$ 次元球面束 S_E への切断が存在し, オイラー類 $e_E \in H^n(B; \pi_{n-1}(S^{n-1}))$ は, n 次元骨格 $B^{(n)}$ からの切断が存在するための障害類である. e_E を代表する n 次元コサイクル c_e が, $n-1$ 次元骨格からの切断 $s_{n-1} : B^{(n-1)} \longrightarrow S_E$ を固定して, B の各 n 次元胞体 e^n_ℓ に対応する写像 $\iota^n_\ell : D^n_\ell \longrightarrow B$ に対し, 自明化 $h^n_\ell : (\iota^n_\ell)^* S_E \xrightarrow{\approx} D^n \times S^{n-1}$ をとるとき,

$$c_e(e_\ell^n) = \deg(\mathrm{pr}_{S^{n-1}} \circ h_\ell^n \circ s_{n-1} \circ \varphi_\ell^n : S^{n-1} \longrightarrow S^{n-1})$$

で与えられる．

円板束 D_E への 2 つの切断はホモトピックであるから $s_0|B^{(n-1)} \simeq s_{n-1}$ である．$s_0' : B \longrightarrow D_E$ を $s_0' \simeq s_0$, $s_0'|B^{(n-1)} = s_{n-1}$ を満たす切断とする．$s_0 \simeq s_0'$ であるから，トム類 u_E に対し，$s_0{}^* u_E = s_0'{}^* u_E$ である．

B の各 n 次元胞体 e_ℓ^n に対応する連続写像 $\iota_\ell^n : D_\ell^n \longrightarrow B$ に対し，自明化 $h_\ell^n : (\iota_\ell^n)^* S_E \xrightarrow{\approx} D^n \times S^{n-1}$ は，自明化 $h_\ell^n : (\iota_\ell^n)^* D_E \xrightarrow{\approx} D^n \times D^n$ のファイバー方向の境界となっており，トム類を与えるコチェイン c_u は，この自明化において，$((h_\ell^n)^{-1*} c_u)(1 \otimes [D^n, S^{n-1}]) = 1$ で与えられている．

$$\begin{aligned}
& c_u((s_0' \circ \iota_\ell^n)_* [D^n, \partial D^n]) \\
&= ((h_\ell^n)^{-1*} c_u)((h_\ell^n \circ s_0' \circ \iota_\ell^n)_* [D^n, \partial D^n]) \\
&= \deg(\mathrm{pr}_{D^n} \circ h_\ell^n \circ s_0' \circ \iota_\ell^n : (D^n, \partial D^n) \longrightarrow (D^n, S^{n-1})) \\
&= \deg(\mathrm{pr}_{S^{n-1}} \circ h_\ell^n \circ s_0' \circ \iota_\ell^n|\partial D^n : \partial D^n \longrightarrow S^{n-1}) \\
&= \deg(\mathrm{pr}_{S^{n-1}} \circ h_\ell^n \circ s_{n-1} \circ \varphi_\ell^n : S^{n-1} \longrightarrow S^{n-1}) = c_e(e_\ell^n)
\end{aligned}$$

である．したがって，$(s_0' \circ \iota_\ell^n)^* c_u = c_e$ であり，$s_0{}^* u_E = e_E$ が示された． ∎

命題 7.10.7 M をユークリッド空間 $\mathbf{R}^N$ に埋め込まれたコンパクト向き付け可能多様体とする．M の法束 $\nu(M)$ のオイラー類 $e_{\nu(M)}$ は 0 である．

証明 $\nu(M)$ のオイラー類 $e_{\nu(M)}$ は，$\nu(M)$ のトム類 $u_{\nu(M)} \in H^{N-n}(D_{\nu(M)}, S_{\nu(M)})$ の零切断 s_0 による引き戻しである．$D_{\nu(M)}$ は M の閉管状近傍 $\overline{U}_M$ と同一視され，切除同型 $H^{N-n}(\mathbf{R}^N, \mathbf{R}^N \setminus U_M) \cong H^{N-n}(D_{\nu(M)}, S_{\nu(M)})$ が存在する．零切断 $s_0 : M \longrightarrow D_{\nu(M)} \xrightarrow{\approx} \overline{U}_M \subset \mathbf{R}^N$ は，連続写像 $s : M \longrightarrow \mathbf{R}^N$ で $s(M) \subset \mathbf{R}^N \setminus \overline{U}_M$ を満たすものとホモトピックである．したがって，$e_{\nu(M)} = s_0^* u_{\nu(M)} = s^* u_{\nu(M)} = 0$ となる． ∎

注意 7.10.8 M^n を向き付けられたコンパクト n 次元多様体とする．対角集合 $\mathrm{diag}(M) \subset M \times M$ に対し，その閉管状近傍 $\overline{U}_{\mathrm{diag}(M)}$ は，M の接束の単位円板束 $D_{T(M)}$ と微分同相である．切除同型

$$H^*(M^n \times M^n, M^n \times M^n \setminus U_{\mathrm{diag}(M)}) \cong H^*(D_{T(M^n)}, S_{T(M^n)})$$

により，トム類 $u_{T(M^n)} \in H^n(D_{T(M^n)}, S_{T(M^n)})$ は，$H^n(M^n \times M^n, M^n \times M^n \setminus U_{\text{diag}(M)})$ の元 $u_{\text{diag}(M^n)}$ を定める．$f: M^n \longrightarrow M^n$ が id_{M^n} にホモトピックとすると，$(\text{id}, f)^* u_{\text{diag}(M^n)} = \text{diag}^* u_{\text{diag}(M^n)} \in H^n(M^n)$ である．f の固定点が有限個とすると，f の固定点 z の近傍 $N_\varepsilon(z)$ を $N_\varepsilon(z)$ に含まれる固定点は z だけであるようにとって，固定点 z の指数が，

$$\text{ind}_z(f - \text{id}) = \deg(\frac{f - \text{id}}{\|f - \text{id}\|} : \partial N_\varepsilon(z) \longrightarrow S^{n-1})$$

で定まる．ただし $f - \text{id}$ は，z のまわりの座標近傍をとり計算する．このとき，命題 7.10.6 から，M^n の基本類 $[M^n]$ に対し，

$$\begin{aligned} e([M^n]) &= (s_0^* u_{T(M^n)})[M^n] = (\text{diag}^* u_{\text{diag}(M^n)})[M^n] \\ &= ((\text{id}, f)^* u_{\text{diag}(M^n)})[M^n] = \sum_{\text{固定点 } z} \text{ind}_z(f - \text{id}) \end{aligned}$$

であることがわかる（121 ページ参照）．$e([M^n]) = \sum_{i=0}^n (-1)^i \text{rank}(H_i(M^n))$ において，

$$\begin{aligned} \text{rank}(H_i(M^n)) &= \dim(H_i(M^n; \boldsymbol{R})) \\ &= \text{tr}(\text{id}_{M^n *} : H_i(M^n; \boldsymbol{R}) \longrightarrow H_i(M^n; \boldsymbol{R})) \\ &= \text{tr}(f_* : H_i(M^n; \boldsymbol{R}) \longrightarrow H_i(M^n; \boldsymbol{R})) \end{aligned}$$

である．f を id_{M^n} とホモトピックとは限らない一般の連続写像で，固定点が有限であるものとするときにも次が成立する．

$$\sum_{\text{固定点 } z} \text{ind}_z(f - \text{id}) = \sum_{i=0}^n (-1)^i \text{tr}(f_* : H_i(M^n; \boldsymbol{R}) \longrightarrow H_i(M^n; \boldsymbol{R}))$$

これを**レフシェッツの不動点公式**と呼ぶ．

不動点は $M^n \times M^n$ における f のグラフと id_{M^n} のグラフの交点である．上の注意は，交点を重みを付けて数えたものが，ホモロジー群への作用で計算できることを示している．点を重みを付けて数えたものは，0 次元ホモロジー群 $H_0(M^n \times M^n)$ の元であるから，2 つの n 次元ホモロジー類 $\text{diag}_*[M^n]$, $(\text{id}_{M^n}, f)_*[M^n]$ の交叉という量が定義できることを示唆している．

向き付けられたコンパクト n 次元多様体 M^n は，三角形分割可能である（[微分形式・付録]）．三角形分割を K とするとき，その双対胞体複体 K^* が定まる．三角形分割に付随したコチェイン複体と双対胞体分割に付随したチェ

イン複体はコバウンダリー作用素とバウンダリー作用素の符号を除いて同型になり，このことから，ポアンカレ双対定理 $H_{n-k}(M^n) \cong H^k(M^n)$ が導かれる（[微分形式・定理 5.2.1]）．M^n が境界 ∂M^n を持つ向き付けられたコンパクト n 次元多様体のときは，同じ議論から，$H_{n-k}(M^n) \cong H^k(M^n, \partial M^n)$，あるいは $H_{n-k}(M^n, \partial M^n) \cong H^k(M^n, \partial M^n)$ が成立する．

ホモロジー類 $c_k \in H_k(M^n, \partial M^n)$ とコホモロジー類 $c^\ell \in H^\ell(M^n, \partial M^n)$ のキャップ積 $c_k \cap c^\ell \in H_{k-\ell}(M^n)$ が，任意の $H^{k-\ell}(M^n)$ の元 $\phi^{k-\ell}$ に対し，$\phi^{k-\ell}(c_k \cap c^\ell) = (c^\ell \cup \phi^{k-\ell})(c_k)$ を満たすように定義される．$\cap : H_k(M^n, \partial M^n) \times H^\ell(M^n) \longrightarrow H_{k-\ell}(M^n, \partial M^n)$ の形のキャップ積も同様に定義される．

この書き方で，ポアンカレ双対は，M^n の基本ホモロジー類 $[M^n]$ を用いて $[M^n] \cap : H^k(M^n, \partial M^n) \longrightarrow H_{n-k}(M^n)$ で与えられる．

実際，向き付けられたコンパクト n 次元多様体 M^n の三角形分割 K を順序単体複体としてとる．K の k 次元コサイクル c^k と $n-k$ 次元コサイクル ϕ^{n-k} のポアンカレ双対は，それぞれ双対胞体複体 K^* の $n-k$ 次元サイクル c^{*n-k} と k 次元サイクル ϕ^{*k} により表される．5.6.2 小節（192 ページ）で示したように，カップ積 $c^k \cup \phi^{n-k}$ の，M^n の順序 n 次元単体 $\langle v_0 v_1 \cdots v_n \rangle$ 上での値は，$c^k(\langle v_0 \cdots v_k \rangle) \phi^{n-k}(\langle v_k \cdots v_n \rangle)$ であり，この値は，c^{*n-k} の $\langle v_0 \cdots v_k \rangle^*$ の係数と ϕ^{*k} の $\langle v_k \cdots v_n \rangle^*$ の係数の積である．

これはキャップ積の定義において，任意の ϕ^{n-k} に対し，$\phi^{n-k}([M] \cap c^k) = (c^k \cup \phi^{n-k})[M]$ を満たす $[M^n] \cap c^k$ は，c^{*n-k} であることを示している．

【例 7.10.9】 T^2 の三角形分割 $K = \partial(\langle v_0 v_1 v_2 \rangle) \times \partial(\langle w_0 w_1 w_2 \rangle)$ とその双対分割 K^* を図 7.15 の左の図のように与える．K を順序複体とするために，頂点 $v_i \times w_j$ に辞書式順序を入れる．この順序について小さい頂点から大きい頂点に矢印を描いている．図 7.15 は，T^2 を正方形の対辺を同一視した形で描いている．正方形の境界にある頂点に，その頂点 $v_i \times w_j$ の添え字 ij を書いている．辺の向きは辞書式順序にしたがう．図 7.15 の中央の図の点線は，ホモロジー群の標準的な生成元（上下，左右に回るもの）を表す K^* の 2 つの 1 次元サイクルを表す．この 2 つの 1 次元サイクルに対して，それらと交わる K の 1 次元単体に向きにしたがって ± 1 を与えるものが，ポアンカレ双対の 1 次元コサイクルである．この 2 つの 1 次元コサイクルのカップ積は，コサイ

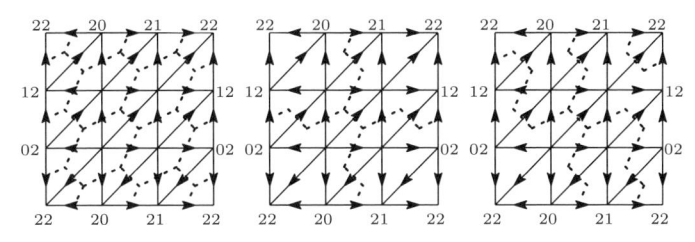

図 7.15 例 7.10.9 の T^2 の三角形分割とその双対分割（左）．ホモロジー群の標準的な生成元を表す K^* の 2 つの 1 次元サイクル（中央）．ホモロジー群の別の生成元を表す K^* の 2 つの 1 次元サイクル（右）．

クルの積の順序にしたがって，中央の 2 つの 2 次元単体の一方に対してだけ値を持ちうる．図 7.15 の右の図の点線は，ホモロジー群の生成元として上下に回るものと，左上から右下に回るものを表す K^* の 1 次元サイクルを描いている．これに対応する K の 2 つのコサイクルのカップ積も同様の値となる．

命題 7.10.10 M^n を向き付けられたコンパクト n 次元多様体とする．M^n 上の向き付けられたランク k の実ベクトル束 E に計量が与えられているとする．E の単位円板束 D_E，単位球面束 S_E に対し，トム類 $u_E \in H^k(D_E, S_E)$ は，零切断 $s_0(M^n)$ のホモロジー類 $s_{0*}[M^n] \in H_n(D_E)$ のポアンカレ双対である．

証明 D_E に，$s_0(M^n)$ を部分複体とする三角形分割 K をとる．K の双対胞体分割 K^* について，$s_0(M^n)$ の n 単体 σ^n の双対胞体 σ^{n*} は，k 次元円板と同相である．$s_0(M^n)$ は K の n 次元サイクルを定義するが，このサイクルの双対 k 次元サイクルは各双対 k 次元胞体 σ^{n*} に対し，基本ホモロジー類 $[M^n]$ を代表するサイクルにおける σ^n の符号にしたがって ± 1 を与え，他の双対 k 次元胞体上では 0 となるものである．これは，トム類を代表するコサイクルとなるから，$u_E \in H^k(D_E, S_E)$ は，$s_{0*}[M^n] \in H_n(D_E)$ のポアンカレ双対である．■

ポアンカレ双対定理を考えると，$[D_E, S_E] \cap u_E = s_{0*}[M^n]$ である．特に，$E = TM$ のとき，$[D_{TM}, S_{TM}] \cap u_M = s_{0*}[M^n]$ で，$\chi(M) = u_M(s_{0*}[M^n]) = u_M([D_E, S_E] \cap u_E) = (u_M \cup u_M)([D_E, S_E])$ となる．

7.11 等質空間（展開）

群 G の空間 X に作用しているとき，X の各点 x に対し，G 軌道 $G \cdot x = \{gx \in X \mid g \in G\}$，アイソトロピー部分群 $G_x = \{g \in G \mid g \cdot x = x\}$ が定まる．G が位相群のときは，G_x は閉部分群である．x の G 軌道と G/G_x の間には，全単射が存在する．また，gx におけるアイソトロピー部分群は gGg^{-1} である．

X の任意の 2 点 x_0, x_1 に対し，$g \cdot x_0 = x_1$ とする G が存在するとき，作用は推移的であるという．推移的な作用に対しては，G 軌道は X 自身で，X と G/G_x の間に全単射が存在する．$X = G/G_x$ のように書かれる．

X が多様体，G がリー群のときは微分同相写像のなす群 $\mathrm{Diffeo}(X)$ への微分可能な準同型写像を考える．

【例 7.11.1】 (1) 群 $SO(n+1) = \{A \in GL(n+1; \boldsymbol{R}) \mid {}^t A A = I_{n+1}\}$ は，n 次元単位球面 S^n に推移的に作用し，ベクトル e_1 のアイソトロピー群は $SO(n) = \mathrm{diag}(1, SO(n)) \subset SO(n+1)$ である．したがって，$S^n \cong SO(n+1)/SO(n)$ である．$SO(n+1)$ は S^n の接空間の正の向きの正規直交 n 枠全体の空間と同一視できる．

(2) 群 $SO(1, n)_+ = \{A \in GL(n+1; \boldsymbol{R}) \mid {}^t A \,\mathrm{diag}(-1, I_n) A = \mathrm{diag}(-1, I_n), \det A = 1, a_{11} \geqq 1\}$ は，$H^n = \{(x_1, \boldsymbol{x}') \in \boldsymbol{R}^{n+1} \mid x_1 = \sqrt{\|\boldsymbol{x}'\|^2 + 1}\}$ に推移的に作用し，ベクトル e_1 のアイソトロピー群は $SO(n) = \mathrm{diag}(1, SO(n)) \subset SO(n+1)$ である．したがって，$H^n \cong SO(1, n)/SO(n)$ である．

(3) n 次元ユークリッド空間の正規直交 k 枠全体 $V_k(\boldsymbol{R}^n)$ はスティーフェル多様体と呼ばれる．$k < n$ ならば，$V_k(\boldsymbol{R}^n)$ には，$SO(n)$ が推移的に作用し，$(e_1, \ldots, e_k)$ のアイソトロピー群は，$SO(n-k) = \mathrm{diag}(I_k, SO(n-k))$ である．したがって，$V_k(\boldsymbol{R}^n) \cong SO(n)/SO(n-k)$ である．

(4) n 次元ユークリッド空間の向き付けを持つ k 次元部分空間全体 $G_k^+(\boldsymbol{R}^n)$ は有向グラスマン多様体と呼ばれる．$G_k^+(\boldsymbol{R}^n)$ には，$SO(n)$ が推移的に作用し，$\{e_1, \ldots, e_k\}$ で張られる k 次元部分空間のアイソトロピー群は，$SO(k) \times SO(n-k) = \mathrm{diag}(SO(k), SO(n-k))$ である．したがって，$G_k^+(\boldsymbol{R}^n) \cong SO(n)/(SO(k) \times SO(n-k))$ である．$G_k^+(\boldsymbol{R}^n) \cong G_{n-k}^+(\boldsymbol{R}^n)$ である．

X にリー群が作用している場合，等質空間 $X = G/G_x$ は，G_x をファイバーとするファイバー束 $G \longrightarrow G_x$ の底空間となる．上の例の場合，次のファイバー束が得られている．

(1) $SO(n)$ をファイバーとする $SO(n+1) \longrightarrow S^n$.
(2) $SO(n)$ をファイバーとする $SO(n,1)_+ \longrightarrow H^n$.
(3) $SO(n-k)$ をファイバーとする $SO(n) \longrightarrow V_k(\boldsymbol{R}^n)$.
(4) $SO(k) \times SO(n-k)$ をファイバーとする $SO(n) \longrightarrow G_k^+(\boldsymbol{R}^n)$.

さらに，次のファイバー束も得られる．

- S^{n-k-1} をファイバーとする $V_{k+1}(\boldsymbol{R}^n) \longrightarrow V_k(\boldsymbol{R}^n)$.
- $V_{k-1}(\boldsymbol{R}^{n-1})$ をファイバーとする $V_k(\boldsymbol{R}^n) \longrightarrow S^{n-1}$.
- $SO(k)$ をファイバーとする $V_k(\boldsymbol{R}^n) \longrightarrow G_k^+(\boldsymbol{R}^n)$.

例えば，$V_2(\boldsymbol{R}^4) \longrightarrow S^3$ は，$V_1(\boldsymbol{R}^3) \cong S^2$ をファイバーとするファイバー束である．$V_2(\boldsymbol{R}^4)$ は，単位接ベクトル束 S_{TS^3} と同一視される．$V_2(\boldsymbol{R}^4) \longrightarrow G_2^+(\boldsymbol{R}^4)$ は，$SO(2) \cong S^1$ をファイバーとするファイバー束である．$G_2^+(\boldsymbol{R}^4)$ は，S^3 の向きの付いた大円の空間と同一視され，$S^2 \times S^2$ と微分同相である．

【問題 7.11.2】 $V_k(\boldsymbol{R}^n)$ は $n-k-1$ 連結であることを示せ．解答例は 291 ページ．

7.12 分類空間（展開）

群 G をファイバーとするファイバー束 $p_{BG} : EG \longrightarrow BG$ で，EG が可縮なものがあるとする．EG には自由な右 G 作用があり，BG は EG をこの作用で同一視して得られていると考える：$BG = EG/G$. G をファイバーとする任意のファイバー束 $p_B : E \longrightarrow B$ をとる．$(e_E, e_{EG}) \in E \times EG, g \in G$ に対し，$(e_E, e_{EG}) \cdot g = (e_E, e_{EG})$ とすると，$E \times EG$ 上の自由な右 G 作用が定まる．商の空間 $X = (E \times EG)/G$ について，$p_1 : X \longrightarrow B$ は EG をファイバーとするファイバー束であり，$p_2 : X \longrightarrow BG$ は E をファイバーとするファイバー束である．EG は可縮だから，$p_1 : X \longrightarrow B$ には，切断 s が存在する．

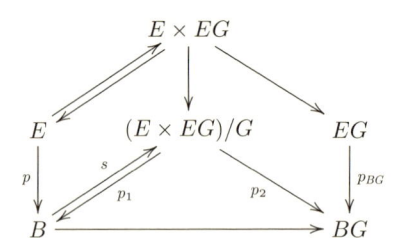

$$\begin{array}{ccc}
& E \times EG & \\
& \downarrow & \\
E & (E \times EG)/G & EG \\
\downarrow p & \quad s \quad \swarrow \quad \searrow p_2 & \downarrow p_{BG} \\
& \quad p_1 & \\
B & \longrightarrow & BG
\end{array}$$

写像 $Bp = p_2 \circ s : B \longrightarrow BG$ で p_{BG} を引き戻すと $(Bp)^* p_{BG}$ は p_B と同型なファイバー束となる.

【例 7.12.1】 (1) $G = \mathbf{Z}$ のとき, $E\mathbf{Z} = \mathbf{R}, B\mathbf{Z} = \mathbf{R}/\mathbf{Z}, p_{\mathbf{R}/\mathbf{Z}} : \mathbf{R} \longrightarrow \mathbf{R}/\mathbf{Z}$ で, $p : E \longrightarrow B$ も $p_{\mathbf{R}/\mathbf{Z}}$ をとると, $(E \times E\mathbf{Z})/\mathbf{Z} = \mathbf{R}^2/\mathbf{Z}$ である. $\mathbf{Z}$ の作用は, $\cdot n : (x, y) \longmapsto (x+n, y+n)$ となり, $s : \mathbf{R}/\mathbf{Z} \longrightarrow \mathbf{R}^2/\mathbf{Z}$ の像は, $\{(x,y) \mid x = y\}/\mathbf{Z}$ となる.

(2) $G = U(1) \cong SO(2) \cong \mathbf{R}/\mathbf{Z}$ のとき, $S^\infty = \varinjlim S^{2n+1}$ に $U(1)$ が自由に作用し, $S^\infty/U(1) = \mathbf{C}P^\infty = \varinjlim \mathbf{C}P^n$ である. S^∞ は可縮であることがわかり, $EU(1) = S^\infty$, $BU(1) = \mathbf{C}P^\infty$ となる. 円周をファイバーとするファイバー束 $p : E \longrightarrow B$ は, 群 $U(1)$ をファイバーとするファイバー束とみなされる. 上に述べた写像 $Bp : B \longrightarrow BU(1)$ が構成され, $p \cong (Bp)^* p_{BU(1)}$ となる.

群 G をファイバーとするファイバー束 $p_{BG} : EG \longrightarrow BG$ は, 群 G をファイバーとするあらゆる可能なファイバー束構造を実現していると考えられるので, 群 G をファイバーとする**普遍ファイバー束**と呼ばれる. その底空間 BG は, G 束の**分類空間**と呼ばれ, G 束 $p : E \longrightarrow B$ に対し, $p \cong Bp^* p_{BG}$ となる $Bp : B \longrightarrow BG$ を**分類写像**と呼ぶ.

一般の位相群 G に対して, G をファイバーとする普遍ファイバー束の構成方法としてはミルナーの無限ジョイン構成, シーガルたちの単体的空間の実現などの方法がある. 位相群 G に対し, G が自由に作用する可縮な空間 EG で, よい商空間 BG を持つものを構成するものである.

一般の位相空間 F をファイバーとするファイバー束に対して, ファイバー F に効果的に作用する位相群 G が与えられている場合を考える. G が自由に作用する可縮な空間 EG が構成できていれば, $EG \times F$ の G の対角作用による商空間 $(EG \times F)/G$ を考えれば, 自然な写像 $p : (EG \times F)/G \longrightarrow BG$

は，F をファイバーとするファイバー束となる．$p: E \longrightarrow B$ を F をファイバーとするファイバー束で，B の開被覆上の G に値をとる 1 コサイクルで定義されているとする．この 1 コサイクルは，G をファイバーとするファイバー束 $\widehat{p}: P \longrightarrow B$ を定義しており，$(P \times F)/G \longrightarrow B$ が $p: E \longrightarrow B$ と同型である．G 束 $\widehat{p}: P \longrightarrow B$ に対し，分類写像 $B\widehat{p}: B \longrightarrow BG$ が定まる．ここで，$(B\widehat{p})^*(EG \times F)/G = (P \times F)/G$ であり，$p \cong (B\widehat{p})^*\boldsymbol{p}$ となる．こうして，$\boldsymbol{p}: (EG \times F)/G \longrightarrow BG$ は，F をファイバーとして，G に値を持つ 1 コサイクルで記述されるあらゆる可能なファイバー束構造を実現していると考えられる．$\boldsymbol{p}$ を F をファイバーとする普遍ファイバー束と呼び，BG は F 束の分類空間と呼ばれる．

また，上のように構成した分類空間 BG に対しては，2 つの引き戻し $(f_0)^*\boldsymbol{p}$，$(f_1)^*\boldsymbol{p}$ が同型ならば，$f_0, f_1: X \longrightarrow BG$ は，ホモトピックとなる．B を底空間とするファイバー束の分類の問題は，ホモトピー集合 $[B, BG]$ を決める問題と同値になる．

BG のコホモロジー群の元 c は，ファイバー束の**特性類**と呼ばれる．$p: E \longrightarrow B$ に対して，Bp^*c は B のコホモロジー群の元で $p: E \longrightarrow B$ の**特性類**と呼ばれる．特性類が違えば，B 上の 2 つのファイバー束は同型ではない．

向き付けられたコンパクト n 次元多様体 M^n は，次元の高いユークリッド空間 $\boldsymbol{R}^N$ に埋め込まれる（[多様体入門・定理 5.2.3]）．N が大きければ，2 つの埋め込みはアイソトピックになる．この状態で，埋め込みにより，M^n の各点 x の接空間 $T_x(M^n)$ は，$\boldsymbol{R}^N$ の n 次元部分空間を定めるから，有向グラスマン多様体 $G_n^+(\boldsymbol{R}^N)$ の元を定める．$G_n^+(\boldsymbol{R}^N) \cong V_k(\boldsymbol{R}^N)/SO(n)$ であるが，$V_k(\boldsymbol{R}^N)$ は $N-k-1$ 連結であるから，$V_k(\boldsymbol{R}^N) \subset V_k(\boldsymbol{R}^{N+1}) \subset \cdots$ の順極限 $V_k(\boldsymbol{R}^\infty)$ は，可縮である．したがって $G_n^+(\boldsymbol{R}^\infty) = V_k(\boldsymbol{R}^\infty)/SO(n)$ は，$SO(n)$ の分類空間である．したがって，多様体 $M^n \longrightarrow G_n^+(\boldsymbol{R}^\infty)$ という写像のホモトピー類が定まり，多様体の特性類を与える．この考察から多様体の分類理論が定式化されていった．

7.13　第 7 章の問題の解答

【問題 7.2.2 の解答】　(1)　$k_0 = 1$ ならば成立している．$k_0 > 1$ として，$1 \leqq j < k_0$ なる j に対し，j 個の頂点と $j-1$ 個の辺からなる連結な部分複体 Y_j がとられて

いるとする（$j=1$ に対して Y_1 は常にとることができる）．この部分複体 Y_j の頂点から出る辺で，j 個以外の頂点を端点に持つものが存在する（そうでなければ $X^{(1)}$ が連結とならない）．この辺と頂点を加えたもの Y_{j+1} は，$j+1$ 個の頂点と j 個の辺からなる部分複体となる．これを続けて，k_0 個の頂点と k_0-1 個の辺からなる連結な部分複体 Y_{k_0} が得られる．

Y_{k_0} は可縮である．実際，変形レトラクト $h_t^j : Y_{j+1} \longrightarrow Y_{j+1}$ で，$h_t^j|Y_j = \mathrm{id}_{Y_j}$, $h_0^j = \mathrm{id}_{Y_{j+1}}$, $h_1^j(Y_{j+1}) = Y_j$ を満たすものがある．したがって $Y_{k_0} \simeq Y_{k_0-1} \simeq \cdots \simeq Y_2 \simeq Y_1$ となる．この Y_{k_0} が求めるものである．

(2) 連結な 1 次元胞体複体 $X^{(1)}$ の，頂点の個数を k_0, 辺の個数を k_1 とする．T を $X^{(0)}$ を含み k_0-1 個の辺を持つ可縮な部分複体とする．$X^{(0)}/T$ は 1 個の頂点を持ち，$k_1 - k_0 + 1$ 個の辺を持つ．$X^{(0)}/T$ の基本群が辺の個数の生成元を持つ自由群であることを示せばよい．すなわち，$k_0 = 1$ のとき，基本群が k_1 個の生成元を持つ自由群であることを示せばよい．

$k_1 = 0$ ならば，$X^{(1)} = X^{(0)}$ は 1 点で基本群は単位群である．$k_1 = 1$ ならば，$X^{(1)}$ は円周と同相で，定理 1.4.1 (21 ページ) により基本群は $\boldsymbol{Z}$ と同型である．$k_1 = 2$ ならば，例 1.4.8 (27 ページ) により，$\pi_1(X^{(1)}, e^0) \cong \boldsymbol{Z} * \boldsymbol{Z}$ となる．一般の場合，例 1.4.8 と同様の議論をする．すなわち，$k_1 = N$ のとき，$\pi_1(X^{(1)}, e^0) \cong *_{i=1}^N \boldsymbol{Z}$ であることを仮定すると，$k_1 = N+1$ のとき，$X^{(1)}$ の $e^0 \cup (e_1^1 \cup \cdots \cup e_N^1)$ の近傍 U_1, $e^0 \cup e_{N+1}^1$ の近傍 U_2 で，$U_1 \cup U_2$ が可縮なものをとる．ファンカンペンの定理 1.4.7 (26 ページ) により，$\pi_1(X^{(1)}, e^0) \cong \pi_1(U_1, e^0) * \pi_1(U_2, e^0) \cong (*_{i=1}^N \boldsymbol{Z}) * \boldsymbol{Z} \cong *_{i=1}^{N+1} \boldsymbol{Z}$ となる．

【問題 7.2.3 の解答】 胞体近似定理 3.6.5 (115 ページ) により，任意の連続写像 $f : ([0,1], \{0,1\}) \longrightarrow (X, e^0)$ は，端点を固定して $g : ([0,1], \{0,1\}) \longrightarrow (X^{(1)}, e^0)$ にホモトピックである．$X^{(1)} \subset X^{(2)}$ だから，$i_* : \pi_1(X^{(2)}, e^0) \longrightarrow \pi_1(X, e^0)$ は全射である．

$g : ([0,1], \{0,1\}) \longrightarrow (X^{(1)}, e^0)$ が，(X, e^0) への写像として（端点を固定して）定値写像 c_{e^0} にホモトピックであるとすると，そのホモトピーは連続写像 $G : ([0,1] \times [0,1], [0,1] \times \{0,1\} \cup \{1\} \times [0,1]) \longrightarrow (X, e^0)$ であるが，胞体近似定理 3.6.5 により，G は $G|\partial([0,1] \times [0,1])$ を固定して，$X^{(2)}$ への写像 $H : [0,1] \times [0,1] \longrightarrow X^{(2)}$ にホモトピックである．したがって，$i_* : \pi_1(X^{(2)}, e^0) \longrightarrow \pi_1(X, e^0)$ は単射である．

【問題 7.2.5 の解答】 $k_2 = 0$ ならば，問題 7.2.2(2) により基本群は k_1 個の元で生成される自由群である．$k_2 = N-1$ のとき，基本群の表示が正しいとする．$k_2 = N$ に対し，$X_N^{(2)}$ は，$X_{N-1}^{(2)} = e^0 \cup (e_1^1 \cup \cdots \cup e_{k_1}^1) \cup (e_1^2 \cup \cdots \cup e_{N-1}^2)$ に D_N^2 を $\varphi_N^2 : \partial D_N^2 \longrightarrow$

$X^{(1)}$ で接着して得られる. U_1 を $X_{N-1}^{(2)} \cup_{\varphi_N^2} (D_N^2 \setminus D_{N,\frac{1}{2}}^2)$ とし, $U_2 = e_N^2 = \text{Int}(D_N^2)$ とすると, 基点 b を $U_1 \cap U_2$ の点として, $\pi_1(U_1, b) \cong \pi_1(X_{N-1}^{(2)}, e^0)$, $\pi_1(U_2, b) \cong \{1\}$, $\pi_1(U_1 \cap U_2, b) \cong \mathbf{Z}$ となる. ここで, $\pi_1(U_1 \cap U_2, b) \longrightarrow \pi_1(U_1, b) \cong \pi_1(X_{N-1}^{(2)}, e^0)$ による $\pi_1(U_1 \cap U_2, b)$ の生成元の像は r_N である. ファンカンペンの定理 1.4.7 (26 ページ) により次を得る.

$$\pi_1(X_N^{(2)}, b) \cong \pi_1(X_{N-1}^{(2)}, e^0) *_{\mathbf{Z}} \{1\}$$
$$\cong \langle g_1, \ldots, g_{k_1} \mid r_1, \ldots, r_{N-1} \rangle *_{\mathbf{Z}} \{1\}$$
$$\cong \langle g_1, \ldots, g_{k_1} \mid r_1, \ldots, r_N \rangle$$

【問題 7.3.3 の解答】 $j_* \circ i_* = 0$ は次のように示される. $f : (I^n, \partial I^n) \longrightarrow (A, b)$ に対し, $F : [0,1] \times (I^n, \partial I^n, J^{n-1}) \longrightarrow (X, A, b)$ を $F(t, x) = f(x_1, \ldots, x_{n-1}, x_n + t(1-x_n))$ により定義できる. $F(1, x) = b$ だから $j_* \circ i_* = 0$.

$f : (I^n, \partial I^n) \longrightarrow (X, b)$ に対し $j_*[f] = 0$ とすると, $F : [0,1] \times (I^n, \partial I^n, J^{n-1}) \longrightarrow (X, A, b)$ で, $F(0, x) = f(x)$, $F(1, x) = b$ となるものが存在する.

$$G(t, x) = \begin{cases} (x_1, \ldots, x_{n-1}, x_n, 2tx_n) & (t \in [0, \frac{1}{2}]) \\ (x_1, \ldots, x_{n-1}, (1-2t)x_n, x_n) & (t \in [\frac{1}{2}, 1]) \end{cases}$$

とおくと, $F \circ G : [0,1] \times (I^n, \partial I^n) \longrightarrow (X, b)$ で, $(F \circ G)(0, x) = f(x)$, $(F \circ G)(1, x) \in A$ である. したがって, $g(x) = (F \circ G)(1, x)$ とおけば, $[f] = i_*([g])$ である.

$\partial_* \circ j_* = 0$ は, ほとんど自明である. 実際, $f : (I^n, \partial I^n) \longrightarrow (X, b)$ に対し, $(i \circ f)|I^{n-1} = c_b$. したがって, $\partial \circ j_* = 0$.

$f : (I^n, \partial I^n, J^{n-1}) \longrightarrow (X, A, b)$ に対し, $[f|I^{n-1}] = 0 \in \pi_{n-1}(A, b)$ とする. $g : (I^{n-1}, \partial I^{n-1}) \times [0, 1] \longrightarrow (A, b)$ で $g(x_1, \ldots, x_{n-1}, 0) = f(x_1, \ldots, x_{n-1}, 0)$, $g(x_1, \ldots, x_{n-1}, 1) = b$ を満たすものが存在する. このとき, $F : [0, 1] \times (I^n, \partial I^n, b) \longrightarrow (X, A, b)$ を

$$F(t, x_1, \ldots, x_n) = \begin{cases} f(x_1, \ldots, x_{n-1}, -t + (1+t)x_n) & (x_n \in [\frac{t}{1+t}, 1]) \\ g(x_1, \ldots, x_{n-1}, (1+t)x_n - t) & (x_n \in [0, \frac{t}{1+t}]) \end{cases}$$

とおくと, $F : [0, 1] \times (I^n, \partial I^n, J^{n-1}) \longrightarrow (X, A, b)$ であり, $F(0, x) = f(x)$, $F(1, \partial I^n) = \{b\}$ となる. $F(1, x) = f'(X)$ とおくと, $i_*[f'] = [f]$ となる.

$i_* \circ \partial_* = 0$ は次のように示される. $f : (I^{n+1}, \partial I^{n+1}, J^n) \longrightarrow (X, A, b)$ が与えられているとき, $f(x', x_{n+1})$ は, 空間対の写像 $f(\bullet, 0), f(\bullet, 1) : (I^n, \partial I^n) \longrightarrow (X, b)$

の間のホモトピーを与えている．したがって，$f|I^n \simeq c_b$，すなわち，$i_*([f|I^n]) = 0$ である．

$f : (I^n, \partial I^n) \longrightarrow (A, b)$ が，(X, b) への写像として，c_b にホモトピックであるとすると，連続写像 $F : [0,1] \times (I^n, \partial I^n) \longrightarrow (X, b)$ で $F(0, x) = f(x)$，$F(1, x) = c_b$ となるものが存在する．$g(x_1, \ldots, x_{n+1}) = (x_1, \ldots, x_n, t)$ とおけば，$g : (I^{n+1}, \partial I^{n+1}, J^n) \longrightarrow (X, A, b)$ であり，$\partial_*[g] = [f]$ となる．

【問題 7.3.6 の解答】 τ を構成するために，図 7.5 のように写像する区分線形写像 $A : [-1,1]^2 \longrightarrow [-1,1]^2$ を次で定義する．

$$A(u,v) = \begin{cases} (2u, v) & (2|u| \leqq v) \\ (\operatorname{sign}(u)v, -4|u| + 3v) & (|u| \leqq v \leqq 2|u|) \\ (\frac{3}{4}u + \frac{1}{4}\operatorname{sign}(u)v, -|u|) & (|v| \leqq |u|) \\ (\frac{1}{2}u, v) & (|u| \leqq -v) \end{cases}$$

この写像 A は同相写像で，$(0, v), (v, v), (v, -v), (0, v)$ を結ぶ線分を保ち，その両端を動かさないので，境界を境界に写す写像として恒等写像とホモトピックである．I^n の点 $(u_1, \ldots, u_n)$ に対し，$\max\{|u_1 - \frac{1}{2}|, \ldots, |u_{n-1} - \frac{1}{2}|\} = |u_j - \frac{1}{2}| \neq 0$ ならば，$(u_1, \ldots, u_n)$ は，$B : (u, v) \mapsto \frac{1}{u_j - \frac{1}{2}}\{(u_1, \ldots, u_{n-1}, 0) - (\frac{1}{2}, \ldots, \frac{1}{2}, 0)\}\frac{u}{2} + (\frac{1}{2}, \ldots, \frac{1}{2}, 0) + (0, \ldots, 0, \frac{v}{2} + \frac{1}{2})$ の像 $B([-1,1]^2)$ の上の点である．このとき，$\tau : (u_1, \ldots, u_n) \mapsto BA(2u_j - 1, 2v - 1)$ と定める．$\tau : I^n \longrightarrow I^n$ は同相写像で，$\tau(I^{n-1} \times \{1\}) = J^{n-1}, \tau(\overline{\partial I^n \setminus I^{n-1} \times \{1\}}) = I^{n-1}$ を満たす．

【問題 7.3.8 の解答】 命題 7.3.7 の直前の構成が $\pi_n(E, F_b, e)$ の元を定めることを確かめる．すなわち，$\widetilde{f}_0, \widetilde{f}_1 : (I^n, \partial I^n, J^{n-1}) \longrightarrow (E, F_b, e)$ が，$p \circ \widetilde{f}_0 = p \circ \widetilde{f}_1 = f$ を満たしているとする．このとき，$\widetilde{f}_0 \simeq \widetilde{f}_1 : (I^n, \partial I^n, J^{n-1}) \longrightarrow (E, F_b, e)$ を示す．

$$\begin{array}{ccc} J^n = \{0\} \times I^n \cup [0,1] \times J^{n-1} \cup \{1\} \times I^n & \xrightarrow{\widetilde{f}_0 \cup c_e \cup \widetilde{f}_1} & E \\ \downarrow & \overset{\Phi}{\nearrow} & \downarrow p \\ {[0,1]} \times I^n & \xrightarrow{f} & B \end{array}$$

$\Phi : [0,1] \times I^n \longrightarrow E$ を $J^n = \{0, 1\} \times I^n \cup [0,1] \times J^{n-1}$ 上では $\Phi(0, \boldsymbol{t}) = \widetilde{f}_0(\boldsymbol{t})$，$\Phi(1, \boldsymbol{t}) = \widetilde{f}_1(\boldsymbol{t}), \varphi([0,1] \times J^{n-1}) = \{e\}$ と定義すると，J^n 上で $p((\Phi|J^n)(s, \boldsymbol{t})) = f(\boldsymbol{t})$ を満たす．被覆ホモトピー性質を用いて，$[0,1] \times I^n$ 上で $p(\Phi(s, \boldsymbol{t})) = f(\boldsymbol{t})$ を満たす $\Phi : [0,1] \times I^n \longrightarrow E$ の存在がわかる．そうすると，Φ は $\widetilde{f}_0$ と $\widetilde{f}_1$ の間の $(I^n, \partial I^n, J^{n-1}) \longrightarrow (E, F_b, e)$ という 3 つ組の間のホモトピーである．

次に，上の構成が $\pi_n(B,b) \longrightarrow \pi_n(E,F_b,e)$ を誘導することを確かめる．

$f_0 \simeq f_1 : (I^n, \partial I^n) \longrightarrow (B,b)$ ならば，ホモトピー $F : ([0,1] \times I^n, [0,1] \times \partial I^n) \longrightarrow (B,b)$ に対し，$\widetilde{F}([0,1] \times J^{n-1}) = \{e\}$ として，被覆ホモトピー性質を用いて，$\widetilde{F} : [0,1] \times I^n \longrightarrow E$ で，$p \circ \widetilde{F} = F$ となるものが存在する．$\widetilde{F} : [0,1] \times (I^n, \partial I^n, J^{n-1}) \longrightarrow (E, F_b, e)$ であり，$[\widetilde{F}_0] = [\widetilde{F}_1] \in \pi_n(E, F_b, e)$ である．

したがって，$s_* : \pi_n(B,b) \longrightarrow \pi_n(E, F_b, e)$ を $s_*[f] = [\widetilde{f}]$ で定義すると，これは矛盾なく定義され，$p_* s_* = \mathrm{id}_{\pi_n(B,b)}$, $s_* p_* = \mathrm{id}_{\pi_n(E,F_b,e)}$ を満たす．

【問題 7.3.10 の解答】 $F_0 = p^{-1}(b_0)$, $F_1 = p^{-1}(b_1)$ とおく．$e_0 \in F_0$ をとると，$\gamma : [0,1] \longrightarrow B$ ($\gamma(0) = b_0$, $\gamma(1) = b_1$) に対し，$\widetilde{\gamma} : [0,1] \longrightarrow E$ で，$\widetilde{\gamma}(0) = e_0$, $p \circ \widetilde{\gamma} = \gamma$ となるものが存在する．また，e_0 を始点とする F_0 上の曲線 $\delta_0 : I \longrightarrow F_0$ ($\delta_0(0) = e_0$) に対し，$\delta : [0,1] \times I \longrightarrow E$ で，$p \circ \delta = \gamma \circ \mathrm{pr}_1$ を満たすものがある．したがって，$e_0 \longmapsto \widetilde{\gamma}(1)$ は，F_0 の弧状連結成分の集合 $[\{p\}, F_0]$ から F_1 の弧状連結成分の集合 $[\{p\}, F_1]$ への写像 γ_* を誘導する．

この対応について，$\gamma_1, \gamma_2 : [0,1] \longrightarrow B$ について，$\gamma_1(1) = \gamma_2(0)$ ならば，$(\gamma_2 \natural \gamma_1)_* = \gamma_{2*} \gamma_{1*}$ が成り立ち，また，$\gamma_1 \simeq \gamma_2 \mathrm{\ rel.\ } \{0,1\}$ ならば，$\gamma_{1*} = \gamma_{2*}$ が成立する．

γ が b_0 への定値写像ならば，γ_* は $[\{p\}, F_0]$ 上の恒等写像である．これらから，γ_* は，F_0 の弧状連結成分の集合 $[\{p\}, F_0]$ から F_1 の弧状連結成分の集合 $[\{p\}, F_1]$ への全単射となる．

$\gamma : [0,1] \longrightarrow B$ ($\gamma(0) = b_0$, $\gamma(1) = b_1$) に対し，$\widetilde{\gamma} : [0,1] \longrightarrow E$ で，$\widetilde{\gamma}(0) = e_0$, $p \circ \widetilde{\gamma} = \gamma$ となるものを選び固定する．

$H_0 : (I^n, \partial I^n) \longrightarrow F_0$ に対し，$f : [0,1] \longrightarrow I^n \longrightarrow B$ を $f = \gamma \circ \mathrm{pr}_1$ で定める．H_0 の拡張 $H'_0 : \{0\} \times I^n \cup [0,1] \times \partial I^n \longrightarrow E$ を $H'_0|[0,1] \times \partial I^n = \widetilde{\gamma} \circ \mathrm{pr}_1$ で定める．被覆ホモトピー性質により，H'_0 を拡張する $H : [0,1] \longrightarrow I^n \longrightarrow E$ で $p \circ H = \gamma \circ \mathrm{pr}_1$ を満たすものが得られる．これにより，$\widetilde{\gamma}_* : \pi_n(F_0, e_0) \longrightarrow \pi_n(F_1, \widetilde{\gamma}(1))$ が誘導される．

$\gamma_0, \gamma_1 : [0,1] \longrightarrow B$ について，$\gamma_0 \simeq \gamma_1 \mathrm{\ rel.\ } \{0,1\}$ とし，$\widetilde{\gamma}_0(0) = \widetilde{\gamma}_1(0) = e_0$ ととると，$\delta : [0,1] \times [0,1] \longrightarrow E$ で，$\delta|\{0\} \times [0,1] = \widetilde{\gamma}_0$, $\delta|\{1\} \times [0,1] = \widetilde{\gamma}_1$, $\delta([0,1] \times \{0\}) = \{e_0\}$, $p(\delta(t,u)) = \gamma_t(s)$ となるものがとれる．$\delta_1 : [0,1] \longrightarrow F_1$ を $\delta_1(u) = \delta(1,u)$ で定義すると，$\widetilde{\gamma}_{1*} = \delta_{1*} \widetilde{\gamma}_{0*}$ である．

$\gamma_0, \gamma_1 : [0,1] \longrightarrow B$ について，$\gamma_1(1) = \gamma_2(0)$ ならば，$\widetilde{\gamma}_1(1) = \widetilde{\gamma}_2(0)$ となるように $\widetilde{\gamma}_1, \widetilde{\gamma}_2$ をとって，$(\widetilde{\gamma}_2 \natural \widetilde{\gamma}_1)_* = \widetilde{\gamma}_{2*} \widetilde{\gamma}_{1*}$ が成り立つ．

γ が b_0 への定値写像ならば，$\widetilde{\gamma}_*$ は $\pi_n(F_0, e_0)$ 上の恒等写像である．これらから，$\gamma_* : \pi_n(F_0, e_0) \longrightarrow \pi_n(F_1, \widetilde{\gamma}(0))$ は，同型写像となる．

F_1 の $\widetilde{\gamma}(0)$ の弧状連結成分の n 次元ホモトピー群は，弧状連結成分の基点のとり方によらないから，γ_* で対応する弧状連結成分の n 次元ホモトピー群は同型である．

同型写像は一般には γ の両端を固定したホモトピー類，およびそのリフト $\widetilde{\gamma}$ のホモトピー類に（$\widetilde{\gamma}$ の両端を固定しても）依存する．

【問題 7.3.11 の解答】 (1) $(g \circ h)^* E = \{(y, e) \in Y \times E \mid (g \circ h)(y) = p(e)\}$ であり，$g^*(h^* E) = \{(y, z, e) \in Y \times h^* E \mid h(y) = z\}$，すなわち，$g^*(h^* E) = \{(y, z, e) \in Y \times Z \times E \mid h(y) = z, g(z) = p(e)\}$ である．$(y, e) \longmapsto (y, h(y), e) : (g \circ h)^* E \longrightarrow g^*(h^* E)$ が求める同相写像である．この同相写像のもとで，$(g \circ h)^* p = h^*(g^* p)$ となる．

(2) 連続写像 $H_0 : \{0\} \times I^k \longrightarrow g^* E = \{(z, e) \in Z \times E \mid g(z) = p(e)\}$，$h : [0, 1] \times I^k \longrightarrow Z$ で，$g^* p \circ H_0 = h|\{0\} \times I^k$ を満たすものが与えられたとする．

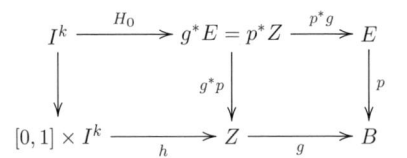

$$\begin{array}{ccccc} I^k & \xrightarrow{H_0} & g^* E = p^* Z & \xrightarrow{p^* g} & E \\ \downarrow & & \downarrow{\scriptstyle g^* p} & & \downarrow{\scriptstyle p} \\ [0,1] \times I^k & \xrightarrow{h} & Z & \xrightarrow{g} & B \end{array}$$

$p \circ p^* g \circ H_0 = g \circ g^* p \circ H_0 = g \circ h|\{0\} \times I^k$ だから，p がファイバー空間であることを用いて，$p \circ H' = g \circ h$ を満たす連続写像 $H' : [0, 1] \times I^k \longrightarrow E$ が存在する．$H = (h, H') : [0, 1] \times I^k \longrightarrow Z \times E$ とすると，$g \circ h = p \circ H'$ だから，H は $g^* E = p^* Z$ への写像であり，$g^* p \circ H = h$ を満たす．したがって $g^* p$ はファイバー空間である．

(3) $g^* p : g^* E \longrightarrow Z$ の切断 $s : Z \longrightarrow g^* E = \{(z, e) \in Z \times E \mid g(z) = p(e)\}$ とは，$g^* p \circ s = \mathrm{id}_Z$ を満たすものである．切断 s が存在するとき，この s に対し，$\widetilde{g} = p^* g \circ s : Z \longrightarrow E$ とおくと，$p \circ \widetilde{g} = p \circ p^* g \circ s = g \circ g^* p \circ s = g \circ \mathrm{id}_Z = g$ だから，$\widetilde{g}$ は g のリフトである．

逆に g のリフト $\widetilde{g}$ が存在するならば，$s = (\mathrm{id}_Z, \widetilde{g}) : Z \longrightarrow Z \times E$ とおくと，$g \circ \mathrm{id}_Z = g = p \circ \widetilde{g}$ だから，s は，$g^* E$ への写像であり，$g^* p \circ s = \mathrm{id}_Z$ であるから切断である．

【問題 7.3.12 の解答】 $\mathrm{ev}_t \circ i = \mathrm{id}_X$ である．また，$f \in X^I$ に対し $i \circ \mathrm{ev}_t = c_{f(t)}$ である．連続写像 $F : [0, 1] \times X^I \longrightarrow X^I$ を $F(s, f)(u) = f(st + (1 - s)u)$ で定義

すれば，$F(0,f) = f, F(1,f) = c_{f(t)}$ となる．したがって，i, ev_t はホモトピー同値である．

【問題 7.3.13 の解答】 $H_0 : I^k \longrightarrow (\mathrm{ev}_0)^* X, h : [0,1] \times I^k \longrightarrow Y$ が与えられ，$p \circ H_0 = h|\{0\} \times I^k$ を満たすとする．このとき，$H_0(\boldsymbol{t}) = (x(\boldsymbol{t}), a(\boldsymbol{t})) \in X \times Y^I$ は，$f(x(\boldsymbol{t})) = a(\boldsymbol{t})(0), a(\boldsymbol{t})(1) = h(0, \boldsymbol{t})$ を満たす．

$$\begin{array}{ccc} I^k & \xrightarrow{H_0} & (\mathrm{ev}_0)^* X \\ \downarrow & & \downarrow p \\ [0,1] \times I^k & \xrightarrow{h} & Y \end{array}$$

$A(s,\boldsymbol{t})(u) = \begin{cases} a(\boldsymbol{t})(\frac{u}{1-\frac{s}{2}}) & (u \in [0, 1-\frac{s}{2}]) \\ h(2(u+\frac{s}{2}-1), \boldsymbol{t})((1-\frac{s}{2})u) & (u \in [1-\frac{s}{2}, 1]) \end{cases}$ と定義し，$H(s,\boldsymbol{t}) = (x(\boldsymbol{t}), A(s,\boldsymbol{t}))$ とおくと，$f(x(\boldsymbol{t})) = a(\boldsymbol{t})(0) = A(s,\boldsymbol{t})(0)$ だから，H は $(\mathrm{ev}_0)^* X$ への写像である．さらに，$H|\{0\} \times I^k = H_0, p(H(s,\boldsymbol{t})) = A(s,\boldsymbol{t})(1) = h(s,\boldsymbol{t})$ を満たす．したがって，p はファイバー空間である．

【問題 7.3.16 の解答】 $p : E \longrightarrow B$ が F をファイバーとするファイバー束であるとする．$H_0 : I^k \longrightarrow E, h : [0,1] \times I^k \longrightarrow B$ が $p \circ H_0 = h|\{0\} \times I^k$ を満たしているとする．

E が自明なファイバー束のときには，$E = B \times F$ について，$H_0(\boldsymbol{t}) = (H_0^B(\boldsymbol{t}), H_0^F(\boldsymbol{t}))$ として，$h(0,\boldsymbol{t}) = H_0^B(\boldsymbol{t})$ となっている．$H(s,\boldsymbol{t}) = (h(s,\boldsymbol{t}), H_0^F(\boldsymbol{t}))$ とおけば，これが求めるリフトである．

一般の場合，局所自明化を用いてリフトを拡張していく．B の局所自明化を与える開被覆 $\{U_i\}$ をとる．$[0,1] \times I^k$ の開被覆 $\{h^{-1}(U_i)\}$ に対し，そのルベーグ数を δ とする．$N > \frac{1}{\sqrt{k+1}\delta}$ となる自然数 N をとり，$[0,1] \times I^k$ を各座標方向に N 等分して N^{k+1} 個の立方体に分割すると各立方体の直径は δ より小さい．これらの立方体に辞書式順序を定め，それらを $\{I_j \mid j = 1, \ldots, N^{k+1}\}$ とすると，$\{0\} \times I^k \cup \bigcup_{i<j} I_j$ と I_j の共通部分 L_j は，I^k と同相である．さらに，同相写像 $f_j : [0,1] \times I^k \longrightarrow I_j$ で，$f_j(\{0\} \times I^k) = L_j$ となるものがある．

さて，H が $\bigcup_{i<j} I_j$ 上定義されていると仮定して，H を $\bigcup_{i \leqq j} I_j$ 上に拡張すればよい（最初の N^k については，H_0 により，$s = 0$ の面について定義されている）．$h(I_j)$ はある $U_{i(j)}$ に含まれ，自明化 $H_{i(j)} : p^{-1} U_{i(j)} \longrightarrow U_{i(j)} \times F$ が与えられている．L_j 上では，$H_{i(j)}(s,\boldsymbol{t}) = (h(s,\boldsymbol{t}), H_{i(j)}^F(s,\boldsymbol{t}))$ の形に書かれている．上に用意した f_j により，I_j 上で $H(s,\boldsymbol{t}) = (h(s,\boldsymbol{t}), H^F(f_j(0, \mathrm{pr}_2(f_j^{-1}(s,\boldsymbol{t})))))$ と定

める．ここで射影 $\mathrm{pr}_2 : [0,1] \times I^k \longrightarrow I^k$ を用いている．

これにより，リフト H が定義された．

【問題 7.3.17 の解答】 (1) $x \in \mathbf{R}/\mathbf{Z}$ に対し，$p(\widetilde{x}) = x$ となる $\widetilde{x} \in \mathbf{R}$ をとる．$V = (\widetilde{x} - \frac{1}{3}, \widetilde{x} + \frac{1}{3})$ とすると，$p|V : V \longrightarrow \mathbf{R}/\mathbf{Z}$ は単射であり，$U = p(V)$ は x を含む開近傍である．同相写像 $p^{-1}(U) = \bigcup_{n \in \mathbf{Z}} (\widetilde{x} + n - \frac{1}{3}, \widetilde{x} + n + \frac{1}{3}) \approx U \times \mathbf{Z}$ を自然にとれば，p は $\mathbf{Z}$ をファイバーとするファイバー束である．$p : \mathbf{R} \longrightarrow S^1$ について，$e = 0, p(e) = b$ としてファイバー空間のホモトピー完全系列を書くと，

$$\begin{array}{ccccccc} \cdots & \xrightarrow{i_*} & \pi_3(\mathbf{R}, e) & \xrightarrow{p_*} & \pi_3(S^1, b) \\ \xrightarrow{\Delta_*} & \pi_2(\mathbf{Z}, e) & \xrightarrow{i_*} & \pi_2(\mathbf{R}, e) & \xrightarrow{p_*} & \pi_2(S^1, b) \\ \xrightarrow{\Delta_*} & \pi_1(\mathbf{Z}, e) & \xrightarrow{i_*} & \pi_1(\mathbf{R}, e) & \xrightarrow{p_*} & \pi_1(S^1, b) \end{array}$$

となり，$k \geqq 1$ に対し，$\pi_k(\mathbf{Z}, e) = 0$, $\pi_k(\mathbf{R}, e) = 0$ だから，$k \geqq 2$ に対し，$\pi_k(S^1, b_{S^1}) = 0$ となる．

(2) $e \in S^3, p(e) = b, e \in p^{-1}(b) = S^1$ とおく．ファイバー空間のホモトピー完全系列を書くと，

$$\begin{array}{ccccccc} \xrightarrow{\Delta_*} & \pi_3(S^1, e) & \xrightarrow{i_*} & \pi_3(S^3, e) & \xrightarrow{p_*} & \pi_3(S^2, b) \\ \xrightarrow{\Delta_*} & \pi_2(S^1, e) & \xrightarrow{i_*} & \pi_2(S^3, e) & \xrightarrow{p_*} & \pi_2(S^2, b) \\ \xrightarrow{\Delta_*} & \pi_1(S^1, e) & \xrightarrow{i_*} & \pi_1(S^3, e) & \xrightarrow{p_*} & \pi_1(S^2, b) \end{array}$$

となる．これについて，例題 1.3.13 (20 ページ) により $\pi_1(S^2, b) = 0, \pi_2(S^3, e) = 0$ である．また，(1) により，$\pi_2(S^1, e) = 0, \pi_3(S^1, e) = 0$ である．

したがって，$\pi_2(S^2, b) \cong \pi_1(S^1, e), \pi_3(S^3, e) \cong \pi_3(S^2, b)$ を得る．

【問題 7.3.18 の解答】 (1) E が自明なファイバー束 $B \times F$ のとき，$g^*E = \{(z, b, f) \in Z \times B \times F \mid g(z) = b\}$ は $(z, b, f) \longmapsto (z, f) : g^*E \longrightarrow Z \times F$ により，ファイバー束として $Z \times F$ と同相であり，自明なファイバー束となる．

一般の場合，Z の点 z に対し，B の点 $g(z)$ のファイバー束 p の局所自明化を与える近傍 U をとるとき，z の近傍 $g^{-1}(U)$ が g^*p の局所自明化を与えることをいえばよい．$i_U : U \longrightarrow B$ について，$i_U{}^*p$ は自明なファイバー束である．したがって，$g^*(i_U{}^*p)$ は自明なファイバー束である．$i_{g^{-1}(U)} : g^{-1}(U) \longrightarrow Z$ に対し，$i_U \circ g = g \circ i_{g^{-1}(U)}$ だから，

$$(i_{g^{-1}(U)})^*(g^*p) = (g \circ i_{g^{-1}(U)})^*p = (i_U \circ g)^*p = g^*(i_U{}^*p)$$

となり，$g^{-1}(U)$ は g^*p の局所自明化を与える．

注意 ファイバー束 $p : E \longrightarrow B$ が, B の開被覆 $\{U_i\}$ 上の $\mathrm{Homeo}(F)$ に値を持つ 1 コサイクル $\{g_{ij}\}$ で与えられるならば, 連続写像 $g : Z \longrightarrow B$ による引き戻し g^*p は, Z の開被覆 $\{g^{-1}(U_i)\}$ 上の 1 コサイクル $\{g_{ij} \circ g\}$ で与えられる.

(2) $b \in B$ に対し p_1 が自明になる近傍と p_2 が自明になる近傍の共通部分 U をとる.

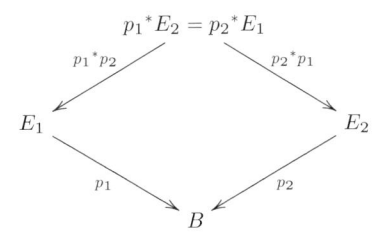

$$
\begin{array}{ccc}
& p_1{}^*E_2 = p_2{}^*E_1 & \\
& \swarrow {\scriptstyle p_1{}^*p_2} \quad \searrow {\scriptstyle p_2{}^*p_1} & \\
E_1 & & E_2 \\
& \searrow {\scriptstyle p_1} \quad \swarrow {\scriptstyle p_2} & \\
& B &
\end{array}
$$

ここで, $p_1{}^*E_2 = \{(e_1, e_2) \subset E_1 \times E_2 \mid p_1(e_1) = p_2(e_2)\}$ である. 図式を $U \subset B$ 上に制限して考えると,

$$(p_1|p_1{}^{-1}(U))^*p_2{}^{-1}(U) = \{(e_1, e_2) \subset E_1 \times E_2 \mid p_1(e_1) = p_2(e_2) \in U\}$$

である. これは,

$$\{((b_1, f_1), (b_2, f_2))) \subset (B \times F_1) \times (B \times F_2) \mid b_1 = b_2 \in U\} = B \times F_1 \times F_2$$

と同相である.

【問題 7.4.3 の解答】 $A = \{y \in Y \mid \widetilde{f}_0(y) = \widetilde{f}_1(y)\}$ とおくと, $b \in A$ だから, A は空でない閉集合である. A が開集合であることを示す. $y_0 \in A$ に対し, $p(\widetilde{f}_0(y_0)) = p(\widetilde{f}_1(y_0))$ の開近傍 U および同相写像 $H : p^{-1}(U) \longrightarrow U \times F$ が存在する. F は離散位相を持つから, $a = (\mathrm{pr}_F \circ H)(\widetilde{f}_0(y_0)) = (\mathrm{pr}_F \circ H)(\widetilde{f}_1(y_0))$ に対し, $U \times \{a\}$ は開集合であり, $V_0 = (H \circ \widetilde{f}_0)^{-1}(U \times \{a\})$, $V_1 = (H \circ \widetilde{f}_1)^{-1}(U \times \{a\})$ は, y_0 を含む開集合である. $y \in V = V_0 \cap V_1$ に対し, $p(\widetilde{f}_0(y)) = p(\widetilde{f}_1(y)) \in U$, $\widetilde{f}_0(y), \widetilde{f}_1(y) \in H^{-1}(U \times \{a\})$ だから, $\widetilde{f}_0(y) = \widetilde{f}_1(y)$ となる. したがって, $V \in A$ であり, A は開集合である. Y は弧状連結だから, 連結であり, $A = Y$ となる.

【問題 7.4.8 の解答】 $x \in X$ の単連結な近傍 U に対し, $p^{-1}(U) = \{[f] \in \widetilde{X} \mid f(1) \in U\}$ である. 曲線 $g : [0, 1] \longrightarrow U$ で $g(0) = f(1), g(1) = x$ を満たすものをとると, $f \simeq f\natural g\natural \overline{g}$ rel.$\{0, 1\}$ だから, $[f] \in N([f\natural g], U)$ である. このような g の両端を固定したホモトピー類は一意的であるから, 写像 $p^{-1}(U) \longrightarrow p^{-1}(x)$ が定まる. これを第 2 成分, p を第 1 成分として写像 $H : p^{-1}(U) \longrightarrow U \times p^{-1}(x)$ が

定まる．$\overline{H} : U \times \{[f]\} \longrightarrow p^{-1}(U)$ を，$[f] \in p^{-1}(x)$ に対し，上の g を用いて，$(x, [f]) \longmapsto [f \natural g]$ とすると，$\overline{H} \circ H = \mathrm{id}_{p^{-1}(U)}$, $H \circ \overline{H} = \mathrm{id}_{U \times p^{-1}(x)}$ であり，H は $\overline{H}$ を逆写像とする全単射である．

$\widetilde{X}$ の位相の定義により，$H^{-1}(U \times \{[f]\})$ は開集合であり，$p^{-1}(x)$ に離散位相を入れれば，H は同相写像となる．

X は弧状連結だから，$x, y \in X$ に対し，$h : [0, 1] \longrightarrow X$ で，$h(0) = x, h(1) = y$ となるものをとると，各 $h(t)$ の単連結開近傍 U_t による $h([0, 1])$ の開被覆 $\{U_t\}_t$ から有限部分被覆 $\{U_{t_j}\}_{j=1,\ldots,k}$ をとることができる．$[0, 1]$ の開被覆 $\{p^{-1}(U_{t_j})\}$ のルベーグ数を考えて，正整数 N をとり，$[0, 1]$ を N 等分した小区間 $[\frac{i-1}{N}, \frac{i}{N}]$ ($i = 1, \ldots, N$) の像はある U_{t_j} に含まれるとしてよい．このとき，曲線 $h|[\frac{i-1}{N}, \frac{i}{N}]$ を用いて，同相写像 $p^{-1}(\frac{i-1}{N}) \longrightarrow p^{-1}(\frac{i}{N})$ が定義される．したがって，$p^{-1}(x)$ と $p^{-1}(y)$ は同相であり，$p : \widetilde{X} \longrightarrow X$ は離散を持つ空間をファイバーとするファイバー束である．

$\widetilde{X}$ の点 $[f]$ に対し，$f_t \in P(X)$ ($t \in [0, 1]$) を，$f_t(s) = f(ts)$ で定義すると，$\gamma_f(t) = [f_t]$ で曲線 $\gamma_f : [0, 1] \longrightarrow \widetilde{X}$ が定義され，$\gamma_f(0) = [f_0] = [c_b]$, $\gamma_f(1) = [f_1] = [f]$ となる．したがって，$\widetilde{X}$ は弧状連結である．

$\pi_1(\widetilde{X}, [c_b]) = 0$ を示す．$\gamma : [0, 1] \longrightarrow \widetilde{X}$ が $\gamma(0) = \gamma(1) = [c_b]$ を満たすとする．$f(t) = p(\gamma(t))$ は，$f(0) = f(1) = b$ を満たす．$f_t(s) = f(ts)$ として，$\gamma_f(t) = [f_t]$ を考えると，$p(\gamma(t)) = f(t) = p([f_t]) = p(\gamma_f(t))$ だから，問題 7.4.3 により，$\gamma(t) = \gamma_f(t)$ である．$[c_b] = \gamma(1) = \gamma_f(1) = [f_1] = [f]$ だから，$f \simeq c_b \ \mathrm{rel}. \ \{0, 1\}$ である．したがって，連続写像 $F : [0, 1] \times [0, 1] \longrightarrow X$ で，$F_s(t) = F(s, t)$ に対し，$F_0 = c_b$, $F_s(0) = F_s(1) = b$, $F_1 = f$ を満たすものが存在する．$F_{s,t}(u) = F_s(tu)$ ($u \in [0, 1]$) とおくと，連続写像 $(s, t) \longmapsto [F_{s,t}] : [0, 1] \times [0, 1] \longrightarrow \widetilde{X}$ が得られる．$\widetilde{X}$ の曲線 $\gamma_{F_s}(t) = [F_{s,t}]$ を考えると，$\gamma_{F_s} : ([0, 1], \{0, 1\}) \longrightarrow (\widetilde{X}, [c_b])$ であり，$\gamma_{F_1} = \gamma_f = \gamma$, $\gamma_{F_0} = \gamma_{c_b} = c_{[c_b]}$ を満たす．したがって，$\pi_1(\widetilde{X}, [c_b]) = 0$ である．

【問題 7.4.11 の解答】 必要であることは，$f_*(\pi_1(Y, b_Y)) = (p \circ \widetilde{f})_*(\pi_1(Y, b_Y)) = p_*(\widetilde{f}_*(\pi_1(Y, b_Y))) \subset p_*(\pi_1(\widehat{X}, \widehat{b}))$ による．

十分であることは，$y \in Y$ に対し，$\gamma : [0, 1] \longrightarrow Y$ で $\gamma(0) = b_Y$, $\gamma(1) = y$ となるものをとる．連続写像 $f \circ \gamma : [0, 1] \longrightarrow X$ のリフト $\widetilde{f \circ \gamma} : [0, 1] \longrightarrow \widehat{X}$ で $\widetilde{f \circ \gamma}(0) = \widehat{b}$ となるものを被覆ホモトピー性質によりつくることができる．このとき，$\widetilde{f}(y) = \widetilde{f \circ \gamma}(1)$ と定義する．$\widetilde{f}(y)$ が γ のとり方によらないことを示せばよい．γ_0, γ_1 を b_Y, y を結ぶ曲線とする．$\gamma_0 \natural \overline{\gamma}_1$ は，$\pi_1(Y, b_Y)$ の元を定める．$[f \circ (\gamma_0 \natural \overline{\gamma}_1)] \in f_*(\pi_1(Y, b_Y)) \subset p_*(\pi_1(\widehat{X}, \widehat{b}))$ だから，$[f \circ (\gamma_0 \natural \overline{\gamma}_1)] = p_*[\alpha]$ となる

$[\alpha] \in \pi_1(\widehat{X}, \widehat{b})$ が存在する. $p \circ \alpha \simeq f \circ (\gamma_0 \natural \overline{\gamma}_1)$ rel.$\{0,1\}$ であるが, 被覆ホモトピー性質とリフトの一意性から, $\alpha \simeq \widetilde{f \circ \gamma_0 \natural \overline{\gamma}_1}$ rel.$\{0,1\}$ である. 特に $\widetilde{f \circ \gamma_0 \natural \overline{\gamma}_1}(1) = \widehat{b}$ である. $\widetilde{f \circ \gamma_0 \natural \overline{\gamma}_1} = \widetilde{f \circ \gamma_0} \natural \widetilde{f \circ \overline{\gamma}_1}$ だから, したがって, $\widetilde{f \circ \gamma_0}(1) = \widetilde{f \circ \overline{\gamma}_1}(1)$ である.

【問題 7.4.13 の解答】 (1) 背理法により, $\boldsymbol{x} \in \partial D^{n-1}$ に対し, $g(-\boldsymbol{x}) = -g(\boldsymbol{x})$ を満たす連続写像 $g : D^n \longrightarrow S^{n-1}$ が存在したとする. $i : \partial D^n \longrightarrow D^n$ を包含写像とすると, 可換図式が得られる.

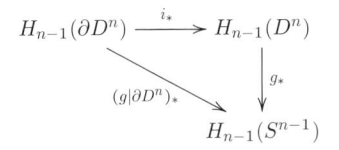

$$\begin{array}{ccc} H_{n-1}(\partial D^n) & \xrightarrow{i_*} & H_{n-1}(D^n) \\ & {\scriptstyle (g|\partial D^n)_*} \searrow & \downarrow {\scriptstyle g_*} \\ & & H_{n-1}(S^{n-1}) \end{array}$$

ここで, $H_{n-1}(D^n) = 0$ であるから, $g_* \circ i_* = 0$ である. これは, 定理 7.4.12 を $n-1$ 次元球面に適用した $\deg(g|\partial D^n) \neq 0$ に矛盾する.

(2) $h(-\boldsymbol{x}) = -h(\boldsymbol{x})$ を満たす連続写像 $h : S^n \longrightarrow S^{n-1}$ が存在したとすると, 半球面は D^n と同相であるから, h を半球面に制限したものは, $\boldsymbol{x} \in \partial D^{n-1}$ に対し, $g(-\boldsymbol{x}) = -g(\boldsymbol{x})$ を満たす連続写像 $g : D^n \longrightarrow S^{n-1}$ を誘導する. これは, (1) に反する.

【問題 7.5.3 の解答】 $f_0, f_1 : (I^n, \partial I^n, J^{n-1}) \longrightarrow (X_1, X_{12}, b)$ の間のホモトピー $F : [0,1] \times (I^n, \partial I^n, J^{n-1}) \longrightarrow (X, X_2, b)$ $(F(0, x) = f_0(x), F(1, x) = f_1(x))$ が与えられたら, f_0, f_1 は, (X_1, X_{12}, b) への写像としてホモトピックであることを示す. F は胞体写像としてよい.

$F^{-1}(\bigsqcup_{i=1}^{k_{m_1}} e_i^{m_1}(\frac{1}{2}))$, $F^{-1}(\bigsqcup_{i=1}^{k_{m_2}} e_i^{m_2}(\frac{1}{2}))$ は, $[0,1] \times I^n$ の互いに交わらない閉集合である. このとき, この閉集合の近傍で微分可能となるように, F をホモトピーで変形できる. このとき, $M_1^{n+1-m_1} = f_0^{-1}(\bigsqcup_{i=1}^{k_{m_1}} \iota_i^{m_1}(0))$, $M_2^{n+1-m_2} = f_0^{-1}(\bigsqcup_{i=1}^{k_{m_2}} \iota_i^{m_2}(0))$ は, それぞれ $[0,1] \times I^n$ の $n+1-m_1$ 次元, $n+1-m_2$ 次元の部分多様体となる.

$F((\{0,1\} \times I^n) \cup ([0,1] \times J^{n-1})) \subset X_1$ だから, $M_2^{n+1-m_2}$ は $(\{0,1\} \times I^n) \cup ([0,1] \times J^{n-1})$ と交わらない. また, $F([0,1] \times I^{n-1} \times \{0\}) \subset X_2$ だから, $M_1^{n+1-m_2}$ は, $[0,1] \times I^{n-1} \times \{0\}$ と交わらない. さらに, $n+1-m_1+n+1-m_2 \leqq n-1$ だから, 射影 $\mathrm{pr}_{[0,1] \times I^{n-1}} : [0,1] \times I^n \longrightarrow [0,1] \times I^{n-1} = [0,1] \times I^{n-1} \times \{0\}$ に対し, $\mathrm{pr}_{[0,1] \times I^{n-1}}(M_1^{n+1-m_1})$ と $\mathrm{pr}_{[0,1] \times I^{n-1}}(M_2^{n+1-m_2})$ は, 必要なら, $\mathrm{pr}_{[0,1] \times I^{n-1}}$ の方向をわずかに変更すれば, $\mathrm{Int}([0,1] \times I^{n-1})$ の交わらない閉集合となる. 全射

性の証明と同様に，ホモトピーを構成して，$F:(I^n, \partial I^n, J^{n-1}) \longrightarrow (X_1, X_{12}, b)$ に変形できる．

【問題 7.5.4 の解答】 X_1 を X_{12} に m_1 次元以上 ℓ_1 次元以下の胞体を貼りあわせたもの，X_2 を X_{12} に m_2 次元以上 ℓ_2 次元以下の胞体を貼りあわせたものとする．$i_*: \pi_n(X_1, X_{12}, b) \longrightarrow \pi_n(X, X_2, b)$ が，$n < m_1 + m_2 - 2$ で同型，$n = m_1 + m_2 - 2$ で全射であることがわかっているとする．X_1' を X_1 に $\ell_1 + 1$ 次元の胞体を貼りあわせたもの，X_2'' を X_2 に $\ell_2 + 1$ 次元の胞体を貼りあわせたものとする．このとき，$X' = X_1' \cup X_2$ および $X'' = X_1 \cup X_2''$ に対し，$i_*: \pi_n(X_1', X_{12}, b) \longrightarrow \pi_n(X', X_2, b)$ および $i_*: \pi_n(X_1, X_{12}, b) \longrightarrow \pi_n(X'', X_2'', b)$ が $n < m_1 + m_2 - 2$ で同型，$n = m_1 + m_2 - 2$ で全射であることを示せばよい．

まず，後者については，$\pi_n(X, X_2, b) \longrightarrow \pi_n(X'', X_2'', b)$ は，前段までの証明により，$n < m_1 + m_2 - 2$ で同型，$n = m_1 + m_2 - 2$ で全射である．したがって，帰納法の仮定を用いて，$i_*: \pi_n(X_1, X_{12}, b) \longrightarrow \pi_n(X'', X_2'', b)$ も同じ性質を持つ．

前者については，$(X', X, X_2), (X_1', X_1, X_{12})$ のホモトピー群の完全系列を比較する．基点 b を省略して書くと次の可換図式を得る．

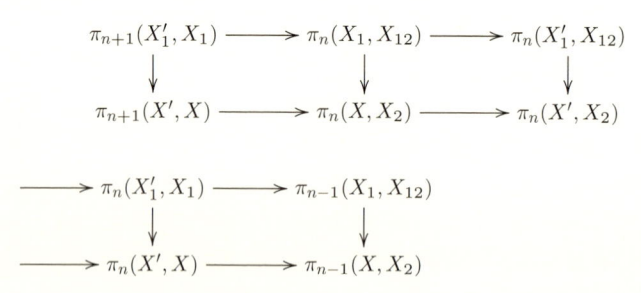

$$\begin{array}{ccccc} \pi_{n+1}(X_1', X_1) & \longrightarrow & \pi_n(X_1, X_{12}) & \longrightarrow & \pi_n(X_1', X_{12}) \\ \downarrow & & \downarrow & & \downarrow \\ \pi_{n+1}(X', X) & \longrightarrow & \pi_n(X, X_2) & \longrightarrow & \pi_n(X', X_2) \end{array}$$

$$\begin{array}{ccc} \longrightarrow \pi_n(X_1', X_1) & \longrightarrow & \pi_{n-1}(X_1, X_{12}) \\ \downarrow & & \downarrow \\ \longrightarrow \pi_n(X', X) & \longrightarrow & \pi_{n-1}(X, X_2) \end{array}$$

X' は X_1 に，$\ell_1 + 1$ 次元の胞体と X_2 を貼りあわせたものである．前段までの証明で，$i_*: \pi_n(X_1', X_1, b) \longrightarrow \pi_n(X', X_2, b)$ は，$n < \ell_1 + 1 + m_2 - 2 \geqq m_1 + m_2 - 1$ で同型，$n = \ell_1 + 1 + m_2 - 2 \geqq m_1 + m_2 - 1$ で全射である．帰納法の仮定と合わせると，ファイブ・レンマにより，$i_*: \pi_n(X_1', X_{12}, b) \longrightarrow \pi_n(X', X_2, b)$ は，$n < m_1 + m_2 - 2$ で同型，$n = m_1 + m_2 - 2$ で全射である．ここで，ファイブ・レンマの全射性の証明の部分から，$n = m_1 + m_2 - 2$ の場合，右側の縦向きの写像が同型であることと $\pi_{n+1}(X_1, X_{12}, b) \longrightarrow \pi_{n+1}(X, X_2, b)$ が全射であることから，$\pi_{n+1}(X_1', X_{12}, b) \longrightarrow \pi_{n+1}(X', X_2, b)$ の全射性が導かれることに注意する．

【問題 7.6.2 の解答】 $\pi_1(X, b)$ の元が $f: ([0,1], \{0,1\}) \longrightarrow (X, b)$ で代表されているとき，$f_*([[0,1], \{0,1\}]) = 0$ であるとする．このとき特異サイクル $f \in S_1(X)$

は，ある 2 次元特異チェイン $c = \sum_{j=1}^{k} (\pm 1)_j \sigma_j^2$ の境界となっている（$(\pm 1)_j$ は項の符号であり，同じ項が繰り返し現れることは許している）．

このとき，特異 2 次元単体 $\sigma_j^2 : \Delta^2 \longrightarrow X$ の境界は，$\partial((\pm 1)_j \sigma_j^2) = (\pm 1)_j \sigma_j^2 \circ \varepsilon_0 - (\pm 1)_j \sigma_j^2 \circ \varepsilon_1 + (\pm 1)_j \sigma_j^2 \circ \varepsilon_2$ であるが，$f = \partial c = \partial(\sum_{j=1}^{k} (\pm 1)_j \sigma_j^2)$ であるから，$((\pm 1)_j (-1)^i \sigma_j^2 \circ \varepsilon_i)_{i=0,1,2; j=1,\ldots,k}$ は，f および打ち消しあう対からなる（そのように対のつくり方がある）．k 個の 2 次元単体の直和 $\bigsqcup_{j=1}^{k} \Delta_j^2$ において，$(\pm 1)_j (-1)^i \sigma_j^2 \circ \varepsilon_i$ が打ち消しあう対となるような辺を同一視して得られる空間 X_1 を考える．X_1 は頂点がただ 1 つの胞体複体となる．X_1 の辺は，f に対応するものは 1 つの 2 単体の境界であるが，それ以外はちょうど 2 つの 2 単体の辺となっている．

ここで，$\{\Delta_j^2\}_{j=1,\ldots,k}$ を頂点の集合とし，2 つの頂点を $(\pm 1)_j (-1)^i \sigma_j^2 \circ \varepsilon_i$ が打ち消しあう対となるときに辺で結んだ 1 次元の胞体複体（グラフ）Y を考える．このグラフ Y の ($k-1$ 個の辺からなる) 極大樹木 T を 1 つとり，直和 $\bigsqcup_{j=1}^{k} \Delta_j^2$ において，この極大樹木 T に含まれる辺だけを同一視して得られる空間 X_2 を考える．X_2 は，平面上の多角形（$k+2$ 角形）と同相である．X_2 の境界は，f に対応する辺と，$(\pm 1)_j (-1)^i \sigma_j^2 \circ \varepsilon_i$ で T に含まれなかったもの $a_1, \ldots, a_{k+1} : [0,1] \longrightarrow X$ に対応する辺からなる（ここで現れる k は奇数でなければならない）．ここで，a_ℓ は，X_2 の境界の辺からの写像を巡回順序にしたがって名付けたものであり，$(\pm 1)_j (-1)^i = 1$ の場合には，$a_\ell = \sigma_j^2 \circ \varepsilon_i$ とし，$(\pm 1)_j (-1)^i = -1$ の場合には，$a_\ell = \overline{\sigma_j^2 \circ \varepsilon_i}$ とする．このことから $f \natural a_1 \natural \cdots \natural a_{k+1} \simeq c_b$ であることと，$a_1, \ldots, a_{k+1}$ は，2 つずつ逆のループになっていることがわかる．このとき，$[f] = [a_{k+1}]^{-1} \cdots [a_1]^{-1}$ で，$[a_{k+1}]^{-1}, \ldots, [a_1]^{-1}$ は，逆元となる対の集まりである．

このとき，$[f]$ が交換子積に書かれることを示す．k についての帰納法による．$k = 1$ のときは，$[f] = 1$ となる．$k-1$ 個の上のような積は，交換子積に書かれるとする．$[a_m]^{-1} = [a_{k+1}]$ $(m \leq k)$ とする．$m = k$ ならば，$[a_{k+1}]^{-1} [a_k]^{-1} = 1$ で k がより小さい場合に帰着される．$m < k$ とすると，

$$[f] = [a_{k+1}]^{-1}([a_k]^{-1} \cdots [a_{m+1}]^{-1})[a_{k+1}]$$
$$([a_k]^{-1} \cdots [a_{m+1}]^{-1})^{-1}([a_k]^{-1} \cdots [a_{m+1}]^{-1})[a_{m-1}]^{-1} \cdots [a_1]^{-1}$$

であり，$([a_k]^{-1} \cdots [a_{m+1}]^{-1})[a_{m-1}]^{-1} \cdots [a_1]^{-1}$ は，$k-1$ 個の逆元となる対の集まりの積であるから，帰納法の仮定により，交換子積に書かれ，$[f]$ が交換子積に書かれる．

注意 X_2 の境界を辺の同一視をもとに同一視すると，境界が 1 つの円周であるよ

うなコンパクトな向き付け可能曲面が得られる．

【問題 7.6.3 の解答】 $I^n/\partial I^n \approx S^n$ であり, $p:(I^n, \partial I^n) \longrightarrow (I^n/\partial I^n, \partial I^n/\partial I^n) \approx (S^n, b)$ は H_n で同型写像を誘導する．写像 $f:(I^n, \partial I^n) \longrightarrow (S^n, b)$ に対し，$\underline{f}:(S^n, b) \longrightarrow (S^n, b)$ で，$f = \underline{f} \circ p$ となるものがある．h は次のように表示される．

$$h([f]) = f_*([I^n, \partial I^n]) = \underline{f}_*([S^n, b]) = \deg(\underline{f})[S^n, b]$$

まず，2.3.2 小節（65 ページ）のサスペンションの構成により，任意の整数を写像度に持つ写像 $(S^n, b) \longrightarrow (S^n, b)$ が存在する．これを使って，h は全射であることがわかる．

定理 7.5.1 を $n \geqq 2$ に対し，$S^n = S^n_+ \cup S^n_-$, $S^n_+ \cap S^n_- = S^{n-1}$ に適用すると，$\pi_m(S^n_+, S^{n-1}, b) \longrightarrow \pi_m(S^n, S^n_-, b)$ は $m < 2n-2$ で同型，$m = 2n-2$ で全射である．ホモトピー同値 $(S^n, S^n_-, b) \simeq (S^n, b, b)$ と，命題 7.3.2 から得られる同型 $\pi_m(S^n_+, S^{n-1}, b) \cong \pi_{m-1}(S^{n-1}, b)$ から，$n \geqq 3$ ならば，$\pi_n(S^n) \cong \mathbf{Z}$ である．$\pi_2(S^2, b)$ については，問題 7.3.17(2) により，$\pi_2(S^2, b) \cong \mathbf{Z}$ がわかる（これらについては，$\pi_n(S^n, b)$ に，$\mathbf{Z}$ からの全射があることから，写像度を考えて，$\pi_n(S^n, b) \cong \mathbf{Z}$ を導くこともできる）．

【問題 7.6.4 の解答】 $\pi_n(\prod^k S^n, b) \cong \prod^k \pi_n(S^n, b) \cong \mathbf{Z}^k$ であるが，$S^n = e^0 \cup e^n$ という胞体分割の直積としての $\prod^k S^n$ の胞体分割を考えると，$\prod^k S^n$ の n 次元骨格が $\bigvee^k S^n$ であること，$\prod^k S^n$ は，$\bigvee^k S^n$ に $2n$ 次元以上の胞体を貼り付けて得られることがわかる．$\pi_n(\prod^k S^n, b) \cong \pi_n((\prod^k S^n)^{(n+1)}, b) \cong \pi_n(\bigvee^k S^n, b)$ だから，$\pi_n(\bigvee^k S^n, b) \cong \mathbf{Z}^k$ である．

【問題 7.8.2 の解答】 ファイバー束 p の局所自明化を与える $[0,1] \times B$ の開被覆を $\{I_i \times U_i\}_i$ $(I_i \subset [0,1], U_i \subset B$ は開集合) の形でとる．$x \in B$ に対し，$[0,1] \times \{x\} \subset [0,1] \times B$ はコンパクトだから，$\{I_i \times U_i\}_i$ の有限個の開集合 $I_{i_1} \times U_{i_1}$, ..., $I_{i_k} \times U_{i_k}$ で覆われる．$V = \bigcap_{j=1}^k U_{i_j}$ とすると，$I_{i_j} \times V$ 上では，ファイバー束は自明である．自然数 N を $\frac{1}{N}$ が $[0,1]$ の被覆 $\{I_{i_j}\}$ のルベーグ数より小となるようにとると，$j = 1, \ldots, N$ に対し，局所自明化

$$H_j : p^{-1}([\tfrac{j-1}{N}, \tfrac{j}{N}] \times V) \longrightarrow ([\tfrac{j-1}{N}, \tfrac{j}{N}] \times V) \times F$$

が存在する．

$$H_{j,j+1} = H_j \circ (H_{j+1}^{-1}|\{\tfrac{j}{N}\} \times V \times F) : \{\tfrac{j}{N}\} \times V \times F \longrightarrow \{\tfrac{j}{N}\} \times V \times F$$

を $H_{j,j+1} : V \times F \longrightarrow V \times F$ とみて, $H' : p^{-1}([0,1] \times V) \longrightarrow ([0,1] \times V) \times F$ を $p^{-1}([0, \frac{1}{N}] \times V)$ 上で H_1 とし, $p^{-1}([\frac{j-1}{N}, \frac{j}{N}] \times V)$ 上で $H_{1,2} \circ H_{2,3} \circ \cdots \circ H_{j-1,j} \circ H_j$ と定義すれば, これは $[0,1] \times V$ 上の局所自明化を与える.

【問題 7.8.3 の解答】 $b \in B$ をとり, $F = p^{-1}(b)$ とする. X は可縮だから連続写像 $H : [0,1] \times X \longrightarrow X$ で, $h_t(x) = H(t,x)$ とおくとき $h_0 = \mathrm{id}_X$, $h_1 = c_b$ (b への定値写像) を満たすものが存在する. $H^*E|\{1\} \times X = h_1^*E = \{(x,e) \in X \times E \mid h_1(x) = p(e)\} = \{(x,e) \in X \times E \mid b = p(e)\} = X \times F$ であるから, $H^*E|\{1\} \times X$ は自明なファイバー束である. 命題 7.8.1 により, H^*E も自明なファイバー束である. したがって, $E = h_0^*E = H^*E|\{0\} \times X$ は自明なファイバー束である.

【問題 7.11.2 の解答】 $V_{k-1}(\boldsymbol{R}^{n-1})$ をファイバーとするファイバー束 $V_k(\boldsymbol{R}^n) \longrightarrow S^{n-1}$ に注目する. このファイバー束のホモトピー完全系列は,

$$\cdots \xrightarrow{p_*} \pi_{\ell+1}(S^{n-1}, e)$$
$$\xrightarrow{\Delta_*} \pi_\ell(V_{k-1}(\boldsymbol{R}^{n-1}), e) \xrightarrow{i_*} \pi_\ell(V_k(\boldsymbol{R}^n), e) \xrightarrow{p_*} \pi_\ell(S^{n-1}, e)$$
$$\xrightarrow{\Delta_*} \cdots$$

となるから, $1 \leqq \ell \leqq n-2$ で, $\pi_\ell(V_{k-1}(\boldsymbol{R}^{n-1}), e) \xrightarrow{i_*} \pi_\ell(V_k(\boldsymbol{R}^n), e)$ は, 全射である. $\ell \leqq n-k$ ならば, 全射の列 $\pi_\ell(V_1(\boldsymbol{R}^{n-k+1}) \longrightarrow \pi_\ell(V_2(\boldsymbol{R}^{n-k+2}) \longrightarrow \cdots \longrightarrow \pi_\ell(V_{k-1}(\boldsymbol{R}^{n-1}), e) \longrightarrow \pi_\ell(V_k(\boldsymbol{R}^n), e)$ が得られる. $V_1(\boldsymbol{R}^{n-k+1}) = S^{n-k}$ は $n-k-1$ 連結で, $1 \leqq \ell \leqq n-k-1$ で $\pi_\ell(V_1(\boldsymbol{R}^{n-k+1}), e) = 0$ であるから, 同じ範囲で $\pi_\ell(V_k(\boldsymbol{R}^n), e) = 0$ である. したがって, $V_k(\boldsymbol{R}^n)$ は $n-k-1$ 連結である.

参考文献

[1] 本書では，多様体の基礎的事項については，『幾何学 I　多様体入門』を［多様体入門］と表して参照した．
- 坪井俊，幾何学 I　多様体入門，大学数学の入門 4，東京大学出版会 (2005) ISBN978-4-13-062954-6

また，ドラーム・コホモロジー理論については，『幾何学 III　微分形式』を［微分形式］と表して参照した．東京大学理学部数学科では，ドラーム・コホモロジー理論は，多様体の基礎的事項を学んだ後に，ホモロジー理論の基礎的事項と並行して講義されている．
- 坪井俊，幾何学 III　微分形式，大学数学の入門 6，東京大学出版会 (2008) ISBN978-4-13-062956-0

[2] 本書であつかった代数的トポロジーについて，本書の内容とレベルが同じくらいのものに以下のような本がある．著者によって視点が違っているので読者の好みに応えられるものをみつけていただくとよい．
- 田村一郎，トポロジー，岩波全書 276，岩波書店 (1972) ISBN4-00-021413-6
- 枡田幹也，代数的トポロジー，講座 数学の考え方〈15〉，朝倉書店 (2002) ISBN978-4-254-11595-6
- 佐藤肇，位相幾何，岩波書店 (2006) ISBN4-00-005051-6
- 中岡稔，復刊 位相幾何学　ホモロジー論，共立出版 (1999) ISBN978-4-320-01624-8
- 河田敬義，位相幾何学，現代数学演習叢書〈2〉，岩波書店 (1965) ISBN978-4-00-005149-1

[3] 代数的トポロジーについて，より深く学びたい読者には内容豊富な以下の本を薦める．
- 小松醇郎，中岡稔，菅原正博，位相幾何学 I，岩波書店 (1969) ISBN4-00-005027-3
- 服部晶夫，位相幾何学，岩波基礎数学選書，岩波書店 (2002) ISBN4-00-007808-9
- 西田吾郎，ホモトピー論，共立講座現代の数学 16，共立出版 (1985) ISBN978-4-320-01133-5
- Allen Hatcher, Algebraic topology, Cambridge University Press, Cambridge (2001) ISBN978-0-521-79540-1

- Edwin H. Spanier, Algebraic topology, Springer-Verlag, New York (1981) ISBN978-0-387-94426-5

[4] さまざまな空間のホモロジー群，コホモロジー代数，ホモトピー群の計算結果については，『数学辞典』を参照されるとよい．
- 日本数学会編集，岩波 数学辞典 第4版，岩波書店 (2007) ISBN978-4-00-080309-0

[5] ド・ラーム・コホモロジー理論については以下の本がある．
- ド・ラーム，高橋恒郎訳，微分多様体: 微分形式・カレント・調和形式，東京図書 (1974)
- ボット，トゥー，三村護訳，微分形式と代数トポロジー，シュプリンガー・ジャパン (1996) ISBN4-431-70707-7
- 森田茂之，微分形式の幾何学，岩波書店 (2005) ISBN4-00-005873-8

[6] 分類空間のコホモロジー類は特性類と呼ばれ，多様体およびその上の構造の分類理論の主役の1つである．それについて以下の本を薦める．
- J.W. ミルナー，J.D. スタシェフ，佐伯修，佐久間一浩訳，特性類講義，シュプリンガー数学クラシックス 第10巻，丸善出版 (2012) ISBN978-4-621-06275-3
- 森田茂之，特性類と幾何学，岩波書店 (2008) ISBN978-4-00-006292-3

[7] 多様体内の部分多様体の分類の問題は配置の問題と呼ばれる．結び目理論はその特別な場合である．
- 足立正久，埋め込みとはめ込み，数学選書，岩波書店 (1984) ISBN978-4-00-005072-2
- 河内明夫（編著），結び目理論，シュプリンガー・フェアラーク東京 (1990) ISBN4-431-70571-6
- 村杉邦男，結び目理論とその応用，日本評論社 (1993) ISBN978-4-535-78199-3
- 河内明夫，レクチャー結び目理論，共立叢書―現代数学の潮流，共立出版 (2007) ISBN978-4-320-01697-2
- 河野俊丈，新版 組みひもの数理，遊星社 (2009) ISBN978-4-434-13710-5

[8] モース関数を用いて多様体を等位面に分解し，その関数の勾配流を用いて胞体分割を得ることは本書でも登場したが，モース関数を用いることは多様体のトポロジーの研究において基本的な手法となっている．これについては以下の本を薦める．
- 松本幸夫，Morse 理論の基礎，岩波講座 現代数学の基礎，岩波書店 (1997) ISBN4-00-010638-4
- ミルナー，志賀浩二訳，モース理論，吉岡書店 (2004) ISBN4-8427-

0324-5
- [9] さらに微分位相幾何学の展開に興味のある読者には次の図書をお薦めする．
  - J.W. ミルナー，蟹江幸博訳，微分トポロジー講義，シュプリンガー数学クラシックス，丸善出版 (2012) ISBN978-4-621-06272-2
  - 田村一郎，微分位相幾何学，岩波書店 (1992) ISBN4-00-005868-1
  - W.P. サーストン，S. レヴィ，小島定吉監訳，3 次元幾何学とトポロジー，培風館 (1999) ISBN4-563-00272-0
  - 小島定吉，3 次元の幾何学，講座数学の考え方 22，朝倉書店 (2002) ISBN4-254-11602-0
  - G.K. フランシス，笠原晧司監訳，宮崎興二訳，トポロジーの絵本，シュプリンガー数学リーディングス　第 8 巻，丸善出版 (2005) ISBN978-4-621-06218-0
  - 河野俊丈，曲面の幾何構造とモジュライ，日本評論社 (1997) ISBN4-535-78245-8
  - 大鹿健一，離散群，岩波講座　現代数学の展開，岩波書店 (1998) ISBN4-00-010654-6
  - 古田幹雄，指数定理，岩波書店 (2008) ISBN978-4-00-005460-7
  - 深谷賢治，シンプレクティック幾何学，岩波書店 (2008) ISBN978-4-00-005462-1
  - 河野俊丈，場の理論とトポロジー，岩波書店 (2008) ISBN978-4-00-005835-3
  - 河野明，玉木大，一般コホモロジー，岩波書店 (2008) ISBN978-4-00-005057-9
- [10] 本書を読むための基礎知識について

  線形代数については次を薦める．
  - 齋藤正彦，線型代数入門，基礎数学 1，東京大学出版会 (1966) ISBN978-4-13-06200-7
  - 斎藤毅，線形代数の世界—抽象数学の入り口，大学数学の入門 7，東京大学出版会 (2007) ISBN978-4-13-062957-7
  - 足助太郎，線型代数学，東京大学出版会 (2012) ISBN978-4-13-062914-0

  群および加群の理論については，次の本が参考になる．
  - 桂利行，代数学 I　群と環，大学数学の入門 1，東京大学出版会 (2004) ISBN978-4-13-062951-5
  - 桂利行，代数学 II　環上の加群，大学数学の入門 2，東京大学出版会 (2007) ISBN978-4-13-062952-2

  集合と位相については次のような参考書を薦める．
  - 矢野公一，距離空間と位相構造，共立講座 21 世紀の数学 4，共立出版 (1997) ISBN4-320-01556-8

- 森田茂之，集合と位相空間，講座数学の考え方 8，朝倉書店 (2002) ISBN4-254-11588-1
- 齋藤正彦，数学の基礎 — 集合・数・位相，基礎数学 14，東京大学出版会 (2002) ISBN978-4-13-062909-6
- 斎藤毅，集合と位相 大学数学の入門 8，東京大学出版会 (2009) ISBN978-4-13-062958-4

記号索引

[ ]（ホモトピー類） 15
[ ]（ホモロジー類） 85
♭（立方体や線分からの写像の和） 15
#（連結和） 142
∪（カップ積） 158
⊕（直和） 51
|（割り切る） 104
∅（空集合） 49
∧（微分形式の外積） 158
≃（写像がホモトピック） 4, 12
≃（ホモトピー同値である） 8, 13
≃（同じホモトピー型を持つ） 8
≃ rel.（相対ホモトピー） 13
⊗（テンソル積） 108, 143, 146, 191
$\aleph_0$（可算無限濃度） 2
$2^{\aleph_0}$（連続体濃度） 2
∂（境界） 7
∂（境界準同型） 85
∂_*（連結準同型） 50
∂σ（特異単体の境界） 205
b（基点） 12
bsd（重心細分） 181
B_k（k 次元バウンダリーのなす加群） 85
Bp（分類写像） 276
BG（分類空間） 276
c_b（b を値とする定値写像） 15
C_*（チェイン複体） 85
C^*（コチェイン複体） 151
$C_*(X)$（胞体複体 X に付随するチェイン複体） 101
$C_*(X, A)$（胞体複体の対 $(X, A)C$ のチェイン複体 $C_*(X)/C_*(A)$） 138
C_k（k 次元チェインのなす加群） 85
C^ℓ（コチェイン加群） 151
CP^2（複素射影平面） 103
CP^n（n 次元複素射影空間） 103, 158, 235

CP^∞（無限次元複素射影空間） 209
Δ^k（k 次元標準単体） 203
deg（写像度） 61
det（行列式） 134
diag（対角線写像） 158
diam（直径） 184
dim（単体の次元） 186
dim（胞体複体の次元） 252
$\dim_K$（K ベクトル空間の次元） 108
dist（距離） 131
D_E（単位円板束） 266
D^n（n 次元円板） 7
$[D^{n+1}, S^n]$（$H_{n+1}(D^{n+1}, S^n)$ の生成元） 55, 56, 58
ε_i（標準単体の面への写像） 204
e_i^j（j 次元胞体） 82
e_i^n（n 次元胞体） 82
e_E（ベクトル束のオイラー類） 264
e_M（接束のオイラー類） 264
ev_t（エバリュエーション写像） 233
Exp（指数写像） 66
Ext 153
$\bar{f}$（f のパラメータの向きを反対にしたもの） 15
f_*（共変的に誘導された準同型） 16, 17
$\{g_{ij}\}$（1 コサイクル） 235
$g \cdot K$（群の元 g による K の像） 239
$g \cdot x$（群の元 g による x の像） 239
grad（勾配ベクトル場） 118
$G_1 * G_2$（群 G_1, G_2 の自由積） 26
$G_1 *_{G_{12}} G_2$（融合積） 26
$G \cdot x$（x の G 軌道） 239, 274
G_x（アイソトロピー部分群） 274
H^ℓ（ℓ 次元コホモロジー群） 151
H^n（n 次元双曲空間） 274
H_k（k 次元ホモロジー群） 85
$H_k(C_*)$（チェイン複体 C_* の k 次元ホモロ

記号索引

$H_*(X)$（特異ホモロジー群） 205
$H_*(X, A)$（特異ホモロジー群） 205
$H_*(X, A)$（空間対 (X, A) のホモロジー群） 51
$H_\ell(X; A)$（A 係数の ℓ 次元ホモロジー群） 108
$H_n(X)$（位相空間 X の n 次元ホモロジー群） 49
$H_n(X, A)$（空間対 (X, A) の n 次元ホモロジー群） 49
$\mathrm{Hom}(C, A)$（C から A への $\bm{Z}$ 加群準同型全体の $\bm{Z}$ 加群） 151
$\mathrm{Homeo}(F)$（F の同相写像のなす群） 235
$\bm{1}$（単位元） 239
id_X（恒等写像 $X \longrightarrow X$） 2, 8, 17
$\mathrm{ind}_z(X)$（ベクトル場の零点の指数） 266
I（区間 $[0, 1]$） 14
I^n（n 次元立方体） 7, 14
Int（内部） 53
ι_i^j（j 次元円板から j 次元胞体への写像） 82
J^{n-1}（$= \overline{\partial I^n \setminus I^{n-1}}$） 227
$|K|$（単体複体 K の実現） 168, 170
K^*（双対胞体複体） 271
$K^{(k)}$（k 次元骨格） 169
$\varinjlim A_i$（順極限） 208
$L_{p,q}$（レンズ空間） 99
$[M^n]$（基本類） 68
$\mathrm{Map}(X, Y)$（連続写像の集合） 5
$\mathrm{Map}((X, A), (Y, B))$（連続写像全体のなす集合） 12
$\mathrm{Map}((X, A, A'), (Y, B, B'))$（3 つ組の間の連続写像の空間） 227
$N(K, U)$（コンパクト開位相の基） 233
N_k^2（種数 k の向き付け不可能な閉曲面） 95
$\nu(M)$（法束） 270
Ω（ループ空間） 234
φ_i^n（n 次元胞体の貼りあわせ写像） 82
$\pi_1(X, b_X)$（基本群） 15
$\pi_n(X, A, b)$（(X, A, b) のホモトピー群） 227
$\pi_n(X, b_X)$（n 次元ホモトピー群） 15

p（射影） 21, 234
pr_X（X への射影） 16
PX（道の空間） 234
rank（$\bm{Z}$ 加群のランク） 60, 88, 106, 271
$\bm{R}$（実数直線） 2
$\bm{R}^\infty$（無限次元ユークリッド空間） 209
$\bm{R}P^2$（実射影平面） 92
$\bm{R}P^n$（n 次元実射影空間） 102, 159
$\bm{R}P^\infty$（無限次元実射影空間） 209
σ（特異単体） 203
Σ_k^2（種数 k の向き付け可能な閉曲面） 96
S^∞（無限次元球面） 209
$S_*(X)$（X の特異単体複体） 205
S^1（円周） 2
S^2（球面） 92
S_E（単位球面束） 266
Sg（サスペンション） 66
$S_k(X)$（k 次元特異チェイン群） 203
$S_k(X, A)$（(X, A) の特異チェイン複体） 205
$[S^n]$（$H_n(S^n)$ の生成元） 56, 57, 59
S^n（n 次元球面） 7
$S_\pm^n$（半球面） 58
$SO(1, n)_+$（$(1, n)$ 型特殊直交群） 274
$SO(n+1)$（特殊直交群） 274
$\langle S \mid R \rangle$（群の表示） 26
$\tau \prec \sigma$（τ は σ のフェイス） 168, 170
T^2（2 次元トーラス） 27, 92
T^n（n 次元トーラス） 24, 158
$\mathrm{Tor}(A, B)$ 147
$T_x M^n$（x における接空間） 66
$\mathrm{torsion}$（有限位数の元のなす部分群） 152
tr（トレース） 134, 271
$\widehat{v}$（とり除く記号） 173
$\langle v_0 \cdots v_k \rangle$（$k$ 次元単体） 167
χ（オイラー標数） 106
$\langle x \rangle$（H_0 の生成元） 52
X/A（A を 1 点に縮めた空間） 14, 80
(X, A)（空間対） 12
(X, A, A')（空間の 3 つ組） 227
$[(X, A), (Y, B)]$（ホモトピー集合） 12
$[(X, A, A'), (Y, B, B')]$（3 つ組の間の連続写像のホモトピー集合） 227

(X,b)（基点付き空間） 12
X/G（軌道の空間） 240
X^I（I から X への連続写像全体） 233
$X^{(j)}$（j 次元骨格） 82
$[X,Y]$（ホモトピー集合） 5

$X \vee Y$（基点 b_X, b_Y を同一視した空間） 11, 27
$Y \cup_\varphi X$（貼りあわせて得られる空間） 79
Z_k（k 次元サイクルのなす加群） 85

用語索引

ア 行

アイソトピー (isotopy) 67
アイソトピック (isotopic) 66
アイソトロピー部分群 (isotropic subgroup) 274
アイレンバーグ・ジルバー写像 (Eilenberg-Zilber map) 191
アサイクリック (acyclic) 213
アニュラス (annulus) 11
アーベル群係数コホモロジー群 153
アーベル群係数ホモロジー群 108, 150
アーベル群の有限位数の元のなす部分群 152
アルファベット (alphabet) 25
アレクサンダーの角付き球面 (Alexander horned sphere) 214
アレクサンダーの定理 215
アレクサンダー・ホイットニー写像 (Alexander-Whitney map) 191
安定多様体 (stable manifold) 119
1次元胞体複体 87
(〜を) 1点に縮めた空間 14, 80
一般の位置にある (in general position) 167
円周から円周への連続写像 62
円周の基本群 21
円板 (disk) 7
オイラー数 (Euler number) 106
オイラー標数 (Euler characteristic number) 106, 152
オイラー・ポアンカレ標数 (Euler-Poincaré characteristic number) 106
オイラー類 (Euler class) 264, 270
オープン・スター (open star) 180

カ 行

階数 (rank) 103
開星状体 (open star) 180
可縮 (contractible) 9
カップ積 (cup product) 158
カテゴリー (category) 18
ガロアの対応 (Galois correspondence) 242
関係式 (relation) 25
関手性 (functoriality) 206
完全系列 (exact sequence) 46
——の間の準同型 47
カントール集合 (Cantor set) 2
簡約された語 (reduced word) 25
基点 (base point) 12
——付き空間 (pointed spaces) 12
軌道 (orbit) 239, 274
——の空間 (orbit space) 240
キネットの公式 (Künneth formula) 148
基本群 (fundamental group) 15
——の表示 (presentation of the fundamental group) 225
基本類 (fundamental class) 68, 121
キャップ積 (cap product) 272
球体定理 (ball theorem) 66
球面 (sphere) 7, 92
——から球面への連続写像 65
——束 (sphere bundle) 263
——のホモロジー群 53
境界 (boundary) 205
——作用素 (boundary operator) 85
——準同型 (boundary homomorphism) 85, 205
共変関手 (covariant functor) 18, 49

行列の基本変形 (elementary operations on matrices) 103
局所係数 (local coefficients) 259
局所自明化 (local trivialization) 234
局所単連結 (locally simply connected) 241
極大樹木 (maximal tree) 226
空間対 (pair of spaces) 12
　　——の間の写像 (maps between pairs of spaces) 12
　　——の長完全系列 (long exact sequence for a pair of spaces) 50, 157
　　——のホモトピー完全系列 (exact sequences of homotopy groups for a pair of spaces) 228
空間の3つ組 (triad of spaces) 227
　　——の長完全系列 (long exact sequence for a triad of spaces) 205
クライン・ボトル (Klein bottle) 94
グラスマン多様体 (Grassmann manifold) 274
係数 (coefficient) 107
圏 (category) 18
懸垂 (suspension) 175
語 (word) 25
効果的 (effective) 239
勾配ベクトル場 (gradient vector field) 118
勾配流 (gradient flow) 118
コサイクル (cocycle) 151, 235
弧状連結 (path connected) 4, 83, 236, 241
　　——成分 (path connected component) 207
コチェイン複体 (cochain complex) 151
骨格 (skeleton) 82, 169
コバウンダリー (coboundary) 151
コホモロガス (cohomologous) 151, 235, 263
コホモロジー群 (cohomology group) 151
コホモロジー理論の公理 (axioms for cohomology theory) 157
固有不連続 (properly discontinuous) 239

サ 行

サイクル (cycle) 85
サスペンション (suspension) 66
サードの定理 (Sard theorem) 3, 20, 68, 247
サブマージョン (submersion) 234
作用 (action) 239
三角形分割 (triangulation) 171
3次元胞体複体 96
CW複体 (CW complex) 208
シェルピンスキ・ガスケット (Sierpiński gasket) 243
シェルピンスキ・カーペット (Sierpiński carpet) 243
次元公理 (dimension axiom) 51, 157
指数 (index) 118
指数写像 (exponential map) 66
沈めこみ (submersion) 234
実現 (realization) 168, 170
実射影空間 (real projective space) 102, 159
実射影平面 (projective plane) 92
自明なファイバー束 (trivial fiber bundle) 235
射影 (projection) 230, 234
弱位相 (weak topology) 207
写像柱 (mapping cylinder) 253
写像度 (degree) 61, 62, 65, 91, 98
自由 (free) 239
　　——加群 (free module) 102
　　——群 (free group) 25, 226
重心細分 (barycentric subdivision) 181
重心座標 (barycentric coordinates) 168
自由積 (free product) 26, 222
種数 (genus) 95, 96
順極限 (direct limit) 208
順序単体複体 (ordered simplicial complex) 191
ジョイン (join) 175
障害類 (obstruction class) 260, 262
剰余類 (coset) 238

302　用語索引

ジョルダンの閉曲線定理 (Jordan curve theorem)　10, 213
ジョルダン・ブラウアーの定理 (Jordan-Brouwer theorem)　213
錐 (cone)　175
スター (star)　180
スティーフェル多様体 (Stiefel manifold)　274
ステレオグラフ射影 (stereographic projection)　59
正規部分群 (normal subgroup)　238
星状体 (star)　180
生成元の集合 (generating set)　25
積複体 (product complex)　85, 143
切除公理 (excision axiom)　50, 157, 211
切除準同型 (excision homomorphism)　245
切断 (cross section)　232, 256
　——がホモトピック　256
　——の存在　260
接着して得られる空間　79
接着写像 (attaching map)　79, 119
零切断 (zero section)　263
全空間 (total space)　230
相対ホモトピー (relative homotopy)　13
双対加群 (dual module)　151
双対コチェイン複体 (dual cochain complex)　151

タ　行

対角線写像 (diagonal map)　158
対角線論法 (diagonal argument)　2
体係数ホモロジー群　108
単位円板束 (unit disk bundle)　263
単位球面束 (unit sphere bundle)　263
単体 (simplex)　167, 170
　——近似定理 (simplicial approximation theorem)　184
　——写像 (simplicial map)　176
　——の内部 (interior of simplex)　168
単体複体 (simplicial complex)　168, 169

——の次元　168
——の対　178
——の対の間の単体写像　179
——の対のホモロジー群　178
単体分割 (triangulation)　171
チェイン (chain)　85
　——写像 (chain map)　86, 110, 135
　——準同型 (chain homomorphism)　86
　——複体 (chain complex)　85
　——複体の短完全系列 (short exact sequence of chain complexes)　135
　——複体のホモロジー群 (homology groups of a chain complex)　85
　——・ホモトピー (chain homotopy)　86, 118
　——・ホモトピック (chain homotopic)　87
頂点 (vertex)　87
直積 (direct product)　84, 107
底空間 (base space)　230
適切に定義されている (well defined)　15
テンソル積 (tensor product)　146
トーラス (torus)　24, 92, 158
特異単体 (singular simplex)　203
　——複体 (singular simplicial complex)　205
特異チェイン (singular chain)　203
特異ホモロジー群 (singular homology group)　205
特性類 (characteristic class)　277
凸多面体 (convex polyhedron, convex polytope)　107
凸包 (convex hull)　167
トム同型定理 (Thom isomorphism theorem)　268
トム類 (Thom class)　268
ドラーム・コホモロジー群 (de Rham cohomology groups)　158

ナ　行

2次元閉多様体 (2-dimensional closed manifold)　95
2次元胞体複体　90

2重複体 (double complex)　144

ハ 行

バウンダリー (boundary)　85
貼りあわせ写像 (attaching map)　79
貼りあわせて得られる空間　79
ハワイアン・イヤリング (Hawaiian earring)　242
ハンドル分解 (handle decomposition)　119
反変関手 (contravariant functor)　157
引き戻し (pull back)　232, 233, 236
左完全性 (left exactness)　152
被覆空間 (covering space)　236
被覆写像 (covering map)　236
被覆ホモトピー性質 (covering homotopy property)　230
微分形式 (differential form)　158
標準単体 (standard simplex)　203
ファイバー (fiber)　230, 234
　――空間 (fiber space)　229
　――空間のホモトピー完全系列 (exact sequence of homotopy groups for a fiber space)　231
　――積 (fiber product)　232
　――束 (fiber bundle)　234
　――束の同型　235
ファイブ・レンマ (five lemma)　47
ファンカンペンの定理 (van Kampen theorem)　26, 222
フェイス (face)　168, 170
複素射影空間 (complex projective space)　103, 158, 235
複素射影平面 (complex projective plane)　103
普遍係数定理 (universal coefficient theorem)　151
普遍被覆空間 (universal covering space)　240
普遍ファイバー束 (universal bundle)　276
不変量 (invariant)　3, 18
ブラウアーの不動点定理 (Brouwer fixed point theorem)　61, 245

フレビッツの準同型 (Hurewicz homomorphism)　249
フレビッツの定理 (Hurewicz theorem)　249
分類空間 (classifying space)　276
分類写像 (classifying map)　276
分裂する (split)　147
閉曲面 (closed surface)　95
ベクトル束 (vector bundle)　262
辺 (edge)　87
変形レトラクト (deformation retract)　13, 119, 252
ポアンカレ双対定理 (Poincaré duality theorem)　105, 272
ポアンカレ・ホップの定理 (Poincaré-Hopf theorem)　266
胞体 (cell)　82
　――近似定理 (cellular approximation theorem)　115
　――写像 (cellular map)　109
　――の積 (product of cells)　111
胞体複体 (cellular complex)　82
　――の対　138
胞体分割 (cellular subdivision)　82
星型 (star shaped)　9
ホップ・ファイブレーション (Hopf fibration)　129, 236
ホモトピー (homotopy)　4, 12
　――型 (homotopy type)　8
　――逆写像 (homotopy inverse map)　8
　――群 (homotopy group)　15, 208
　――公理 (homotopy axiom)　50, 157
　――集合 (homotopy set)　5, 12
　――同値 (homotopy equivalence)　8
　――同値である (homotopy equivalent)　8, 13
　――の拡張補題 (homotopy extension lemma)　117, 253
　――不変性 (homotopy invariance)　18, 50, 209
　――類 (homotopy class)　5, 12
ホモトピック (homotopic)　4, 12

ホモロガス (homologous) 85, 215
ホモロジー群 (homology group) 85, 87
　——の長完全系列 (long exact sequence of homology groups) 137
ホモロジー類 (homology class) 85
ボルスク・ウラムの定理 (Borsuk-Ulam theorem) 245
ホワイトヘッドの定理 (Whitehead theorem) 253

マ 行

マイヤー・ビエトリス完全系列 (Mayer-Vietoris exact sequence) 140
右完全性 (right exactness) 146
道の空間 (path space) 234
無限次元球面 (infinite dimensional sphere) 209
無限次元実射影空間 (infinite dimensional real projective space) 209
無限次元複素射影空間 (infinite dimensional complex projective space) 209
メビウスの帯 (Möbius band) 11
面 (face) 168, 170
メンガー曲線 (Menger curve) 243
モース関数 (Morse function) 118, 265
モースの補題 (Morse lemma) 119

ヤ 行

有限体 (finite field) 108
有限単体複体 (finite simplicial complex) 168, 169
有限胞体複体 (finite cellular complex) 82, 87
　——のチェイン複体 100
融合積 (amalgamated product) 26
有理関数 (rational function) 68
ユークリッド空間の有限単体複体 168

ラ 行

ランク (rank) 103
立方体 (cube) 7, 14
リフト (lift) 230, 232
　——の一意性 237
リーマン計量 (Riemannian metric) 66, 118
領域不変性 (invariance of domain) 217
臨界点 (critical point) 118
ループ空間 (loop space) 234
ルベーグ数 (Lebesgue number) 24, 83, 187, 211, 222
零切断 (zero section) 263
レトラクション (retraction) 13, 60, 79
レトラクト (retract) 13
レビ・チビタ接続 (Levi-Civita connection) 66
レフシェッツの不動点公式 (Lefschetz fixed point formula) 271
連結 (connected) 4, 8
　——準同型 (connecting homomorphism) 50, 136, 157
　——和 (connected sum) 142
レンズ空間 (lens space) 99

ワ 行

ワード (word) 25

人名表

アイレンバーグ	Eilenberg, Samuel (1913–98)	191
アーベル	Abel, Niels Henrik (1802–1829)	28, 46
アレクサンダー	Alexander, James Waddell (1888–1971)	191, 214, 215
ウラム	Ulam, Stanisław Marcin (1909–84)	245
オイラー	Euler, Leonhard (1707–83)	106, 264, 270
カントール	Cantor, Georg (1845–1918)	2
キネット	Künneth, Hermann (1892–1975)	148
クライン	Klein, Felix (1849–1925)	94
サーストン	Thurston, William Paul (1946–2012)	v
サード	Sard, Authur (1909–80)	3, 20, 68, 247
シェーンフリース	Schoenflies, Arthur Moritz (1853–1928)	213
シェルピンスキ	Sierpiński, Wacław (1882–1969)	243
ジョルダン	Jordan, Camille (1839–1922)	10, 213
ジルバー	Zilber, J. A. (–)	191
スメール	Smale, Stephen (1930–)	vi
トム	Thom, René (1923–2002)	268
ハウスドルフ	Hausdorff, Felix (1869–1942)	7, 14
ビエトリス	Vietoris, Leopold (1891–2002)	140
ファンカンペン	van Kampen, Egbert (1908–42)	26, 222
ブラウアー	Brouwer, Luitzen Egbertus Jan (1881–1966)	61, 213, 245
フリードマン	Freedman, Michael (1951–)	vi
フレビッツ	Hurewicz, Witold (1904–56)	249
ペアノ	Peano, Giuseppe (1858–1932)	3
ペレルマン	Perelman, Grisha (1966–)	v
ポアンカレ	Poincaré, Henri (1854–1912)	v, 105, 106, 266, 272
ホイットニー	Whitney, Hassler (1907–89)	191
ホップ	Hopf, Heinz (1894–1971)	266
ボルスク	Borsuk, Karol (1905–82)	245
ホワイトヘッド	Whitehead, John Henry Constantine (1904–60)	253
マイヤー	Mayer, Walther (1887–1948)	140
メンガー	Menger, Karl (1902–85)	243
モース	Morse, Harold Marston (1892–1977)	118, 265
ライデマイスター	Reidemeister, Kurt (1893–1971)	100

リーマン	Riemann, George Friedrich Bernhard (1826–66)	66, 118, 265
ルベーグ	Lebesgue, Henri Léon (1875–1941)	24, 83, 187, 211, 222
レビ・チビタ	Levi-Civita, Tullio (1873–1941)	66

著者略歴

坪井 俊 (つぼい・たかし)

1953 年　生まれる.
1978 年　東京大学大学院理学系研究科修士課程修了.
1983 年　理学博士（東京大学）.
現　在　東京大学名誉教授.
主要著書　『ベクトル解析と幾何学』（朝倉書店, 2002）
　　　　　『幾何学 I　多様体入門』（東京大学出版会, 2005）
　　　　　『幾何学 III　微分形式』（東京大学出版会, 2008）

幾何学 II　ホモロジー入門　　　　大学数学の入門⑤

2016 年 2 月 5 日　初　版
2023 年 8 月 10 日　第 4 刷

[検印廃止]

著　者　坪井 俊
発行所　一般財団法人 東京大学出版会
　　　　代表者 吉見俊哉
　　　　153-0041 東京都目黒区駒場 4-5-29
　　　　電話 03-6407-1069　Fax 03-6407-1991
　　　　振替 00160-6-59964
印刷所　三美印刷株式会社
製本所　牧製本印刷株式会社

Ⓒ2016 Takashi Tsuboi
ISBN 978-4-13-062955-3 Printed in Japan

JCOPY　〈出版者著作権管理機構 委託出版物〉
本書の無断複写は著作権法上での例外を除き禁じられています.
複写される場合は, そのつど事前に, 出版者著作権管理機構（電話
03-5244-5088, FAX 03-5244-5089, e-mail: info@jcopy.or.jp）の
許諾を得てください.

大学数学の入門 ①
代数学 I　群と環　　　　　　　　桂 利行　　A5/1600 円

大学数学の入門 ②
代数学 II　環上の加群　　　　　　桂 利行　　A5/2400 円

大学数学の入門 ③
代数学 III　体とガロア理論　　　　桂 利行　　A5/2400 円

大学数学の入門 ④
幾何学 I　多様体入門　　　　　　　坪井 俊　　A5/2600 円

大学数学の入門 ⑥
幾何学 III　微分形式　　　　　　　坪井 俊　　A5/2600 円

大学数学の入門 ⑦
線形代数の世界　抽象数学の入り口　斎藤 毅　　A5/2800 円

大学数学の入門 ⑧
集合と位相　　　　　　　　　　　　斎藤 毅　　A5/2800 円

大学数学の入門 ⑨
数値解析入門　　　　　　　　　　　齊藤宣一　A5/3000 円

大学数学の入門 ⑩
常微分方程式　　　　　　　　　　　坂井秀隆　A5/3400 円

大学数学の世界 ①
微分幾何学　　　　　　　　　　　　今野 宏　　A5/3600 円

大学数学の世界 ②
数理ファイナンス　　　　　　　　　楠岡・長山　A5/3200 円

微積分　　　　　　　　　　　　　　斎藤 毅　　A5/2800 円

線型代数学　　　　　　　　　　　　足助太郎　A5/3200 円

基礎数学 ⑤
多様体の基礎　　　　　　　　　　　松本幸夫　A5/3200 円

数学原論　　　　　　　　　　　　　斎藤 毅　　A5/3300 円

ここに表示された価格は本体価格です．御購入の
際には消費税が加算されますので御了承下さい．